21世纪高等学校计算机
专业实用系列教材

计算科学导论

◎ 易建勋 刘珺 编著

清华大学出版社
北京

内 容 简 介

本书覆盖了 ACM/IEEE-CS CS2013 中提出的计算科学核心课程知识点。内容分为两部分：第一部分主要讨论计算技术的发展历程、程序语言的基本结构、软件工程的基本方法、计算思维的基本概念、常用算法思想、计算科学基本理论等；第二部分讨论计算机的主要技术和工作原理，以及计算科学的热门技术等。本书介绍的内容是计算科学专业人员都应当掌握的基本核心知识。

本书在保持学科广度的同时，兼顾不同专业领域计算科学应用技术的讨论。本书力图使读者对计算科学有一个总体认识，并希望在此基础上，使读者可以了解和掌握计算思维的方法，并与他们的专业课程结合，理解和解决各自专业领域的问题。

本书可以作为高等院校计算科学基础课程的教材，主要读者对象是理工科专业学生。

图书在版编目(CIP)数据

计算科学导论/易建勋，刘珺编著.—北京：清华大学出版社，2022.6
21世纪高等学校计算机专业实用系列教材
ISBN 978-7-302-60116-6

Ⅰ.①计…　Ⅱ.①易…②刘…　Ⅲ.①计算机科学－高等学校－教材　Ⅳ.①TP3

中国版本图书馆 CIP 数据核字(2022)第 020273 号

责任编辑：闫红梅　李　燕
封面设计：刘　键
责任校对：郝美丽
责任印制：杨　艳

出版发行：清华大学出版社
　　　　网　　　址：http://www.tup.com.cn，http://www.wqbook.com
　　　　地　　　址：北京清华大学学研大厦 A 座　　　　邮　　编：100084
　　　　社 总 机：010-83470000　　　　　　　　　　邮　　购：010-62786544
　　　　投稿与读者服务：010-62776969，c-service@tup.tsinghua.edu.cn
　　　　质量反馈：010-62772015，zhiliang@tup.tsinghua.edu.cn
　　　　课件下载：http://www.tup.com.cn，010-83470236
印 装 者：三河市龙大印装有限公司
经　　销：全国新华书店
开　　本：185mm×260mm　　　　印　张：21　　　　字　数：515 千字
版　　次：2022 年 7 月第 1 版　　　　　　　　　　印　次：2022 年 7 月第 1 次印刷
印　　数：1~1500
定　　价：59.00 元

产品编号：094524-01

前　言

　　"计算科学导论"是理工科学生的专业基础课程,本书全面介绍了计算科学核心课程的基础知识,这些内容是每个计算科学从业人员都应当了解和掌握的基本核心知识。

写作目标

　　本书的写作原则是:**介绍基础知识,开阔专业视野**。作者期望达成以下目标。

　　(1)说明计算无所不在。本书尽量从商业领域、社会科学领域和日常生活中选取不同的案例讨论计算的普遍性。例如,囚徒困境问题、热门检索词排名、平均工资计算问题等,从不同侧面讨论了计算的普遍性。

　　(2)讨论解决问题的方法。本书强调用计算思维的方法讨论和分析问题。如数学建模讨论中,重点讲解利用计算思维进行建模的方法,而不是数学模型的理论推导和技术实现细节。在程序设计、信息编码、体系结构、操作系统、网络通信、信息安全等内容中,尽量结合计算思维来讨论问题。

　　(3)介绍专业知识框架。ACM/IEEE-CS在CS2013中提出了计算科学的18门核心课程,本书覆盖了这些课程最基本的核心知识点。受教学课时的限制,一些核心课程的内容不会专门开课讲授。例如,本书介绍了10种程序设计语言,虽然很多编程语言读者可能不会用到,但是了解它们的技术特点可以开阔读者的专业视野。

主要内容

　　第一部分(第1～4章)是课程最基本的核心知识。第1章主要介绍计算机的发展历程、计算技术的特征、计算学科的核心课程、计算领域的知识产权、职业道德和规范等内容;第2章主要介绍程序语言的演变过程、程序语言的基本语法、不同程序语言的设计风格、软件工程的基本方法等内容;第3章主要介绍计算思维的基本概念、数学建模的典型案例、可计算理论的基本概念、计算的复杂性、计算学科的经典问题等内容;第4章主要介绍算法分析的基本方法、常用的经典算法、数据结构基本概念等内容。

　　第二部分(第5～8章)是相关核心课程的基础知识。第5章主要介绍信息编码、数理逻辑;第6章主要介绍组成原理、操作系统;第7章主要介绍网络通信、信息安全等;第8章讨论了目前计算领域的热门技术,如人工智能、大数据、数据库、区块链技术、计算社会学等内容。教师可以根据不同专业的需要,选择部分内容进行教学。

几点说明

　　(1)明确概念。ACM/IEEE发布的《2020年计算课程:全球计算教育范例》建议采用

Ⅱ

"计算"(Computing)一词作为计算工程、计算科学等所有计算领域的统一术语。本书缩小了名词计算机(Computer)的概念范围,计算机专指与具体机器相关的概念,如个人计算机、计算机程序、计算机网络等。名词计算(Computing)用来表示抽象或整体概念,如计算科学、计算学科、计算领域、计算技术等。计算一词的内涵和外延都大于计算机。

(2) 内容编排。尽管本书有自己的结构体系,但各个主题在很大程度上相对独立。教师完全可以根据不同专业的教学要求,重新调整讲授内容和讲授顺序。本书每章大致讨论两个或更多的核心课程内容。本书对一些理论性问题尽量用图、表、案例的形式加以说明,试图帮助读者加深对所述内容的理解,但是作者也会存在力有不逮的情况。

(3) 一家之言。本书写作中,作者力图以严肃认真的态度分析和讨论,但是难免会掺杂一些作者不成熟的看法与意见。如计算工具的发展、计算机类型的划分、第一台电子计算机的发明、软件的分类、对冯·诺依曼计算机结构的阐述、程序控制计算机的思想、并行传输与串行传输的性能比较、电子信号的传输速度、大型计算机集群系统的设计等,这些内容可能与目前的主流技术观点有所不同。这都是作者一些不成熟的看法,仅仅是一家之言,期望专家学者们批评指正。

(4) 教学建议。**本书遵循 ACM/IEEE-CS 倡导的"广度优先"原则**,讨论范围涉及计算科学的核心知识点。对没有形成计算科学整体观念的读者来说,有些内容不易理解很正常。如可计算理论、计算复杂性、数据结构、程序编译、组成原理、数理逻辑、机器学习等内容中,很多名词、概念、算法、程序等理解起来都有一定的难度。作者建议教学中讲授计算科学的核心知识"有什么",不要讨论"为什么",这是后续专业课程的要求。

(5) 编程语言。本书对算法的说明和实现采用 Python 编程语言。考虑到读者不一定学习过 Python 编程语言,书中的程序案例都进行了详细的语法注释和算法说明,这些注释的目的是帮助读者快速理解程序。在实际工程中,程序注释不需要说明语法规则和算法思想,而是说明程序意图或语句参数,增强程序的易读性和可维护性。

(6) 教学资源。本书提供了大量课程教学资源,如教学大纲、PPT 教学课件、习题参考答案、程序代码、技术资料、教学参考文档等,这些教学资源可在清华大学出版社网站下载:http://www.tup.tsinghua.edu.cn/。

致谢

本书由易建勋(长沙理工大学)、刘珺(河南工程学院)编著,邓江沙、唐良荣、廖寿丰、周玮等老师在本书写作中提供了很多帮助,作者非常感谢他们的帮助。

尽管作者非常认真努力地写作,但水平有限,书中难免有疏漏之处,或者存在以偏概全的讨论,恳请各位同仁和读者批评指正。

作 者

2021 年 10 月 22 日

目 录

第一部分 核 心 知 识

IV

VII

第一部分
核心知识

第1章 计算工具和计算科学

人类一直在追求实现自动计算的梦想,并为此进行了不懈努力,但是关于自动计算的理论和机器设计直到 20 世纪才取得突破性成果。本章主要从"演化"的计算思维概念出发,讨论计算技术的发展历程、人机界面的演变,以及计算科学的基本特征。

1.1 计算机的发展

计算机的产生和发展经历了漫长的历史进程,在这个过程中,科学家们经过艰难探索,发明了各种各样的计算机器,推动了计算技术的发展。从总体来看,**计算机的发展经历了计算工具→计算机器→现代计算机→微型计算机四个历史阶段。**

1.1.1 早期的计算工具

1. 人类最早的计算工具

人类最早的计算工具也许是手指(见图 1-1(a))和脚趾,因为这些计算工具与生俱来,无须任何辅助设施。但是手指和脚趾只能实现计算,不能存储,而且局限于 1~20 的计算。

人类最早保存数字的方法有结绳(见图 1-1(b))和刻痕。1937 年,在捷克东部摩拉维亚(Moravia)地区,人们发现了一根 40 万年前(旧石器时代)幼狼的前肢骨,有 7 英寸长,上面"逢五一组",有 55 道很深的刻痕,这是迄今为止发现的人类最早的计算工具。1963 年,在山西朔县峙峪遗址出土了 2.8 万年前的一些兽骨,这些兽骨上刻有条痕,且有"分组"的特点(见图 1-1(c)),说明当时人们对数目已经有了一定的认识。

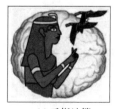 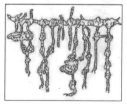 

(a) 手指计算   (b) 结绳记数   (c) 刻痕记数

图 1-1 人类早期的记数和计算工具

2. 十进制记数法

世界古代记数体系中,除巴比伦文明的楔形数字为六十进制、玛雅文明为二十进制外,几乎全部为十进制。5400 年前,古埃及已有十进制记数法,但是 1~10 只有两个数字符号,而且没有"位值"(同一个数字符号位置不同时,表示的值不同)的概念。

陕西半坡遗址(距今大约 6000 年)出土的陶器上,已经辨认的数字符号有"五、六、七、八、十、二十"等。商朝时,已经有了比较完备的文字记数系统。商代甲骨文中,已经有了一、二、三、四、五、六、七、八、九、十、百、千、万这 13 个记数单字。在商代一片甲骨文上可以看到将"547 天"记为"五百四旬又七日",这是最早表明中国人使用十进制记数法和"位值"概念的典型案例。

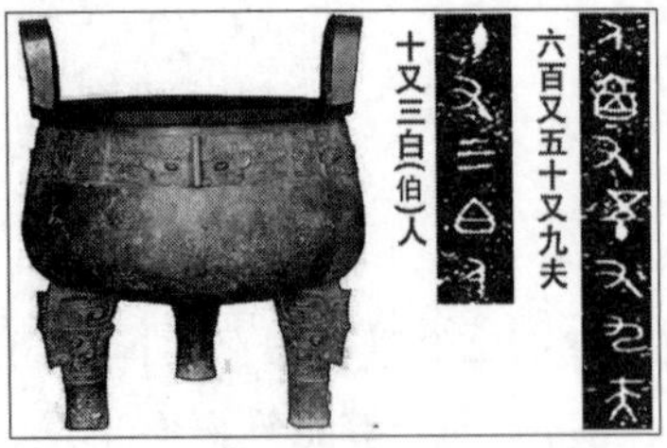

中国周代(距今 3200 年)时十进制有了明显的"位值"概念。图 1-2 所示西周早期青铜器大盂鼎铭文记载:"自驭至于庶人,六百又五十又九夫,易(注:赐)尸司王臣十又三白(注:伯)人,千又五十夫"。另外,根据小盂鼎铭文记载:"伐鬼方□□□三人获馘(读[guó],首级)四千八百[又]二馘。俘人万三千八十一人。俘马□□匹。俘车卅辆。俘牛三百五十五牛"。这里的三、五等数都具有"位值"记数功能。

图 1-2 西周青铜器大盂鼎及铭文
(公元前 1045 年)

3. 算筹

算筹是中国古代最早的计算工具之一,成语"运筹帷幄"中的"筹"就是指算筹。南北朝科学家祖冲之(429—500 年)借助算筹作为计算工具,成功地将圆周率计算到了 3.141 592 6～3.141 592 7。算筹可能起源于周朝,在春秋战国时已经非常普遍了。根据史书记载和考古材料发现,古代算筹实际上是一些长短和粗细差不多的小棍子。

4. 九九乘法口诀

中国使用"九九乘法口诀"(简称"九九表")的时间较早,在《荀子》《管子》《战国策》等古籍中,能找到"三九二十七""六八四十八""四八三十二""六六三十六"等语句。可见早在春秋战国时期,九九表已经开始流行了。九九表广泛用于筹算中进行乘法、除法、开方等运算,到明代改良用在算盘上。如图 1-3(a)所示,中国发现最早的九九表实物是湖南湘西出土的秦简木椟,上面详细记录了九九乘法口诀。与今天的乘法口诀不同,秦简上的九九表不是从"一一得一"开始,而是从"九九八十一"开始,到"二半而一"结束,如图 1-3(b)所示。

(a) 现存最古老的"九九表"秦代木椟(公元前221年—公元前206年)　　(b) "九九表"木椟译文

二三而六	三三而九	二四而八	四四十二	二五而十	三五十五

图 1-3 古代"九九乘法口诀表"

九九表是早期算法之一,它的特点是:只用一到十这 10 个数符;包含了乘法的交换性,如只需要"八九七十二",不需要"九八七十二";只有 45 项口诀。

位值的概念和九九表后来传入高丽、日本等国家。经过丝绸之路,又传到印度、波斯,继而流行全世界。**十进制位值概念和九九表算法是古代中国对世界文化的重要贡献。**

5. 算盘

"算盘"一词并不专指中国的穿珠算盘。从文献资料看,许多文明古国都有过各种形式的算盘,如古希腊的算板、古印度的沙盘等。但是,它们的影响和使用范围都不及中国发明的穿珠算盘。从计算技术角度看,算盘主要有以下进步:一是建立了一套完整的算法规则,如"三下五去二"(类似于算法伪代码);二是具有临时存储功能(类似于现在的内存),能连续运算;三是出现了五进制,如上档一珠当五;四是使用方便,工作可靠。2013 年,中国穿珠算盘被联合国公布为人类非物质文化遗产。

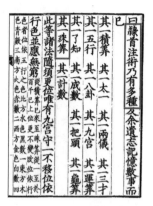

图 1-4 《数术记遗》记载的计算工具

中国算盘起源于何时?珠算专家华印椿认为是由算筹演变而来,也有外国学者认为中国算盘由古希腊算板演变而来,但是至今没有定论。"珠算"一词最早见于东汉三国时期徐岳《数术记遗》一书(见图 1-4),书中所述:"劉會稽(注:刘洪,129—210 年)博學多聞,偏于數學⋯⋯隸首注術,乃有多種,⋯⋯其一珠算"。

1.1.2 中世纪的计算机

算盘作为主要计算工具流行了相当长一段时间,直到 17 世纪,欧洲科学家兴起了研究计算机器的热潮。当时,法国数学家笛卡儿(Rene Descartes)曾经预言:总有一天,人类会造出一些举止与人一样的"没有灵魂的机械"来。

1. 机器计算的萌芽

1614 年,苏格兰数学家约翰•纳皮尔(John Napier)发明了对数,对数能够将乘法运算转换为加法运算。他还发明了简化乘法运算的纳皮尔算筹。

1623 年,德国的谢克卡德(Wilhelm Schickard)教授在给天文学家开普勒(Kepler)的信中设计了一种能做四则运算的机器(注:没有实物佐证)。

1630 年,英国的威廉•奥传德(Willian Oughtred)发明了圆形计算尺。

2. 帕斯卡加法机

1642 年,法国数学家帕斯卡(Blaise Pascal)制造了第一台能进行 6 位十进制加法运算的机器,如图 1-5 所示,并发明了补码运算的方法,该机器在巴黎博览会展出期间引起了轰动。**加法机发明的意义远远超出了机器本身的使用价值,它证明了以前认为需要人类思维的计算过程完全能够由机器自动化实现**,从此欧洲兴起了制造"思维工具"的热潮。帕斯卡发明的加法机没有存储器,也不能进行编程控制。

图 1-5 帕斯卡发明的加法机和它的内部齿轮结构

计算工具和计算科学

3. 莱布尼茨的二进制思想

1694 年，德国科学家莱布尼茨（Gottfried Wilhelm Leibniz）研制了一台机器，这台机器能够驱动轮子和滚筒执行更复杂的加、减、乘、除运算，如图 1-6(a)所示。莱布尼茨还迷上了定理证明的自动逻辑推理。莱布尼茨描述了一种能够解代数方程的机器，并且能够利用这种机器生成逻辑上的正确结论。他希望这台机器可以使科学知识的产生变成全自动的推理演算过程，这反映了现代数理逻辑的演绎和证明的思想。

(a) 莱布尼茨四则运算机器(1679年)　　(b) 莱布尼茨二进制运算手稿

图 1-6　莱布尼茨四则运算机器和二进制运算手稿

1679 年，莱布尼茨在《1 与 0，一切数字的神奇渊源》的论文中断言：**二进制是具有世界普遍性的、最完美的逻辑语言**。1701 年，他写信给在北京的神父闵明我（Domingo Fernández de Navarrete）和白晋（Joachim Bouvet），告知他们，自己发明的二进制可以解释中国《周易》中的阴阳八卦，莱布尼茨希望引起他心目中"算术爱好者"康熙皇帝的兴趣。莱布尼茨的二进制具有四则运算功能（见图 1-6(b)），而八卦没有运算功能。

1726 年，英国小说家斯威夫特（Jonathan Swift）在《格列佛游记》中描述了一台名叫 Engine（引擎）的机器，小说中将这台机器放在拉普他（Laputa）岛。斯威夫特描述道："运用实际而机械的操作方法来改善人的思辨知识""最无知的人，只要适当付点学费，再出一点点体力，就可以不借助于任何天才或学力，写出关于哲学、诗歌、政治、法律、数学和神学的书来"。可见斯威夫特对机器计算的未来寄予了美好的期待。

4. 巴贝奇自动计算机器

（1）差分机的设计制造。18 世纪末，法国数学界组织了大批数学家，经过长期的艰苦奋斗，终于完成了 17 卷《数学用表》的编制。但是手工计算的数据表格出现了大量错误，这件事情强烈刺激了英国剑桥大学的著名数学家查尔斯·巴贝奇（Charles Babbage，见图 1-7(a)）。巴贝奇经过整整 10 年的反复研制，1822 年，第一台差分机终于研制成功，如图 1-7(b)所示，差

(a) 计算机之父——巴贝奇(1791—1871年)　　(b) 巴贝奇差分机现代复原模型

图 1-7　巴贝奇和差分机现代复原模型

分机由英国政府出资,工匠克里门打造,估计有 25 000 个零件,重达 4t。差分机是一种专门用来计算特定多项式函数值的机器,"差分"的含义是将函数表的复杂计算转换为差分运算,用简单的加法代替平方运算。差分机专用于编制三角函数表、航海计算表等。1862 年,伦敦世博会展出了巴贝奇的差分机,差分机是现代计算机设计的先驱。

(2)分析机的基本结构。1837 年,巴贝奇辞去了剑桥大学的教授职务,开始专心设计一种由程序控制的通用分析机。巴贝奇的朋友爱达·洛夫莱斯(Ada Lovelace,英国诗人拜伦之女,以下简称爱达)女士在描述分析机时说:"我们可以毫不过分地说,分析机编织的代数图案就像杰卡德(Jacquard)提花机编织的鲜花和绿叶一样"。在我们看来,这里蕴含了比差分机更多的创造性。**分析机是第一台通用型计算机**,它具备了现代计算机的基本特征。分析机采用蒸汽机做动力,驱动大量齿轮机构进行计算工作。分析机由四部分组成:第一部分是存储器,巴贝奇称其为"堆栈"(Stack),存储器采用齿轮式寄存器保存数据,大约可以存储 1000 个 50 位的十进制数;第二部分是运算器,巴贝奇命名为"工场"(Mill),它包含一个算术运算单元,可以进行四则运算、比较、求平方根等运算;第三部分是输入和输出部分,分析机采用穿孔卡片读卡器进行程序输入,采用打孔输出数据;第四部分是进行程序控制的穿孔卡片,分析机采用与杰卡德提花机类似的穿孔卡片作为程序载体,用穿孔卡片上有孔或无孔来表示一个位的值,它可以运行"条件""转移""循环"等语句,程序类似于今天的汇编语言。分析机的设计理论非常先进,它是现代程序控制计算机的雏形。遗憾的是这台分析机直到巴贝奇去世也没有制造出来,巴贝奇因此家财散尽,声名败落,贫困潦倒而终。

(3)巴贝奇对计算机发明的贡献。分析机的设计思想非常具有前瞻性,在当今计算机系统中依然随处可见。如:采用通用型计算机设计,而非专用机器(差分机是专用机器);核心引擎采用数字式设计,而非模拟式设计;软件与硬件分离设计(通过穿孔卡片编程),而非软件与硬件一体化设计(如 ENIAC 通过导线和开关编程)。巴贝奇还写作了世界上第一部计算科学专著《分析机概论》。图灵在《计算机器与智能》一文中评价道:"**分析机实际上是一台万能数字计算机**"。巴贝奇以他天才的思想,划时代地提出了类似于现代计算机的逻辑结构,他因此被人们公认为计算机之父。分析机将抽象的代数关系看成可以由机器实现的实体,而且可以机械地操作这些实体,最终通过机器得出计算结果。这实现了最初由亚里士多德和莱布尼茨描述的"形式的抽象和操作"。

5. 布尔与数理逻辑

英国数学家乔治·布尔(George Boole)终身没有接触过计算机,但他的研究成果却为现代计算科学提供了重要的数学方法。布尔在《逻辑的数学分析》和《思维规律的研究——逻辑与概率的数学理论基础》两部著作中建立了一个完整的二进制代数理论体系。

布尔的贡献在于:第一,将亚里士多德的形式逻辑转换成了一种代数运算,实现了莱布尼茨对逻辑进行代数演算的设想;第二,用 0 和 1 构建了二进制代数系统(布尔代数),为现代计算领域提供了数学方法;第三,用二进制语言描述和处理各种逻辑命题,将人类的逻辑思维简化为二进制代数运算,推动了现代数理逻辑的发展。

1.1.3 现代计算机的发展

1. 现代计算科学先驱

现代计算机是指利用电子技术代替机械或机电技术的计算机,现代计算机经历了 80 多年的发展,其中最重要的代表人物有英国科学家阿兰·图灵(Alan Mathison Turing,见图 1-8(a))和美籍匈牙利科学家冯·诺依曼(John von Neumann,见图 1-8(b)),图灵是计算科学理论的创始人,冯·诺依曼是计算科学工程技术的先驱人物。ACM(Association for Computing Machinery,国际计算机协会)1966 年设立了"图灵奖",奖励那些对计算科学做出重要贡献的个人;IEEE(Institute of Electrical and Electronics Engineers,国际电子和电气工程师协会)于 1990 年设立了"冯·诺依曼奖",表彰在计算科学和工程技术领域具有杰出成就的科学家。

(a)阿兰·图灵(1912—1954年)　　　　　(b)冯·诺依曼(1903—1957年)

图 1-8　阿兰·图灵和冯·诺依曼

　　计算科学家查尔斯·彼特兰德(Charles Petzold)曾经中肯地评论道:"阿兰·图灵是一个典型内向的人,而冯·诺依曼则是一个典型外向的人。我觉得他们对于计算科学的贡献与他们的个性有着惊人的相似。图灵可以专注于非常困难的问题,并且他有很强的原创性和巧妙的思维,但是我并不认为他是一个很好的组织者。相比之下,冯·诺依曼具有强烈的个性,他可以综合不同来源的各种想法,并且合理地组织在一起。正是图灵的可计算性论文帮助冯·诺依曼理清了计算科学本质的想法,但是,冯·诺依曼才是那个把想法有效实现在现实世界中的人"。

2. 第一台现代电子数字计算机 ABC

　　第一台现代电子数字计算机是 ABC(Atanasoff-Berry Computer,阿塔纳索夫-贝瑞计算机),它是爱荷华州立大学物理系副教授阿塔纳索夫(John Vincent Atanasoff)和他的研究生克利福特·贝瑞(Clifford Berry),在 1939—1942 年研制成功的第一代样机,如图 1-9 所示。1990 年,阿塔纳索夫因此在美国获得了"国家科技奖"。

图 1-9　ABC 计算机复原模型(1942 年)

　　ABC 计算机采用二进制电路;存储系统采用不断充电的电容器,具有数据记忆功能;输入系统采用了 IBM 公司的穿孔卡片;输出系统采用高压电弧烧孔卡片。通过 ABC 的设计,阿塔纳索夫提出了现代计算机设计最重要的三个基本原则。

　　(1)以二进制方式实现数字运算和逻辑运算,以保证运算精度;

　　(2)利用电子技术实现控制和运算,以保证运算速度;

　　(3)采用计算功能与存储功能的分离结构,以简化计算机设计。

3. ENIAC 计算机

1946 年，宾夕法尼亚大学莫尔学院 36 岁的莫克利（John Mauchly）教授和他的学生埃克特（Presper Eckert），成功地研制出了 ENIAC 计算机，如图 1-10 所示。ENIAC 采用 18 000 多个电子管、10 000 多个电容器、7000 个电阻、1500 多个继电器，耗电 150kW、质量达 30t，占地面积 170m²。ENIAC 虽然不是第一台电子计算机，但是在计算机的发展历史中影响很大。

莫克利在设计 ENIAC 之前拜访过阿塔纳索夫，并一起讨论过 ABC 计算机的设计经验，阿塔纳索夫将 ABC 的设计笔记送给了莫克利。因此莫克利在 ENIAC 设计中采用了全电子管电路，但是没有采用二进制。ENIAC 的程序采用外插线路连接，以拨动开关和交换插孔等形式实现。ENIAC 没有存储器，只有 20 个 10 位十进制数的寄存器。输入/输出设备有穿孔卡片、指示灯、开关等。ENIAC 做一个 2s 的运算，需要两天时间进行准备工作，为此埃克特与同事们讨论过"存储程序"的设计思想，遗憾的是没有形成文字记录。

图 1-10　ENIAC 计算机（1946 年）

4. 冯·诺依曼与 EDVAC 计算机

1944 年，冯·诺依曼专程到莫尔学院参观了还未完成的 ENIAC 计算机，并参加了为改进 ENIAC 而举行的一系列专家会议。冯·诺依曼对 ENIAC 计算机的不足之处进行了认真分析，并讨论了全新的存储程序通用计算机设计方案。当军方要求设计一台比 ENIAC 性能更好的计算机时，他提出了 EDVAC 计算机设计方案。

1945 年，冯·诺依曼发表了计算科学史上著名的论文——*First Draft of a Report on the EDVAC*（EDVAC 计算机报告的第一份草案），这篇手稿为 101 页的论文，称为"101 报告"。在 101 报告中，**冯·诺依曼提出了计算机的五大结构，以及存储程序的设计思想**，奠定了现代计算机的设计基础。一份未署名的 EDVAC 计算机系统结构设计草图如图 1-11 所示。

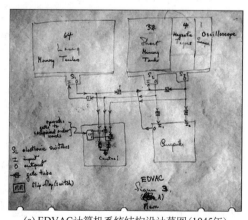

(a) EDVAC 计算机系统结构设计草图（1945 年）

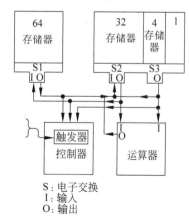

(b) 重新绘制的 EDVAC 计算机系统结构设计草图

图 1-11　EDVAC 计算机系统结构设计草图

计算工具和计算科学

1952年，EDVAC计算机投入运行，它主要用于核武器计算。EDVAC的改进主要有两点：一是为了充分发挥电子元件高速性能采用了二进制；二是把指令和数据都存储起来，让机器自动执行程序。EDVAC利用水银延时线作为内存，可以存储1000个44位的字，用磁鼓作辅存，它具有加、减、乘和软件除的功能，运算速度比ENIAC提高了240倍。

5. IBM System 360 计算机

1964年，IBM公司设计的IBM System 360是最经典的现代计算机产品（见图1-12），它包含了多项技术创新。IBM System 360采用晶体管和集成电路作为主要器件；它开发了

经典的分时操作系统IBM OS/360，可以在一台主机中运行多道程序；它是第一台可以仿真其他计算机的机器；它第一次开始了计算机产品的通用化、系列化设计，从IBM System 360开始有了兼容的重要概念；它解决了并行二进制计算和串行十进制计算的矛盾；它的寻址空间达到了 $2^{24}=16MB$，这在当时看来就是一个天文数字。

图1-12 IBM System 360 计算机
（1964 年）

开发IBM System 360是世界历史上最大的一次豪赌。为了研发这台计算机，IBM公司征召了6万多名新员工，创建了5座新工厂，耗资50亿美元（十多年前研制原子弹的"曼哈顿工程"才花费了20亿美元），历时5年时间进行研制，而出货时间不断延迟。IBM System 360的硬件结构设计师是阿姆达尔（Gene Amdahl），操作系统总负责人是布鲁克斯（Frederick P. Brooks，1999年获图灵奖），参加项目的软件工程师超过2000人，编写了将近100万行的源程序代码。布鲁克斯根据项目开发经验，写作了《人月神话：软件项目管理之道》一书，记述了人类工程史上一项里程碑式大型复杂软件系统的开发经验。

现代计算机诞生后，基本元器件经历了电子管、晶体管、中小规模集成电路、大规模和超大规模集成电路四个发展阶段（有专家认为它们是四代计算机）。计算机的运算速度显著提高，存储容量大幅增加。同时，软件技术也有了较大发展，出现了操作系统、编译系统、高级程序设计语言、数据库等系统软件，计算机应用开始进入许多领域。

1.1.4 微型计算机的发展

1. 早期微机研究

现代计算机的普及得益于台式微机的发展。微机（Microcomputer）的研制起始于1970年，早期产品有1971年推出的Kenbak-1，这台机器没有微处理器和操作系统。1973年推出的Micral-N微机第一次采用微处理器（Intel 8008），它同样没有操作系统，而且销量极少。1975年，施乐公司的泰克（Charles P. Thacker）设计了第一台桌面微机Alto（奥拓）。这台微机具备大量创新元素，它包括显示器、图形用户界面、鼠标，以及"所见即所得"的文本编辑器等。机器成本为1.2万美元，遗憾的是当时没有进行量产化推广。

2. 牛郎星微机 Altair 8800

1975年MITS公司推出的Altair 8800（牛郎星）是第一台量产化的通用型微机，如

图 1-13 所示。最初的 Altair 8800 微机包括一个 Intel 8080 微处理器、256 字节存储器（后来增加为 64KB）、一个电源、一个机箱和有大量开关和显示灯的面板。Altair 8800 微机售价为 395 美元，与当时大型计算机相比非常便宜，牛郎星立即轰动了市场。

MITS Altair 8800
生产日期：1975年
售价：$395
CPU：Intel 8080 2MHz
内存：64KB
显示：LED
主板：16插槽
外存：8"软驱（另配）
操作系统：CP/M BASIC

图 1-13　MITS Altair 8800 微机

牛郎星微机发明人爱德华·罗伯茨（Edward Roberts）是业余计算机爱好者，他拥有电子工程学位。牛郎星微机非常简陋，它既无输入数据的键盘，也没有输出计算结果的显示器。插上电源后，使用者需要用手拨动面板上的开关，将二进制数 0 或 1 输进机器。计算完成后，面板上几排小灯忽明忽灭，用发出的灯光信号表示计算结果。

牛郎星完全无法与当时的 IBM System 360、PDP-8 等计算机相比，牛郎星更像是一台简陋的游戏机，它只能勉勉强强算是一台计算机。现在看来，正是这台简陋的 Altair 8800 微机，掀起了一场改变整个计算机世界的革命。它的一些设计思想直到今天也具有重要的指导意义，如：**开放式设计思想**（如开放系统结构、开放外设总线等）、**微型化设计方法**（如追求产品的短小轻薄）、OEM **生产方式**（如部件定制、贴牌生产等）、**硬件与软件分离的经营模式**（早期计算机硬件和软件由同一厂商设计）、**保证易用性**（如非专业人员使用、DIY）等。牛郎星的发明造就了一个完整的微机工业体系，并带动了一批软件开发商（如微软公司）和硬件开发商（如苹果公司）的成长。

3. 苹果微机 Apple Ⅱ

在牛郎星微机获得市场追捧的影响下，1976 年，青年计算机爱好者斯蒂夫·乔布斯（Steve Jobs）和斯蒂夫·沃兹尼亚克（Steve Wozniak）凭借 1300 美元，在家庭汽车库里开发出了 Apple Ⅰ 微机。1977 年，乔布斯推出了经典机型 Apple Ⅱ，如图 1-14 所示，机器在市场大受欢迎，计算机产业从此进入了发展史上的黄金时代。

Apple Ⅱ 微机采用摩托罗拉（Motorola）公司

图 1-14　Apple Ⅱ 微机

M6502 芯片作为 CPU（Central Processing Unit，中央处理单元），整数加法运算速度为 50 万次/秒。它有 64KB 动态随机访问存储器（DRAM）、16KB 只读存储器（ROM）、8 个插槽的主板、一个键盘、一台显示器，以及固化在 ROM 芯片中的 BASIC 语言，售价为 1300 美元。Apple Ⅱ 微机风靡一时，成为当时市场上的主流微机。1978 年，苹果公司股票上市，3 周内股票价格达到 17.9 美元，股票总值超过了当时的福特汽车公司。

4. 个人计算机 IBM PC 5150

微机发展初期，大型计算机公司对它不屑一顾，认为那只是计算机爱好者的玩具而已。

计算工具和计算科学

但是苹果公司 Apple Ⅱ 微机在市场取得的极大成功,以及由此而引发的巨大经济利益,使得大型计算机公司 IBM 开始坐立不安。

1981 年,IBM 公司推出了第一台 16 位个人计算机 IBM PC 5150(见图 1-15)。IBM 公司将这台计算机命名为 PC(Personal Computer,个人计算机)。微机终于突破了只为个人计算机爱好者使用的局面,迅速普及到工程技术领域和商业领域。

IBM PC 微机继承了开放式系统设计思想,IBM 公司公开了除 BIOS(Basic Input Output System,基本输入/输出系统)之外的全部技术资料,并通过分销商传递给最终用户,这一开放措施极大地促进了微机

图 1-15　IBM PC 5150 微机

的发展。IBM PC 微机采用了总线扩充技术,并且放弃了总线专利权。这意味着其他公司也可以生产同样总线的微机,这给兼容机的发展开辟了巨大空间。

1.2　计算机的类型

计算机工业的迅速发展,导致了计算机类型的一再分化。从产品组成部件来看,计算机主要采用半导体集成电路芯片;从产品形式来看,主要以 PC 作为市场典型产品。

1.2.1　类型与特点

1. 计算机的定义

现代计算机(Computer)是一种在程序控制下,自动进行通用计算,并且具有数字化信息存储和处理能力的电子设备。

计算机由硬件系统和软件系统两大部分组成。硬件系统由一系列电子元器件按照设计的逻辑关系连接而成,硬件是计算机系统的物质基础;软件系统由操作系统和各种应用软件组成,软件系统管理和控制硬件设备按照预定的程序运行和工作。

2. 计算机的类型

计算机产业发展迅速,技术不断更新,性能不断提高。因此,很难对计算机进行精确的类型划分。如果按照目前计算机产品的市场应用,大致可以分为大型计算机、微型计算机、嵌入式计算机等类型,如图 1-16 所示。

3. 各种类型计算机的特点

(1) 大型计算机体积较大,大型计算机由多台机架式 PC 服务器联网组成,主要用于计算密集型领域。大型计算机一般采用 Linux 操作系统,软件平台采用并行计算。大型计算机由于投资大、运行能耗大、计算任务复杂,因此要求其计算速度快、利用率高。

(2) 微机体积较小,价格便宜,应用领域非常广泛。台式微机大多采用 Windows 操作系统;平板计算机的操作系统有 iOS、Android(安卓)等。微机通用性较强,因此要求价格便宜,易用性好。

(3) 嵌入式计算机中,智能手机是近年发展起来的一种智能移动计算设备。操作系统主要采用 Android 和 iOS 等。由于智能手机受体积大小的限制,因此要求其发热小,以节约

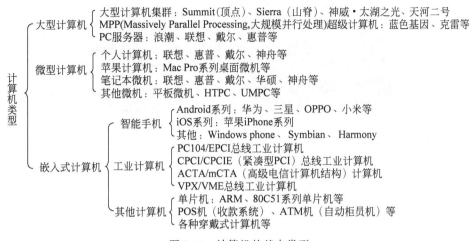

图 1-16　计算机的基本类型

电能。工业计算机大部分是嵌入式系统,这些计算机大多安装在专用设备内,大小不一,专用性较强。嵌入式计算机由于使用环境恶劣、维护困难,因此对可靠性要求较高。

1.2.2　大型计算机

1. 计算机集群技术

大型计算机主要用于科学计算、军事、通信、金融等大型计算项目等。在超级计算机设计领域,计算机集群的价格只有专用大型计算机的几十分之一,因此世界 500 强(TOP500)计算机大都采用集群结构,只有极少数大型计算机采用专用结构。

计算机集群(Cluster)技术是将多台(几台到上万台)独立计算机(PC 服务器),通过高速局域网组成一个机群,并以单一系统模式进行管理,使多台计算机像一台超级计算机那样统一管理和并行计算。集群中运行的单台计算机并不一定是高档计算机,但集群系统却可以提供高性能不停机服务。集群中每台计算机都承担部分计算任务,因此整个系统的计算能力非常高。同时,集群系统具有很好的容错功能,当集群中某台计算机出现故障时,系统可将这台计算机进行隔离,并通过各台计算机之间的负载转移机制,实现新的负载均衡,同时向系统管理员发出故障报警信号。

计算机集群大多采用 Linux(TOP500 占 99%)和集群软件实现并行计算,集群的扩展性很好,可以不断向集群中加入新计算机。集群提高了系统可靠性和数据处理能力。

2. "天河二号"超级计算机

如图 1-17 所示为我国国防科技大学研制的"天河二号"(Tianhe-2)超级计算机,2020 年世界 500 强计算机第 6 名。天河二号峰值计算速度为 61 445TFLOPS(万亿次浮点运算每秒),CPU 核芯 4 981 760 个。天河二号系统占地面积达 $720m^2$,整机功耗 17.8MW。

天河二号共有 16 000 个计算节点,安装在 125 个机柜内;每个机柜容纳 4 个机框,每个机框容纳 16 块主板,每个主板有 2 个计算节点;每个计算节点配备 2 个 Intel Xeon E5 12 核心的 CPU,3 个 Xeon Phi 57 核心的协处理器(运算加速卡)。累计 3.2 万个 Xeon E5 主处理器(CPU)和 4.8 万个 Xeon Phi 协处理器,共 312 万个计算核心。

天河二号每个计算节点有 64GB 主存,每个协处理器板载 8GB 内存,因此每节点共有

(a) 天河二号   (b) 研发人员

图 1-17   "天河二号"超级计算机集群系统

88GB 内存,整体内存总计为 1.37PB。磁盘阵列容量为 12.4PB。天河二号使用光电混合网络传输技术,由 13 个大型路由器通过 576 个连接端口与各个计算节点互联。天河二号采用麒麟操作系统(基于 Linux 内核)。

3. PC 服务器

PC 服务器是性能和可靠性增强的 PC,它是组成大型计算机集群的核心设备。PC 服务器有机箱式、刀片式和机架式。机箱式服务器体积较大,便于今后扩充硬盘等 I/O(Input/Output,输入/输出)设备(见图 1-18(a));刀片式服务器结构紧凑,但是散热性较差(见图 1-18(b));机架式服务器体积较小,尺寸标准化,便于在机柜中扩充。PC 服务器一般运行在 Linux 或 Windows Server 操作系统下,软件和硬件上都与 PC 兼容。PC 服务器往往采用高性能 CPU(如"至强"系列 CPU),甚至采用多 CPU 结构。内存容量一般较大,而且要求具有 ECC(Error Correcting Code,错误校验)功能。硬盘也采用支持热拔插的硬盘或者固态盘。大部分服务器需要全年不间断工作,因此往往采用冗余电源、冗余风扇。PC 服务器主要用于网络服务,对多媒体功能没有要求,但是对数据处理能力和系统稳定性有很高要求。

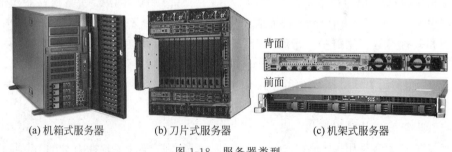

(a) 机箱式服务器   (b) 刀片式服务器   (c) 机架式服务器

图 1-18   服务器类型

1.2.3   微型计算机

1. 台式 PC 系列计算机

大部分个人计算机采用 Intel 公司 CPU 作为核心部件,凡是能够兼容 IBM PC 的计算机产品都称为"PC"。目前台式计算机基本采用 Intel 和 AMD 公司的 CPU 产品,这两个公司的 CPU 兼容 Intel 公司早期的 80x86 系列 CPU 产品,因此也将采用这两家公司 CPU 产品的计算机称为 x86 系列计算机。

台式 PC 应用广泛,应用软件也最为丰富,PC 有很好的性价比。目前,PC 在计算领域取得了巨大的成功,**PC 成功的原因是拥有海量应用软件,以及优秀的兼容能力,而低价高性能在很长一段时间里都是 PC 的市场竞争法宝。**

2. 笔记本计算机

笔记本计算机主要用于移动办公,具有短小轻薄的特点。笔记本计算机在软件上与台式计算机完全兼容,硬件上虽然按 PC 设计规范制造,但受到体积限制,不同厂商之间的产品不能互换,硬件兼容性较差。笔记本计算机与台式机在相同配置下,笔记本计算机的性能要低于台式计算机,价格也要高于台式计算机。笔记本计算机屏幕在 10～15 英寸,重量在 1～3kg,笔记本计算机一般具有无线通信功能。

3. 平板计算机

平板计算机(Tablet PC)最早由微软公司于 2002 年推出。平板计算机是一种小型、方便携带的个人计算机。目前平板计算机最典型的产品是苹果公司的 iPad。平板计算机在外观上只有杂志大小,目前主要采用苹果和安卓操作系统,它以触摸屏作为基本操作设备,所有操作都通过手指或手写笔完成,而不是传统键盘或鼠标。平板计算机一般用于阅读、上网、简单游戏等。平板计算机的应用软件专用性强,这些软件不能在台式计算机或笔记本计算机上运行,普通计算机上的软件也不能在平板计算机上运行。

1.2.4 嵌入式计算机

1. 嵌入式计算机的特征

嵌入式系统是一个外延极广的名词,凡是与工业产品结合在一起,并且具有计算机控制的设备都可以称为嵌入式系统。嵌入式计算机是为特定应用而设计的专用计算机,"嵌入"的含义是将计算机设计和制造在某个设备的内部。

计算机是嵌入式系统(或产品)的核心控制部件,大部分嵌入式计算机不具备通用计算机的外观形态。例如,没有通用的键盘和鼠标,一般通过开关、按钮、专用键盘、触摸屏等进行操作。嵌入式计算机以应用为中心,计算机的硬件和软件根据需要进行裁剪,以适用产品的功能、性能、可靠性、成本、体积、功耗等特殊要求。嵌入式计算机一般由微处理器(CPU)、硬件设备、嵌入式操作系统以及应用程序四部分组成。

2. 工业计算机

工业计算机是指采用工业总线标准结构的计算机,它广泛用于工业、军事、商业、农业、交通等领域,主要用于过程控制和过程管理。

(1)工业计算机的类型。工业计算机的发展经历了:1978 年的 STD(Standard Data Bus,标准数据总线)工业计算机,1992 年的 PC104 总线工业计算机,1994 年的 CompactPCI(紧凑型 PCI)总线工业计算机(见图 1-19(a)),以及目前的 CompactPCIE(紧凑型 PCI-E 标准)工业计算机、VPX(VME 国际贸易协会标准)工业计算机(见图 1-19(b))、AdvancedTCA(先进电信计算机结构标准)工业计算机(见图 1-19(c))等。

(2)工业计算机的特点。工业计算机往往工作在粉尘、烟雾、高/低温、潮湿、震动、腐蚀等环境中,因此对系统可靠性要求很高。工业计算机需要对工作状态的变化给予快速响应,因此对实时性也有严格要求。工业计算机有很强的输入/输出功能,可扩充符合工业总线标准的板卡,完成工业现场的参数监测、数据采集、设备控制等任务。

(3)工业计算机的发展趋势。工业计算机总线标准繁多,产品兼容性不好。早期工业计算机往往采用专用硬件结构、专用软件系统、专用网络系统等技术。目前工业计算机越来越 PC 化,例如,采用 x86 系列 CPU(如 Intel、AMD 公司的 CPU),采用 PCI-E(Peripheral

(a) CompactPCI总线军用计算机　　(b) VPX总线航空计算机　　(c) AdvancedTCA总线电信计算机

图1-19　常见工业计算机

Component Interconnect Express,高速串行传输标准)总线,采用主流操作系统(如 Linux、Windows),采用工业以太网(如支持 TC/IP 网络协议),支持主流语言设计语言(如 C、C++、Java)等。

3. 智能手机

智能手机完全符合计算机关于"程序控制"和"信息处理"的定义,而且形成了丰富的应用软件(App)市场,目前智能手机是移动计算的最佳终端。智能手机作为一种大众化计算机产品,性能越来越强大,应用领域越来越广泛。

(1) 智能手机的发展。1992 年,苹果公司推出了第一个掌上微机 Newton(牛顿),它具有日历、行程表、时钟、计算器、记事本、游戏等功能,但是没有手机的通信功能。第一部智能手机 IBM Simon(西蒙)诞生于 1993 年,由 IBM 与 BellSouth 公司合作制造。它集当时的手提电话、个人数字助理(PDA)、传呼机、传真机、日历、行程表、世界时钟、计算器、记事本、电子邮件、游戏等功能于一身。IBM Simon 最大的特点是没有物理按键,完全依靠触摸屏操作,产品在当时引起了不小的轰动。国际电信联盟(International Telecommunication Union,ITU)发布的 2019 年度互联网调查报告表明,全球手机数达到了 72 亿台,智能手机大约 50 亿台。2019 年全球智能手机总销量为 14.1 亿台,相关统计数据表明,2019 年中国大陆智能手机出货量达到 3.7 亿台。

(2) 智能手机的功能。智能手机是指具有完整的硬件系统,独立的操作系统,用户可以自行安装第三方服务商提供的程序,并可以实现无线网络接入的移动计算设备。智能手机携带方便,并且为软件提供了性能强大的计算平台,因此是实现移动计算和普适计算的理想工具。很多信息服务可以在智能手机上展开,如:个人信息管理(如日程安排、任务提醒等)、网页浏览、微信聊天、交通导航、软件下载、商品交易、移动支付、视频播放、游戏娱乐等;结合 5G(第 5 代)移动通信网络的支持,智能手机已经成为一个功能强大,集通话、微信、网络接入、影视娱乐为一体的综合性个人计算设备。

1.3　计算技术的特征

1.3.1　计算技术的发展

计算机的发展历史中,有两个需求推动着计算技术的持续发展:一个是希望计算机运行速度更快(对硬件的需求);另一个是期望计算机提供的服务更加广泛(对软件的需求)。

1. 计算机硬件高速运算

计算机高速运算能力极大地提高了工作效率,把人们从浩繁的脑力劳动中解放出来。过去需人工旷日持久才能完成的计算任务,计算机瞬间就可完成。曾经有许多问题,由于计算量太大,数学家终其毕生精力也无法完成,使用计算机则可轻易解决。

【例 1-1】 古今中外的数学家对圆周率计算投入了毕生精力。中国魏晋时期数学家刘徽(约 225—295 年),用割圆术求得 π 的近似值,精确到了小数点后面 2 位。公元 500 年左右,我国古代数学家祖冲之将 π 值计算到了小数点后面 7 位,这个记录保持了 1000 多年。1706 年,英国数学家梅钦(John Machin)将 π 值计算到了小数点后面 100 位。1874 年,英国业余数学家山克斯(William Shanks)将圆周率 π 值计算到小数点后面 707 位,共花费了 15 年时间。

【例 1-2】 电子计算机的出现使 π 值计算有了突飞猛进的发展,1949 年,J. W. Wrench 和 L. R. Smith 使用 ENIAC 计算机计算出 π 的 2037 个小数位,用了 70h;5 年后,IBM NORC(海军兵器研究所)计算机只用了 13min,就算出了 π 的 3089 个小数位;1973 年,Jean Guilloud 和 Martin Bouyer 利用 CDC 7600 计算机发现了 π 的第 100 万个小数位;1989 年,哥伦比亚大学研究人员用克雷 2(Cray-2)和 IBM-3090/VF 巨型计算机,计算出 π 值小数点后 4.8 亿位;2010 年,雅虎公司研究员尼古拉斯·斯则(Nicholas Sze)采用"云计算"技术,利用 1000 台计算机同时计算,历时 23 天,将圆周率精确计算到小数点后 2000 万亿位。

由圆周率 π 值的计算过程可以看出,**计算机解决问题的速度越来越快**。

2. 计算机软件全面渗透

1958 年,《美国数学月刊》首次在出版物上使用"软件"这个术语。普林斯顿大学数学家约翰·杜奇(John Duchi)在文中写道:"如今的'软件'已包括精心设计的解释路径、编译器以及自动化编程的其他方面,对于现代电子计算机而言,其重要性丝毫不亚于那些由晶体管、转换器和线缆等构成的'硬件'"。但是,这种观点在当时并不普遍。

目前越来越多的企业依靠软件运行,软件颠覆了传统的行业结构,未来会有更多的传统行业会被软件瓦解。简单地说,**软件正在占领全世界**。软件是计算机产品中的关键部分,过去 60 多年里,软件已经从信息分析工具发展为一个独立产业。从计算专业角度看,软件产品包括:可以在计算机上运行的程序,程序运行过程中产生的各种数据和信息;从用户角度看,软件是可以改善工作和生活质量的信息或服务。

目前一些软件产品正在逐渐演化为某种服务,如云计算中的软件即服务(Software-as-a-Service,SaaS)。如通过智能手机提供各种网络在线服务,如游戏娱乐、消费购物、交通导航、股票投资等。软件公司几乎比任何传统工业时代的公司更强大、更有影响力。在大量应用软件驱动下,互联网发展迅速,并将对人们生活的各个方面引起革命性的变化。

计算机是一种相对而言比较便宜,而且功能强大的通用工具。我们讨论计算机应用领域时,总是顾此失彼,举一漏三。因为计算技术无论在传统的农业领域还是最新的科技领域都有相应的应用,应用范围也覆盖了农业、工业、科技、个人、社会和环境。

1.3.2 软件特征与类型

软件包括计算机系统中的程序和文档,它是一组能完成特定任务的二进制代码。

1. 软件的特性

(1) 软件是一种逻辑元素。软件是逻辑的而非物理的元素；软件是设计开发的，而不是生产制造的。虽然软件开发和硬件制造存在某些相似点，但二者有本质不同：**硬件产品的成本主要在于材料和制造工艺，软件产品的成本主要在于人们的开发设计**。

(2) 软件不会"磨损"。随着时间的推移，硬件会因为灰尘、震动、不当使用、温度超限，以及其他环境问题造成硬件损耗，使得失效率再次提高。通俗地说，硬件开始"磨损"了。软件不会受"磨损"问题的影响，但是软件存在退化问题。在软件生存周期里，软件将会面临变更，每次变更都可能引入新的错误。因此，不断变更是软件退化的根本原因。**磨损的硬件可以用备用部件替换，而软件不存在备用部件**。

(3) 构件的复用。目前大多数软件仍然是根据用户实际需求进行定制。在硬件设计中，构件复用是工程设计中通用的方法。而在软件设计中，大规模的软件复用还刚刚开始尝试。例如，图形用户界面中的窗口、下拉菜单、按钮等都是可复用构件。

2. 软件的类型

对于软件的分类，专家们没有达成统一的共识，大部分书籍将软件分为系统软件和应用软件两大类。计算科学专家普雷斯曼（Roger S. Pressman）按服务对象将软件分为以下七类。

(1) 系统软件。系统软件是一整套服务于其他程序的软件。某些系统软件（如程序编译器等）处理复杂但确定的信息结构，如 GCC(C、C++、Java、Objective-C、Go、FORTRAN、汇编等语言的编译器套件)、硬件设备驱动程序等；另一些系统软件主要处理不确定的数据，如 Windows、Linux、FreeBSD、Oracle(数据库)、Apache(网站服务器)、Exchange Server(邮件服务器)、Hadoop(分布式系统计算平台)、程序设计语言等。系统软件的特点是：与计算机硬件大量交互；用户经常使用；需要管理共享资源，调度复杂的进程操作；复杂的数据结构；多种外部接口等。

(2) 专业应用软件。应用软件是解决特定业务的独立程序，它主要处理商务或技术数据，以协助用户的业务操作和管理。除了传统的数据处理程序，如教学管理信息系统、财务管理系统等，专业应用软件也用于业务的实时控制、实时制造过程控制等。

(3) 通用商业软件。通用商业软件为不同用户提供特定功能，如文字处理、图像处理、3D 动画等；或者是大众消费软件（如游戏）。

(4) Web 应用软件。Web 应用软件是以互联网为中心的应用软件。最简单的 Web 应用软件可以是一组超文本链接文件（如小型网站），仅仅用文本和有限的图片表达信息。然而，随着 Web 2.0 的出现，网络应用正在发展为一个复杂的计算环境，不仅为最终用户提供独立的功能和内容，还与企业数据库和商务应用程序相结合。

(5) 工程/科学软件。工程/科学软件通常有数值计算的特征，软件涵盖了广泛的应用领域，从天文学到气象学，从应力分析到飞行动力学，从分子生物学到自动制造业。目前工程领域的应用软件已不仅局限于数值计算、系统仿真、虚拟实验、辅助设计等交互性应用程序，已经呈现出实时性甚至具有系统软件的特性。

(6) 嵌入式软件。嵌入式软件存在于某个产品或者系统中，可实现面向最终使用者的特性和功能。嵌入式软件可以执行一些智能设备的管理和控制功能（如微波炉控制），或者提供重要设备的功能和控制能力（如飞机燃油控制、汽车刹车系统等）。

(7) 人工智能软件。人工智能软件是利用非数值算法,解决计算和分析无法解决的复杂问题。这个领域的应用程序包括机器人应用、机器学习、图像识别、机器翻译、知识图谱、计算社会学、定理证明、博弈计算等。

1.3.3 计算机人机界面

人机界面是指人与机器之间相互交流和影响的区域。早期的人机交互界面是控制台,随后通过键盘进行操作,目前为鼠标和键盘操作,而智能手机采用触摸屏操作。以人为中心的计算机操作方式是未来人机界面的总体特征。

1. 控制台人机界面

程序设计语言的问世,改善了计算机的人机界面。如图 1-20(a)所示,早期程序员为了在计算机上运行程序,必须准备好一大堆穿孔纸带或穿孔卡片,这些穿孔纸带上记录了程序和数据。程序员将这些穿孔纸带装入设备中,拨动控制台开关,计算机将程序和数据读入存储器。程序员在控制台启动编译程序,将源程序翻译成目标代码;如果程序不出现语法错误,程序员就可以通过控制台按键设定程序执行的起始地址,并启动程序的执行。程序执行期间,程序员要观察控制台上各种指示灯,以监视程序的运行情况。如果发现错误,可以通过指示灯检查存储器中的内容,并且在控制台上进行程序调试和排错。如果程序运行正常,通过电传打字机将计算结果打印出来,如图 1-20(b)所示。目前一些专用工业设备还在应用这种控制台人机界面,如医疗设备、军事设备等。

(a) 20世纪40年代的穿孔纸带程序　　(b) 20世纪50年代的控制台人机界面

图 1-20　早期人机界面

2. 命令行人机界面

1964 年,IBM System 360 计算机采用键盘作为标准控制设备;20 世纪 60 年代,阴极射线管(CRT)开始作为数据和信息的输出设备;20 世纪 70 年代,随着微机的流行,键盘和显示器逐渐成为了标准的计算机操作设备。键盘和显示器的应用大大改善了计算机的人机操作界面,命令行人机操作界面应运而生。

命令行界面通常不支持鼠标操作,用户通过键盘输入指令,计算机接收到指令后予以执行。命令行界面需要用户记忆操作计算机的命令,但是命令行界面节约计算机系统的硬件资源。在熟记操作命令的前提下,命令行界面操作速度快。因此,在嵌入式计算机系统中,命令行界面使用较多。在图形用户界面系统中,通常保留了可选的命令行界面,如Windows 命令行人机界面(见图 1-21(a))、Linux 命令行人机界面等(见图 1-21(b))。

在字符用户界面和编程语言中,经常用到“控制台”(Console)一词,它通常是指在计算机屏幕上看到的字符操作界面。通常所说的控制台命令就是指通过字符界面输入的可以操

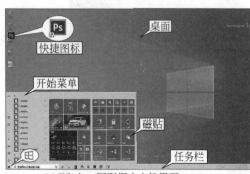

(a) Windows命令行人机界面

(b) Linux命令行人机界面

图 1-21　系统中的命令行界面

作计算机系统的命令,例如,dir 就是一条 Windows 系统的控制台命令。

3. 图形用户人机界面

20 世纪 80 年代,计算机用户主要以专业人员为主。随着微型计算机广泛进入人们的工作和生活领域,计算机用户发生了巨大的改变,非专业人员成为计算机用户的主体,这一重大转变使得计算机的易用性问题日益突出。

在计算机发展史上,从字符显示到图形显示是一个重大的技术进步。1975 年,施乐公司 Alto 计算机第一次采用图形用户界面(Graphical User Interface,GUI);1984 年,苹果公司 Macintosh 微机也开始采用图形用户界面;1986 年,X-Window System 窗口系统发布;1992 年,微软公司发布 Windows 3.1。如图 1-22 所示,目前计算机基本都支持图形用户界面。

(a) Windows图形用户人机界面

(b) Android图形用户人机界面

图 1-22　图形用户人机界面

图形用户界面是采用图形窗口方式操作计算机的用户界面。在图形用户界面中,鼠标和显示器是主要操作设备。图形用户界面主要由桌面、窗口、标签、图标、菜单、按钮等元素组成,采用鼠标进行单击、移动、拖曳等方法操作。

图形用户界面极大地方便了普通用户,在操作上更简单易学,极大提高了用户的工作效率。但是,图形用户界面的信息量大大多于字符界面,因此需要消耗更多的软件和硬件资源来支持图形用户界面。

4. 多媒体人机界面

多媒体人机界面技术主要有触摸屏、虚拟现实、增强现实、全息激光三维立体投影等。

近年来,触摸屏图形用户界面广泛流行。触摸屏是一个安装在液晶显示器表面的定位操作设备。触摸屏(见图1-23)由触摸检测部件和控制器组成,触摸检测部件安装在液晶显示器屏幕表面,用于检测用户触摸位置,并且将检测到的信号发送到触摸屏控制器。控制器的主要作用是从触摸点检测装置上接收触摸信号,并将它转换成触点坐标。触摸屏的流行,使得计算机操作方式发生了很大的变化。

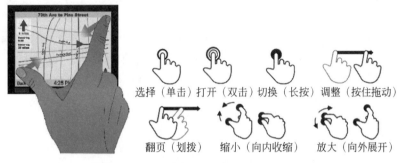

图1-23　触摸屏图形用户界面和操作方式

　　计算科学学专家正在努力使计算机能听、能说、能看、能感觉。语音和手势操作也许将成为主要人机界面。增强现实(AR)技术和虚拟现实(VR)技术将实现以人为中心的人机交互方式。计算机将为用户提供光、声、力、嗅、味等全方位、多角度的真实感觉。虚拟屏幕和非接触式操作等新技术,将彻底改变人们使用计算机的方式,也将对计算机技术应用的广度和深度产生深远地影响,新型计算机人机界面如图1-31所示。

(a) 穿戴式计算机人机界面(AR)　　(b) 全息激光三维立体投影人机界面

图1-24　新型计算机人机界面

1.3.4　计算机技术指标

　　计算机主要技术指标有**性能、功能、可靠性、兼容性**等参数,技术指标的好坏由硬件和软件两方面的因素决定。

1. 性能指标

　　系统性能是整个系统或子系统实现某种功能的效率。**计算机的性能主要取决于速度与容量**。计算机运行速度越快,在某一时间片内处理的数据就越多,计算机的性能也就越好。存储器容量也是衡量计算机性能的一个重要指标,大容量的存储器空间一方面是由于海量数据的需要;另一方面,为了保证计算机的处理速度,需要对数据进行预取存放,这加大了存储器的容量需求。

基准测试是比较不同计算机性能时,让它们执行相同的基准程序,然后比较它们的性能。如图 1-25 所示,计算机的性能可以通过专用的基准测试软件进行测试。

(a) CPU基准测试　　　　　　(b) SSD基准测试　　　　　　(c) 基准测试场景

图 1-25　计算机性能的基准测试

计算机主要性能指标如下。

(1) 时钟频率。时钟频率是单位时间内发出的脉冲数,单位为 Hz(赫兹),1Hz=1s 内发出 1 个脉冲信号或 1 个信号周期,1GHz=1s 内发出 10 亿个信号周期。计算机时钟频率有 CPU 时钟频率、内存时钟频率、总线时钟频率等。时钟频率越高,计算机数据处理速度越快。**速度通常以十进制的方法定义**。

【例 1-3】　频率 3GHz 的 4 核 CPU,理论上 1s 可以做 30 亿×4=120 亿次运算。目前桌面 CPU 的最高浮点运算速度为 1~10TFLOPS 左右。

【例 1-4】　CPU 主频为 3.4GHz；DDR4-3200 内存的数据传输频率为 1.6GHz；USB 3.0 接口的总线传输频率为 5.0GHz；网络带宽为 100Gbit/s 等。

(2) 内存容量。计算机内存容量越大,软件运行速度越快。一些操作系统和大型应用软件对内存容量有一定要求。**存储容量通常以二进制的方法定义**。

【例 1-5】　内存容量为 4GB,1GB=2^{30}=1.073 741 824×10^9≈10 亿个存储字节。

(3) 外部设备配置。计算机外部设备的性能也对计算机系统有直接影响。如硬盘的容量、硬盘接口的类型、显示器的分辨率等。

2. 功能指标

对用户而言,计算机的功能是指它能够提供服务的类型;对专业人员而言,功能是系统中每个部件能够实现的操作。功能可以由硬件实现,也可以由软件实现,只是它们之间实现的成本和效率不同。例如,网络防火墙功能,在客户端一般采用软件实现,以降低用户成本;而在服务器端,防火墙一般由硬件设备实现,以提高系统处理效率。

随着计算技术的发展,3D 图形显示、高清视频播放、多媒体功能、网络功能、无线通信功能等,已经在计算领域广泛应用;触摸屏、语音识别等功能也在不断普及中;增强现实、3D 激光投影显示、3D 打印、穿戴式计算机等功能,也在研发中。计算机的功能越来越多,应用领域涉及社会的多个层面。

在计算机设计中,一般由硬件提供基本通用平台,利用各种不同软件实现不同应用需求的功能。例如,计算机硬件仅提供音频基本功能平台,而音乐播放、网络电话、语音录入、音乐编辑等应用功能,都通过软件来实现。或者说,**计算机的功能取决于软件的多样性**。计算机的所有功能都可以通过软件或硬件的方法进行测试。

3. 可靠性指标

（1）可靠性的要求。可靠性是指产品在规定条件下和规定时间内完成规定功能的能力。例如，计算机经常性死机就说明计算机的可靠性不好。计算机硬件测试如图 1-26 所示。

(a) 温度/湿度极端环境测试　　　(b) 震动测试　　　(c) 冲击测试

图 1-26　计算机硬件设备常规可靠性测试

每个专业人员都希望他们负责的系统正常运行时间最大化，最好将它们变成完全的容错系统。但是，约束条件使得这个问题变得几乎不可能解决。例如，经费限制、部件失效、不完善的程序代码、人为失误、自然灾害，以及不可预见的商业变化，都是达到 100% 可用性的障碍因素。系统规模越复杂，其可靠性越难保证。

硬件产品故障概率与运行时间成正比；而软件故障的产生难以预测。 软件可靠性比硬件可靠性更难保证。即使是美国国家航空航天局（NASA）的软件系统，可靠性仍比硬件低一个数量级。

（2）软件可靠性与硬件可靠性的区别。硬件有老化损耗现象，硬件失效的原因是器件物理变化的必然结果；而软件不会发生老化现象，也没有磨损，软件只有兼容性变差、功能落后、业务发生变化等问题。硬件可靠性的决定因素是时间，受设计、生产、应用过程的影响。**软件可靠性的决定因素是人，它与软件设计差错有关，与用户输入数据有关，与用户使用方法有关。** 硬件可靠性的检验方法已标准化，并且有一整套完整的理论；而软件可靠性验证方法仍未建立，更没有完整的理论体系。

（3）提高系统可靠性的方法。提高可靠性可以从硬件和软件两方面入手，冗余技术可以很好地解决这一问题。另外，减少故障恢复时间也是提高系统可靠性的重要技术。硬件系统中的设备冗余（如双机热备、双电源等）、网络线路冗余等技术，可以有效地提高系统可靠性。**硬件故障一般通过修复或更换失效部件来重新恢复系统功能。** 软件系统中，同一软件的冗余不能提高可靠性。**软件系统一般采用数据备份、多虚拟机等技术来提高可靠性。** 软件故障一般通过修改程序或升级软件版本来解决问题。

4. 兼容性指标

计算机硬件和软件由不同厂商的产品组合在一起，它们之间难免会发生一些"摩擦"，这就是通常所说的兼容性问题。兼容性是指产品在预期环境中能正常工作，无性能降低或故障，并对使用环境中的其他部分不构成影响。

经验表明，如果在产品开发阶段解决兼容性问题所需的费用为 1，那么等到产品定型后再想办法解决兼容性问题，费用将增加 10 倍；如果到批量生产后再解决，费用将增加 100 倍；如果到用户发现问题后才解决，费用可能增加 1000 倍。1994 年，Intel 公司的"奔腾 CPU 瑕疵事件"很好地印证了这一经验。

硬件兼容性是指计算机中的各个部件组成在一起后,会不会相互影响,能不能很好地运行。在硬件设备中,为了保护用户和设备生产商的利益,**硬件设备都遵循向下兼容的设计原则**,即老产品可以正常工作在新一代产品中。**一旦出现硬件兼容性问题,一般采用升级驱动程序的方法解决。**

软件兼容性是指软件能否很好地在操作系统平台运行,软件和硬件之间能否高效率地工作,会不会导致系统崩溃等故障的发生。**软件产品兼容性不好时,一般通过安装软件服务包(Service Pack,SP)或进行软件版本升级解决。**近年来,利用"虚拟机"技术解决软件兼容性问题,成为了一个新的探索方向。

1.4 计算科学的特征

1.4.1 计算学科的形态

1. 计算作为一门学科

计算机发明以来,围绕着计算科学能否成为一门独立学科产生过许多争论。早期对"计算机科学"这一名称引起过激烈争论,当时计算机主要用于数值计算,大多数科学家认为使用计算机仅仅是编程问题,不需要做深刻的科学思考,没有必要设立学位。

针对当时激烈争论的问题,1985年ACM和IEEE-CS(国际电气和电子工程师协会-计算机分会)组成联合攻关组,开始了对计算作为一门学科的存在性证明,经过近4年的工作,ACM攻关组提交了《计算作为一门学科》的报告,完成了这一任务。报告主要内容刊登在1989年1月的《ACM通讯》杂志上。

ACM/IEEE-CS对计算学科的定义是:**计算学科是对描述和变换信息的算法过程的系统研究,包括它的理论、分析、设计、有效性、实现和应用。全部计算学科的基本问题是"什么能够(有效地)自动进行"。**

2. 学科形态

计算学科有"理论、抽象、设计"三种主要形态。

(1)理论基于数学。数学是一切科学理论研究的基础,科学的发展都依赖于纯数学研究。理论研究过程包含以下步骤:研究对象的特征(定义);假设它们之间可能的关系(定理);确定这些关系是否正确(证明);解释研究结果。

(2)抽象(模型化)基于实验科学。自然科学研究的过程基本上是形成假设,然后用模型化的方法进行求证。客观现象的研究过程包含以下步骤:形成假设;构造模型并做出预言;设计实验并收集数据;分析结果。

(3)设计基于工程。工程设计的方法是提出问题,然后通过设计去构造系统和解决问题。解决问题需要:叙述要求;给定技术条件;设计并实现系统;测试系统等。虽然理论、抽象和设计三种形态紧密相关,但毕竟是三种不同的形态。理论关心的是揭示和证明对象之间的相互关系;抽象关心的是应用这些关系做出对现实世界预言的能力;而设计则关心这些关系的某些特定实现,并应用它们去完成有用的任务。理论、抽象、设计三者之间哪个更加重要?仔细考察计算科学可以发现,在计算科学中,这三个过程紧密地交织在一起,以致无法分清哪一个更加重要。

3. 计算学科的 12 个核心概念

ACM/IEEE CC1991(计算课程 1991)报告提出了计算学科中反复出现的 12 个核心概念,它们体现了计算思维的基本特征。

(1) 绑定。绑定是将抽象的概念和附加特性相联系,使抽象概念具体化的过程。

(2) 大问题的复杂性。它是指随着问题规模的增长,问题的复杂性会呈现非线性增加效应。例如,CPU 中集成了十亿多个晶体管,因此设计变得非常复杂。

(3) 概念和形式模型。概念和模型是指对一个问题进行形式化、可视化等。如计算理论中的图灵机属于形式模型;如数据库中的 E-R 图等属于概念模型。

(4) 一致性和完备性。一致性包括公理的一致性、事实和理论的一致性、系统接口的一致性等。如数据一致性通常指数据之间的逻辑关系是否正确和完整;完备性是指一个对象不需要添加任何其他元素时,这个对象可称为是完备的。

(5) 效率。效率是时间、空间、财力等资源消耗的度量。效率始终是计算机系统设计关注的问题,例如,为了提高多核 CPU 的利用率,在 CPU 中集成图形处理功能等。

(6) 演化。演化是指系统结构、特征、行为等因素,随时间推移而发生的变化。如系统更新时,要考虑到已有软件的适应性,向下兼容是一种很好的演化模式。

(7) 抽象层次。对系统进行不同层次的抽象描述,既可以降低系统的复杂程度,又能充分描述系统的特性。如计算机体系结构层次模型、TCP/IP 网络模型等。

(8) 按空间排序。按空间排序经常演化为以时间换空间。如采用高速串行传输来减小空间的占用;空间受到约束的设备中,采用空间优先的设计方法。

(9) 按时间排序。按时间排序也经常表述为以空间换时间,以面积换速度。如多级高速缓存、多通道内存等技术,都是以空间冗余为代价,换取时间上的加速。

(10) 重用。出于成本和时间两方面的压力,计算系统经常采用重用技术。如软件工中的模块重用、硬件设计中的知识产权(IP)核技术。

(11) 安全性。硬件安全性技术有错误校验、冗余编码、不可屏蔽中断、发热保护电路、磁盘冗余阵列等。软件安全性技术有杀毒软件、防火墙、密码系统等。

(12) 折中和结论。折中是对技术方案做出的一种合理取舍。如算法研究中要考虑空间和时间的折中;对相互矛盾的设计目标,设计人员要做出折中和结论。

1.4.2 学科的核心课程

1. 计算学科专业设置

教育部 2020 年发布的《普通高等学校专业目录》中,计算学科专业代码为 0809,专业包括计算机科学与技术、软件工程、网络工程、信息安全、物联网工程、数字媒体技术、智能科学与技术、空间信息与数字技术、电子与计算机工程、数据科学与大数据技术、网络空间安全专业、新媒体技术、电影制作、保密技术、服务科学与工程、虚拟现实技术、区块链工程等专业。人工智能专业被划入了电子信息学科。

2. 计算科学核心课程

国际上最有影响的计算科学教学文件是 ACM/IEEE-CS 发表的计算学科指导文件和计算专业课程指南。学科指导文件有 CC2020(*Computing Curricula 2020*)、CC2005、CC2001、CC1991 等,这些文件完善了计算学科的知识体系和指导思想。截至 2021 年,ACM/IEEE-

CS 发表过计算学科中 7 个专业的课程指导文件,它们是计算科学 CS2013、计算工程 CE2016、软件工程 SE2014、信息系统 IS2020、信息技术 IT2017、数据科学 CCDS2021、网络安全 CSEC2017 等。计算科学 CS2013 的核心课程如表 1-1 所示。

表 1-1　ACM/IEEE-CS CS2013 计算科学的核心课程

核 心 课 程		核 心 课 程		核 心 课 程	
AL	算法与复杂性	IAS	信息保障与安全	PD	并行和分布式计算
AR	计算机体系结构与组织	IM	信息管理	PL	程序设计语言
CN	计算科学	IS	智能系统	SDF	软件开发基础
DS	离散结构	NC	网络与通信	SE	软件工程
GV	图形与可视计算	OS	操作系统	SF	系统基础
HCI	人机接口	PBD	基于平台的开发	SP	社会问题和专业实践

3. 计算学科培养目标

ACM-IEEE《2020 年计算课程:全球计算教育范例》(CC2020)采用"计算"(Computing)一词作为原计算工程、计算科学等所有计算领域的统一术语。同时采用"胜任力"一词来代表所有计算教育项目的基本主导思想。CC2020 报告提出了胜任力模型,目标是从知识、技能和品行三方面进行培养,使学生胜任未来计算的相关工作内容。

(1)知识。在 CC2020 报告中,知识分为计算知识和基础专业知识。其中,计算知识元素有 36 个,分为 6 类,包括人与组织、系统建模、软件系统架构、软件开发、软件基础和硬件。基础专业知识元素分为 13 项,包括分析和批判性思维、协作与团队合作、伦理和跨文化的观点、数理统计、多任务优先级和管理、口头交流与演讲、问题求解与排除故障、项目和任务的组织、质量保证和控制、关系管理、研究和自我学习、时间管理、书面交流等。

(2)技能。技能是指应用知识主动完成任务的能力和策略。技能表达了知识的应用,技能又分为认知技能和专业技能,其中认知技能分为 6 个等级:记忆、理解、应用、分析、评估和创造;专业技能包括沟通、团队精神、演示和解决问题。

(3)品行。品行是任务执行的必要特征或质量。品行包含社交情感技能、行为和态度,这些都表征了执行任务的倾向。CC2020 报告描述了 11 种与元认知意识有关的品行元素,包括主动性、自我驱动、热情、目标导向、专业性、责任心、适应性、协同合作、响应方式、细致和创新性,还包括如何与他人合作以实现共同目标或解决方案。

1.4.3　计算科学的影响

1. 计算科学对社会的影响

(1)依赖。计算科学给社会带来了效率和便捷,人们离开计算机就很难融入现代生活。这意味着人类社会对计算机形成了一种依赖,一旦离开这种依赖,人们的生活就会变得困难起来。例如,大规模的计算机故障会导致人们无法从银行终端取款、医生无法诊治病人、交通系统瘫痪等一系列严重后果。

(2)控制。理论上人们可以 24 小时不间断地接触计算机,这种长时间接触导致的后果是计算机从人类那里获取了更多的信息。这些信息包括人类生活的方方面面(如什么时间吃饭、吃了什么、有什么疾病、几点上床等)。《失控》一书作者凯文·凯利(Kevin Kelly)说道:"人,越来越变成一个帮助计算机获取这个世界信息的一个工具"。

（3）分化。计算科学的发展将社会划分为使用计算机和不使用计算机的两类人群。前者通过使用计算机获得更多的发展机会,后者因为无法获得计算机设备和信息服务而变得更加落后。一部分人由于各种原因无法利用计算技术带来的公共服务,他们会排除在数字化社会之外,这是否会导致社会不公正和新的歧视?

（4）计算机犯罪。国内外对计算机犯罪的定义不尽相同。美国司法部将计算机犯罪定义为:使用计算技术和知识起基本作用而产生的非法行为。欧盟的定义是:**在自动数据处理过程中,任何非法的、违反职业道德的、未经批准的行为都是计算机犯罪行为**。计算机犯罪可以分为两大类:一是使用计算技术和网络技术的传统犯罪,如网络诈骗、侵犯知识产权、网络间谍、从事非法活动等;二是计算机与网络环境下的新型犯罪,如未经授权非法使用计算机、破坏计算机信息系统、发布恶意计算机程序等。

2. 计算科学对个人的影响

（1）虚拟空间。互联网构建的巨大虚拟空间,使物理世界与心理世界之间的界限变得模糊不清。有人认为这是数字化空间与心理空间交相互动产生的"第三空间"。虚拟空间扩大了人类社会的交流空间,加快了信息流动速度,但是也对传统的社会价值观产生了极大冲击。例如,在网络游戏中的打打杀杀,一方面释放了人们的生活压力,但是也助长了一部分人的戾气。

（2）沉迷。生活方式的改变,最初都是由行为转化为习惯,再转化为生活方式。随着计算技术的发展,一些个人生活习惯在悄然发生变化。例如,智能手机的兴起,导致了"低头族"的产生;传统的汽车驾驶员,问路和记路是最基本的工作技能,而手机导航的兴起,使这个工作技能变得无关紧要。人们耗费了更多时间在网络上,而不是投入到真实交往中。例如,一部分人沉迷在微信群、网络游戏等虚拟空间里,实际的社交活动大大减少了。

（3）碎片化。在地铁、火车、飞机上,大部分人都在看手机,很少有人认真地阅读杂志和书籍。但是人们的阅读总量并没有减少,反而有了明显的增加,这些曾经被浪费的"碎片"时间被利用了起来。人们阅读习惯的改变,也引起了从业人员对写作方式和写作内容的变革,对于长篇大论的文章,即便是内容再好,大多数人也会选择暂时性忽略掉。

（4）隐私。隐私权是私事不被擅自公开的权利。在计算领域,隐私权可分为:隐私不被窥视的权利、不被侵入的权利、不被干扰的权利、不被非法收集和利用的权利。但是在网络社会中,人们在享受居家购物、远程医疗等高科技提供的便利时,一切个人资料(如年龄、性别、学历、职业、收入、资产、家庭构成等)全都被记录在案;甚至个人的饮食习惯、生活习惯、身体特征、健康状况、个人嗜好、活动规律、活动地点等个人隐私,也全部被记录,个人生活可能处于网络监视之下,或者夸张地说:"**互联网时代无隐私**"。个人隐私泄露对伦理道德和法律制度带来了极大的挑战。

1.4.4 知识产权保护

世界知识产权组织认为,**构思是一切知识产权的起点**,是一切创新和创造作品萌芽的种子,因此必须对创造性构思加以鼓励和奖赏。世界各国都有自己的知识产权保护法律。美国与知识产权关系密切的法律主要有《版权法》《专利法》《商标法》《商业秘密法》;我国与知识产权保护密切相关的法律有《著作权法》《商标法》《专利法》《计算机软件保护条例》《电子出版物管理规定》等。

1. 软件的著作权保护

《欧洲共同体关于计算机程序的法律保护》中，对软件独创性条件做了较明确的规定，即：**如果一个计算机程序的作者以自身的智力创作完成了该程序，就意味着该程序具有独创性，可以受到著作权保护。**世界各国对此均持基本相同观点，我国亦然。我国《著作权法》和有关国际公约认为：程序和相关文档、程序的源代码和目标代码都是受著作权保护的作品。任何未经授权的使用、复制都是非法的，按规定要受到法律的制裁。目前，著作权法是保护软件最普遍、最主要的一种法律形式。

著作权只保护软件的表达或表现形式，而不保护思想、方法及功能等软件的内涵。简单地说，著作权只保护正式出版的内容。这为其他软件开发者利用、借鉴已有的软件思想，去开发新软件提供了方便之门，有利于软件的创新、优化和发展，同时避免了对软件的过度保护。"表达与思想分离"的原则对软件发展中"保护"与"创新"的平衡起到了重要作用。根据著作权法的规定，如果仅以学习和研究软件中设计思想和原理为目的使用软件，这属于"合理使用"，不构成侵权。这也是著作权法中争议最大的条款。

2. 软件的专利法保护

当软件与硬件相结合，并使构思表现在"功能"上时，软件就可以成为专利法保护的对象。专利法要求将软件部分内容公开，这既可以促进软件发展，又可以减少"反编译"情况的发生。软件部分内容被公开后，"反编译"将作为一种侵权手段被禁止，有利于减少"反编译"行为的发生，以及由此引发的诉讼。软件获得专利保护必经过申请或登记。

软件的专利保护存在以下问题：一是专利法要求获得专利权的发明必须具备"三性"（新颖性、创造性、实用性）条件，绝大多数软件难以通过专利的"三性"审查。二是并非所有软件都能获得专利法保护，**不与硬件结合的软件仍不受专利法保护。**单纯的程序常被视为数学方法或同数学算法相关联，因此被归于不能授予专利权的智力活动。三是专利法要求软件内容"公开"的程度以同一领域的普通技术人员能够实现为准，这非常容易导致程序的模仿与复制。四是专利法对权利也做了限制性的规定，即非生产经营目的（如教学）实施专利技术的行为不被视为侵权。

3. 软件的商业秘密保护

我国《刑法》和《反不正当竞争法》中，将商业秘密定义为：不为公众所知悉、能为权利人带来经济利益，具有实用性，并经权利人采取保密措施的技术信息和经营信息。商业秘密法既可以保护创意、思想，又可以保护表达形式。软件获得商业秘密法的保护不必经法定形式的登记或申请。对于商业秘密，拥有者具有使用权和转让权，可以许可他人使用，也可以将之向社会公开或者去申请专利。

商业秘密有较大的风险性，只要商业秘密不再是"秘密"，权利人就无法据此来主张权利。如果权利人采取的保密措施不当，或者他人以自己之力实现了相同的秘密，或者第三人的善意取得，都可能导致"秘密性"的丧失。任何人都可以对他人的商业秘密进行独立的研究和开发，也可以采用反向工程方法（如反编译等），或者通过拥有者自己的泄密来掌握它，并且在掌握之后使用、转让、许可他人使用、公开这些秘密，或者对这些秘密申请专利。因此，商业秘密保有人必须花大力气"保密"，而效果不见得尽如人意。

如表 1-2 所示，虽然软件可以同时获得多方面的保护，但是没有一种保护方式是完美妥善的,即使各个法律综合起来保护软件,也会在某些方面存在漏洞。

表 1-2　软件保护形式的差异

比较项目	著 作 权 法	专 利 法	商业秘密法
申请登记	不需要	需要向不同国家/地区申请	不需要
保护方式	只保护表达,不保护思想	保护软硬结合的形式和思想	保护没有公开的秘密
内容公开	内容公开	内容部分公开	内容不公开
反向工程	不需要	不允许	允许
保护期限	50 年	20 年	不限
典型案例	苹果诉微软 Windows 侵权	三星与苹果的专利纠纷	Windows 源代码保密

4. 知识共享授权方式

知识共享(Creative Commons,CC)是一个非营利组织,也是一种创作授权方式。这个组织的主要宗旨是增加创意作品的流通性,作为其他人据以创作和共享的基础,并寻求适当的法律以确保上述理念的践行。TED(技术、娱乐、设计)演讲视频、国内外大学公开课视频都采用 CC 授权方式。知识共享协议允许作者选择以下条件中的一项或多项权利的组合。

(1) 署名(BY):作品必须提到原作者,保留原作者的姓名。

(2) 非商业用途(NC):作品不得用于营利性用途。

(3) 禁止演绎(ND):不准修改原作品,不得对作品进行再创作。

(4) 相同方式共享(SA):允许修改原作品,但必须使用相同的许可证(即修改后的作品仍然采用 CC 授权方式)。

【例 1-6】 某篇网络文章标注有"本文遵循 CC BY-SA 4.0"时,表示这篇文章遵循知识共享(CC)授权协议 4.0,即作品可以自由传播、复制、修改;但是作品必须标注原作者的署名(BY);而且修改后的作品同样遵循知识共享授权协议(SA)。

1.4.5　职业道德规范

1. 职业道德和伦理

道德是调整人们之间以及个人和社会之间关系行为规范的总和。伦理学是用哲学方法研究道德的学问。伦理学在道德层面确定行为的对与错,简单地说,就是什么可以做、什么不可以做,什么是对、什么是错。伦理学和美学一样,属于价值判断的范畴。伦理学更理论化一些,道德则更实际一些,它们也可以当同义词来使用。

法律是具有强制力的行为规范,道德在大多数情况下并无强制性。法律可人为修改,以适应特殊的场合;而道德由历史的习惯形成,不是一纸文件可以改变的。**道德准则应当用来约束自己,不要只用来要求他人。**

计算科学的职业道德指导性文件主要有:IEEE-CS《软件工程师道德与专业实践准则》,ACM《道德和职业行为准则》。计算科学是一个新的开放性领域,一方面是这个行业还没有足够的时间来形成简单易行的职业操守(如教育行业的"教书育人"、医疗行业的"救死扶伤"、商业领域的"公平竞争"等);另一方面是行业的一些活动超出了专业范畴(如网络舆情管理、使用盗版软件等)。但是,**计算科学专业人员应当始终遵循"无恶意行为"的基本道德准则。**

2. 机器人伦理学

2004 年,第一届机器人伦理学国际研讨会在意大利圣雷莫召开,会议正式提出了"机器人伦理学"这个术语。机器人伦理研究得到越来越多学者的关注。

【例 1-7】 在一个无人驾驶汽车研讨会上,专家讨论了在危急时刻无人驾驶汽车应当怎样做。例如,汽车为了保护自己的乘客而急刹车,但会造成后方车辆追尾;当汽车为了躲避儿童需要急转,但汽车急转可能会撞到附近的其他人。如果遇到这些情况,应当如何设计一个可以"在两个坏主意之间做决定"的无人驾驶汽车?这个问题很难判断,因为它本质上就是思维实验"电车难题"的现实版。

随着自主交通的迅速发展,人们很快就会面临这些问题。无人驾驶汽车已经在国内外部分地区试行驾驶。工程师们正在努力思考怎样给汽车编程,让它们既能遵守交通规则,又能适应道路交通中的突发情况。

1.4.6 职业卫生健康

计算机在给人们工作和生活带来方便的同时,也在改变我们的工作和生活习惯。如果不注意职业卫生和健康,将对人们的身体造成极大的伤害。

1. 计算科学行业职业疾病

计算科学行业人员为社会做出贡献的同时,也承担着超负荷的工作压力,使他们身体劳累、精神紧张,越来越多的计算科学从业人员在走向亚健康状态。**长期长时间使用计算机会带来三大健康危害:久坐引发的身体疾病;久看造成的眼睛伤害;久工作带来的精神压力。**因此,建议计算科学从业人员多活动,多看绿色风景,多听轻音乐。

计算机长期使用中,不正确的操作方式(见图 1-27)会使人们慢慢形成职业疾病。这些职业病爆发性不强,对身体危害不十分明显,容易被人们忽视。虽然它在短时间内不会造成生命危险,但是,它会引发身体其他方面的连锁疾病,影响人们的工作和生活质量,对人体潜在危害很大。因此,长期使用计算机的人员,调整工作习惯最为重要。

(a) 窗口反光,视距太远,茶杯易翻覆,座椅太高　　(b) 视距太近,颈椎后屈,不眨眼,机桌太低,背部无支撑

图 1-27　不正确的计算机操作方式

2. 干眼症的表现症状

眼球中的泪液以 1/100mm 的厚度覆盖整个眼球。如果眼睛一直睁开,10s 后,泪膜上就会出现一个小洞,然后泪膜慢慢散开,这时暴露在空气中的眼球就会感觉到干涩。眨眼是一种保护性的神经反射作用,它可以使泪水再一次均匀地涂在眼球角膜和结膜表面,以保持眼球润湿而不干燥。**正常人每分钟眨眼 20 次左右**,以保证眼球得到泪膜的湿润。干眼症患

者有以下表现：一是使用计算机几小时后，看远处物体模糊不清；二是眼疲劳，感觉眼睛等部位疼痛；三是看物体有重影；四是眼睛发干或流泪。

3. 干眼症产生的原因及其预防

（1）人们在专注地玩游戏、看视频时，眨眼的次数会自动减少，从而减少了泪液的分泌。**因此，要有意识地增加眨眼次数，减轻眼球干涩**。

（2）屏幕亮度过暗时，会造成瞳孔放大而疲劳；屏幕图像很明亮时（对比度高），瞳孔会自动收缩，使眼睛产生视觉疲劳。因此，显示器要保持适当的亮度。

（3）房间亮度与屏幕亮度最好相同，光源最好来自使用者的左后方。

（4）注意，不要在黑暗中看屏幕，因为环境黑白反差太大时，对眼睛的伤害很大。

（5）光线不要直接照射到屏幕上，显示器不要放置在窗户的对面或背面。

4. 眼睛的保健

（1）眼睛疲劳时，用温热的湿毛巾敷几分钟眼睛，消除眼睛充血和疲劳。

（2）眼球缓慢地顺时针转动，再让眼球逆时针方向转动，做 20 次。

（3）少吃刺激性食物；多吃蛋、奶、红萝卜、西红柿、红枣等食物。

（4）休息时，多观看窗外远处的绿色植物，不要观看强光物体。

5. 颈椎病的预防

目前不少人在计算机前坐的时间越来越长，长时间不正确的姿势极易导致颈椎病变，如图 1-28 所示。卫生调查表明，每天使用计算机超过 4h，81.6％的人会出现不同程度的颈椎病。一些公共环境中（如机房），座椅、机桌与操作者身高往往不匹配。长时间操作时，容易产生颈椎酸痛，肩部和上臂呈现间歇性麻木感等职业病。

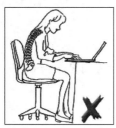  

胸部弯曲，背部无支撑　　　颈椎弯曲过度，腰部劳累

图 1-28　不正确的操作姿势容易造成颈椎病

6. 电磁辐射危害防护

研究发现，只要有交变电流，电磁波就无处不在。各种电子设备，包括计算机主机、显示器、音箱等，在正常工作时都会产生各种不同波长的电磁辐射。从业者长期暴露在电磁波环境中，会使从业者出现神经衰弱等症状，如头晕、呕吐、失眠等，严重时甚至会引起神经失调和降低生育能力等严重后果。

电磁辐射分为高频和低频两个级别，低频电磁辐射主要是工业频率（50Hz）段，高频电磁辐射为 100kHz～300GHz。电磁辐射对人体有一定危害，长期接触易患肿瘤、白血病等。《环境电磁波卫生标准》（GB 9175—88）规定：在一级安全级别（对人体没有影响）环境中，高频辐射小于 $10\mu W/cm^2$，低频辐射小于 $10V/m^2$ 的环境很安全。电磁辐射测试设备大多以 μT 为单位，换算关系是：$1\mu T=100\mu W/cm^2$。因此，电磁辐射小于 $0.2\mu T$ 时对人体无害。电

计算工具和计算科学

磁辐射在 $0.4\mu T$ 以上属于较强辐射,对人体有危害。

屏幕亮度越大,电磁辐射越强;反之越小。屏幕应当背面朝向无人的地方,因为计算机辐射最强的是显示器背面,其次为左右两侧,屏幕的正面辐射最弱。绿茶中含有茶多酚等活性物质,有吸收与抵抗放射性物质的作用。

从事计算科学工作的读者们应当谨记:工作固然重要,身体更是本钱!

习 题 1

1-1 简述计算工具的发展经历了哪些历史阶段,具有哪些典型机器。

1-2 简述九九乘法口诀的特点。

1-3 说明各种类型计算机的主要特点。

1-4 简述计算技术有哪些最基本的特征。

1-5 举例说明 Altair 8800 微机设计思想在产品设计中的应用。

1-6 计算机系统遵循"向下兼容"的设计思想有哪些优点和缺点?

1-7 购买计算机硬件设备时,需要关注哪些主要技术指标?

1-8 中国的算盘为什么没有从一种计算工具演变为自动计算机器?

1-9 简要说明 ACM/IEEE 为什么定义为"计算学科",而不是"计算机学科"。

1-10 计算学科专业学生在学习中为什么需要遵循"广度优先"原则。

1-11 简要说明软件知识产权保护法律的优点与缺点。

1-12 简要说明 CC2020 计算学科的培养目标。

1-13 简要说明计算科学对社会的影响。

1-14 简要说明计算科学对个人的影响。

1-15 简要说明怎样预防干眼症。

1-16 在公共机房仔细观察,列举出三项以上上机人员的不正确操作姿势。

第2章 程序语言和软件开发

世界正变得越来越依靠软件,我们很难找到一个完全与软件无关的部门或企业。因此,程序设计知识成为各个专业重要的基础知识。本章主要从演化、抽象、一致性、效率、折中等计算思维概念出发,讨论程序的基本结构和软件开发方法。

2.1 程序语言的特征

2.1.1 程序语言的演化

1. 程序设计语言的萌芽

(1) 爱达与最早的程序设计。爱达·洛夫莱斯对数学有极高的兴趣。1841年,巴贝奇在意大利一个学术会议上报告了他设计的分析机,意大利数学家路易吉·米那比亚(Luigi Menabrea)用法语发表了题为《查尔斯·巴贝奇创造的分析机概述》的论文。爱达花了9个月时间将路易吉的论文翻译为英文,并且在译文中附加了比原文长三倍的注释。她指出分析机可以像提花机那样进行编程,并详细说明了用机器进行伯努利数运算的过程,这被认为是世界上第一个计算机程序,如图2-1所示。爱达被公认为世界上第一位程序设计师。

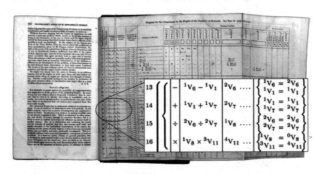

图 2-1 《查尔斯·巴贝奇创造的分析机概述》著作中爱达编写的
世界上第一个计算机程序(1842 年)

爱达协助巴贝奇完善了分析机的设计,她发现了程序的基本要素,建立了循环和子程序的概念。爱达对巴贝奇分析机进行研究时,编写了三角函数程序、级数相乘程序、伯努利函数程序等算法。爱达还创造了许多巴贝奇也未曾提到的新构想,例如,爱达曾经预言:"这个机器未来可以用于排版、编曲或是各种更复杂的用途"。

巴贝奇在《经过哲学家的人生》中写道:"我认为她(注:指爱达)为米那比亚的论文增

加了许多注记,并加入了一些想法。虽然这些想法是由我们一起讨论出来的,但是最后写进注释里的想法确确实实是她自己的构想。我将许多代数运算问题交给她处理,这些工作与伯努利数运算相关。在她送回给我的文件中,修正了我先前在程序里的重大错误"。为了纪念爱达的贡献,英国计算机协会每年都会颁发以爱达为名的奖项。

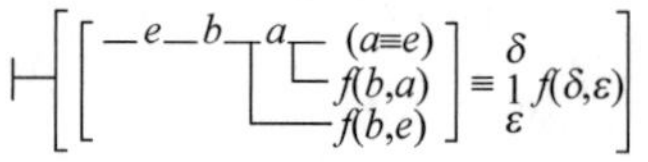

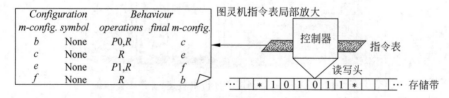

图 2-2   弗雷格《概念文字》著作中的人工语言(1879 年)

(2)弗雷格与程序设计。1879 年,德国数学家弗雷格(F. L. Gottlob Frege)出版了《概念文字》著作,他将"概念文字"发展成为一种人工语言。弗雷格引入了一些特殊符号来表示逻辑关系,第一次用精确的语法和句法规则来构造形式语言,并对数理逻辑命题进行演算,如图 2-2 所示。这一思想成为现代数理逻辑的基础,使得将逻辑推理转换为机械演算成为可能。这种"概念文字"是现代程序设计语言的萌芽。

【例 2-1】   对命题"任何一个恋爱中的人都是快乐的",可以用逻辑符号表示为

$$(\forall x)((\exists y)L(x,y) \rightarrow H(x))$$

(3)哥德尔与程序设计。1931 年,哥德尔(Kurt Gödel)在对"不可判定"命题的证明论文中,提出可以将命题符号与自然数相对应。例如,对例 2-1 中的逻辑表达式,如果按照哥德尔用自然数编码的思想,如图 2-3 所示,则例 2-1 命题的逻辑表达式可以编码为:638766497168097526877。这种对逻辑命题进行数字编码的思想,为程序的二进制编码提供了很好的设计思想。

逻辑符号	,	L	H	∀	∃	→	(	)	x	y
自然数	0	1	2	3	4	5	6	7	8	9

图 2-3   逻辑表达式用数字进行编码

(4)图灵机与程序设计。1936 年,图灵在《论可计算数及其在判定问题中的应用》论文中提出了图灵机模型。图灵指出:"对应于每种行为还要有一个指令表,命令它应当执行什么指令,以及完成这些指令后,机器应处于哪种状态"。图灵机指令表就是一种计算机程序,如图 2-4 所示,图灵认为,只需要一些最简单的指令,就可以将复杂的工作分解成简单操作而进行计算。

Configuration		Behaviour		图灵机指令表局部放大
m-config. symbol	operations	final m-config.		
b	None	P0,R	c	
c	None	R	e	
e	None	P1,R	f	
f	None	R	b	

控制器   指令表
读写头
···| |*|1|0|1|0|1|1|*| | |··· 存储带

图 2-4   图灵机指令表示意图

2. 现代程序设计语言的发展

(1)汇编程序语言。早期程序员用二进制代码(如 001100…0101011)编写程序,如图 2-5 所示,然后在纸带上打孔,再送到机器中执行。这种编程方式工作效率非常低,而且容易出错,不容易查错。1951 年,葛丽丝·穆雷·霍普(Grace Murray Hopper,女性计算科学专家)设计了第一个编译程序"A-0",这标志了汇编语言的诞生。汇编语言用英文单词(助记

符)和数字按一定规则编写程序,然后由编译程序将助记符翻译成机器代码,再交给机器执行(当时没有操作系统),这是最早的编译程序。

(2) 第一个高级程序设计语言。1954 年,IBM 公司的约翰·巴科斯(John Backus)发明了 FORTRAN,这是世界上第一个高级程序设计语言(见图 2-6)。高性能的 FORTRAN 语言编译器直到 1957 年才写好。FORTRAN 语言的最大特点是形式上接近数学公式,而且语法严谨,易于学习,运算效率很高,因此在数值计算领域得到了广泛应用。

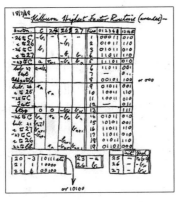

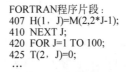

FORTRAN程序片段:
```
407 H(1，J)=M(2,2*J-1);
410 NEXT J;
420 FOR J=1 TO 100;
425 T(2，J)=0;
...
```
FORTRAN程序卡片(12行80列),一张卡片对应一行源程序

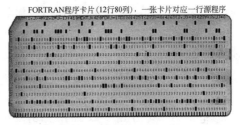

图 2-5　早期机器语言程序(1948 年)　　　　图 2-6　早期 FORTRAN 程序语句卡片(1957 年)

(3) 程序设计语言的演化。高级程序语言的出现使得程序设计不再过度地依赖特定的计算机硬件设备。高级程序语言在不同的硬件平台上可以编译成不同的机器语言。最早的高级程序语言有 FORTRAN、COBOL、ALGOL 和 LISP,目前流行的高级程序语言几乎都是上述四种程序语言的综合进化。程序语言的发展如图 2-7 所示。

标记语言	GML	TeX	SGML	HTML XML	XHTML
	正则表达式	PostScript	LaTeX	CSS WML	XBRL
脚本语言		UNIX sh	Command	Lua	VBA
			Tcl,Perl	PHP,JavaScript	AS Dart
声明语言	GPSS	Prolog	SQL		
函数语言	LISP	ML Scheme		Haskell	
面向对象语言		Smalltalk	C++	Java,Ruby	Scala Swift Go
机器语言	FORTRAN	BASIC,C	MATLAB Ada R		C# Python
命令语言 汇编语言	COBOL	ALGOL,APL	Pascal	VHDL	Visual Basic
	1950	1960	1970	1980	1990 2000 2020

图 2-7　常用程序设计语言的演化

(4) 编程范式。编程范式是编写程序的方法和风格。目前流行的编程范式有:命令式编程(如 C、Python)、面向对象编程(如 C++、Java)、函数式编程(如 LISP、Haskell)、事件驱动编程(如 GUI 编程)、符号式编程(如 Mathematica)、逻辑推理编程(如 Prolog)等。

3. 为程序设计做出杰出贡献的科学家

(1) 艾伦·佩利与 Algol 60 程序设计语言。艾伦·佩利(Alan Perlis,首位图灵奖获得者)主持设计了 Algol 60 程序设计语言(Algol 含义为"算法语言",60 为年代),Algol 60 是

程序语言和软件开发

对计算科学影响最大的程序设计语言,它标志着程序设计语言由一种"技艺"转变成为一门"科学"。目前流行的 C、Java、Python 等都由它发展而来,有 5 位计算科学专家因为研究 Algol 60 语言而获得图灵奖。1952 年,佩利在普渡大学创建了大学的第一个计算中心,以后,他又在多所大学建立了计算中心和计算机科学系,他培养的学生中人才济济,佩利因此被称为"使计算科学成为独立学科的奠基人"。1962 年,佩利当选为国际计算协会主席。1982 年,佩利在 ACM 期刊上发表了著名的论文"编程箴言"。佩利幽默地写道:"如果你给别人讲解程序时,看到对方点头了,那你就拍他一下,他肯定是睡觉了"。

(2) 迪科斯彻与结构化程序设计。迪科斯彻(Edsger Wybe Dijkstra,获图灵奖)1960 年主持了 Algol 60 编译器的开发。他提出了"goto 语句有害"论;解决了"哲学家就餐"问题;发明了最短路径算法(Dijkstra 算法);他是银行家算法的创造者;他提出了信号量和 PV 原语(阻塞/唤醒)。迪科斯彻被称为"结构程序设计之父",他一生致力于将程序设计发展成一门科学。迪科斯彻关于程序设计的名言,今天仍有重要的现实意义,如**"简单是可靠的先决条件"**。

(3) 高德纳与数据结构。高德纳(Donald Ervin Knuth,获图灵奖)是计算科学的先驱人物,他创建了算法分析、数据结构等领域。高德纳《计算机程序设计艺术》一书是计算科学界最权威的参考书,书中开创了数据结构的基本体系,奠定了程序设计基础。高德纳开发的 TeX 是科技论文的标准排版程序。高德纳开发了 METAFONT 程序,这是一套用来设计字体的系统。高德纳和他的学生提出了 KMP(Knuth Morris Pratt,字符串匹配)算法,该算法使计算机在文章中搜索一串字符的过程更加迅速和方便。高德纳提出过文学化编程的概念。对于程序设计的复杂性,高德纳曾经指出:"事实上并非样样事情都存在捷径,都是简单易懂。然而我发现,如果我们有再三思考的机会,几乎没有一件事情不能被简化"。

4. 程序设计语言的特征

(1) 为什么有这么多程序语言。1950—1993 年,人们大约发明过上千种高级程序设计语言。计算科学专家曾多次试图创造一种通用的程序语言,但没有一次尝试是成功的。之所以有这么多不同的程序语言,有多方面的原因:一是计算技术应用越来越广泛,程序要解决的问题各不相同,没有一种程序语言可以解决所有问题;二是程序语言与解决问题的领域相关,当问题随环境变化时,就需要用新程序语言来适用它;三是编程新手与高手之间的技术差距非常大,许多程序语言对新手来说太抽象难学,对编程高手来说又显得不够抽象;四是不同程序语言之间的运行效率和开发成本各不相同。

(2) 程序语言的发展趋势。程序语言与自然语言很相似,自然语言虽然方言很多,但是主体结构几千年来变化很少。近十多年来,程序语言主要在设计框架和设计工具方面改进很大,程序语言本身的重大改进并不明显。例如,程序集成开发环境(Integrated Development Environment,IDE)就包含了很多强大的功能,如指令关键字彩色显示、程序语法错误提示、代码格式自动化、指令自动补齐、程序行折叠和展开、集成程序调试器和编译器等。在程序语言发展历史中,语言抽象级别不断提高,语言表现力越来越强大,这样就可以用更少的代码完成更多的工作。

(3) 程序设计语言学习。程序设计与文学创作有很多共同点,一是两者都需要人为写作;二是小说家和程序员都需要创造性,他们对同一个题材有不同的表达方式;三是他们对问题的解决方案并不是唯一的；四是**文学专业的学生和程序员都需要从事"阅读"和"写作"两项专业训练**；五是文学作品的写作比阅读难很多，因为写作需要更多的创造能力。程序设计存在同样的问题，经常听到同学们抱怨："我能读懂别人的程序，但是我不会自己写程序"。其实无须抱怨，因为**阅读是理解和分析他人的作品，而编程是设计和实现问题的解决方案**。程序设计与文学创作的区别在于：程序设计遵循逻辑思维，力求算法简单，代码精炼；而文学创作需要形象思维，要求形象丰满，文字优美。因此，**学习编程语言要多阅读优秀的源程序，多练习编写程序，多思考如何解决实际问题**。

2.1.2 程序语言的类型

程序设计语言是用来定义计算机指令执行流程的形式化语言。程序语言包含一组预定义的保留字（如 Python 程序语言为 35 个英语单词）和一些语法规范。这些语法规范包括：语句书写形式、数据类型、指令功能、程序结构、调用机制、库函数等，以及一些行业规范（如缩进规范、变量命名、空格和空行、程序注释等）。

1. 程序语言的分类

程序语言有多种分类方法，按程序语言与硬件的关系可分为低级语言（机器语言、汇编语言）和高级语言；按程序设计风格可分为命令式语言（过程化语言）、结构化语言、面向对象语言、事件驱动语言、函数式语言、脚本语言等；按程序执行方式可分为解释型语言（如 Python、JavaScript、R 等）、编译型语言（如 C/C++ 等）、虚拟机型语言（如 Java、C♯ 等）；按数据类型检查方式可分为动态语言（如 Python、PHP 等）、静态语言（如 C、Java 等）。大部分程序语言都是算法描述型语言（图灵完备语言），如 C、Java、Python 等，很少一部分程序语言是数据描述型语言（非图灵完备语言，特点是没有条件判断、循环、计算等语句和功能），如 HTML（Hyper Text Markup Language，超文本标记语言）、XML（eXtensible Markup Language，可扩展标记语言）、SQL（Structured Query Language，结构化查询语言）、正则表达式等。

2. 机器语言

机器语言是二进制指令代码的集合，是计算机唯一能直接识别和执行的语言。机器语言的优点是占用内存少、执行速度快，缺点是编程难、阅读难、修改难、移植难。

3. 汇编语言

汇编语言是将机器语言的二进制指令，用简单符号（助记符）表示的一种语言。因此汇编语言与机器语言一一对应，它可以直接对计算机硬件设备进行操作。汇编语言编程需要对计算机硬件结构有所了解，这无疑大大增加了编程难度。汇编语言与计算机硬件设备（主要是 CPU）相关，不同系列 CPU（如 ARM 与 Intel 的 CPU）的机器指令不同，因此它们的汇编语言也不同。所有高级程序语言程序最终都需要转换为汇编语言，最基本的汇编元素有 MOV（传送）、ADD（加法）、CMP（比较）、JMP（跳转）等。

【例 2-2】 计算 SUM＝6＋2 的汇编语言与机器语言代码片段，如表 2-1 所示。

4. 高级程序语言

高级程序语言将计算机内部的许多相关机器操作指令组合成一条高级程序指令，并且屏蔽了具体操作细节（如内存分配、寄存器使用等），这样大大简化了程序指令。高级程序语言便于人们阅读、修改和调试，而且移植性强。IEEE Spectrum 发布的 2020 年程序语言排行榜如表 2-2 所示。

表 2-1 x86 汇编语言与机器语言指令案例

汇编语言指令	机器语言指令		机器操作说明
	机器代码	指令长度	
MOV AL,6	00000110 10110000	2B	读数据(6),并送到 AL 寄存器
ADD AL,2	00000010 00000100	2B	读数据(2),读 AL 寄存器数据(6),两数相加后,结果保存在 AL 寄存器
MOV SUM,AL	00000000 01010000 10100010	3B	将 AL 寄存器中的数据(8)送到 SUM 内存单元
HLT	11111000	1B	停机(程序停止运行)

表 2-2 IEEE Spectrum 发布的 2020 年程序语言排行榜(前 20 名)

排名	编程语言	应用领域	关注度	排名	编程语言	应用领域	关注度
1	Python	网络、PC	100.0	11	Ruby	网络、PC	66.8
2	Java	PC、手机、网络	95.3	12	Dart	网络、手机	65.6
3	C	PC、手机、嵌入	94.6	13	SQL	PC	64.6
4	C++	PC、手机、嵌入	87.0	14	PHP	网络	63.8
5	JavaScript	网络	79.5	15	Assembly	嵌入	63.7
6	R	PC	78.6	16	Scala	网络、手机	63.5
7	Arduino	嵌入	73.2	17	HTML	网络	61.4
8	Go	PC、网络	73.1	18	Kotlin	网络,手机	57.8
9	Swift	PC、苹果手机	70.5	19	Julia	PC	56.0
10	MATLAB	PC	68.4	20	Rust	网络、PC	55.6

说明:Arduino 是 C 基础上的开源硬件平台编程语言,它函数化了微控制器的一些参数。

2.1.3 编程环境与平台

1. 程序的基本组成

程序由多个语句组成,一个语句就是一条指令(可以包含多个操作)。语句有规定的保留字和语法规则。程序语言中的控制指令(如顺序、选择、循环、调用等)可以改变程序的执行流程,用来控制计算机的处理过程。

程序语言虽然千差万别,但是它们的逻辑结构基本相同,只是语法和 API(Application Programming Interface,应用程序接口)稍有不同。程序由以下基本成分组成:一是数据成分,它描述程序中的数据类型,如数值、字符、列表、字典等;二是运算成分,它是程序中的各种运算,如算术运算、逻辑运算、关系运算、正则运算等;三是控制成分,它用来控制程序语句的执行流程,如顺序、判断、循环等;四是传输成分,它用来表达程序中数据的传输,如实参(实际参数)与形参(形式参数)、返回值、输入/输出、文件读写等;五是应用程序接口,它用来调用其他程序模块或函数库,如程序入口、模块导入、模块参数、套接字、文件句柄等。

2. 程序运行平台

程序的运行平台一般按操作系统划分,常见的程序运行平台有 Windows、Linux、

Android、iOS 等。程序运行需要操作系统环境的支持。例如，Windows 下的应用程序，在 Linux 系统中不能运行；苹果智能手机中的程序，在安卓智能手机中也不能运行。这是由于程序开发时，往往需要调用操作系统底层接口的子程序(函数)来实现某些功能。例如，用 Visual C++ 在 Windows 中编程时，需要调用 Windows 操作系统提供的各种子程序(如窗口、对话框、菜单等)。在 Windows 环境下开发的程序移植到其他操作系统平台(如 Linux 等)时，其他操作系统不一定提供了这些子程序，或者子程序的调用参数和格式不同，这会导致程序不能运行或运行出错，也就是常说的程序"兼容性"问题。

3. 程序集成开发环境

程序的编程环境与应用环境一般是分开的。例如，手机中的程序不可能在手机上开发，一是手机屏幕太小，不便于编写程序；二是在手机中调试程序极其麻烦，效率非常低。程序设计一般在台式机或笔记本计算机中进行，程序调试也在软件模拟器中进行。

IDE(集成开发环境)是一个综合性工具软件，它把程序设计过程所需的各项功能集成在一起，为程序员提供完整的编程服务。IDE 通常包括程序文本编辑器、程序保留字检查器、程序调试器、第三方插件(如智能手机模拟器)等，有些 IDE 包含程序编译器或程序解释器(如 Microsoft Visual Studio 等)，有些 IDE 则不包含程序编译器(如 Eclipse 等)，这些 IDE 通过调用第三方程序编译器来实现程序的编译工作。

2.1.4 程序解释与编译

1. 源程序的翻译

程序语言编写的计算机指令序列称为"源程序"，计算机不能直接执行源程序，源程序必须通过"翻译程序"转换成机器指令，计算机才能识别和执行。源程序有两种翻译方式：解释和编译。静态语言的翻译程序称为编译器，动态语言的翻译程序称为解释器。

静态语言程序都需要进行编译，静态语言编程时，需要程序员费时费力地按规矩编写程序代码，以减少程序运行时错误；动态语言程序没有那么多规矩，程序写完后就直接运行，但是这样更容易导致程序在运行时发生错误。

2. 程序的解释执行方式

动态语言程序的解释执行过程如下。

(1) 程序执行过程。首先由语言解释器(如 Python 解释器)进行初始化工作。然后语言解释器从源程序中读取一个语句(指令)，并对指令进行语法检查，如果程序语法有错，则输出提示信息；否则，将源程序语句翻译成机器执行指令，并执行相应的机器操作。返回后检查解释工作是否完成，如果未完成，语言解释器继续解释下一语句，直至整个程序执行完成，如图 2-8 所示；否则，进行善后处理工作。

图 2-8 程序解释执行过程

程序解释器一般包含在客户端软件内，如浏览器都带有 JavaScript 脚本语言解释功能；有些语言解释器是独立的，如 Python 解释器包含在 Python 软件包中。

(2) 解释程序的优点。解释程序实现简单，交互性较好。动态程序语言(如 Python、

JavaScript、PHP、R、MATLAB 等)一般采用解释执行方式。

（3）解释程序的缺点。一是程序运行效率低,如源程序中出现循环语句时,解释程序也要重复地解释并执行这一组语句;二是程序独立性不强,不能在操作系统下直接运行,因为操作系统不一定提供这个程序语言的解释器;三是程序代码保密性不强,例如,要发布 Python 开发项目,实际上就是发布 Python 源代码。

3. 程序的编译执行方式

静态程序语言都需要由编译器将源程序翻译成计算机可执行的机器代码(这个过程称为编译)。程序编译正确后,就会生成可反复执行的机器代码文件(如 exe 文件)。程序编译是一个复杂的过程,编译步骤如下: **源程序→预处理→词法分析→语法分析→语义分析→生成中间代码→代码优化→生成目标程序→连接程序→生成可执行程序**。C 语言源程序的编译过程如图 2-9 所示。实践中,某些步骤可能组合在一起进行。

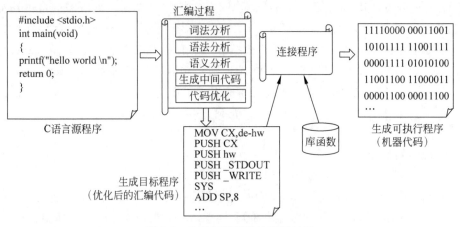

图 2-9　C 语言源程序的编译过程

（1）编译符号表。在编译过程中,源程序的各种信息保存在不同表格里,编译工作的各个阶段都涉及构造、查找或更新表格中的内容。如果编译过程中发现源程序有错误,编译器会报告错误的性质和发生错误的代码行,这些工作称为出错处理。符号表是由一组符号地址和符号信息构成的表格。符号表中登记的信息在编译的不同阶段都要用到。在语法分析中,符号表登记的内容将用于语法分析检查;在语义分析中,符号表所登记的内容将用于语义检查和产生中间代码;在目标代码生成阶段,当对符号名进行地址分配时,符号表是地址分配的依据。

（2）预处理。一个源程序有时可能分成几个模块存放在不同的文件里,预处理的工作之一是将这些源程序汇集到一起;其次,为了加快编译速度,编译器往往需要提前对一些头文件及程序代码进行预处理,以便在源程序正式编译时节省系统资源开销。例如,C 语言的预处理包括:文件合并、宏定义展开、文件包含、条件编译等内容。

（3）词法分析。编译器的功能是解释程序文本的语义,不幸的是计算机很难理解文本。文本对计算机来说就是字节序列,为了理解文本的含义,需要借助词法分析程序。词法分析是将源程序的字符序列转换为标记(Token)序列的过程。词法分析的过程是编译器一个字符一个字符地读取源程序,然后对源程序字符流进行扫描和分解,从而识别出一个个独立的单词或符号(分词)。在词法分析过程中,编译器还会对标记进行分类。

单词是程序语言的基本语法单位，一般有四类单词：一是语言定义的保留字（如 if、for 等）；二是标识符（如 x、i、list 等）；三是常量（如 0、3.141 59 等）；四是运算符和分界符（如 ＋、－、*、/、＝、；等）。如何进行"分词"是词法分析的重要工作。

【例 2-3】 对赋值语句"X1＝(2.0＋0.8)＊C1"进行词法分析。

如图 2-10 所示，编译器分析和识别(分词)出 9 个单词。

图 2-10 赋值语句"X1＝(2.0＋0.8)＊C1"的词法分析

(4) 语法分析。语法分析过程是把词法分析产生的单词，根据程序语言的语法规则，生成抽象语法树(AST)，语法树是程序语句的树形结构表达形式，编译器利用语法树进行语法规则分析。语法树的每个节点都代表着程序代码中的一个语法结构，如包、类型、标识符、表达式、运算符、返回值等。后续的工作是对抽象语法树进行分析。

【例 2-4】 对赋值语句"X1＝(2.0＋0.8)＊C1"进行语法分析。

如图 2-11 所示，将词法分析得出的单词流构成一棵抽象语法树，并对语法树进行分析。这是一个赋值语句，"X1"是变量名，"＝"是赋值符，"(2.0＋0.8)＊C1"是表达式，它们都符合程序语言的语法规则(语法分析过程不详述)，没有发现语法错误。

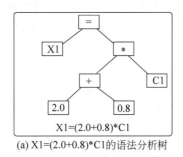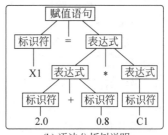

(a) X1=(2.0+0.8)*C1的语法分析树　　(b) 语法分析树说明

图 2-11 赋值语句"X1＝(2.0＋0.8)＊C1"的语法分析

(5) 语义分析。语义分析是对源程序的上下文进行检查，检查有无语义错误。语义分析的主要任务有静态语义检查、上下文相关性检查、类型匹配检查、数据类型转换、表达式常量折叠等。源程序中有些语句虽然符合语法规则，但是它可能不符合语义规则。如使用了没有声明的变量；调用函数时参数类型不匹配；参加运算的两个变量数据类型不匹配等。当源程序不符合语义规范时，编译器会报告出错信息。

表达式常量折叠就是对常量表达式计算求值，并用求得的值来替换表达式，放入常量表。例如，s＝1＋2 折叠之后为常量 3，这也是一种编译优化。

(6) 生成中间代码。语义分析正确后，编译器会生成相应的中间代码。中间代码是一种介于源程序和目标代码之间的中间语言形式，它的目的是：便于后面做优化处理，便于程序的移植。中间代码常见形式有四元式、三元式、逆波兰表达式等。由中间代码很容易生成目标代码。

【例 2-5】 对赋值语句"X1＝(2.0＋0.8)＊C1"生成中间代码。

根据赋值语句的语义生成中间代码，即用一种语言形式来代替另一种语言形式，这是翻译的关键步骤。例如,采用四元式(3 地址指令)生成的中间代码如表 2-3 所示。

表 2-3 编译器采用四元式生成的中间代码

运　算　符	左运算对象	右运算对象	中　间　结　果	四元式语义
＋	2.0	0.8	T1	T1←2.0 ＋ 0.8
＊	T1	C1	T2	T2←T1 ＊ C1
＝	X1	T2		X1←T2

说明:T1 和 T2 为编译器引入的临时变量单元。

表 2-3 生成的四元式中间代码与原赋值语句在形式上不同,但语义上是等价的。

(7) 代码优化。代码优化的目的是为了得到高质量的目标程序。

【例 2-6】　表 2-3 中第 1 行是常量表达式,可以在编译时计算出该值,并存放在临时单元(T1)中,不必生成目标指令。编译优化后的四元式中间代码如表 2-4 所示。

表 2-4 编译优化后的四元式中间代码

运　算　符	左运算对象	右运算对象	中　间　结　果	语义说明
＊	T1	C1	T2	T2←T1 ＊ C1
＝	X1	T2		X1←T2

(8) 生成目标程序。生成目标程序不仅与编译技术有关,而且与机器硬件结构关系密切。例如,充分利用机器的硬件资源,减少对内存的访问次数;根据机器硬件特点(如多核CPU)调整目标代码,提高执行效率。生成目标程序的过程实际上是把中间代码翻译成汇编指令的过程。

(9) 连接程序。目标程序还不能直接执行,因为程序中可能还有许多没有解决的问题。例如,源程序可能调用了某个库函数等。连接程序的主要工作就是将目标文件和函数库彼此连接,生成一个能够让操作系统执行的机器代码文件(软件)。

(10) 生成可执行程序(机器代码)。机器代码生成是编译过程的最后阶段。机器代码生成不仅仅需要将前面各个步骤所生成的信息(语法树、符号表、目标程序等)转化成机器代码写入磁盘中,编译器还会进行少量的代码添加和转换工作。经过上述过程后,源程序最终转换成可执行文件了。

4. 程序编译失败的主要原因

完美的程序不会一次就编译成功,都需要经过反复修改、调试和编译。Google 和香港科技大学的研究人员分析了 2600 万次编译,总结了编译失败的常见原因:一是编译失败率与编译次数、开发者经验无关;二是大约 65% 的 Java 编译错误与依赖有关,如编译器无法找到一个符号,或者是包文件不存在;在 C++ 编译中,53% 的编译错误是使用了没有声明的标识符和不存在的类变量。

2.2 Python 编程基础

Python 是一种解释性动态编程语言,它支持面向对象、函数式编程等功能。Python 程序语言遵循 GPL(General Public License,通用公共授权)协议,程序以源代码形式发布。

Python 程序可以跨平台运行,程序可以在 Windows、Linux、Android 等系统中使用。**Python 语言最大的特点是语法简洁和资源丰富**。几乎所有的 Linux 发行版都安装了 Python 解释器。

2.2.1 编程环境

1. 启动 Windows 命令提示符窗口

在 Windows 和 Linux 操作系统中,命令解释程序是一个特殊程序,它也称为 shell(外壳)环境。Python 的软件包安装、升级、卸载,以及网络服务器程序的调式和运行,都需要用到"命令提示符"窗口。启动 Windows 命令提示符窗口的步骤如下。

按 Win+R 组合键调出"运行"窗口,在窗口输入 cmd 后按 Enter 键,这时会弹出一个"命令提示符"窗口,窗口将会显示 Windows 版本信息,如图 2-12 所示。

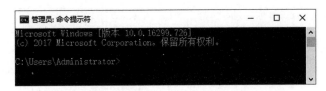

图 2-12 Windows"命令提示符"窗口界面(shell)

2. 命令提示符的简单使用方法

【例 2-7】 在 Windows"命令提示符"窗口下运行常用 DOS(Disk Operating System,磁盘操作系统)命令。常见操作的代码如下。

1	C:\Users\Administrator>	♯ 进入命令提示符窗口后的初始状态
2	C:\Users\Administrator>d:[CR]	♯ DOS 命令"d:"为进入 D 盘分区,[CR]为回车符
	D:\>	♯ 显示当前路径(D 盘根目录)
3	D:\> cd python[CR]	♯ DOS 命令 cd python 为进入 D 盘下的 Python 目录
	D:\Python>	♯ 显示当前路径,当前目录为 D:\Python
4	D:\Python> dir[CR]	♯ DOS 命令 dir 为查看 D:\Python 目录下所有文件
	…(输出略)	♯ 显示当前目录下所有文件(<DIR>表示子目录)
5	D:\Python> cd..[CR]	♯ DOS 命令"cd.."为退出本级目录 Python
	D:\	♯ 显示当前路径(D 盘根目录)

说明 1:本例假设已经创建好 D:\Python 目录。">"为命令提示符,在">"前面的字符为路径,">"后面为用户输入的 DOS 命令或可执行程序名。输入 DOS 命令后,回车([CR])执行。

说明 2:为了使书中案例更加简单明了,本书后面所有案例中,">"前面的路径(如 D:\Python>)和命令后面的回车符"[CR]"将不再书写。

3. Python shell 环境编程

Python shell 是 Python 解释器的工作界面,它是一个交互式编程窗口,只要程序员在窗口的命令行中输入一条 Python 命令,按 Enter 键后就可以立即获得程序运行结果。启动 Python shell 环境的过程如下。

【例 2-8】 在 Windows 的"开始"菜单中找到"IDLE(Python 3.8 32bit)"图标,单击图标即可启动 Python shell 环境,如图 2-13 所示。

Python shell 环境中,">>>"为 Python 解释器提示符(注意,Windows 命令提示符为

">")。可以在提示符">>>"后输入 Python 命令或程序语句。

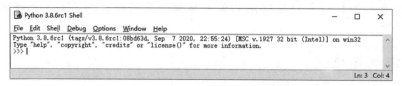

图 2-13　Python shell 界面(即 Python 解释器)

4. 在 Python shell 环境下运行简单程序

在 Python shell 环境下可以编写和运行简单的 Python 程序,一些简单的程序大多数运行在 shell 环境下。对一些程序关键语句进行调试时,也多采用 shell 环境编程。

【例 2-9】　在 Python shell 环境下,运行 Python 命令的方法如下。

1	>>> print('Hello World! 你好,世界!')	# 在 shell 下输入 Python 命令,回车执行
	Hello World! 你好,世界!	# 输出命令运行结果
2	>>>(1 + 2) * (8 - 4)	# 在 shell 下输入 Python 命令,回车执行
	12	# 输出命令运行结果

说明 1:在 Python shell 提示符">>>"后面输入命令时,命令前面不能有空格。

说明 2:输入命令后按 Enter 键执行,本书所有案例均省略书写回车符(遵循业界惯例)。

5. 在 Python IDLE 环境下编程和运行程序

【例 2-10】　在 Python IDLE 中编写 Python 程序,输出字符串"Hello World!"。

(1) 在 D 盘创建"d:\test"子目录,用于存放 Python 程序。

(2) 启动 Python shell,在窗口中执行 File→New File 命令,进入 IDLE 环境。

(3) 在 Python IDLE 窗口中,编写如下 Python 程序。

1	# E0210.py	# 井号为程序行注释;注释包括程序名、功能、作者、日期等
2	print('Hello World!')	# 在 Python shell 环境下打印输出字符串'Hello World!'
3	print('你好,世界!')	# 注意:Python 命令和符号为英文字符,文本信息中英不限
	>>>	# 程序运行结果
	Hello World!	
	你好,世界!	

(4) 执行 IDLE 菜单中的 File→Save As 命令,选择程序保存目录(如 d:\test),对程序文件命名(如 E0210.py),然后单击"保存"按钮,这样就保存了编写的 Python 源程序。

(5) 执行 IDLE 菜单中的 Run→Run Module 命令运行程序,这时 Python shell 窗口会显示程序 E0210.py 的运行结果。

2.2.2　程序组成

1. Python 程序模块和软件包

(1) 函数(function)。Python 程序主要由函数构成,函数是功能单一和可重复使用的代码块。面向对象编程时,函数也称为方法。

(2) 模块(module)。Python 中,一个程序就是一个模块,程序名也是模块名。每个模块可由一个或多个函数组成。Python 源文件(模块)扩展名为 .py。

（3）软件包（package）。软件包是对一系列程序进行分类管理，**软件包是一个分层次的文件目录**。**包的调用采用"点命名"形式**，如调用数学模块中的开方函数时，写为 math. sqrt( )，它表示调用 math 模块中的 sqrt( )函数。

（4）库（lib）。多个软件包就形成了一个 Python 程序库。**包和库都是一种目录结构**，它们没有本质区别，因此包和库的名称经常混用。

2．Python 程序基本组成

一个 Python 程序由三部分组成：**头部语句块（注释和导入）、函数语句块（函数或者类定义）、主程序语句块**。

【例 2-11】 猜数字程序代码如图 2-14（a）所示，程序的基本组成如图 2-14（b）所示。

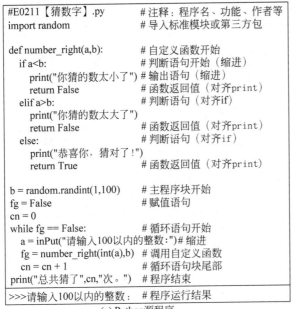

(a) Python源程序

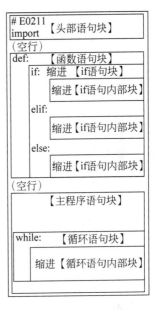

(b) Python程序组成说明示意图

图 2-14　Python 程序组成

（1）头部语句块。程序头部语句块主要有注释语句和模块或软件包导入语句，简单程序可能没有头部语句块。注释语句有：程序编码注释（Python 3.7 以上版本可以省略编码注释）；程序名称、作者、日期、版本说明；程序功能说明等。模块或软件包导入语句主要是标准模块导入、第三方软件包导入等。

（2）函数语句块。函数是程序的主要组成部分，函数以"def 函数名（参数）："开始，以"return 返回值"语句结束，语句块内的程序行必须遵循 Python 缩进规则。

（3）主程序语句块。主程序语句块大部分时候可以在函数语句后面（函数先定义后调用），它由初始化、赋值、函数调用、条件判断、循环控制、输入/输出等语句组成。

2.2.3　基本语法

1．Python 语言保留字

保留字（也称为关键字）是程序语言中有特殊含义的单词。简单地说，程序中的保留字就是程序指令。Python 3.8 有 35 个保留字，如 import、if、for、def、try、and 等。

2. 变量名与内存地址

变量是程序的重要组成部分,系统会分配一块内存区域存储变量值(命名空间),内存地址在程序中以"变量名"的形式表示。因此,**变量名本质上是一个内存地址**。程序使用变量名代表内存地址有以下原因:一是内存地址不容易记忆,变量名容易记忆;二是内存地址由操作系统动态分配,地址会随时变化,而变量名不会变化。

3. 标识符命名规则

标识符包括变量名、函数名、类名、方法名、文件名等(见图 2-15)。**好的标识符不需要注释即可明白其含义**。标识符命名一般采用以下方法。

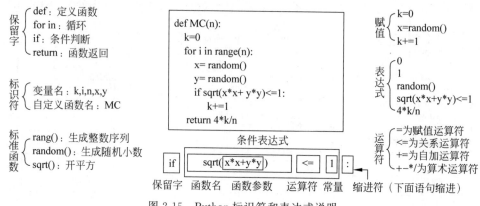

图 2-15　Python 标识符和表达式说明

(1) 下画线命名法。变量名、函数名等采用"小写单词＋下画线"命名。如 my_list、new_text、background_color、read_csv( )等,这种命名方法在 Python 中应用广泛。

(2) 驼峰命名法。第 1 个单词首字母小写,第 2 个单词及以后单词的首字母大写。如:myListName、outPrint( )等,这种命名方法在 C、Java 等语言中应用普遍。

(3) 帕斯卡命名法。单词首字母大写,如:DisplayInfo( )、MinMaxScaler( )等。

(4) 全大写命名法。常量大多采用"大写单词＋下画线"命名,如:KEY_UP、PI。

4. 标识符命名注意事项

(1) **标识符要唯一,不能使用连字符(-)、小数和空格,不能以数字开头**。

(2) 大部分程序语言(如 C、Java、Python 等)对字母大小写敏感,如 X 与 x 是不同的变量名。部分程序语言对字母大小写不敏感,如 SQL、HTML、汇编语言等。

(3) 变量名不要使用通用函数名(如 list)、现有名(程序上下文使用的变量名)、保留字名(如 if)等。不可避免需要使用通用名时,可以在通用名前加 my(如 mylist),或者在尾部加数字(如 list2),或者在通用名尾部加下画线(如 list_),以示区别。

(4) 不要使用单个 o(与 0 混淆)、l(与 1 混淆)、I(与 1 混淆)作变量名。

(5) 标识符不能使用程序语言中的保留字,如:if、else、for、while、and 等。

(6) **程序中,除字符串元素外,其他所有符号均为英文**,如引号、逗号等。

5. 转义字符

程序中以"\字符"形式表示的符号称为转义字符。如\t、\r、\n 等都是转义字符,转义字符表示反斜杠后的第 1 个字符转换为其他含义。如转义字符"\n"不表示字符 n,而是表示"换行"输出;转义字符"\\"表示路径分隔字符"\"。

6. 路径分隔符

路径分隔符有"/"(正斜杠)和"\"(反斜杠)。在 Windows 系统中,用反斜杠(\)表示路径;在 Linux 和 UNIX 系统中,用正斜杠(/)表示路径。Python 支持这两种不同的路径分隔符表示方法,但是两种路径分隔符造成了程序的混乱。

7. 运算符

Python 运算类型比较丰富,有四则运算(+ - * /)、整除运算(//)、指数运算(**)、模运算(%)、关系运算(==、!=、>、<、<=、>=)、赋值运算(=、:=、+=、-=、*=、/=)、逻辑运算(and、or、not、^)、位运算(<<、>>)、成员运算(in、in not)等。

8. 表达式

表达式由变量、函数、运算符、圆括号等组成。**表达式用来计算求值**,最常见的值有数值(整数、浮点数)、布尔值(True、False)、字符串等。

【例 2-12】 x+y 是一个表达式;而 x=x+y 不是表达式,它是一个赋值语句,表示将表达式 x+y 的值赋给变量 x。在 x=0 赋值语句中,表达式为常数 0。

9. 算术表达式书写规则

用算术运算符、关系运算符串联起来的变量或常量称为算术表达式。描述各种不同运算的符号称为运算符,参与运算的数据称为操作数。**程序语言只能识别按行书写的算术表达式**,因此必须将数学运算式转换成程序语言规定的格式,转换方法如表 2-5 所示。

表 2-5 数学运算式与 Python 算术表达式的转换方法

数学运算式	Python 算术表达式写法	Python 算术表达式说明
$a+b=c$	c=a+b	不允许 a+b=c 这种赋值方法
2×2	2 * 2	乘法用星号"*"表示
$8\div2$	8/2	除法用斜杠"/"表示,分子在/前,分母在/后
$S=\pi R^2$	s= pi * r ** 2	指数运算(幂运算)用 ** 表示
$\pi\approx3.14$	3.14<pi<3.15	编程语言不支持"约等于"
$\dfrac{(12+8)\times3^2}{25\times6+6}$	((12+8) * 3 ** 2) / (25 * 6+6)	分式可用除法加括号表示
$x=\sqrt{a+b}$	x = math. sqrt(a+b)	高等级数学运算需专用函数或程序处理

10. 表达式的运算顺序

(1) **表达式中,圆括号( )的优先级最高**;多层圆括号遵循由里向外的原则。

(2) 多种运算的优先顺序为:算术运算→字符连接运算→关系运算→逻辑运算。

(3) 运算符优先级相同时,**计算类表达式遵循从左到右的原则**。如表达式 x-y+z 中,先执行 x-y 运算,再执行+z 的运算。

(4) 运算符优先级相同时,**赋值类表达式遵循从右到左的原则**。如表达式 x=y=0 中,先执行 y=0 运算,再执行 x=y 运算。

11. 长语句续行

(1) 语句太长时,允许在合适处断开语句,在下一行继续书写语句(续行)。

(2) 可以用续行符(\)断开语句,但是续行符必须在语句结尾处。

(3) 长语句可以从逗号处分隔语句,这时不需要续行符。

(4) 在圆括号( )、方括号[ ]、花括号{ }内侧处断开语句时,不需要续行符。

（5）**不允许用续行符将保留字、关键词、变量名、运算符分割为两部分。**

（6）当语句被续行符分割成多行时，后续行无须遵守 Python 缩进规则，前面空格的数量不影响语句正确性。但编程习惯上，一般比本语句开头多缩进 4 个空格。

12. 程序代码缩进规则

Python 语言严格遵守以下缩进规定（Off-side 规则）。

（1）冒号缩进原则。**如果语句尾部为冒号，则下一行语句需要缩进 4 个空格。**

（2）语句属于同一代码块时，语句的缩进量必须相同，即同一语句块必须左对齐。

（3）如果语句属于不同语句块，则用不同缩进深度代表不同的语句块。

（4）当减少缩进空格时，表示语句块退出或结束。

13. 注释

（1）单行注释符号为"#"；多行注释采用三个引号。

（2）**好注释提供代码没有的额外信息，**如语句意图、参数意义、警告信息等。

2.2.4 数据类型

程序的基本特点是处理数据。因此程序必须能够处理各种不同类型的数据。不同程序语言定义的数据类型不同，大部分程序语言支持以下数据类型：整型（整数）、浮点型（实数）、字符型、布尔型（逻辑型）等。

Python 中变量的数据类型不需要声明，变量赋值即是变量声明和定义，Python 用等号（＝）给变量赋值。值可以是 0 或者空（如 s=［ ］）。如果变量没有赋值，Python 则认为该变量不存在。Python 3.x 的主要数据类型如表 2-6 所示。

表 2-6　Python 3.x 的主要数据类型

数据类型	名称	说　　明	案　　例
int	整数	精度无限制，整数有效位可达数万位	0、50、1234、−56789 等
float	浮点数	精度无限制，初步定义最大有效位为 308 位	3.1415927、5.0 等
str	字符	由字符组成的不可修改元素，无长度限制	'hello'、'提示信息'等
list	列表	多种类型的可修改元素，最大 5.3 亿个元素	［4.0，'名称'，True］
tuple	元组	多种类型的不可修改元素，大小无限制	(4.0，'名称'，True)
dict	字典	由"键值对"（用：分隔）组成的无序元素	{'姓名':'张飞'，'身高':175}
set	集合	无序且不重复的元素集合	{4.0，'名称'，True}
bool	布尔值	逻辑运算的值为 True(真)或 False(假)	a＞b and b＞c
bytes	字节码	由二进制字节组成的不可修改元素	b'\xe5\xa5\xbd'
complex	复数	复数	3＋2.7j

2.2.5 控制结构

任何程序均可采用顺序、选择、循环三种基本控制结构实现。程序员可以根据这些基本控制结构组成复杂的结构化程序。程序基本结构具有以下特点。

（1）程序内的每部分程序都有机会被执行。

（2）程序内不能存在"死循环"（无法终止的循环）。

（3）程序只有一个入口和一个出口，程序有多个出口时，只有一个出口被执行。

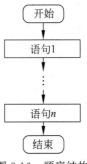

图 2-16　顺序结构

1．顺序结构

如图 2-16 所示，顺序结构是程序中最简单的一种基本结构，即在执行完第 1 条语句指定的操作后，接着执行第 2 条语句，直到所有语句执行完成。

【例 2-13】　根据勾股定理 $a^2 + b^2 = c^2$，计算直角三角形边长。代码如下。

1	# E0213.py	# 【顺序 - 计算直角三角形边长】
2	import math	# 导入标准模块 - 数学计算
3	a = float(input('输入直角三角形第 1 条边长:'))	# 输入边长,转换成浮点数
4	b = float(input('输入直角三角形第 2 条边长:'))	# 输入边长,转换成浮点数
5	c = math.sqrt(a * a + b * b)	# 调用数学开方函数计算边长
6	print('直角三角形的第 3 条边长为:', c)	# 打印计算值
	>>>	# 程序运行结果
	输入直角三角形第 1 条边长:3	
	输入直角三角形第 2 条边长:4	
	直角三角形的第 3 条边长为: 5.0	

其中，程序第 3 行，input( )函数的功能是从键盘接收一个字符串；float( )函数的功能是将字符串转换为浮点数。

程序第 5 行，math.sqrt( )表示调用 math 数学模块中的 sqrt( )开平方函数。

标准函数的调用方法可以查看 Python 使用指南。

2．选择结构

选择结构是判断某个条件是否成立，然后选择执行程序中的某些语句块。选择结构使程序不再完全按照语句的顺序执行，而是根据某些条件是否成立来决定程序执行的走向，它进一步体现了计算机的智能性。选择结构有图 2-17 所示的几种形式。

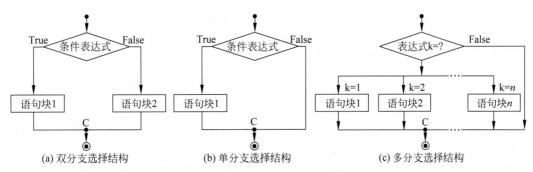

(a) 双分支选择结构　　　(b) 单分支选择结构　　　(c) 多分支选择结构

图 2-17　选择结构的不同形式

选择结构遵循以下规则。

（1）无论条件表达式的值为 True(真)，或者为 False(假)，都只能执行一个分支方向的语句块，即不能同时执行语句块 1 和语句块 2。

（2）无论执行哪一个方向的语句块，都必须经过 C 点，脱离选择结构。

【例 2-14】 利用不同的分支选择结构，判断学生成绩等级，代码如下。

1	# 【分支 - 双分支结构】	1	# 【分支 - 单分支结构】	1	# 【分支 - 多分支结构】
2	s = int(input('输入成绩'))	2	s = int(input('输入成绩'))	2	s = int(input('输入成绩'))
3	if s < 60:	3	if 0 <= s <= 100:	3	if s < 0 or s > 100:
4	print('不及格')	4	print('成绩有效')	4	print('数据错误')
5	else:			5	elif s < 60:
6	print('及格')			6	print('不及格')
				7	elif 60 < s < 70:
				8	print('及格')
				9	elif 70 < s < 80:
				10	print('中')
				11	elif 80 < s < 90:
				12	print('良')
				13	else:
				14	print('优')

3. 循环结构

循环结构是重复执行一部分语句（循环语句块），直到满足某个条件时结束循环。如图 2-18 所示，Python 有两种循环结构：for 计数循环（用于循环次数确定的情况）和 while 条件循环（用于循环次数不确定的情况）。

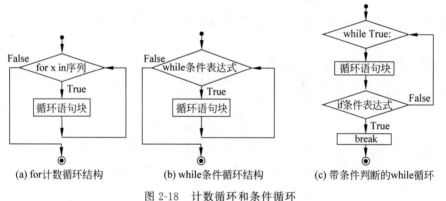

(a) for 计数循环结构	(b) while 条件循环结构	(c) 带条件判断的 while 循环

图 2-18　计数循环和条件循环

（1）for 计数循环的语法格式如下。

1	for 临时变量 in 序列:	# 将序列中每个元素逐个代入临时变量
2	循环语句块	# 临时变量在这里起到迭代变量的作用

每次循环时，"临时变量"都会接收"序列"中的一个元素，序列中所有元素逐个取完后，结束循环。临时变量命名比较自由，一般为 i、x 等。

【例 2-15】 利用百家姓来生成人物的"姓"，利用诗词或常用名词生成人物的"名"。姓和名可以利用随机函数进行选择，以生成随机不重复的姓名，代码如下。

1	# E0215.py	# 【循环 - 生成姓名】
2	import random as rd	# 导入标准模块

3	x1 = '赵钱孙李周吴郑王冯陈褚卫蒋沈韩杨朱秦尤许何吕施张孔曹严华'	# 定义百家姓1
4	m2 = '银烛秋光冷画屏轻罗小扇扑流萤天阶夜色凉如水卧看牵牛织女星'	# 定义唐诗名2
5	m3 = '故人西辞黄鹤楼烟花三月下扬州孤帆远影碧空尽唯见长江天际流'	# 定义唐诗名3
6	for i in range(10):	# 循环10次
7	name = rd. choice(x1) + rd. choice(m2) + rd. choice(m3)	# 拼接形成姓名
8	print(name)	# 打印输出
>>>吴流花 周如远 王银帆 许如空 张扑碧…(输出略)		# 程序运行结果

其中,程序第 7 行的函数 rd. choice(序列)表示在序列中随机选取一个值。

（2）while 条件循环语法格式如下。

| 1 | while 条件表达式: | # 如果条件表达式 = True,则执行循环语句块 |
| 2 | 循环语句块 | # 如果条件表达式 = False,则结束循环语句块 |

while 循环在运行前先判断条件表达式,如果条件表达式为 True,则执行循环语句块;如果条件表达式为 False,则结束循环。

【例 2-16】 编程计算 1～100 的累加和,代码如下。

1	#E0216. py	# 【循环 - 1～100 累加和】
2	i = 0	# 循环次数初始化
3	sum = 0	# 累加和初始化
4	while i < = 100:	# 表达式 i < = 100 为假时结束循环
5	sum += i	# 计算累加值
6	i += 1	# 计数器累加
7	print('1～100 累加和为:', sum)	# 打印输出累加和
>>> 1～100 累加和为: 5050		# 程序运行结果

2.2.6 函数设计

1. 程序中函数的概念

程序简洁性的最高形式就是有人已经帮你把程序写好,你只要调用就行。**函数库就是别人帮你写好的程序**。程序中函数的概念是从数学中借鉴而来,可以将函数的形参看作自变量;函数体看作函数法则;函数返回值看作因变量。不同的程序设计语言对函数有不同的名称,如函数、过程、子程序、方法(面向对象编程)等。

一个函数可以被多个语句或其他函数调用任意次,也可以在函数中嵌套调用其他函数。程序设计要善于利用函数,减少程序代码的重复编写工作。

2. Python 函数类型

Python 有四种函数类型:内置标准函数、导入标准函数、第三方软件包函数、自定义函数。Python 标准函数库提供了 33 大类 1000 多个程序模块,数千个标准函数。

（1）内置标准函数由 Python 自带,Python 启动后就可以调用,不需要导入。

（2）导入标准函数需要在 Python 运行后,用 import 导入相关模块才能使用。

（3）第三方软件包中的函数,需要用 pip 工具从网络下载和安装软件包,Python 运行后也不会自行启动,需要用 import 语句导入,然后才能在程序中调用这些函数。

（4）自定义函数由程序员在程序中编写,在程序中调用。自定义函数也可以做成单独的程序模块,保存在指定目录下,便于自己今后调用。

3. 函数的定义

函数定义的语法格式如下。

1	def 函数名(形参):	# def 为定义函数;形参为接收数据的变量名;行尾为冒号
2	函数体	# 函数执行主体,比 def 缩进 4 个空格
3	return 返回值	# 函数结束,返回值传递给调用语句,比 def 缩进 4 个空格

函数名最好能见名知义,不要与已有函数名重复,并且是合法的函数名。

函数中形参的功能是接收调用语句传递过来的实参。多个形参之间用逗号分隔。形参不用说明数据类型,函数会根据传递来的实参判断数据类型。形参有位置形参、默认形参、可变形参(关键字形参)三种类型。**对于位置形参,形参与实参的位置和数量必须从左到右一一对应**。

函数体是能够完成一定功能的语句块。

return 语句表示函数结束并带回返回值。返回值是函数返回给调用语句的执行结果。返回值可以是变量名或表达式。没有 return 语句或返回值时,默认返回 None。

4. 函数的调用

Python 程序语句为顺序执行,因此**函数必须先定义后调用。函数调用名必须与定义的函数名一致,并按函数要求传输参数**。函数调用的语法格式如下。

1	函数名(实参)	# 实参可以有 0 到多个,有多个实参时,参数之间用逗号分隔

实参是调用语句传递给函数形参的实际值。实参可以是实际值,也可以是已经赋值的变量,但是**实参不能是没有赋值的变量**。函数调用过程如图 2-19 所示。

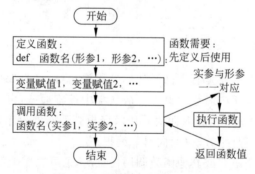

图 2-19　函数定义与调用过程

【例 2-17】 用自定义函数计算圆柱体体积(参数传递过程见图 2-20),代码如下。

1	# E0217.py	# 【函数 - 计算圆柱体体积】
2	def volume(a, b):	# 自定义函数,函数名 volume( ),a、b 为形参
3	PI = 3.1415926	# 函数体,常数赋值
4	v = PI * a * a * b	# 函数体,计算圆柱体体积
5	return v	# 函数结束,返回 v 值
6		
7	r = float(input("请输入圆柱体半径:"))	# 接收键盘输入(为实参 r 赋值)

8	h = float(input("请输入圆柱体高度:"))	# 接收键盘输入(为实参 h 赋值)
9	x = volume(r, h)	# 调用函数,r、h 为实参,x 为函数返回值
10	print("圆柱的体积为:", x)	# 打印计算结果
	>>>	# 程序运行结果
	请输入圆柱体半径:**5**	
	请输入圆柱体高度:**12**	
	圆柱的体积为: 942.47778	

其中,程序第 2~5 行为自定义函数。a 和 b 为形参,它接收程序第 9 行的实参 r 和 h。

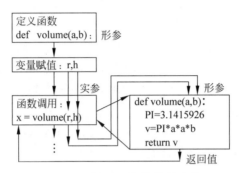

图 2-20 例 2-17 参数传递过程

程序第 7~10 行为主程序块。程序第 9 行为调用自定义函数 volume( ),并且传递实参 r 和 h 给自定义函数进行计算。注意:**实参与形参的名称可以相同或不同。**

程序第 9 行,由于**返回值 v 是局部变量**,它只在函数内部才有效,因此需要将返回值赋值给变量 x,后面的程序语句才可以使用返回值。

2.3 程序语言介绍

2.3.1 经典程序设计语言 C

C 语言由丹尼斯 · 里奇(Dennis Ritchie)发明。C 语言标准有 C89、C99、C11 等。C 语言程序书写形式自由。它既有高级程序语言的特点,又兼具汇编语言的特点。C 程序语言适用于编写系统软件、2D/3D 图形和动画程序,以及嵌入式系统程序开发。

1. C 语言程序案例

【例 2-18】 编写 C 语言程序,向控制台(默认为屏幕)输出"hello, world"信息,代码如下。

1	# include < stdio. h >	/* 头文件,库函数 */
2	int main(void)	/* 主函数 */
3	{	/* 函数体开始 */
4	printf ("hello, world\n");	/* 输出语句,\n 为转义字符 */
5	return 0;	/* 主函数返回值为 0 */
6	}	/* 函数体结束 */

由上例可见,C 语言程序(以下简称为 C 程序)的主体是函数。C 程序由头文件、执行部分(函数体)和注释三部分组成。

程序语言和软件开发

2. C 程序头文件

C 程序中以♯开始的是预处理语句,它告诉编译器从函数库中读取有关子程序(它类似于 Python 中的导入语句)。这些库函数是预先编写好的一系列子程序,这些子程序因为规定写在程序头部而称为头文件。C 程序的头文件至少必须包含一条♯include 语句。

【例 2-19】 C 语言没有输入/输出语句,输入和输出由 scanf( )和 printf( )等 I/O 函数完成。如果程序需要从键盘输入数据或向屏幕输出数据,就需要调用标准 I/O 库函数,需要在程序头部增加语句"♯include＜stdio.h＞";如果程序需要进行数学开方运算,就需要调用数学库函数,需要程序头部增加语句"♯include＜math.h＞"。使用尖括号标注时,编译器先在系统 include 目录里搜索,如果找不到才会在源程序所在目录搜索头文件。

程序开发人员也可以定义自己的头文件,这些头文件一般与 C 源程序放在同一目录下,此时在♯include 中用双引号(" ")标注,如♯include "mystuff.h"。使用双引号标注时,编译器先在源程序目录里搜索头文件,如果未找到则去系统默认目录中查找头文件。

3. C 程序执行部分

(1) 主函数(主程序)。每个 C 程序必须而且只能包含一个主函数 main( )。主函数可位于程序的任何位置,**程序总是从主函数 main( )开始执行**(一个入口),用 return 0 语句说明程序结束(一个出口),返回值 0 用于判断函数是否执行成功。主函数的开始一般是变量声明,它主要定义程序中用到变量的类型,如整型、浮点型、字符型等。变量声明的目的是为变量分配内存空间,并且在程序内使用它。

C 程序语句书写格式比较自由,可以在一行内写几个语句,也可以将一个语句写成多行。每个语句都以分号(;)结束。

语句组的开始和结束用{ }标志,不可省略。{ }可有一至多组,位置较自由。

(2) C 语言函数(子程序)。一个 C 语言源程序可以由一个或多个源文件组成,每个源文件可由一个或多个函数组成。C 语言程序提倡把一个大问题划分成多个子问题,解决一个子问题编制一个函数。C 语言程序一般由大量的小函数构成,这样各部分相互独立,并且任务单一。这些充分独立的小模块可以作为一种固定的小"构件",用来构成新的大程序。Windows SDK 中包含了数千个与 Windows 应用程序开发相关的函数,让应用程序开发人员调用。

C/C++标准没有规定图形函数,在 Windows 下进行图形编程时,需要用到如 MFC(微软基础类库)、DirectX、OpenGL 等与硬件无关的图形设备接口(GDI)类库。

C 语言 C89 标准规定,"/ * ＊/"之内为程序注释(C99 标准允许用"//"做注释符),注释可以跨行。程序编译时会忽略注释部分,源程序中的注释部分不会执行。

4. C 语言与 Python 语言对比

C 语言与 Python 语言在语法上的主要区别如表 2-7 所示。

表 2-7　C 语言与 Python 语言在语法上的对比

比 较 内 容	C 语 言	Python 语言
编程语言属性	静态编程语言	动态编程语言
变量数据类型	先定义,后使用	无须定义,赋值即可使用

比 较 内 容	C 语 言	Python 语言
变量精度和长度	先定义数据长度,不允许超长	无须定义,语言动态分配精度和大小
指针数据类型	支持	不支持,自动回收内存垃圾
程序结构区分	用{ }区分程序块,格式自由	严格遵守缩进格式区分程序块
程序注释	/＊注释文字＊/,或者//注释文字	♯行注释文字,或'''块注释文字'''
主函数 min()	必须有,而且只能有 1 个	可有可无,不是必须有的
默认字符编码	ANSI	UTF-8(Python 3.x)
程序执行顺序	程序中的主函数 min()	程序中的第一条指令
程序执行方式	编译执行,代码保密	解释执行,代码开源
程序执行速度	很快	很慢
应用领域	操作系统内核、硬件驱动程序	数据处理、文本分析、机器学习

2.3.2 面向对象编程语言 Java

1. Java 语言概述

Java 是 Sun 公司推出的 Java 程序语言和 Java 平台的总称。Java 由四部分组成:Java 程序语言、Java 文件格式、Java 虚拟机(JVM)、Java 应用程序接口(Java API)。Java 程序语言具有学习简单、面向对象、解释性执行、可跨平台应用、可多线程编程等特点。

注意:JavaScript 语言与 Java 语言没有关系,JavaScript 是一个独立的编程语言。

2. Java 跨平台工作原理

Java 语言跨平台的基本原理是:不将源程序(.java)直接编译成机器语言,因为这样就与硬件或软件平台相关了,而是将源程序编译为中间字节码文件(.class);然后再由不同平台的虚拟机对字节码进行二次翻译,虚拟机将字节码解释成具体平台上的机器指令,然后执行这些机器指令,如图 2-21 所示。从而实现了"一次编写,到处执行"的跨平台特性。同一个中间字节码文件(.class)、不同的虚拟机会得到不同的机器指令(如 Windows 和 Linux 的机器指令不同)和不同的执行效率,但是程序执行结果相同。

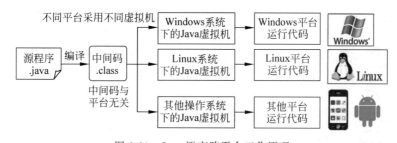

图 2-21 Java 语言跨平台工作原理

虚拟机不是一台真实的计算机,而是建立一个软件运行环境,使某些程序能在这个环境中运行,而不是在真实的机器上运行。简单地说,**虚拟机是一种由软件实现的运算环境**。现在主流高级语言如 Java、C♯等,编译后的代码都是以字节码的形式存在,这些字节码程序最后都在虚拟机上运行。

虚拟机的优点是安全性和跨平台性。程序在虚拟机环境中运行时,虚拟机可以随时对程序的危险行为(如缓冲区溢出、数据访问越界等)进行控制。跨平台性是指:只要平台安装了支持这一字节码标准的虚拟机,程序就可以在这个平台上不加修改地运行。虚拟机最大的缺点是占用资源多、性能差,不适用于高性能计算。

3. 面向对象程序设计的概念

面向对象的基本思想是使用对象、类、方法、接口、消息等基本概念进行程序设计。

(1) 对象(Object)。对象是程序中事务的描述,世间万事万物都是对象,如学生、苹果等。对象名是对象的唯一标志,如学号可作为每个学生对象的标识。在 Java 语言中,对象的状态用属性进行定义;对象的行为用方法进行操作。简单地说,对象=属性+方法,属性用于描述对象的状态(如姓名、专业等);方法是一段程序代码(与函数类似),用来描述对象的行为(如选课、活动等);对象之间通过消息进行联系,消息用来请求对象执行某一处理,或者回答某些要求。

(2) 类(Class)。类是具有共同属性和共同行为的一组对象,任何对象都隶属于某个类。使用类生成对象的过程称为实例化。例如,苹果、梨、橘子等对象都属于水果类。类的用途是封装复杂性。Java 语言中的类可视为提供某种功能的程序模块,它类似于 C 语言中的函数,类库则类似于 C 语言的函数库。不同之处在于类是面向对象的,而 C 语言没有对象的概念。

(3) 属性。属性是用来描述对象静态特征的一组数据。例如,汽车的颜色、型号、生产厂家等;学生的姓名、学号、性别、专业等。

(4) 方法。方法是一种操作,它是对象动态特征(行为)的描述。每个方法确定对象的一种行为或功能。例如,汽车的行驶、转弯、停车等动作,可分别用 move( )、rotate( )、stop( )等方法来描述。**方法本质上与函数相同**,这两个名词没有严格的区分。

4. Java 程序的结构

Java 程序设计从类开始,类的程序结构由类说明和类体两部分组成。类说明部分由关键字 class 与类名组成;类体是类声明中花括号所包括的全部内容,它由数据成员(属性)和成员方法(方法)两部分组成。数据成员描述对象的属性;成员方法描述对象的行为或动作,每个成员方法确定一个功能或操作。

【例 2-20】 编制 Java 程序,向控制台输出"hello,world",源代码如下。

```
1   // helloworld. java                            // Java 程序注释,helloworld 为文件名
2   Package mypack;                                // Package 是关键字,mypack 是包名
3   public class helloworld                        // 类声明,public class 是关键字
4   {                                              // 类体开始
5       public static void main(String args[])     // 方法声明
6       {                                          // 方法开始
7       System.out.println("hello, world");        // 方法(输出字符串)
8       }                                          // 方法结束
9   }                                              // 类体结束
```

其中,程序第 2 行,在 Java 中,类多了就用"包"(Package)来管理,包与存放目录一一对应。例如,Swing 就是一个 Java 程序图形用户界面的开发工具包。

程序第 3 行,关键字 public 声明该类为公有类。关键字 class 声明一个类,标识符 helloworld 是主类名,用来标志这个类的引用。在 Java 程序中,主类名必须与文件名一致。

程序第 5 行,关键字 public 声明该方法为公有类。关键字 static 声明这个方法是静态的。关键字 void 说明 main() 方法没有返回值。标识符 main() 是主方法名,每个 Java 程序必须有且只能有一个主方法,而且名字必须是 main(),它是程序执行的入口,它的功能与 C 语言的主函数 main() 相同。关键字 String args〔 〕表示这个方法接受的参数是数组(〔 〕表示数组)。String 是一个类名,其对象是字符串。参数 args 是数值名。

程序第 7 行,关键字 System 是类名,out 是输出对象,Print 是方法。这个语句的含义是:利用 System 类下的.out 对象的.println() 方法,在控制台输出字符串"Hello,World!"。

【例 2-21】 编制 Java 程序,计算 $1+2+3+\cdots+100$ 的和,源代码如下。

1	// Sum. java	// Java 程序注释
2	public class Sum {	// 类声明;类体开始
3	public static void main(String[] args) {	// 方法声明
4	int s = 0, i = 0; {	// 变量声明,并将变量 s、i 初始化为 0
5	for(i <= 100; i++)	// for 循环,对变量 i 进行递增
6	s+ = i; }	// 对和 s 进行累加
7	System. out. println("累加和为:" + s);	// 方法,输出提示信息和累加值
8	} }	// 方法结束;类体结束

5. 面向对象程序设计的特征

(1) 封装。封装是把对象的属性和行为包装起来,对象只能通过已定义好的接口进行访问。简单地说,封装就是尽可能隐藏代码的实现细节。

【例 2-22】 人(对象)可以用如下的方式封装。

1	类 人 {
2	姓名(属性1)
3	年龄(属性2)
4	性别(属性3)
5	做事(行为1)
6	说话(行为2)
7	}

封装可以使程序代码更加模块化。例如,当一段程序代码有 3 个程序都要用到它时,就可以对该段代码进行封装,其他 3 个程序只需要调用封装好的代码段即可,如果不进行封装,就得在 3 个程序里重复写出这段代码,这样增加了程序的复杂性。

(2) 继承。继承是一个对象从另一个对象中获得属性和方法的过程。例如,子类从父类继承方法,使得子类具有与父类相同的行为。继承实现了程序代码的重用。

【例 2-23】 如果不采用继承的方式,"教师"需要用下面的方式进行封装。

1	类 教师 {
2	姓名(属性1)
3	年龄(属性2)
4	性别(属性3)
5	做事(行为1)
6	说话(行为2)
7	授课(行为3)
8	}

【例 2-24】　比较例 2-22 与例 2-23 可以发现,"教师"与"人"的封装差不多,只多了一个特征行为"授课"。如果采用继承的方式,例 2-23 也可以采用以下方式。

```
1    子类 教师 父类 人 {
2        授课(行为 3)
3    }
```

这样,教师继承了"人"的一切属性和行为,同时还拥有自己的特征行为"授课"。

由上例可以看到,继承要求父类更通用,子类更具体。

(3) 多态。多态以封装和继承为基础。多态是在抽象的层面上实施统一的行为,到个体层面时,这个统一的行为会因为个体形态特征的不同,而实施自己的特征行为。**多态是一个接口,多种方法**。通俗地说,多态是指允许不同对象对同一消息作出响应。

【例 2-25】　"学生"也是"人"的子类,同样继承了人的属性与行为。当然学生有自己的特征行为,如"做作业"。如果采用继承的方式,学生可以用下面的方式封装。

```
1    子类 学生 父类 人 {
2        做作业(行为 4)
3    }
```

通过例 2-24 和例 2-25 可以看到,"人"是多态的,在不同的形态时,"人"的特征行为不一样。这里的"人"同时有两种形态,一种是教师形态,另一种是学生形态,所对应的特征行为分别是"授课"与"做作业"。多态的概念比封装和继承要复杂得多。

2.3.3　数据统计编程语言 R

R 语言起源于 S 语言(1976 年),它由约翰·钱伯斯(John Chambers)及其同事在贝尔实验室开发。R 语言早期主要用来代替 SAS(Statistical Analysis System,统计分析软件)做统计计算工作。随着大数据技术的发展,R 语言优秀的统计能力终于被业界发现。

1. R 语言的功能

R 语言是一套完整的数据处理和统计制图软件。它具有完整的统计分析工具(如时间序列分析、线性和非线性建模、经典统计检验、分类、聚类等);优秀的统计制图功能(如可以在制图中加入数学符号);简单而强大的程序语言功能。

R 语言是开源软件,它的功能可以通过用户撰写的程序包而增强。这些增加功能包括:特殊统计技术和绘图功能、编程界面和数据输出/输入功能。根据 CRAN(R 语言官方网站,https://cran.r-project.org/)统计,截至 2021 年,共有一万多个 R 语言程序包在 CRAN 上发布。

R 语言不需要很长的程序代码,也不需要专门的设计模式,一个函数调用,传递几个参数,就能实现一个复杂的统计计算模型。

2. R 语言的运行

R 语言源代码可自由下载使用,也有已编译好的发行版软件可直接下载。R 语言可在多种平台上运行,包括类 Linux、Windows 和 Mac OS 等环境。

R 语言的工作界面简单朴素,只有不多的几个菜单和快捷按钮。主窗口上方的一些文字是刚运行 R 语言时出现的一些说明。R 语言的命令提示符为">"符号,R 语言采用交互方式工作,即在命令提示符后输入命令,按 Enter 键后便会输出结果。

3. R 语言编程案例

R 语言是面向对象的语言,语法与 Python 语言大致相同,但 R 语言的语法更加自由。很多函数的名字看起来都很随意,这也是 R 语言哲学的一部分。

【例 2-26】 在 R 语言下编制"hello,world"程序,代码如下。

```
1   > print("hello, world")        # ">"为命令提示符。"#"为 R 语言注释符
    [1] hello, world               # 程序运行结果,[1]为输出行序号
```

【例 2-27】 用 R 语言画出鸢尾花数据集的散点图,代码如下:

```
1   > data(iris)                   # 加载 iris(R 语言内置数据集)命令
2   > head(iris)                   # 查看 iris 数据集前 6 行命令
3   > plot(iris)                   # 画图命令,绘制的散点图如图 2-22 所示
```

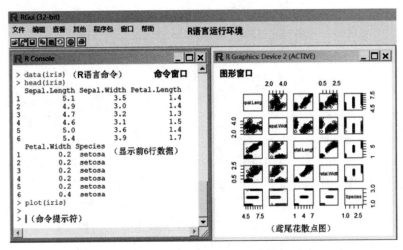

图 2-22　运行代码与其输出的鸢尾花数据集的散点图

【例 2-28】 吸烟与患肺癌的统计数据如表 2-8 所示。用 R 语言进行卡方检验,说明吸烟与患肺癌之间的关系,代码如下。

表 2-8　吸烟与患肺癌统计表

类　　型	患　肺　癌	没　患　肺　癌
吸烟	60	32
不吸烟	3	11

```
1   > x <- c( 60, 3, 32, 11 )                        # 赋值到变量 x
2   > dim( x ) <- c( 2, 2 )                          # 数组赋值
3   > chisq.test( x )                                # 进行卡方检验
          Pearson's Chi - squared test with Yates'
          continuity correction
    data: x
    X - squared = 7.9327, df = 1, p - value = 0.004855
```

程序语言和软件开发

结论：p ＜ 0.05，拒绝原假设，患肺癌与吸烟有关。

2.3.4 逻辑推理编程语言 Prolog

Prolog 是以一阶谓词逻辑的霍恩（**Alfred Horn**）子句为语法，以消解原理为工具，加上深度优先控制策略的逻辑编程语言。Prolog 语法非常简单，但描述能力很强。

1. Prolog 程序语言的特点

（1）Prolog 程序没有特定的运行顺序，程序运行步骤不由程序员控制，由 Prolog 语言自动寻找问题的答案。在 Prolog 语言中，递归功能得到了充分体现。

（2）Prolog 程序中，**数据就是程序，程序就是数据**。Prolog 程序是一系列事实和规则组成的数据库，事实就是数据库中的记录。Prolog 程序非常类似于 SQL 语言。

（3）Prolog 程序没有 if、case、for 等程序流程控制语句。不过 Prolog 也提供了一些控制流程的方法，这些方法和其他语言有很大区别。

【例 2-29】 Python 语言 if 语句。

1	x = 0
2	if x > 0:
3	y = 1
4	else:
5	y = 0

【例 2-30】 Prolog 语言 if 语句。

1	Br : - x = 0. /＊ 符号:- 表示 if ＊/
2	Br : - x > 0, y = 1.
3	Br : - y = 0.

2. Prolog 程序基本概念

（1）编译器。Prolog 语言编译器有：Visual Prolog、Turbo Prolog、GNU Prolog、SWI Prolog 等。Prolog 程序可以在解释器下执行，也可以将程序编译为可执行文件。

（2）常量与变量。Prolog 中，常量称为原子，以小写英文字母表示（如 desk、apple 等）；变量以大写英文字母或下画线开头（如 X、Y 等），变量没有数据类型之分。

（3）谓词。谓词是 Prolog 语言的基本组成元素，它可以是一段程序、一个数据或者一种关系。它由谓词名和参数组成，参数有整数、原子、变量等。

（4）内置谓词。内置谓词是 Prolog 提供的基本函数。Prolog 解释器遇到内部谓词时，它直接调用事先定义好的子程序。比较谓词有：>、<、>=、<=、=、\=（不等于）。赋值谓词有：is（相当于＝）。运算谓词有：＋、－、＊、/、mod（模运算）。其他谓词有：write（输出到屏幕）、length（获取列表长度）、append（合并两个列表）等。

（5）语句符号。Prolog 程序每一行代表一个子句（clause），每个语句以"."表示语句的结尾。带有":-"（if）符号的子句称为规则，不带":-"符号的子句称为事实。语句中","表示逻辑关系 and。";"表示逻辑关系 or。在程序运行中输入问题（查询）时，提示符以"?-"开头。用户输入查询后，Prolog 通过验证规则来回答 yes（true）或 no（false）。

3. Prolog 程序语言的基本语句

Prolog 程序主要有事实、规则、问题（目标）三种基本语句。事实是人们对事物的观察结果；规则是逻辑推论；问题是我们的求解目标。Prolog 程序中，目标子句、事实、规则合起来称为霍恩（Horn）子句，Prolog 是在霍恩子句上构造的编程语言。

（1）事实。事实用来说明一个问题中已知的对象和它们之间的关系。事实由谓词名和对象(项表)组成。事实的形式是一个原子谓词公式,它和数据库中的记录非常相似,可以把事实作为数据库记录来搜索。谓词和对象可由用户定义,事实的语法如下。

1	谓词名(项表 1, 项表 2, …, 项表 N).

谓词名是字母、数字、下画线等组成的字符串;项表是以逗号分隔开序列;项表内容包括常量、变量、对象、函数、结构和表等。

【例 2-31】 likes(libai, book).　　　　　/* 喜欢(李白,书) */

以上语句表示一个谓词名为 like 的事实,它表示对象 libai(李白)和 book(书)之间有喜欢的关系。以上语句也可以用 ai(lb,shu). 来表示,只要我们清楚 ai 表示爱,lb 表示李白,shu 表示书就可以了。**Prolog 语言不支持用汉字表示谓词和事实。**

(2)规则。规则用来描述事实之间的依赖关系,用来表示对象之间的因果关系、蕴含关系或对应关系,规则实际上是一个逻辑蕴涵式。规则的语法如下。

1	谓词名(项表):- 谓词名(项表){, 谓词名(项表)}.

符号":-"表示"如果"(if),它用来定义规则;:-左边的谓词是结论;:-右边的谓词是前提(条件);符号"{}"表示零或多次重复;符号","表示而且(and)。

【例 2-32】 bird(X) :- animal(X), has(X, feather). /* 鸟(X):-动物(X),有(X, 羽毛). */

以上语句表示:如果 X 是动物,而且 X 有羽毛,那么 X 是鸟。

【例 2-33】 用 Prolog 程序求解阶乘问题。

1	fac(0,1).	/* 事实:0 的阶乘是 1 */
2	fac(1,1).	/* 事实:1 的阶乘是 1 */
3	fac(N,F) :- N>1,N1 is N-1,fac(N1,F1),F is N*F1.	/* 规则:N 的阶乘表达式 */
	?- **fac(10,X).**	/* 问题:询问 10 的阶乘值 */
	X = 3628800.	/* 结论:给出 10 的阶乘值 */

程序第 3 行,is 是一个内置谓词,它相当于赋值符"="。语句定义了阶乘规则:如果 N 和 F 满足 fac 条件,则 N1 和 F1 同样满足 fac 条件,其中 N1 is N-1, F1 is N*F1。

(3)问题(目标)。问题就是程序运行的目标。目标可以是一个简单的谓词,也可以是多个谓词的组合。问题可以写在程序内部,也可以在程序运行时给出。在询问时,一般用大写字母表示未知事物,用 Prolog 解释器找到答案。问题的语法如下。

1	?- 谓词名(项表){, 谓词名(项表)}.

说明:如果询问语句以"."结束,解释器仅仅寻找这个问题的答案;如果询问语句以";"结束,解释器找到一个答案后,将这个答案输出,并等待用户进一步询问。

【例 2-34】 编制 Prolog 程序,判断李白(libai)的朋友是谁?

1	Predicates	/* 谓词段,说明谓词名和参数 */
2	喜欢(symbol, symbol).	/* 定义喜欢(likes)为符号 */
3	朋友(symbol, symbol).	/* 定义朋友(friend)为符号 */
4	Clauses	/* 子句段,存放事实和规则 */
5	喜欢(杜甫, 酒).	/* 事实:杜甫喜欢酒 */

程序语言和软件开发

6	喜欢(杨贵妃, 音乐).	/* 事实:杨贵妃喜欢音乐 */
7	喜欢(杨贵妃, 舞蹈).	/* 事实:杨贵妃喜欢舞蹈 */
8	喜欢(高力士, 唐明皇).	/* 事实:高力士喜欢唐明皇 */
9	朋友(李白, X) :- 喜欢(X, 舞蹈), 喜欢(X, 音乐).	/* 规则:李白的朋友喜欢舞蹈和音乐 */
? - 朋友(李白, X). X = 杨贵妃 1 Solution	/* 问题:李白的朋友是谁? */ /* 结果:李白的朋友是杨贵妃 */ /* 提示:得到一个结果 */	

说明:Prolog 语言不支持中文,以上程序是为了便于读者理解,将英文单词改写成了中文单词。在实际程序中,应当将中文单词替换成英文字母。

4. Prolog 语言运行机制

Prolog 的数据处理机制是匹配与回溯。具体实现方法是语句自上而下,子目标从左向右进行匹配,归结后产生的新目标总是插入被消去的目标处(即目标队列的左部)。Prolog 通过以下方法来尝试着证明或回答程序的查询。

(1) 匹配。Prolog 从它的知识数据库里面找出最符合查询的规则或者事实。

(2) 回溯。Prolog 用深度优先算法寻找问题答案。当一个规则或者是事实不匹配时,Prolog 会通过回溯的方式回到之前的状态;然后尝试匹配其他规则或者事实,直到查询被证明为止。如果所有可能性都搜索过了,查询仍然不能证实,那么返回 false。

5. Prolog 语言的特征

Prolog 非常适合分析对象之间关系的问题。如,"绿色三角形在蓝色的后面";如"对象 A 比对象 B 更靠近人,而 B 比 C 更近"等。Prolog 语言也存在以下缺陷。

(1) Prolog 使用深度优先搜索决策树,对大数据集必须在一个可控的范围内。

(2) 谓词只能使用英文单词,这在处理中文问题时遇到了极大的困难。

(3) 程序需要收集大量事实,这会使程序变得非常庞大和臃肿。

2.3.5 函数式编程语言 Haskell

最古老的函数式编程语言是 LISP(1958 年),现代函数式编程语言有 Haskell、Clean、Scala、Scheme 等。目前越来越多的程序语言支持函数式编程风格,如 F#、Go、Java、Python、C#、JavaScript、Swift 等。Haskell 是一个通用的纯函数编程语言,有非限定性语义和强静态类型。Haskell 语言以 λ(Lambda)演算理论为基础发展而来。

1. 函数式编程的特点

(1) 函数是第一等公民。这句话的含义是函数什么都可以做,函数可以是对象,可以有属性;函数可以作为参数传输,也可以作为结果返回,更可以由一个函数演化成另一个函数;函数可以为变量赋值,还可以作为其他对象的属性。

(2) 函数嵌套调用。**函数式编程的设计思想是把程序运算过程尽量写成一系列嵌套函数的调用**。函数式编程接收函数作为输入(参数)和输出(返回值)。函数式语言中的"函数"是指数学意义上的函数,不是带有返回值的子程序。函数式编程与命令式编程的区别在于:**函数式编程关心数据的映射,命令式编程关心解决问题的步骤**。

(3) 用表达式不用语句。表达式是一个单纯的运算过程,它总是有返回值;而语句是执行某种操作,它不一定有返回值。函数式编程要求使用表达式,不使用语句。也就是说,每一步都是单纯的运算,而且都有返回值。

(4)变量不可改变。函数式编程语言中,变量是数学中的变量,即一个值的名称。函数式编程语言中变量值是不可变的,也就是说不允许多次给同一个变量赋值。例如,在函数式编程语言中,不认可"x = x + 1"这种语法。函数式编程中,**对值的操作并不是修改原来的值,而是修改新产生的值,原来的值保持不变**。

(5)用递归代替循环。由于变量不可变,纯函数编程语言无法实现循环。因为 for 循环使用变量作为计数器,而 While 循环需要可变的状态作为跳出循环的条件。因此,**在函数式语言中只能使用递归来解决迭代问题**,这使得函数式编程严重依赖递归。

2. 函数式编程语言案例

(1)编译器。Haskell 语言的编译器是 GHC,它可以将 Haskell 代码编译成二进制可执行文件。GHCI 是解释器,可以直接解释执行 Haskell 代码。

(2)表达式。表达式格式为

let [绑定] in [表达式]

let 也可以定义局部函数,在一行中定义多个名字的值时,可用分号隔开。

(3)函数。Haskell 语言定义函数的一般形式为

函数名 参数 = 表达式

【例 2-35】 用 Haskell 编写二次方程求根函数,代码如下。

```
1   root (a,b,c) = (x1,x2) where        -- 定义函数(where 下面为函数语句块)
2       x1 = (-b+d)/(2*a)               -- 根 x1 表达式
3       x2 = (-b-d)/(2*a)               -- 根 x2 表达式
4       dd = b*b-4*a*c                  -- 二次方程判别式
5       d | dd >= 0 = sqrt dd           -- 判别式大于或等于 0 时,对判别式开方
6         | dd < 0 = error "没有实根"    -- 符号 | 为分隔,判别式小于 0 时提示
```

从理论上说,函数式编程语言通过 λ 演算运行,需要专用机器执行。但是在目前的情况下,函数式语言程序被编译成冯·诺依曼计算机的机器指令执行。

2.3.6 并行程序设计概述

1. 并行编程类型

在计算领域,"并发"与"并行"有细微的差别。并发是将一个程序分解成多个片段,并在多个处理器上同时执行;并行是多个程序同时在多个处理器中执行,或者多个程序在一个处理器中轮流执行。由于两者具有很强的相关性,以下对并发与并行不做区分,统称为并行。目前并行程序设计仍处于探索阶段,还没有一套普遍认同的并行编程体系,也没有一个专业的并行程序设计语言,大部分并行程序都附加在传统程序语言之上。如:OpenMP 附加在 C/C++、FORTRAN 语言之上;MPI(Message Passing Interface,消息传递接口)附加在 C/C++、FORTRAN、Python、Java 等语言之上;还有一些并行编程语言是传统语言的并行化改进版,如 Go 语言。

并行计算技术主要有三大类:一是广泛用于高性能集群计算的 MPI 技术;二是互联网

海量数据计算平台,如 Hadoop;三是互联网大规模网格计算(如 BOINC)。

2. 程序并行计算中的相关性

相关性是指指令之间存在某种逻辑关系。并行编程会受到相关性的影响,这些相关性包括:数据相关、资源相关和控制相关。消除相关性是并行编程的重要工作。

(1)数据相关。如果一条指令产生的结果可能在后面的指令中使用,这种情况称为数据相关。

【**例 2-36**】 指令数据相关的 Python 程序片段如下。

```
1   a = 100                              # 变量 a 赋值
2   b = 200                              # 变量 b 赋值
3   c = a + b                            # 变量 c 赋值
```

从以上程序可见,语句 1 和语句 2 之间没有相关性,它们可以并行执行。但是这两条语句与语句 3 之间存在数据相关性,也就是说,语句 3 要等待语句 1、2 执行完成后才能执行。在某些情况下,一条指令可以决定下一条指令的执行(如判断、调用等)。

(2)资源相关。一条指令可能需要另一条指令正在使用的资源,这种情况称为资源相关。例如,两条指令使用相同的寄存器或内存单元时,它们之间就会存在资源相关。

【**例 2-37**】 指令资源相关的 Python 程序如下。

```
1   # E0237.py                          # 【并行-资源相关性】
2   gz = 1000                           # 工资赋值
3   if gz <= 3000:                      # 判断,如果 gz≤3000
4       jj = gz * 0.3                   # 奖金为工资的 30%
5       sf = gz + jj                    # 实发工资 = 工资 + 奖金
```

从以上程序可见,语句 3 与语句 4 存在资源相关,它们都需要用到变量 jj 的存储单元。如果语句 3 和语句 4 并行执行,将会导致错误的结果。

(3)控制相关。分支指令会引起指令的控制相关性。如果一条指令是否执行依赖于另外一条分支指令,则称它与该分支指令存在控制相关。

【**例 2-38**】 指令控制相关的 Python 程序如下。

```
1   # E0238.py                          # 【并行-控制相关性】
2   my_list = [22, '偶数', 33, '奇数', 3.14, '常数']   # 列表赋值,数值与字符串兼有
3   my_sum = 0                          # 变量初始化
4   for x in my_list:                   # 循环取出列表 my_list 中元素
5       if isinstance(x, int) or isinstance(x, float):   # 判断该元素是整数或浮点数
6           my_sum += x                 # 数值型元素累加
7   print('元素累加和 = ', my_sum)       # 输出数值型元素累加和
```

从以上程序可见,语句 5(条件)与语句 6(累加)存在控制相关。

3. Amdahl 加速比定律

(1)加速比定律。计算机系统设计专家阿姆达尔(Amdahl)指出:系统中某一部件由于采用某种更快的执行方式后,整个系统的性能提高,与这种执行方式的使用频率或占总执行时间的比例有关。阿姆达尔的设计思想是:**加快经常性事件的处理速度能明显地提高整个**

系统的性能。Amdahl 加速比定律认为,系统改进后整个系统的加速比 S_n 为

$$S_n = \frac{T_o}{T_n} = \frac{1}{(1-F_e) + \dfrac{F_e}{S_e}} \qquad (2\text{-}1)$$

式中,T_n 为系统改进后任务执行时间;T_o 为系统改进前的任务执行时间;F_e 为系统改进的比例,$(1-F_e)$ 表示不可改进部分;S_e 为提高的效率。当 $F_e = 0$(即没有改进时),加速比 S_n 为 1。加速比定律阐述了一个回报递减规律:**如果仅仅改进一部分计算的性能,则改进越多,系统获得的加速比增量会逐渐减小**。这一结论与英国经济学家威廉姆 · 斯坦利 · 杰文斯(William Stanley Jevons,1835—1882 年)提出的"边际效益递减率"相同。

【例 2-39】 假设对 Web 服务器进行优化设计后,新 Web 服务器运行速度是原来的 2 倍;同时假定这台服务器有 30% 的时间用于计算,另外 70% 的时间用于 I/O 操作或等待,那么这台 Web 服务器性能增强后的加速比是多少呢?

由题意可知,$F_e = 0.3$,$S_e = 2$,根据 Amdahl 加速比定律,系统加速比为

$$S_n = \frac{1}{(1-0.3) + \dfrac{0.3}{2}} = \frac{1}{0.85} \approx 1.18$$

(2) 加速比定律在多核处理器系统中的应用。并行计算必须将一个大问题分割成许多能同时求解的小问题。哪些问题需要并行编程处理呢?字处理不需要,但是语音识别用并行处理会比串行处理更有效。解决并行编程的困难并不在于并行编程语言或程序开发平台,最难处理的是已有的串行程序。

【例 2-40】 有些任务可以并行处理,例如,有占地 $100\mathrm{m}^2$ 的庄稼已经成熟,等待收割,越多的人参与收割庄稼,就能越快地完成收割任务。而另外一些任务只能串行处理,增加更多资源也无法提高处理速度。例如,有占地 $100\mathrm{m}^2$ 的庄稼,它们的成熟日期不一,即使增加更多人来收割,也无法很快完成收割任务。为了充分发挥多核处理器的能力,计算机使用了多线程技术,但是多线程技术要求对问题进行恰当的并行化分解,并且程序必须具备有效使用这种并行计算的能力。大多数并行程序都与收割庄稼有相似之处,它们都是由一系列并行和串行化的片断组成。由此可以看出,**问题中的并行加速比受到问题中串行部分的限制**。尽管精确估算出程序执行中串行部分所占的比例非常困难,但是加速比定律还是可以对计算性能提高做一个大致的评估。

4. 程序并行执行的基本层次

程序的并行执行可分为三个层次:应用程序的并行、操作系统的并行和硬件设备的并行。目前的 CPU 和主流操作系统均已具备并行执行功能,一般来说,硬件(主要是 CPU)和操作系统都会支持应用程序级的并行。简单地说,即使应用程序没有采用并行编程,硬件和操作系统还是可以对应用程序进行并行执行。下面仅讨论应用程序级的并行。

并行编程和分布式编程是程序并行执行的基本途径。并行编程技术是将程序分配到单个或多个 CPU 内核或者 GPU 内核中运行;而分布式编程技术是将程序分配给两台或多台计算机运行。一般而言,应用程序级的并行编程可分为以下几个层次。

(1) 指令级的并行执行。它指一条指令中的多个部分被同时并行执行。

【例 2-41】 一个简单的指令级并行执行实例如图 2-23 所示。

源程序
```
int sum()
    return(a+b)*(c-d)
```

并行执行

$$(a+b)*(c-d)$$
x1=a+b   x2=c-d   并行执行
x=x1*x2

图 2-23   一条简单 C 语言指令的并行执行

如代码中的(a+b)和(c-d),它们之间没有相关性,能够同时执行。这种并行处理通常在程序编译时,由编译器来完成,并不需要程序员进行直接控制。

(2) 函数级并行。如果程序中的某一段语句组可以分解成若干没有相关性的函数,那么就可以将这些函数分配给不同的进程并行执行。这种并行执行对象以函数为单位,并行粒度次于指令级并行。在并行程序设计中,这种级别的并行是最常见的一种。

(3) 对象级的并行。这种并行编程的划分粒度较大,通常以对象为单位。当这些对象满足一定的条件,不违背程序流程执行的先后顺序时,就可以把每个对象分配给不同的进程或线程进行处理。例如,在 3D 游戏程序中,不同游戏人物的图形渲染计算量巨大,在并行编程中,可以对游戏人物进行并行渲染处理,实现对象级的并行计算。

(4) 应用程序级的并行。操作系统能同时并行运行数个应用程序。如可以同时打开几个网页进行浏览,还可以同时欣赏美妙的音乐。这种语言程序级的并行性,在游戏程序设计中也屡见不鲜,它提高了多个应用程序并行运行的效率。

5. 并行程序设计的难点

在并行编程中,程序可以分解成多个任务,并且每个任务都可以在相同的时间点执行,每个任务又可以分配给多个线程执行。程序执行的顺序和位置通常不可预知。例如,3 个任务(A、B、C)在 4 内核 CPU 中执行时,不能确定哪个任务首先完成,任务按照什么次序来完成,以及由哪个 CPU 内核执行哪个任务。除了多个任务能够并行执行外,单个任务也可能具有能同时执行的部分。这就需要对并行执行的任务加以协调,让这些任务之间彼此通信,以便在进程之间实现同步。并行编程有以下主要特征。

(1) 确认问题在应用环境中是否存在并行性。

(2) 将程序适当地分解成多个任务,使这些任务可以在同一时间执行。

(3) 进行任务之间的通信协调,使任务能够同步高效地运行。

(4) 竞争和死锁是并行编程中经常出现的问题,因此要注意避免出现任务调度错误。

2.3.7 事件驱动程序设计

早期程序没有太多的人机交互性,也没有图形用户界面,因此,计算专家认为"程序＝数据结构＋算法",这种设计思想在当时无疑是正确的。现在的程序普遍流行图形用户界面,因此说"程序＝事件处理(数据结构和算法)＋事件显示"应当更为合适。

GUI(图形用户接口)程序是一种典型的事件驱动程序,程序的执行依赖于与用户的交互,程序实时响应用户的操作。GUI 程序执行后不会主动退出,程序循环等待接收消息或事件,然后根据事件执行相应的操作。

GUI 是用图形窗口显示和操作的用户界面。GUI 编程是对一些基本组件进行拼装,如窗口、按钮、标签、文本框、菜单等。每个组件有一些可选参数,改变这些参数可以改变组件的属性,如组件的大小、位置、颜色等,同时指定组件的摆放位置。

事件驱动程序设计就是当某个事件发生时,程序立即调用与这个事件对应的处理函数进行相关操作。组件通常都会有一些行为,如单击鼠标、键盘输入、程序退出等操作,这些行为称为事件。**程序根据事件采取的操作称为回调。**

在 Python 语言中,command 是事件触发命令,如果设置为"command = 自定义回调函数",那么单击组件时将会触发回调函数(也称为钩子函数,它是程序员自定义的事件处理函数)。按钮(Button)、菜单(Menu)单等组件可以在创建时通过 command 绑定回调函数。调用回调函数时,默认没有传入参数,也可以用匿名函数传入参数。

【例 2-42】 鼠标单击按钮事件,触发消息框事件程序,代码如下,程序运行结果如图 2-24 所示。

```
1   # E0242.py                                              # 【GUI - 事件处理】
2   import tkinter as tk                                    # 导入标准模块 - GUI
3   import tkinter.messagebox                               # 导入标准模块 - 消息框
4
5   root = tk.Tk()                                          # 【创建主窗口 root】
6   root.title('主窗口')                                     # 窗口标题命名
7   root.geometry("300 * 250 + 200 + 200")                  # 定义窗口大小
8   def hit_me():                                           # 【定义回调函数】
9       tkinter.messagebox.showinfo(title = 'Hi', message = '你好!')  # 信息对话窗口
10  btn = tk.Button(root, text = "点我", bg = 'Pink',        # 【绑定事件】
11      font = ('楷体',15), command = hit_me)                # 绑定回调函数
12  btn.place(relx = 0.3, rely = 0.7, relwidth = 0.4, relheight = 0.15)  # 绘制按钮
13  root.mainloop()                                         # 窗口消息主循环
    >>>                                                    # 程序运行如图 2-24 所示
```

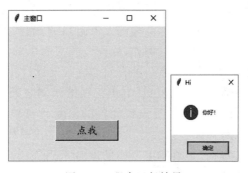

图 2-24 程序运行结果

2.4 软件开发方法

2.4.1 软件工程特征

思维有以下特征:思维的主体是人,思维是一种渐进的过程,思维有灵活易变的特点,思维由概念和逻辑组成,思维的过程和结果不可度量等,软件设计也具有这些特征。**软件设**

计是一种思维过程,而代码是固化的思维。

1. 软件工程的不成熟

程序设计的历史起始于 1842 年(爱达分析机程序),而建筑工程从石器时代就已开始,人类在几千年的建筑设计中积累了大量经验和教训。这些经验对软件设计有很好的借鉴作用。例如,建筑与人类的关系一直是建筑设计师关心的问题,与此类似,软件与人类的关系也是软件工程师面对和关心的问题。以工程方法进行程序设计称为"软件工程"。但是,软件工程与传统工程领域有诸多不同,它们体现在以下方面。

(1)方法学不成熟。传统工程领域的方法学对软件工程有很好的借鉴作用。如建筑设计需要详细的设计说明书和大量建筑图纸等文档;软件设计同样需要大量设计文档。然而,软件工程的方法学和符号系统(如设计图)与建筑领域相比,建筑学的方法比较稳定,而软件工程显得非常动态化和不成熟。如建筑工程对人们的工作成果有一套行之有效的评估方法;但是对程序员的工作成果进行定量评估时,似乎都会以失败告终。

【例 2-43】 建筑学的设计图非常规范统一,而程序设计中的算法表达方法有伪代码、流程图、N-S 图(Nassi Shneiderman 图,盒图)、PAD(Problem Analysis Diagram,问题分析图)、UML(Unified Modeling Language,统一建模语言)等,它们都无法成为所有程序员取得共识的统一标准。软件工程的系统结构表达方法更是五花八门,如软件系统结构图、网站结构图、数据库 E-R(Entity Relationship Diagram,实体-联系图)、数据流图等。软件工程的开发模式也是各领风骚,如瀑布模型、增量模型、迭代模型、敏捷模型等。可见软件工程一直在寻找更好的设计方法。

(2)缺少通用构件。传统工程领域通常采用预先定制的部件来构建系统。如设计一辆新汽车时,没有必要重新设计汽车发动机、轮胎、座椅等部件,利用以前的现成部件即可。然而,软件工程在这点上非常落后,以前设计的构件(程序模块、函数库等)往往用于特定领域,将它们作为通用构件来使用时受到了很大的限制。

(3)缺少度量技术。软件缺少工程度量技术。例如,为了计算一个软件系统的开发费用,人们希望能够预估出产品的复杂度、产品的开发进度、产品的质量、产品的寿命等指标,软件工程在这些方面的技术还不成熟。例如,软件开发对需求的复杂度目前还只能依赖人工判断,不能进行精确度量,现实中没有一种有效方法可度量软件需求。软件的技术指标无法定量测量,这也是软件工程与建筑、机械、电子工程的不同之处。例如,对建筑结构的可靠性可以用结构力学的方法来测量;对机械元件的可靠性可以材料力学的方法来测量;对电子器件的可靠性可以用统计学方法测量(如无故障工作时间等);而这些方法并不适用于软件工程。在软件工程中,必须使用严格的度量术语来指定对软件质量和性能的要求,而且这些**要求必须是可测试的**。例如:"系统必须是可靠的"就是一句正确的"废话",应当使用可测试的文字加以描述,如"平均错误时间必须小于 15 个 CPU 时间片""β 测试阶段少于 20 个 bug""每个模块的代码不超过 200 行""单元测试必须覆盖 90% 以上的用例"等。

2. 软件设计中的折中和妥协

涉众群指对系统有利益关系或关注的个人、团队或组织(IEEE 1471—2000)。软件系统结构是平衡涉众群需求的产物。**软件系统不可能满足所有涉众群的需求**,而且不同涉众群之间可能有相互冲突的需求。因此,折中是软件设计的主要原则,而妥协也是软件设计的重要属性。例如,对于一个软件系统,以下涉众群有各自的需求。

(1) 最终用户关心直观感受。如界面友好、简单易用、稳定和安全等。

(2) 系统管理员关注可管理性。如支持大业务量、系统容错、快速恢复等。

(3) 系统开发人员关注可行性,如清晰的业务逻辑、一致的系统需求等。

(4) 项目经理关注项目实施。如项目追踪、资源利用和经费的可预见性等。

(5) 软件维护人员关注易理解性。如软件一致性、规范的文档、易修改性等。

如上所见,涉众群的很多要求都是非功能性需求(功能性需求指系统能做什么)。为了满足这些非功能性需求,软件系统结构设计师通常都要做出折中和妥协,因为软件结构设计的目标是解决利益相关者的关注点。

3. 程序中的依赖

在程序开发中,经常会发现程序在某些机器上可运行,换一台机器却不能运行。出现这种情况的主要原因是机器中缺少程序运行必要的库或库版本不一致,这些库或包称为程序的“依赖”。如 Windows 下的应用程序可能缺少.DLL 依赖库;Python 程序可能缺少第三方依赖库等。可以通过工具软件来分析程序所需要的依赖库或依赖包,然后安装配置相应的依赖库或依赖软件包。

4. 膨胀的软件

计算科学专家布鲁克斯指出:“软件系统可能是人类创造中最错综复杂的事物”。1993年,Excel 5.0 问世时只占用 15MB 空间,2000 年推出的 Excel 2000 安装空间达到了 146MB,软件扩大了将近 10 倍;1989 年,Word 第 1 版为 2.7 万行程序代码,20 年后增加到 200 万行。例如,Office 2001 大约有 2400 万行源代码,而 Office 2013 大约包含了 4400 万行源代码,相比之下,Office 2013 的代码量增加了将近一倍。人们戏称这些软件为“膨件”(膨胀的软件)。这些臃肿的程序有一个最大的缺点,即使要完成的事情非常简单,也必须加载庞大的程序。导致程序越来越臃肿的原因如下。

(1) 程序为了兼容性保留了大量的旧代码。

(2) 程序员如果不过分关注代码的体积,就可以更快地完成软件开发。

(3) 图形用户界面意味着需要庞大的图形函数库。

(4) 不同用户对软件的功能和要求各不相同。

软件庞大是因为用户的需求非常庞杂,用户需求庞杂是因为软件的应用面太广了。

2.4.2 程序设计原则

1. 程序设计的基本原则

程序设计中哪些因素最重要,专家们都有自己独到的见解。系统设计师认为程序的清晰性很重要;算法设计师认为程序的执行效率要优先考虑;工业系统设计师认为程序的正确性是头等大事;商业系统设计师认为这些都不重要,如果客户不满意,这一切都没有意义。大部分专家认为,程序设计做到以下几点非常重要。

(1) 拥有阅读和理解代码的能力。程序员都要具备阅读和理解其他人代码的能力。**程序员很少完全从零开始写代码,经常需要在现有程序模块中添加功能**。因此,阅读和理解代码是程序员的必备技能。例如,为了便于程序的阅读和理解,Python 编码规范PEP8(Python 增强建议书)推荐,代码中每行不要超过 79 个字符,这样可以方便查看代码。

（2）保持代码清晰。程序代码不清晰容易产生 bug（错误），会在后续测试中产生很多问题。要避免将表达式写得过于精炼，这会给维护人员增加工作量。**大多数情况下，清晰的代码和聪明的代码不可兼得**。计算科学专家爱德华·基尼斯（Edward Guniness）指出："你的代码是写给小孩看的，还是写给专家看的？答案是：写给你的观众看。程序员的观众是后续的维护人员，如果不知道具体是谁，那代码就要写得尽量清晰"。

（3）让解决方案变得简单可靠。所有问题都能够找到解决方案，最优雅的解决方案往往最简单。但是，**简单并不容易，达到简单通常需要做很多的工作**。所有人都能用复杂的方法解决问题，但是想让解决方案变得简单可靠，这需要付出艰辛的劳动。

2. 程序模块化设计原则

程序模块化设计原则就是把一个较大的程序划分为若干子程序，每个子程序是一个独立模块，每个模块又可继续划分为更小的子模块或函数，使软件具有一种层次性结构。

在设计好软件的体系结构后，就已经在宏观上明确了各个模块应具有什么功能，应放在体系结构的哪个位置。习惯从功能上划分模块，**保持"功能独立"是模块化设计的基本原则**。因为，"功能独立"的模块可以降低开发、测试、维护等阶段的代价。但是"功能独立"并不意味模块之间保持绝对的孤立。软件要完成某项任务，需要各个模块相互配合才能实现，因此模块之间需要保持信息交流。

3. 软件的复用

复用就是利用现有的东西。一个系统中大部分内容都很成熟，只有小部分内容需要创新，大量的工作可以通过复用来快速实现。程序员应该把大部分时间用在小比例的创新工作上，而把小部分时间用在大比例的成熟工作中，这样才能把工作做得又快又好。据估计，全球有 1000 多亿行代码，某些同一功能的程序被重写了成千上万次，这是极大的思维浪费。程序设计专家的口头禅是："**请不要再发明相同的车轮子了**"。

构造新软件系统时，不必每次从零做起，直接使用已有的成熟组件即可组装（或加以合理修改）成新系统。一方面，复用合理地简化了软件开发过程，减少了总开发工作量与维护代价，既降低了软件成本又提高了生产率；另一方面，一些基本组件经过反复使用和验证后，具有较高的质量，由这些基本组件构成的新系统也具有较高的质量。

2.4.3 程序异常原因

1. 错误和异常

人们往往把操作失败和程序失误都称为"错误"，其实它们并不相同。操作失败是所有程序都会遇到的情况，只要错误被妥善处理，它们不一定说明程序存在 Bug。如"文件找不到"会导致操作失败，但是它并不意味着程序出错了，有可能是文件格式错误，或文件内容破坏，或文件被删除，或文件路径错误等。

Python 中，错误和异常存在区别。错误是 Error 类的一个实例，错误通常可以由程序预设，错误也可以被程序捕获和处理。如果一个错误被抛出来，它就变成了一个异常，或者说**异常是一个没有被程序处理的错误**。

2. 程序异常的原因

如表 2-9 所示，程序异常的原因主要有操作错误、运行时错误、程序错误。

表 2-9　程序异常的原因

错 误 类 型	错 误 原 因	处 理 方 法
操作错误	输入错误：如要求输入整数时，输入的是小数； 按键错误：如按 Ctrl＋C 组合键中断了程序运行； 内容错误：如输入数据的格式错误或损坏	校验用户输入数据； 提示正确操作方法； 改正或提示错误
运行时错误	交互错误：如网络故障，无法连接到服务器； 资源错误：如内存不足、程序递归太深； 兼容性错误：如 32 位系统调用 64 位程序； 环境错误：如导入模块路径错误	记录操作过程到日志； 程序异常处理； 程序中断处理； 修改错误路径等
程序错误	语法错误：如缩行错误、大小写混淆； 语义错误：如先执行后赋值、赋值错误； 逻辑错误：如对输入数据没有做错误校验	程序语法检查； 黑盒测试、白盒测试； 等价类测试等

3. 程序错误类型

（1）语法错误。语法错误是程序设计初学者出现得最多的错误。如冒号"："是一些条件语句（如 if）结尾标志，如果忘记了写英文冒号"："，或者采用了中文冒号"："，都会引发语法错误。程序语法错误是编写程序时没有遵守语法规则，书写了错误的语法代码，从而导致Python 解释器无法正确解释源代码而产生的错误。常见的语法错误有：采用中文符号、括号不匹配、变量没有定义、缺少 xxx 之类的错误。程序发生语法错误时会中断执行过程，并且给出相应提示信息，可以根据提示信息修改程序。

（2）语义错误。语义错误是指语句中存在不符合语义规则的错误，即一条语句试图执行一条不可能执行的操作而产生的错误。语义错误只有在程序运行时才能检测出来。常见的语义错误有：变量声明错误、作用域错误、数据存储区的溢出等错误。程序语义错误很容易导致错误株连，错误株连是指当源程序出现一个错误时，这个错误将导致发生其他错误，而后者可能并不是一个真正的错误。

（3）逻辑错误。逻辑错误是程序没有语法错误，可以正常运行，但得不到所期望的结果，也就是说，程序并没有按照程序员的思路运行。例如，某个程序块要求循环 100 次，应当写成：for i in range(0，100)；如果程序写成了：for i in range(1，100)，程序实际只做了 99次循环，这就是逻辑错误。发生逻辑错误时，Python 解释器不能发现这些错误。逻辑错误较难发现，这类错误需要通过分析结果，将结果与程序代码进行对比来发现。

2.4.4　软件测试方法

1. 软件测试的计算思维

软件测试的定义是：在规定条件下对程序进行操作，以发现程序错误，衡量软件质量，并对其是否能满足设计要求进行评估的过程。

软件测试的主要工作是验证和确认。验证是测试软件正确地实现了哪些特定功能；确认的目的是希望证实：在一个给定的外部环境中软件的逻辑正确性，即保证软件做了程序员所期望的事情。

有人认为软件测试是证明软件不存在错误的过程，对几乎所有程序而言，这个目标实际上无法达到。即使程序完全实现了预期要求，仍可能有用户不按规定要求使用而导致程序崩溃。对于制造工具的人来说，**总是会有人以违背你本意的方式使用你的工具**。许多黑客会用你做梦也想不到的方式来攻击你的程序。

不要为了证明程序能够正确运行而测试程序；相反，应该一开始就假设程序中隐藏着错误（这个假设几乎对所有程序都成立）。计算科学专家迪科斯彻（Dijkstra）对软件测试有句名言：**"测试只能说明软件有错误，而不能说明软件没有错误"**。这是因为软件测试只能测试某些特定的例子（不完备性），现在没有发现问题并不等于问题不存在。

事实上，如果把测试目标定位于证明程序中没有缺陷，那么就会在潜意识中倾向于实现这个目标。也就是说，一方面，测试人员会倾向于挑选那些使程序失效可能性较小的测试数据；另一方面，如果把测试目标定位于要证明程序中存在缺陷，那么就会选择一些易于暴露程序缺陷的测试数据，而后一种测试态度比前者更有价值。

2. 软件质量衡量指标

ISO 8042 标准对软件质量的定义为：**反应软件满足明确和隐含需求的特性总和**。国家标准《信息技术　软件产品评价　质量特性及其使用指南》（GB/T 16260—1996）规定了软件产品的六个质量特性（功能性、可靠性、易用性、效率、维护性、可移植性），并推荐了 27 个子特性。但是标准过于强调原则性，可操作性不强。以下是衡量软件质量的简单可操作性指标。

（1）源代码行数。代码行数是最简单的衡量指标，它主要体现了软件的规模。可以用工具软件（如 Mantis）来统计逻辑代码行（不包含空行、注释行等）。代码行数不能用来评估程序员的工作效率，否则会产生重复的或不专业的程序代码。

（2）代码 Bug 数。可通过工具软件（如 Mantis）统计每个代码段、模块或时间段内的程序 Bug 数，这样可以及早发现程序错误。Bug 数可以作为评估开发者效率的指标之一，但如果过分强调这种评估方法，程序员与测试员之间的关系就会非常敌对。

（3）代码覆盖率。代码覆盖率是程序中源代码被测试的比例和程度。代码覆盖率常用来考核测试任务的完成情况。代码覆盖率并不能代表单元测试的整体质量，但可以提供一些相关的信息。

（4）设计约束。软件开发有很多设计约束和原则，如类或方法的代码行数、一个类中方法或属性的个数、方法或函数中参数的个数、代码中的"魔术数字"（难以理解的常量数值）、注释行占程序代码行的比例等。

（5）圈复杂度。圈复杂度（环复杂度）是一种代码复杂程度的衡量标准。圈复杂度的计算方法是"判定条件"的数量，计算公式为 $V(G)=$ 判定节点数 $+1$。圈复杂度可使用 PMD 等工具软件自动计算。圈复杂度数量上表现为独立路径的条数，即合理预防错误所需测试的最少路径条数。圈复杂度大说明程序代码可能质量低，而且难于测试和维护。

3. 白盒测试技术

白盒测试将软件看作一个打开的盒子，对软件内部结构进行测试，但不需要测试软件的功能。白盒测试深入代码一级进行测试，因此发现问题最早，效果很好。

实际工作中，白盒测试以软件开发人员为主，测试人员很少做白盒测试。因为白盒测试对测试人员的要求非常高，需要有很丰富的编程经验。例如，做.Net 程序的白盒测试要能看懂.Net 代码；做 Java 程序的白盒测试，要能看懂 Java 代码。

白盒测试方法有基本路径测试、逻辑覆盖、代码检查、静态结构分析、符号测试、程序变异等。其中应用最广泛的是基本路径测试和逻辑覆盖测试。

基本路径测试要保证被测程序中所有可能的独立路径至少执行一次,如图 2-25 所示。一条路径是一个从程序入口到出口的分支序列。路径测试通常能彻底地进行测试,但是它有个非常严重的缺陷:路径的数量是分支数量的几何级数。例如,程序中的 if 语句需要测试 2 次(True 或 False),一个程序模块有 4 个 if 语句时,需要 $2^4=16$ 个路径测试;而再加一条 if 语句后,则有 32 个路径需要测试。

```
01  # 穷举法求素数
02  # 基本路径测试
03  lower=int(input("输入素数起始值:"))
04  upper=int(input("输入素数终止值:"))
05  for num in range (lower,upper+1):
06      if num>1:
07          for i in range(2,num):
08              if (num % i)==0:
09                  break
10          else:
11              print(num)
12  (程序结束)
```

(a) 待测试源程序

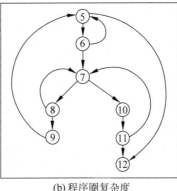

(b) 程序圈复杂度

路径1: 5-12
路径2: 5-6-5-12
路径3: 5-6-7-10-11-12
路径4: 5-6-7-8-9-5-12
路径5: 5-6-7-10-11-7-8-9-5-12
路径6: 5-6-7-8-7-10-11-7-8-9-5-12

(c) 程序基本路径测试

图 2-25   程序圈复杂度和路径测试

逻辑覆盖包括语句覆盖、判定覆盖、条件覆盖、循环覆盖、数据结构覆盖等。语句覆盖要保证每条语句至少执行一次;判定覆盖要保证每个程序分支判定至少执行一次;条件覆盖要保证每个判定的每个条件应取到各种可能的值;循环覆盖要保证每个循环都被执行;程序模块中每个数据结构都要测试一次。

软件测试的致命缺陷是测试的不完备性。白盒测试是一种穷举测试方法,而程序的独立路径可能是一个天文数字。即使每条路径都测试了,程序仍然可能存在问题,例如,将需要升序输出写成了降序输出、程序因遗漏路径而出错等。

4. 黑盒测试技术

黑盒测试也称为功能测试,它测试软件的每个功能是否都能正常使用。黑盒测试把程序看作一个不能打开的黑盒子,完全不考虑程序的内部结构。测试者在程序接口进行测试,它只检查程序功能是否能够按照需求规格说明书的规定正常使用。

(1) 黑盒测试方法。测试用例是为特定目的设计的一组测试输入、执行条件和预期结果。黑盒测试用例包括等价类划分法、边界值分析法、错误推测法、因果图法、判定表驱动法、正交试验设计法、功能图法等。黑盒测试试图发现下列错误:功能不正确或遗漏、界面错误、数据库访问错误、初始化错误、运行中止错误等。

(2) 等价类黑盒测试方法。等价类是指某个测试的输入子集合中,各个输入数据对于发现程序中的错误都等效,并合理地假定测试某等价类代表值就等于对这一类其他值的测试。**简单地说,等价类就是测试数据的典型值或极限值**。可以把全部输入数据合理划分为若干等价类,在每个等价类中取一个数据(典型值)作为测试的输入条件,就可以用少量代表性的测试数据取得较好的测试结果。设计测试用例时,要同时考虑有效等价类和无效等价类,如图 2-26 所示。因为软件不仅要能接收合理的数据,也要能经受意外数据的考验,这样的测试才能确保软件具有更好的可靠性。

成绩小于0	0	100	成绩大于100
无效等价类	有效等价类(0≤成绩≤100)		无效等价类

图 2-26　学生成绩测试中的有效等价类和无效等价类

（3）边界值黑盒测试方法。边界值分析法是对输入或输出的边界值进行测试的一种方法。经验表明，大量的程序错误发生在输入或输出范围的边界上，而不是发生在输入输出范围的内部。因此针对各种边界情况设计测试用例，可以查出更多的错误。

常见的边界值有：学生成绩的 0 和 100；屏幕光标的最左上和最右下位置；报表的第一行和最后一行；数组元素的第一个和最后一个；循环的第 0 次、第 1 次和倒数第 2 次、最后一次等。通常情况下，软件测试包含的边界值有以下类型：数字的最大/最小、字符的首位/末位、位置的最上/最下、质量的最大/最小、速度的最快/最慢、方位的最高/最低、尺寸的最长/最短、空间的最满/最空等。

【例 2-44】　软件规格中规定，"质量为 10～50kg 的邮件，其邮费计算公式为……"。质量测试值应取 10、50、9.99、10.01、49.99、50.01 等边界值。

（4）黑盒测试的缺点。理论上讲，黑盒测试需要采用穷举法，把所有可能的输入都进行测试，才能查出程序中的所有错误。这样测试步骤会有无穷多个，人们不仅要测试所有合法的输入，而且还要对那些不合法但可能的输入进行测试。这种完全测试的方法不可能实现，所以要进行有针对性的测试，通过制定测试用例指导测试的实施。

（5）自动化测试。自动化测试不需要人工干预，在用户界面测试、性能测试、功能测试中应用较多。自动化测试通过录制测试脚本，然后执行测试脚本来实现测试过程的自动化。大部分软件项目采用手工测试和自动化测试相结合，因为很多复杂的业务逻辑暂时很难自动化。手工测试的缺点是单调乏味。**手工测试强在测试业务逻辑，自动化测试强在测试程序结构**。自动化测试工具如 WAST（微软 Web 应用负载测试工具）、TestMaker、WinRunner、Abbot、DBUnit 等。这些工具能批量快速地完成功能点测试；测试工作中最枯燥的工作可由机器完成；它支持使用通配符、宏、条件语句、循环语句等，能较好地完成测试脚本的重用；它对大多数编程语言和 Windows 系统提供了较好的集成支持环境。

2.4.5　软件开发模型

软件的"生命周期"一般分为 6 个阶段，即制订计划、需求分析、设计、编码、测试、运行和维护。在软件工程中，这个复杂的过程一般用软件开发模型来描述和表示。常见的软件开发模型有：以软件需求为前提的瀑布模型；渐进式开发模型（如螺旋模型、增量模型等）；以形式化开发方法为基础的变换模型；敏捷开发方法等。

1. 瀑布模型

瀑布模型的核心思想是：使用系统化的方法将复杂的软件开发问题简化，将软件功能的实现与设计分开。将开发划分为一些基本活动，如：制定计划、需求分析、软件设计、程序编写、程序测试、软件运行和维护等基本活动。如图 2-27 所示，瀑布模型的软件开发过程自上而下，相互衔接，如同瀑布流水，逐级下落。

然而软件开发的实践表明，瀑布模型存在以下严重缺陷。一是开发模型呈线性，当开发

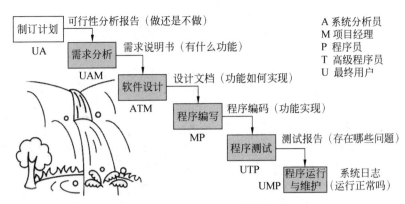

图 2-27　软件开发的"瀑布模型"

成果未经测试时,用户无法看到软件效果,这样软件与用户见面的时间较长,增加了一定的风险;二是软件开发前期没有发现的错误,传到后面开发活动中时,错误会扩散,进而可能造成整个项目开发失败;三是在软件需求分析阶段,完全确定用户的所有需求非常困难,甚至可以说是难以达到的目标。

互联网硅谷创业权威保罗·格雷厄姆(Paul Graham)指出:有些创业者希望软件第一版就能推出功能齐全的产品,满足所有的用户需求,这种想法存在致命的错误。硅谷创业者最忌讳的就是"完美"。因为,一方面,用户需求是多样的,不同人群有不同的需求;另一方面,**开发者想象的需求往往和真实的用户需求有偏差**。

2. 增量模型

使用增量模型时,第一个增量往往是产品的核心,即它实现了系统的基本需求,但很多补充的特征还有待发布。客户对每个增量功能的使用和评估,都作为下一个增量发布的新特征和功能,这个过程在每个增量发布后不断重复,直到产生了最终的完善产品。增量模型本质上是迭代的,它强调每个增量均是一个可操作的产品。

增量模型是刚开始不用投入大量人力资源。它先推出产品的核心部分,如果产品很受欢迎,则增加人员实现下一个增量。此外,增量能够有计划地管理技术风险。

增量模型的缺点是:如果增量包之间的关系没有处理好,就会导致系统各个模块之间互相矛盾或者不兼容。这种模型适用于需求经常改变的软件开发过程。

3. 敏捷开发方法

敏捷开发是近年兴起的一种轻量级软件开发方法,它的价值观是沟通、简单、反馈、勇气、谦逊。它强调适应性而非预测性;强调以人为中心而不是以流程为中心;强调对变化的适应和对人性的关注。敏捷方法强调程序员团队与业务专家之间的紧密协作、面对面的沟通、频繁交付新的软件版本、很好地适应需求变化、更加注重软件开发中人的作用。敏捷开发借鉴了软件工程中的迭代与增量开发,敏捷开发方法包括极限编程(eXtreme Programming,XP)、Scrum(短距离赛跑的意思,一种迭代式增量开发)、Crystal(频繁交付和紧密沟通)、上下文驱动测试、精益开发、统一过程等。敏捷开发模型如图 2-28 所示。

敏捷开发遵循以下基本原则:

(1)最重要的是通过尽早和不断交付有价值的软件满足客户需要。

(2)即使在开发后期,也欢迎用户改变需求,利用变化来为客户创造竞争优势。

图 2-28 软件敏捷开发模型

（3）经常交付可以工作的软件，从几个星期到几个月，时间越短越好。

（4）敏捷方法要求尽可能少的文档，最根本的文档应该是程序代码。

（5）在项目开发期间，业务人员和开发人员必须天天在一起工作。

（6）文档的作用是记录和备忘，最有效率的信息传达方式是面对面交谈。

（7）每隔一定时间，团队需要对开发工作进行反省，并相应地调整自己的行为。

（8）确定开发中的瓶颈，对于瓶颈处的工作应该尽量加快，减少重复。

敏捷开发也有局限性，如对那些需求不明确，优先权不清楚，或者在"较快、较便宜、较优"三角结构中不能确定优先级的项目，采用敏捷开发方法很困难。

习　题　2

2-1　为什么有这么多程序语言？

2-2　举例说明怎样学习程序设计语言。

2-3　程序运行对硬件和软件环境有什么要求？

2-4　简要说明程序中变量命名的原则和方法。

2-5　简要说明 Java、C++、Python、Prolog 编程语言的特点和应用领域。

2-6　简要说明程序模块化设计的基本原则。

2-7　为什么程序测试遵循"假设程序中隐藏着错误"的测试原则？

2-8　简要说明在程序中如何实现参数传递。

2-9　书中说"程序设计与文学创作有很多共同点"，那多看小说会不会提高编程能力？

2-10　简要说明程序的三种基本控制结构。

2-11　简要说明 Python 有哪些函数类型。

2-12　简要说明程序异常的主要原因。

2-13　简要说明程序错误的主要原因。

2-14　实验：用 Python 编程，求 $1+2+\cdots+100$。

2-15　实验：参考例 2-13 的程序案例，计算直角三角形边长。

2-16　实验：参考例 2-15 的程序案例，生成随机不重复的姓名。

2-17　实验：参考例 2-42 的程序案例，编写触发消息框事件程序。

第3章 计算思维和学科基础

计算思维通过广义的计算来描述各类自然过程和社会过程,从而解决各个学科的问题。本章主要从复杂性、抽象、数学建模、仿真、可计算性等计算思维概念出发,讨论各种问题的建模方法、基本算法思想,以及学科经典问题等内容。

3.1 计 算 思 维

3.1.1 计算思维的特征

1. 计算工具与思维方式的相互影响

计算科学专家迪科斯彻(Edsger Wybe Dijkstra)说过:"**我们使用的工具影响着我们的思维方式和思维习惯,从而也将深刻地影响着我们的思维能力**"。计算的发展也影响着人类的思维方式,从最早的结绳计数,发展到目前的电子计算机,人类思维方式发生了相应的改变。如:计算生物学改变着生物学家的思维方式;计算博弈论改变着经济学家的思维方式;计算社会科学改变着社会学家的思维方式;量子计算改变着物理学家的思维方式。计算思维已成为利用计算机求解问题的一个基本思维方法。

2. 计算思维的定义

"计算思维"是哥伦比亚大学(CU)周以真(Jeannette M. Wing)教授提出的一种理论。周以真教授认为:**计算思维是运用计算科学的基础概念去求解问题、设计系统和理解人类行为,它涵盖了计算科学的一系列思维活动**。

国际教育技术协会(ISTE)和计算机研究教师协会(CSTA)2011 年给计算思维做了一个可操作性的定义,即计算思维是一个问题解决的过程,该过程包括以下特点:

(1) 拟定问题,并能够利用计算机和其他工具的帮助来解决问题;

(2) 要符合逻辑地组织和分析数据;

(3) 通过抽象,如模型、仿真等再现数据;

(4) 通过算法思想(一系列有序的步骤),支持自动化的解决方案;

(5) 分析问题,找到最有效的方案,并且有效地应用这些方案和资源;

(6) 将该问题的求解过程进行推广,并移植到更广泛的问题中。

3. 计算思维的特征

周以真教授在《计算思维》论文中提出了以下计算思维的基本特征。

计算思维是人的,不是计算机的思维方式。计算思维是人类求解问题的思维方法,而不是要使人类像计算机那样思考。

计算思维是数学思维和工程思维的融合。计算科学本质上来源于数学思维,但是受计算设备的限制,迫使计算科学专家必须进行工程思考,不能只是数学思考。

计算思维建立在计算过程的能力和限制之上。需要考虑哪些事情人类比计算机做得好,哪些事情计算机比人类做得好,其中最根本的问题是:什么是可计算的。

为了有效地求解一个问题,我们可能要进一步问:一个近似解是否就够了呢?是否允许漏报和误报?计算思维就是通过简化、转换和仿真等方法,把一个看起来困难的问题,重新阐释成一个我们知道怎样解决的问题。

计算思维采用抽象和分解的方法,将一个庞杂的任务分解成一个适合计算机处理的问题。计算思维是选择合适的方式对问题进行建模,使它易于处理。在我们不必理解系统每个细节的情况下,就能够安全地使用或调整一个大型的复杂系统。

根据以上周以真教授的分析可以看出:计算思维以设计和构造为特征。计算思维是运用计算科学的基本概念进行问题求解、系统设计的一系列思维活动。

3.1.2　数学思维的概念

计算思维包含哪些最基本的概念?目前专家们尚无统一的意见。一般来说,计算思维包含数学思维和工程思维两部分。数学思维的基本概念有复杂性、抽象、模型、算法、数据结构、可计算性、一致性和完备性等。

1. 复杂性

大问题的复杂性包括二义性(如语义理解等)、不确定性(如哲学家就餐问题、混沌问题等)、关联(如操作系统死锁问题、大学教师排课问题等)、指数爆炸(如汉诺塔问题、旅行商问题等)、悖论(如罗素理发师悖论、图灵停机问题等)等概念。计算科学专家迪科斯彻曾经指出"**编程的艺术就是处理复杂性的艺术**"。

(1) 程序的复杂性。德国科学家克拉默(Friedrich Cramer)在著作《混沌与秩序——生物系统的复杂结构》一书中给出了几个简单例子,用于分析程序的复杂性。

【例 3-1】　序列 A＝{aaaaaaa…}

这是一个简单系统,相应程序为:在每个 a 后续写 a。这个短程序使得这个序列得以随意复制,不管多长都可以编程。

【例 3-2】　序列 B＝{aabaabaabaab…}

与上例相比,该例要复杂一些,这是一个准复杂系统,但仍可以很容易地写出程序:在两个 a 后续写 b 并重复这一操作。

【例 3-3】　序列 C＝{aabaababbaabaababb…}

与上例相似,也可以用短程序来描述:在两个 a 后续写 b 并重复,每当第 3 次重写 b 时,将第 2 个 a 替换为 b。这样的序列具有可定义的结构,可用相应的程序表示。

【例 3-4】　序列 D＝{aababbababbbabaaababbab…}

以上案例中的信息排列毫无规律,如果希望编程解决,就必须将字符串全部列出。这就得出一个结论:**一旦程序大小与试图描述的系统大小相提并论,编程就变得没有意义**。当系统结构不能描述,或者说描述它的最小算法与系统本身具有相同的信息比特数时,则称该系统为根本复杂系统。在达到复杂系统之前,人们可以编写能解决问题的程序。

(2) 语义理解的二义性。人们视为智力挑战的问题,计算机做起来未必困难;反而是一些人类觉得简单平常的脑力活动,机器实现起来可能非常困难。例如,速算曾经是人类智力超群的象征,而计算机无论在速度还是准确率上都毫无争议地超过了人类。但是,"为我做一个西红柿炒鸡蛋"这样简单的问题,计算机理解起来就非常困难。因为这个问题存在太多的二义性,如:"西红柿"要什么品种?成熟到什么程度?是否要大小基本相同?"一个"的语义是什么?是1个西红柿还是1斤西红柿?"做"的语义是什么,是"炒"吗?"炒"的语义又是什么,是不停地翻动吗?翻动的频率要多大?炒多长时间,等等。可见概念模糊的命题不可计算。程序语言与自然语言有所不同,最大的区别是自然语言的同一语句在不同语境下有不同的理解,例如,短语"女朋友很重要吗",可以理解为"女朋友/很重要吗?",也可以理解为"女朋友很重/要吗?"。程序语言决不允许出现以上歧义。因此,任何一种程序设计语言都有一套规定的程序语法。

二义性问题在程序设计中会经常遇到。在语言中,二义性是一种语法不完善的说明,在程序设计中应当避免这种情况。解决二义性有两种方法:方法一是设置一些规则,该规则可在出现二义性的情况下指出哪个语法是正确的,它的优点是无须修改文法(可能会很复杂)就能够消除二义性;方法二是将文法改变成一个强制正确的格式。

(3) 复杂系统的 CAP 理论。在分布式系统中,一致性(Consistency)指数据复制到系统 N 台机器后,如果数据有更新,则 N 台机器的数据需要一起更新;可用性(Availability)指分布式系统有很好的响应性能。分区容错性(Partition Tolerance)指分布式系统部分机器出现故障时,系统可以自动隔离到故障分区,并将故障机器的负载分配到正常分区继续工作(容错)。埃瑞克·布鲁尔(Eric Brewer)教授指出:对于分布式系统,数据一致性、系统可用性、分区容错性三个目标(合称 CAP)不可能同时满足,最多只能满足其中两个。CAP 理论给人们以下启示:事物的多个方面往往是相互制衡的,在复杂系统中,冲突不可避免。CAP 理论是 NoSQL 数据库的理论基础。

在系统设计中,常常需要在各方面达成某种妥协与平衡,因为凡事都有代价。例如,分层会对性能有所损害,不分层又会带来系统过于复杂的问题。很多时候结构就是平衡的艺术,明白这一点,就不会为无法找到完美的解决方案而苦恼。复杂性由需求所决定,既要求容量大,又要求效率高,这种需求本身就不简单,因此很难用简单的算法解决。

(4) 大问题的不确定性。大型网站往往有成千上万台机器,在这些系统上部署软件和管理服务是一项非常具有挑战性的任务。大规模用户服务往往涉及众多程序模块,很多操作步骤。简单性原则就是要求每个阶段、每个步骤、每个子任务都尽量采用最简单的解决方案。这是由于**大规模系统存在的不确定性会增加系统复杂性**。即使做到了每个环节最简单,但是由于不确定性的存在,整个系统还是会出现不可控的风险。

【例 3-5】 计算科学专家杰夫·迪恩(Jeff Dean)在介绍大规模数据中心遇到的难题时指出:大部分机器处理请求的平均响应时间为 1ms 左右,只有 1% 机器的请求处理时间会大于 1s。如果一个请求需要由 100 个节点机器并行处理,那么就会出现 63% 的请求响应时间大于 1s,这完全不可接受。面对这个复杂的不确定性问题,Jeff Dean 和 Google 公司做了很多工作来解决这个问题。

程序的复杂性来自于大量的不确定性,如需求不确定、功能不确定、输入不确定、运行环境不确定等,这些不确定性无法避免。程序的需求会以各种方式变化,而且往往会向程序员没有预料到的方向发展。由于不确定性的存在,在系统设计中,应当遵循 KISS(Keep It

Simple,Stupid,保持简单)原则,推崇**简单就是美,任何没有必要的复杂都需要避免**(奥卡姆剃刀原则)。但是要做到 KISS 原则并不容易,人们遇到问题时,往往会从各个方面去考虑,其中难免包含了问题的各种细枝末节,这种思维方式会导致问题变得非常复杂。

2. 抽象

(1)艺术的抽象。在美术范畴内,抽象的表现最简单省力,也最复杂费力。从理论上讲,抽象体现人的主观意识,因此只要画得怪,都可以称为抽象画。有才华的画家认为抽象艺术最美但又最难画,其中包含的艺术内涵太丰富。

【例 3-6】 如图 3-1 所示,毕加索终生喜欢画牛,年轻时他画的牛体形庞大,有血有肉,威武雄壮。但随着年龄的增长,他画的牛越来越突显筋骨。到他八十多岁时,他画的牛只有寥寥数笔,乍看上去就像一副牛的骨架。而牛外在的皮毛、血肉全部没有了,只剩一副具有牛神韵的骨架了。

图 3-1　毕加索画牛的抽象过程

(2)计算思维的抽象。计算的根本问题是什么能被有效地自动进行。自动化要求对进行计算的事物进行某种程度的抽象,计算思维中的抽象最终要能够利用机器一步步自动执行。为了确保机器的自动化,就需要在抽象过程中进行精确和严格的符号转换和建立数学模型。抽象是对实际事物进行人为处理,抽取所关心的、共同的、本质特征的属性,并对这些事物及其特征属性进行描述,从而大大降低系统元素的数量。计算思维的抽象方法有:分解、简化、剪枝、替代、分层、模型化、公式化、形式化等。

【例 3-7】 为了实现程序的自动化计算,需要将问题抽象为一个数学模型。如将不可计算问题抽象为停机问题;欧拉将哥尼斯堡七桥问题抽象为"图论"问题;将解决问题的步骤抽象为算法;将机器语言翻译抽象为统计语言模型等。

【例 3-8】 对数据的抽象方法有:对数值、字符、图形、音频、视频等信息,抽象为二进制数字;数据之间的关系有顺序、层次、树形、图形等类型,数据结构就是对这些关系的抽象。程序设计中的抽象方法有:将数据存储单元地址抽象为变量名;将复杂的函数程序抽象为简单的应用程序接口(API);对运行的程序抽象为进程等。

【例 3-9】 计算机硬件中的抽象方法有:将集成电路的设计抽象为布尔逻辑运算;将不同的硬件设备抽象为 HAL(Hardware Abstraction Layer,硬件抽象层);对 I/O 设备的操作抽象为文件操作;将不同体系结构的计算机抽象为虚拟机等。

3. 分解

笛卡儿(René Descartes)在《谈方法》一书中指出:"**如果一个问题过于复杂以至于一下子难以解决,那么就将原问题分解成足够小的问题,然后再分别解决**"。

（1）利用等价关系进行系统简化。复杂系统可以看成是一个集合,降低集合复杂性的最好办法是使它有序,也就是按"等价关系"对系统进行分解。通俗地说,就是将一个大系统划分为若干子系统,使人们易于理解和交流。这样,子系统不仅具有某种共同的属性,而且可以完全恢复到原来的状态,从而大大降低系统的复杂性。

（2）利用分治法思想进行分解。分而治之是指把一个复杂问题分解成若干简单的问题,然后逐个解决。这种朴素的思想来源于人们生活与工作的经验,并且完全适用于技术领域。编程人员采用分治法时,应着重考虑:复杂问题分解后,每个子问题能否用程序实现?所有程序最终能否集成为一个软件系统?软件系统能否解决这个复杂的问题?

3.1.3 工程思维的概念

工程思维的基本概念有效率、资源、兼容性、硬件与软件、模型和结构、时间和空间、编码（转换）、模块化、复用、安全、演化、折中与结论等。

1. 效率

效率始终是计算领域重点关注的问题。例如,为了提高程序的执行效率,采用并行处理技术;为了提高网络传输效率,采用信道复用技术;为了提高 CPU 利用率,采用流水线技术;为了提高 CPU 处理速度,采用高速缓存技术等。

【例 3-10】 计算领域"优先"技术有:系统进程优先、中断优先、重复执行的指令优先等,它们体现了效率优先的原则;而队列、网络数据包转发等,体现了平等优先的原则。效率与平等的选择需要根据实际问题进行权衡分析。如绝大部分算法都采用效率优先原则,但是也有例外。如"树"的广度搜索和深度搜索中,采用了平等优先原则,即保证树中每个节点都能够被搜索到,因而搜索效率很低;而启发式搜索则采用效率优先原则,它会对树进行"剪枝"处理,因此不能保证树中每个节点都会被搜索到。在实际应用中,搜索引擎同样不能保证因特网中每个网页都会被搜索到,棋类博弈程序也是如此。

但是,效率是一把双刃剑,经济学家奥肯（Arthur M. Okun）在《平等与效率——重大的抉择》中断言:"为了效率就要牺牲某些平等,并且为了平等就要牺牲某些效率"。奥肯的论述同样适用于计算领域。

2. 兼容性

计算机硬件和软件产品遵循向下兼容的设计原则。在计算机产品中,新一代产品总是在老一代产品的基础上进行改进。新设计的计算机软件和硬件应当尽量兼容过去设计的软件系统,兼容过去的体系结构,兼容过去的组成部件,兼容过去的生产工艺,这就是"向下兼容"。计算机产品无法做到"向上兼容"（或向前兼容）,因为老一代产品无法兼容未来的系统,只能是新一代产品来兼容老产品。

【例 3-11】 老式 CRT（Cathode Ray Tube,阴极射线管）采用电子束逐行扫描方式显示图像,而新型 LCD（Liquid Crystal Display,液晶显示器）没有电子束,原理上也不需要逐行扫描,一次就能够显示整屏图像。但是为了保持与显卡、图像显示程序的兼容性,LCD 不得不沿用老式的逐行扫描技术。

兼容性降低了产品成本,提高了产品可用性,同时也阻碍了技术发展。各种老式的、正在使用的硬件设备和软件技术（如 PCI 总线、复杂指令系统、串行编程方法等）,它们是计算机领域发展的沉重负担。如果不考虑向下兼容问题,设计一个全新的计算机时,完全可以采用现代的、艺术的、高性能的结构和产品,如苹果 iPad 就是典型案例。

3. 硬件与软件

早期计算机中,硬件与软件之间的界限十分清晰。随着技术发展,软件与硬件之间的界限变得模糊不清了。特兰鲍姆(Andrew S. Tanenbaum)教授指出:"**硬件和软件在逻辑上是等同的**"。"**任何由软件实现的操作都可以直接由硬件来完成,任何由硬件实现的指令都可以由软件来模拟**"。某些功能既可以用硬件技术实现,也可以用软件技术实现。

【例 3-12】 硬件软件化。硬件软件化是将硬件的功能由软件来实现,它屏蔽了复杂的硬件设计过程,大大降低了产品成本。例如,在 x86 系列 CPU 内部,用微指令来代替硬件逻辑电路设计。微指令技术增加了指令设计的灵活性,同时也降低了逻辑电路的复杂性。另外,冯·诺依曼计算机结构中的"控制器"部件,目前已经由操作系统取代。目前流行的虚拟机、虚拟仪表、软件定义网络(Software Defined Network,SDN)等,都是硬件设备软件化的典型案例。

【例 3-13】 软件硬件化。软件硬件化是将软件实现的功能设计成逻辑电路,然后将这些电路制造到集成电路芯片中,由硬件实现其功能。硬件电路的运行速率要大大高于软件,因而,软件硬件化能够大大提升系统的运行速率。例如,实现两个符号的异或运算时,软件实现的方法是比较两个符号的值,再经过 if 控制语句输出运算结果;硬件实现的方法是直接利用逻辑门电路实现异或运算。视频数据压缩与解压缩、3D 图形的几何建模和渲染、数据奇偶检验、网络数据打包与解包等,目前都采用专业芯片处理,这是软件技术硬件化的典型案例。**可见硬件和软件的界限可以人为划定,并且经常变化。**

【例 3-14】 软件与硬件的融合。在 TCP/IP(Transmission Control Protocol/Internet Protocol,传输控制协议/网际协议)网络中,信号比特流通过物理层硬件设备高速传输。而网络层、传输层和应用层的功能是控制比特传输,实现传输的高效性和可靠性等。实际中,应用层的功能主要由软件实现,而传输层和网络层则是软硬件相互融合。如传输层的设备是交换机,网络层的设备是路由器,在这两台硬件设备上,都需要加载软件(如数据成帧、地址查表、路由算法等),以实现对传输的控制。如果只用硬件设备,会使设备复杂化,而且不一定能很好地实现控制功能;如果只使用软件,程序也会变得很复杂,某些接口功能实现困难,而且程序运行效率较低,这对有实时要求的应用(如数据中心)是致命缺陷。交换机和路由器是软硬件相互融合、协同工作的经典案例。

一般来说,**硬件实现某个功能时,具有速度快,占用内存少等优点,但是可修改性差,成本高;而软件实现某个功能时,具有可修改性好,成本低等优点,但是速度低,占用内存多。**具体采用哪种设计方案实现功能,需要对软件和硬件进行折中考虑。

4. 折中与结论

在计算领域产品设计中,经常会遇到:性能与成本、易用性与安全性、纠错与效率、编程技巧与可维护性、可靠性与成本、新技术与兼容性、软件实现与硬件实现、开放与保护等相互矛盾的设计要求。单方面看,每项指标都很重要,在鱼与熊掌不可兼得的情况下,计算科学专业人员必须做出折中和结论。

【例 3-15】 计算机工作过程中,由于电磁干扰、时序失常等原因,可能会出现数据传输和处理错误。如果每个步骤都进行数据错误校验,则计算机设计会变得复杂无比。因此,是否进行数据错误校验,数据校验的使用频度如何,需要进行性能与复杂性方面的折中考虑。例如,在个人微机中,性能比安全性更加重要,因此内存条一般不采用奇偶校验和 ECC 功能,以提高内存的工作效率;但是在服务器中,一旦系统崩溃将造成重大损失(如股票交易服务器的崩溃),因此服务器内存条的安全性要求大于工作效率,奇偶校验和 ECC 是服务器内存必不可少的设计要求。

3.1.4　问题求解的方法

利用计算技术解决问题时,一般需要经过以下几个步骤:一是理解问题,寻找解决问题的条件;二是对一些具有连续性质的现实问题,进行离散化处理;三是从问题抽象出一个适当的数学模型,然后设计或选择一个解决这个数学模型的算法;四是按照算法编写程序,并且对程序进行调试和测试,最后运行程序,直至得到最终答案。

1. 寻找解决问题的条件

(1) 界定问题。解决问题首先要对问题进行界定,弄清楚问题到底是什么,不要被问题的表象迷惑。只有正确地界定了问题,才能找准应该解决的目标,后面的步骤才能正确地执行。如果找不准目标,就可能劳而无获,甚至南辕北辙。

(2) 寻找解题的条件。在"**简化问题,变难为易**"的原则下,尽力寻找解决问题的必要条件,以缩小问题求解范围。当遇到一道难题时,可以尝试从最简单的特殊情况入手,找出有助于简化问题、变难为易的条件,逐渐深入,最终分析归纳出解题的步骤。

例如,在一些需要进行搜索求解的问题中,一般可以采用深度优先搜索和广度优先搜索。如果问题的搜索范围太大(如棋类博弈),减少搜索量最有效的手段就是"剪枝"(删除一些对结果没有影响的分支问题),即建立一些限制条件,缩小搜索的范围。如果问题错综复杂,可以尝试从多个侧面分析和寻找必要条件;或者将问题分解后,根据各部分的本质特征,再来寻找各种必要条件。

2. 对象的离散化

计算机处理的对象有一部分本身就是离散化的,如数字、字母、符号等;但是在很多实际问题中,信息都是连续的,如图像、声音、时间、电压等自然现象和社会现象。凡是"可计算"的问题,处理对象都是离散型的,因为计算机建立在离散数字计算的基础上。所有连续型问题必须转换为离散型问题后(数字化),才能被计算机处理。

【例 3-16】　在计算机屏幕上显示一张图片时,计算机必须将图片在水平和垂直方向分解成一定分辨率的像素点(离散化);然后将每个像素点再分解成红绿蓝(RGB)三种基本颜色;再将每种颜色的变化分解为 0～255(1 字节)个色彩等级。这样计算机就会得到一大批有特定规律的离散化数字,计算机也就能够任意处理这张图片了,如图片的放大、缩小、旋转、变形、变换颜色等操作。

3. 解决问题的算法(数学建模)

求解一个问题时,可能会有多种算法可供选择,选择标准首先是算法的正确性、可靠性、简单性;其次是算法所需要的存储空间和执行速度等。

(1) 问题的抽象描述。遇到实际问题时,首先将其形式化,将问题抽象为一个一般性的数学问题。对需要解决的问题用数学形式描述它,先不要管是否合适。然后通过这种描述来寻找问题的结构和性质,看看这种描述是不是合适,如果不合适,再换一种方式。通过反复地尝试、不断地修正来达到一个满意的结果。遇到一个新问题时,通常都是先用各种各样的小例子去不断地尝试,从中发现问题的关键性质。

计算思维和学科基础

（2）理解算法的适应性。需要观察问题的结构和性质，每个实际问题都有它相应的性质和结构。每种算法技术和思想，如穷举法、分治算法、贪心算法、动态规划、遗传算法、蒙特卡罗算法等，都有它们适宜解决的问题。例如，动态规划适宜解决的问题需要有最优子结构和重复性子问题。一旦我们观察出问题的结构和性质，就可以用现有的算法去解决它。用数学方式表述问题，有利于总结出问题的结构和性质。

（3）建立算法。建立数学模型时，找出问题的已知条件、求解的目标，以及已知条件和目标之间的联系。算法描述形式有数学模型、数据表格、结构图形、伪代码、程序流程图等。获得了算法并不等于问题可解，问题是否可解还取决于算法的复杂性，即算法所需要的时间和空间在数量级上能否接受。

4. 程序设计

图灵在论文《计算机器与智能》中指出："如果一个人想让机器模仿计算员执行复杂的操作，他必须告诉计算机要做什么，并把结果翻译成某种形式的指令表。这种构造指令表的行为称为编程"。算法对问题求解过程的描述比程序简单，用编程语言对算法经过细化编程后，可以得到计算机程序，而执行程序就是执行用编程语言表述的算法。

3.1.5 数学模型的构建

1. 数学模型

模型是将研究对象通过抽象、归纳、演绎、类比等方法，用适当形式描述的表达方式。简单地说，模型是系统的简化表示，每个模型都是对现实世界的近似模拟，没有完美的模型。模型的类型有实体模型（如汽车模型、城市规划模型等）、仿真模型（如飞行器实验仿真、天气预测模型等）、抽象模型（如数学模型、结构模型、思维模型等）。计算科学经常采用仿真模型和抽象模型来解决问题。

数学模型是用数学语言描述的问题。数学模型可以是一个数学公式、一组代数方程，也可以是它们的某种组合。数学表达式仅仅是数学模型的主要形式之一，但切不可误认为"数学模型就是数学表达式"。数学模型也可以用符号、图形、表格等形式进行描述。

所有数学模型均可转换为算法和程序。数值型问题相对容易建立数学模型，而非数值型问题建模则相对复杂。一些无法直接建立数学模型的系统，如抽象思维、社会活动、人类行为等，需要先将这些问题符号化，然后再建立它们的数学模型。数学模型应用日益广泛的原因在于：社会生活各个方面日益数字化；计算技术的发展为精确化提供了条件；很多无法试验或费用很大的试验（如天气预报），用数学模型进行研究是一条捷径。

2. 数学建模的一般方法

计算领域解决问题时，建立数学模型是十分关键的一步。笛卡儿（René Descartes）设计了一种希望能够解决各种问题的万能方法，它的大致模式是：第一，把所有问题转换为数学问题；第二，把所有数学问题转换为一个代数问题；第三，把所有代数问题归结到解一个方程式。这也是现代数学建模思想的来源。

数学建模方法有以下两大类。一是采用原理分析方法建模，选择常用算法有针对性地对模型进行综合；二是采用统计分析方法建模，通过随机化等方法得到问题的近似数学模型（如语音识别），数学模型出错概率会随计算次数的增加而显著减少。

3. 商品提价的数学建模案例

如果将问题抽象为数学模型，问题就可以用计算方法求解。例如，将"讨价还价"行为看作一场博弈,则可以将问题抽象成数学模型,然后用程序求解。

【例 3-17】 商品提价问题建立的数学模型。商场经营者既要考虑商品的销售额、销售量,同时也要考虑如何在短期内获得最大利润。这个问题与商品定价有直接关系,定价低时,销售量大但利润小;定价高时,利润大但销售量减少。假设某商场销售的某种商品单价为 25 元,每年可销售 3 万件。设该商品每件提价 1 元,则销售量减少 0.1 万件。如果要使总销售收入不少于 75 万元,求该商品的最高提价。数学模型建立方法如下。

(1) 分析问题。

已知条件:单价 25 元×销售 3 万件＝销售收入 75 万元;

约束条件 1:每件商品提价 1 元,则销售量减少 0.1 万件;

约束条件 2:保持总销售收入不少于 75 万元。

(2) 建立数学模型。

设最高提价为 x 元,提价后的商品单价为:$(25+x)$ 元;

提价后的销售量为:$(30\,000-1000x/1)$ 件;

则:$(25+x)\times(30\,000-1000x/1)\geqslant 750\,000$;

简化后数学模型为:$(25+x)\times(30-x)\geqslant 750$。

4. 编程求解

求解例 3-17 问题的 Python 程序如下。

```
1   >>> from sympy import symbols, solve        # 导入第三方包 - 符号计算
2   >>> x = symbols('x')                        # 设置 x 为符号
3   >>> f = solve((25 + x) * (30 - x) >= 750)   # 计算不等式取值范围
4   >>> print('x 的取值范围是:', f)              # 打印结果
    x 的取值范围是: (0 <= x) & (x <= 5)           # x 大于或等于 0,而且小于或等于 5
```

对以上问题编程求解后:$x\leqslant 5$,即提价最高不能超过 5 元。

3.2 建 模 案 例

建模是对问题求解的抽象过程。有人认为,建立数学建模需要专业的数学知识,其实很多数学模型并不涉及高深的数学知识,如"平均收入"的安全计算。即便是对复杂系统的研究(如细胞自动机),有时只需要几条简单的规则。

3.2.1 囚徒困境:博弈策略建模

1. 博弈论概述

如果有两人以上参与,且双方可以通过不同策略相互竞争的游戏,而且一方采用的策略会对另一方的行为产生影响,这种情况称为博弈。1944 年,冯·诺依曼和奥斯卡·摩根斯特恩(Oskar Morgenstern)发表了《博弈论和经济行为》著作,首次介绍了博弈论(Game Theory),他们希望博弈论能为经济问题提供数学解答。

博弈论的基本元素有参与者、行动、信息、策略、收益、均衡和结果。博弈包括同时行动和顺序行动两种类型。在同时行动博弈中,参与者在不了解对方行动的情况下采取行动(如

囚徒困境、工程竞标等）。顺序行动博弈采用轮流行动方式，先行动者的动作会明确告知后行动者，博弈参与者轮流行动（如象棋比赛、商业谈判、学术辩论等）。

囚徒困境是两个囚徒之间的一种特殊博弈，它说明了为什么在合作对双方都有利时，保持合作也非常困难。囚徒困境也反映了个人最佳选择而并非团体最佳选择。虽然囚徒困境只是一个模型，但现实中的价格竞争、商业谈判等，都会频繁出现类似的情况。

2. 囚徒困境问题描述

1950 年，兰德公司的梅里尔·弗勒德（Merrill Flood）和梅尔文·德雷希尔（Melvin Dresher）根据博弈论拟定出相关困境的理论，后来由艾伯特·塔克（Albert Tucker）以"囚徒困境"的命题进行阐述。经典的囚徒困境描述如例 3-18 所示。

【例 3-18】 警方逮捕了 A、B 两名嫌疑犯，但没有足够证据指控二人有罪。于是警方分开囚禁嫌疑犯，单独与二人见面，并向双方提供以下相同的选择（如图 3-2 所示）。

策略	A认罪	A不认罪
B认罪	A=3, B=3	A=0, B=5
B不认罪	A=5, B=0	A=1, B=1

图 3-2　囚徒困境的博弈

（1）A、B 都认罪并检举对方（互相背叛），则 A、B 同判 3 年（A＝3，B＝3）。

（2）A 不认罪并检控 B（A 背叛），B 认罪（B 合作），则 A 获释，B 判 5 年。

（3）B 不认罪并检控 A（B 背叛），A 认罪（A 合作），则 B 获释，A 判 5 年。

（4）A、B 都不认罪（互相合作），则 A、B 均判 1 年（A＝1，B＝1）。

【例 3-19】 用 Python 程序实现囚徒困境的博弈，代码如下。

```
1   # E0319.py                                      # 【建模－囚徒困境】
2   while True:                                      # 建立循环判断
3       a = input('A,你认罪吗?【1＝认罪;2＝不认;0＝退出】:')    # 输入 A 的博弈策略
4       b = input('B,你认罪吗?【1＝认罪;2＝不认;0＝退出】:')    # 输入 B 的博弈策略
5       if a == '1' and b == '1':                    # A、B 都认罪
6           print('A、B 都得判 3 年,唉')               # 打印博弈结果
7       elif a == '2' and b == '1':                  # A 不认罪,B 认罪
8           print('A 判 0 年,B 判 5 年,唉')            # 打印博弈结果
9       elif a == '1' and b == '2':                  # A 认罪,B 不认罪
10          print('A 判 5 年,B 判 0 年,唉')            # 打印博弈结果
11      elif a == '2' and b == '2':                  # A、B 都不认罪
12          print('A 判 1 年,B 判 1 年.')             # 打印正确选择
13      else:                                        # 否则
14          break                                    # 退出循环,结束程序

>>>...(输出略)                                        # 程序运行结果
```

3．囚徒的策略选择困境

囚徒到底应该选择哪个策略，才能将自己的刑期缩至最短？两名囚徒由于隔绝监禁，并不知道对方的选择；即使他们能够交谈，也未必能够尽信对方，或者会存心欺骗对方。就个人理性选择而言，检举对方(背叛)得到的刑期，总比沉默(合作)要低。困境中两名理性囚徒的可能会做出如下选择。

（1）若对方沉默，背叛会让我获释，所以我会选择背叛。

（2）若对方背叛我，我也要指控对方才能得到较低刑期，所以也选择背叛。

两个囚徒的理性思考都会得出相同的结论：选择背叛。结果二人都要服刑。

在囚徒困境博弈中，如果两个囚徒选择合作，双方都保持沉默，总体利益会更高。而两个囚徒只求个人利益，都选择背叛时，总体利益反而较低，这就是"困境"所在。

4．囚徒困境的数学建模

根据囚徒困境的基本博弈思想，可以建立一个数学模型，然后进行编程求解。在社会学和经济学中，经常采用博弈形式分析各种论题，以下是囚徒困境建模的一般形式。

（1）策略符号化。对囚徒困境中的各种行为以 T、R、P、S 符号表示，将囚徒由于各种选择而获得的收益和支付转换为数值，这就获得了表 3-1 所示的符号表。

表 3-1　囚徒困境的符号表

符　　号	分　　数	英　　文	中　　文	说　　明
T	5	Temptation	背叛收益	单独背叛成功所得
R	3	Reward	合作报酬	共同合作所得
P	1	Punishment	背叛惩罚	共同背叛所得
S	0	Suckers	受骗支付	单独背叛所得

从表 3-1 可见：$5>3>1>0$，从而得出不等式：$T>R>P>S$。一个经典的囚徒困境问题必须满足这个不等式，不满足这个条件的问题就不是囚徒困境。但是，以整体获分最高而言，将得出以下不等式：$2R>T+S$(如 $2\times3>5+0$)或 $2R>2P$(如 $2\times3>2\times1$)，由此可见合作($2R$)比背叛($T+S$ 或 $2P$)得分高。如果重复进行囚徒困境的博弈，参与者的策略将会从注重"$T>R>P>S$"转变为注重"$2R>T+S$"(即"合作优于背叛")，尤其要避免 $2P$(两人均背叛)的出现。

（2）建立收益和支付矩阵。假设根据以下规则来确定博弈双方的收益和支付值：

一人背叛，一人合作时，背叛者得 5 分(背叛收益)，合作者得 0 分(受骗支付)；

二人都合作时，双方各得 3 分(合作报酬)；

二人都背叛时，各得 1 分(背叛惩罚)。

由此得到的收益和支付矩阵如表 3-2 所示。

表 3-2　囚徒困境的收益和支付矩阵表

囚徒的收益和支付矩阵			以符号表示的策略		
策略	A 合作	A 背叛	策略	A 合作	A 背叛
B 合作	A=3,B=3	A=5,B=0	B 合作	R,R	T,S
B 背叛	A=0,B=5	A=1,B=1	B 背叛	S,T	P,P

（3）建立数学模型。由表 3-2 可以建立以下数学模型：

$$\begin{cases} A=R,B=R \text{ 时}, A=3, B=3 \\ A=T,B=S \text{ 时}, A=5, B=0 \\ A=S,B=T \text{ 时}, A=0, B=5 \\ A=P,B=P \text{ 时}, A=1, B=1 \end{cases}$$

5. 囚徒困境的博弈策略

密歇根大学的罗伯特·阿克斯罗德（Robert Axelrod）为了研究囚徒困境问题，在 1979 年组织了一场计算机程序比赛。比赛设定了两个前提：一是每个人都是自私的；二是没有权威干预个人决策，每个人完全按照自己利益最大化进行决策。他研究的主要问题是：人为什么要合作？什么时候合作，什么时候不合作？如何使别人与自己合作？

参加博弈的有 14 个程序，每个程序循环对局 300 次，得分最高的是加拿大学者阿纳托尔·拉波波特（Anatol Rapoport）编写的"一报还一报"程序。这个程序的博弈策略是：第一次对局采取合作策略，以后每次对局都采用和对手上一次相同的策略。即对手上一次合作，我这次就合作；对手上一次背叛，我这次就背叛。

6. 囚徒困境模型的应用

在人类社会或大自然都可以找到类似囚徒困境的例子。经济学、政治学、动物行为学、进化生物学等学科，都可以用囚徒困境模型进行研究分析。

【例 3-20】 商业活动中会出现各种囚徒困境的案例。以广告竞争为例：两家公司互相竞争，两家公司的广告互相影响，即一公司的广告被顾客接受则会夺取对方公司的市场份额。如果两家公司同时发出质量类似的广告，则收入增加很少但成本增加较大。两家公司都面临两种选择：好的策略是互相达成协议，减少广告开支（合作）；差的策略是增加广告开支，设法提升广告质量，压倒对方（背叛）。

3.2.2 机器翻译：统计语言建模

长期以来，人们一直梦想能让机器代替人类翻译语言、识别语音、理解文字。计算科学专家从 1950 年开始，一直致力于研究如何让机器对语言做最好的理解和处理。

1. 基于词典互译的机器翻译

早期人们认为只要用一部双向词典和一些语法知识就可以实现两种语言文字间的机器互译，结果遇到了挫折。例如，将英语句子 Time flies like an arrow（光阴似箭）翻译成日语，然后再翻译回来时，竟变成了"苍蝇喜欢箭"；英语句子 The spirit is willing but the flesh is weak（心有余而力不足）翻译成俄语，然后再翻译回来时，竟变成了 The wine is good but the meat is spoiled（酒是好的，肉变质了）。

这些问题出现后，人们发现机器翻译并非想象的那么简单，人们认识到单纯地依靠"查字典"的方法不可能解决机器翻译问题，只有在对语义理解的基础上，才能做到真正的翻译。因此，机器翻译当时被认为是一个完整性问题，即为了解决其中一个问题，你必须解决全部的问题，哪怕是一个简单和特定的任务。

2. 基于语法分析的机器翻译

1957 年，乔姆斯基（Avram Noam Chomsky）提出了"形式语言"理论。形式语言是用数学方法研究自然语言（如英语）和人工语言（如程序语言等）的理论，乔姆斯基提出了形式语言的表达形式和递归生成方法。

【**例 3-21**】 用形式语言表示短句"那个穿红衣服的女孩是我的女朋友"。

假设：S＝短句，线条＝改写，V＝动词，VP＝动词词组，N＝名词，NP＝名词词组，D＝限定词，A＝形容词，P＝介词，PP＝介词短语。用形式语言表示的短句如图 3-3 所示。

【**例 3-22**】 上例用形式语言表示程序的条件语句：if x＝＝2 then ｛x＝a＋b｝。用形式语言表示的程序语句如图 3-4 所示。

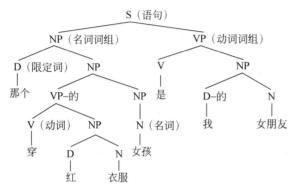

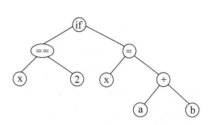

图 3-3 用形式语言表示的短句　　　　图 3-4 用形式语言表示的程序语句

乔姆斯基提出"形式语言"理论后，人们更坚定了利用语法规则进行机器翻译的信念。为了解决机器翻译问题，人们想到了让机器模拟人类进行学习：这就需要让机器理解人类语言，学习人类的语法，分析语句等。遗憾的是，依靠计算机理解自然语言遇到了极大的困难。机器翻译的某些语句，在语法上很正确，但是语义上无法理解或存在矛盾。

【**例 3-23**】 The pen is in the box：钢笔在盒子里。

【**例 3-24**】 The box is in the pen：盒子在钢笔里（正确翻译：盒子在围栏里）。

3. 基于概率统计的机器翻译

两种不同语言交谈的人们，怎样根据信息推测说话者的意思呢？以语音识别为例，当检测到的语音信号为 o_1, o_2, o_3 时，根据这组信号推测发送的短语是 s_1, s_2, s_3。显然，这是在所有可能的短语中，找到可能性最大的一个短语。用数学语言描述就是：在已知 $o_1, o_2, o_3, \cdots$ 的情况下，求概率 $P(o_1, o_2, o_3, \cdots | s_1, s_2, s_3, \cdots)$ 达到最大值的短语 $s_1, s_2, s_3, \cdots$。即

$$P(o_1, o_2, o_3, \cdots \mid s_1, s_2, s_3, \cdots) \cdot P(s_1, s_2, s_3, \cdots) \tag{3-1}$$

式中：$P(o_1, \cdots | s_1, \cdots)$ 是条件概率，它表示在 s_1 发生的条件下，o_1 发生的概率，其中 o_1 和 s_1 具有相关性，读作"在 s_1 条件下 o_1 的概率"；$P(s_1, s_2, s_3, \cdots)$ 是联合概率，表示 s_1, s_2, s_3 等事件同时发生的概率，其中 s_1, s_2, s_3 是相互独立的事件。因此，在式(3-1)中，$P(o_1, o_2, o_3, \cdots | s_1, s_2, s_3, \cdots)$ 表示某个短语 $s_1, s_2, s_3, \cdots$ 被读成 $o_1, o_2, o_3, \cdots$ 的可能性（概率值）。而 $P(s_1, s_2, s_3, \cdots)$ 表示字串 $s_1, s_2, s_3, \cdots$ 成为合理短语的可能性（概率值）。

如果把 $s_1, s_2, s_3, \cdots$ 当成中文，把 $o_1, o_2, o_3, \cdots$ 当成对应的英文，那么就能利用这个模型解决机器翻译问题；如果把 $o_1, o_2, o_3, \cdots$ 当成手写文字得到的图像特征，就能利用这个模型解决手写体文字的识别问题。

4. N 元统计语言模型的数学建模

1972 年，美国计算科学专家贾里尼克（Fred Jelinek）用两个隐马尔可夫模型（Markov

计算思维和学科基础

Model,一种隐含未知参数的统计模型)建立了统计语音识别数学模型。马尔可夫模型假定下一个词出现的概率只与前一个词有关,这大大减少了计算量。利用马尔可夫模型时,需要先对一个海量语料库进行统计分析,这个过程称为"训练",它需要把任意两个词语之间关联的概率计算出来。在实际操作中,还会牵涉很多其他复杂的细节。

统计语言模型是基于概率的模型,计算机借助大容量语料库的概率参数,估计出自然语言中每个短语出现的可能性(概率),而不是判断该短语是否符合语法。常用统计语言模型有:N元文法模型(N-gram Model)、隐马尔可夫模型、最大熵模型等。统计语言模型依赖于单词的上下文(本词与上一个词和下一个词的关系)概率分布。例如,当一个短语片段为"他正在认真……"时,下一个词可以是"学习、工作、思考"等,而不可能是"美丽、我、中国"等。学者们发现,许多词对后面出现的词有很强的预测能力,英语这类有严格语序的语言更是如此。汉语语序较英语灵活,但是这种约束关系依然存在。

【例 3-25】 对短语"南京市长江大桥"进行分词时,可以切分为"南京市/长江/大桥"和"南京/市长/江大桥",我们会认为前者的切分更合理,因为"长江大桥"与"江大桥"两个分词中,后者在语料库中出现的概率很小。所以,同一个短语中出现若干不同的切分方法时,希望找到概率最大的那个分词。

统计语言模型描述了任意语句 S 属于某种语言集合的可能性(概率 $P(S)$)。例如:P(他/认真/学习)=0.02(概率值),P(他/认真/读书)=0.03,P(他/认真/坏)=0 等。这里并不要求语句 S 在语法上是完备的,该模型需对任意语句 S 都给出一个概率统计值。

假设一个语句 S 中第 w_i 个词出现的概率,依赖于它前面的 $N-1$ 个词,这样的语言模型称为 N-gram 模型(N 元语言统计模型)。语句 S 出现的概率 $P(S)$ 等于每个词(w_i)出现的概率相乘。语句 S 出现的概率 $P(S)$ 可展开为

$$P(S)=P(w_1)P(w_2\mid w_1)P(w_3\mid w_1 w_2)\cdots P(w_n\mid w_1 w_2\cdots w_{n-1}) \quad (3\text{-}2)$$

其中,$P(w_1)$ 表示第 1 个词 w_1 出现的概率;$P(w_2\mid w_1)$ 是在已知第 1 个词的前提下,第 2 个词出现的概率;其余以此类推。不难看出,词 w_n 的出现概率取决于它前面所有词。为了预测词 w_n 的出现概率,必须已知它前面所有词的出现概率。从计算来看,各种可能性太多,太复杂了。因此人们假定任意一个词 w_i 的出现概率只与它前面的词 w_{i-1} 有关(马尔可夫假设),于是问题得到了很大的简化。这时 S 出现的概率就变为

$$P(S)=P(w_1)P(w_2\mid w_1)P(w_3\mid w_1 w_2)\cdots P(w_n\mid w_1 w_2\cdots w_{n-1}) \quad (3\text{-}3)$$

接下来的问题是如何估计 $P(w_i\mid w_{i-1})$。有了大量文本语料库后,这个问题变得很简单,只要数一数这对词(w_{i-1},w_i)在统计文本中出现了多少次,以及 w_{i-1} 本身在同样文本中前后相邻出现了多少次。简单地说,统计语言模型的计算思维就是:短句 S 翻译成短句 F 的概率是短句 S 中每个单词翻译成 F 中对应单词概率的乘积。根据式(3-3),可以推导出常见的 N 元模型(假设只有 4 个单词的情况)如下。

一元模型为 $P(w_1 w_2 w_3 w_4)=P(w_1)P(w_2)P(w_3)P(w_4)$;

二元模型为 $P(w_1 w_2 w_3 w_4)=P(w_1)P(w_2\mid w_1)P(w_3\mid w_2)P(w_4\mid w_3)$;

三元模型为 $P(w_1 w_2 w_3 w_4)=P(w_1)P(w_2\mid w_1)P(w_3\mid w_1 w_2)P(w_4\mid w_2 w_3)$。

N 元统计语言模型应用广泛。如以下案例所示,前面语句出现的概率,大大高于后面的语句,因此,根据语言统计模型,正确的选择是前面的语句。

【例 3-26】 中文分词。对语句"已结婚的和尚未结婚的青年"进行分词时:P(已/结

婚/的/和/尚未/结婚/的/青年）＞P（已/结婚/的/和尚/未/结婚/的/青年）。

【例 3-27】 机器翻译。对语句 The box is in the pen 进行翻译时：P（盒子在围栏里）≫ P（盒子在钢笔里）。

【例 3-28】 拼写纠错。P（about fifteen **minutes** from）＞P（about fifteen **minuets** from）。

【例 3-29】 语音识别。P（I saw a van）≫P（eyes awe of an）。

【例 3-30】 音字转换。将输入的拼音 gong ji yi zhi gong ji 转换为汉字时：P（共计一只公鸡＞P（攻击一致公鸡）。

统计语言模型的机器翻译过程如图 3-5 示。

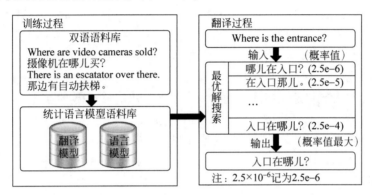

图 3-5 统计语言模型的机器翻译过程

5. 三元统计语言模型的应用

N-gram 模型的缺点在于当 N 较大时,需要规模庞大的语料文本统计库（如 Google N-gram 语料库为 1TB 左右,本书的配套教学资源中附有小型专题语料库）来确定模型的参数。目前使用的 N-gram 模型通常是 N=2 的二元语言模型,或是 N=3 的三元语言模型。以三元模型为例,可以近似地认为任意词 w_i 的出现概率只与它前面两个词有关。

20 世纪 80 年代,李开复博士用统计语言模型成功地开发了世界上第一个大词汇量连续语音识别系统 Sphinx。哈尔滨工业大学研发的微软拼音输入法也是基于三元统计语言模型。三元统计语言模型现在仍然是实际应用中表现最佳的语言模型。据调查,目前市场上的语音听写系统和拼音输入法都是基于三元模型实现的。

早期时,基于概率的“愚蠢”翻译方法居然比语言学家设计的规则系统翻译得更好,这让每个人都感到惊讶。但是,概率统计的翻译方法不可能做到百分之百准确。目前,更好的方法是采用深度神经网络进行机器翻译。

说明：在线简单语句翻译案例,参见本书配套教学资源程序 F3-1.py。

3.2.3 平均收入：安全计算建模

1. 什么是安全多方计算

为了说明什么是安全多方计算（SMC）,先介绍几个实际生活中的例子。

【例 3-31】 很多证券公司的金融研究组用各种方法,试图统计基金的平均仓位,但得出的结果差异较大。为什么不直接发送调查问卷呢？因为基金经理都不愿意公开自己的真实仓位。那么如何在不泄露每个基金真实数据的前提下,统计出平均仓位的精确值呢？

以上案例具有以下共有特点：一是两方或多方参与基于他们各自私密输入数据的计算；二是他们都不想其他方知道自己输入的数据。问题是在保护输入数据私密性的前提下如何实现计算？这类问题是安全多方计算中的"比特承诺"问题。

2. 简单安全多方计算的数学建模

【例 3-32】 假设一个班级的大学同学毕业 10 年后聚会，大家对毕业后同学们的平均收入水平很感兴趣。但基于各种原因，每个人都不想让别人知道自己的真实收入数据。是否有一个方法，在每个人都不会泄露自己收入的情况下，大家一块算出平均收入呢？

方法是：同学们围坐在一桌，先随便挑出一个人，他在心里生成一个随机数 X，加上自己的收入 N1 后（$S \leftarrow X + N1$）传递给邻座，旁边这个人在接到这个数（S）后，再加上自己的收入 N2 后（$S \leftarrow S + N2$），再传给下一个人，依次下去，最后一个人将收到数加上自己的收入后传给第一个人。第一个人从收到数里减去最开始的随机数，就能获得所有人的收入之和。该和除以参与人数就是大家的平均收入。以上方法的数学模型为

$$SR = (S - X)/n$$

其中，SR 为平均收入；S 为全体同学收入累计和；X 为初始随机数；n 为参与人数。

以上是美国数学教授大卫·盖尔（David Gale）提出的案例和数学模型。

3. 合谋问题

在例 3-32 的方法中，存在以下几个问题：

(1) 模型假设所有参与者都是诚实的，如果有参与者不诚实，则会出现计算错误。

(2) 第 1 个人可能谎报结果，因为他是"名义上"的数据集成者。

(3) 如果第 1 个人和第 3 个人串通，第 1 个人把自己告诉第 2 个人的数据同时告诉第 3 个人，那么第 2 个人的收入就被泄露了。

问题(1)和问题(2)属于游戏策略问题。问题(3)是否存在一种数学模型，使得对每个人而言，除非其他所有人一起串通，否则自己的收入不会被泄露呢？将在 7.3.5 节的"同态加密"中讨论数据加密计算问题。

4. 姚氏百万富翁问题

"百万富翁问题"是安全多方计算中著名的问题，它由华裔计算科学家、图灵奖获得者姚期智教授提出：两个百万富翁想要知道他们谁更富有，但他们都不想让对方知道自己财富的任何信息。如何设计这样一个安全协议？姚期智教授在 1982 年的国际会议上提出了解决方案，但是这个算法的复杂度较高，它涉及"非对称加密"算法。

百万富翁问题推广为多方参与的情况是：有 n 个百万富翁，每个百万富翁 Pi 拥有 Mi 百万（其中 $1 \leqslant Mi \leqslant N$）的财富，在不透露富翁财富的情况下，如何进行财富排名。

【例 3-33】 姚氏百万富翁问题的商业应用。假设张三希望向李四购买一些商品，但他愿意支付的最高金额为 x 元；李四希望的最低卖出价为 y 元。张三和李四都希望知道 x 与 y 哪个大。如果 $x > y$，他们都可以开始讨价还价；如果 $x < y$，他们就不用浪费口舌了。但他们都不想告诉对方自己的出价，以免自己在讨价还价中处于不利地位。

解决问题的算法思想是：假设张三和李四设想的价格都低于 100 元，而且双方都不会撒谎（避免囚徒困境）。如图 3-6 所示，准备 100 个编号信封顺序放好，李四回避，张三在小于和等于 x（最高买价）的所有信封内部做一个记号，并且顺序放好；张三回避，李四把顺序

放好的第 y（最低卖价）个信封取出,并将其余信封收起来。张三和李四共同打开这个信封,如果信封内部有张三做的记号,则说明 $x>y$ 或 $x=y$；如果无记号则 $x<y$。由此双方都可以判断商品有没有议价空间。

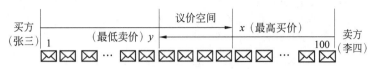

图 3-6　商品买卖中的多方安全计算问题示意图

说明：姚氏百万富翁问题的案例,参见本书配套教学资源程序 F3-2.py。

3.2.4　网页搜索：布尔检索建模

1. 信息检索与布尔运算

当用户在搜索引擎中输入查询语句后,搜索引擎要判断后台数据库中每篇文献是否含有这个关键词。如果一篇文献含有这个关键词,计算机相应地给这篇文献赋值为逻辑值"真"(True)；否则赋值逻辑值"假"(False)。

【例 3-34】　当我们查找"原子能应用"文献,但并不想知道如何造原子弹时,可以输入查询关键词"原子能 AND 应用 AND（NOT 原子弹）",表示符合要求的文献必须同时满足三个条件：一是包含"原子能",二是包含"应用",三是不包含"原子弹"。

2. 布尔检索的基本工作原理

网页信息搜索不可能将每篇文档都扫描一遍,检查它是否满足查询条件,因此需要建立一个索引文件。最简单的索引文件是用一个很长的二进制数,表示一个关键词是否出现在每篇文献中。有多少篇文献就需要多少位二进制数（如 100 篇文献要 100bit）,每位二进制数对应一篇文献,1 表示文献有这个关键词,0 表示没有这个关键词。

例如,关键词"原子能"对应的二进制数是 01001000 01100001 时,表示第 2、5、10、11、16（左起计数）号文献包含了这个关键词。同样,假设"应用"对应的二进制数是 00101001 10000001 时,那么要找到同时包含"原子能"和"应用"的文献时,只要将这两个二进制数进行逻辑与（AND）运算,即

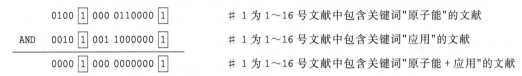

根据以上布尔运算结果,表示第 5、16（左起计数）号文献满足查询要求。

计算机做布尔运算的速度非常快。最便宜的微机都可以一次进行 32 位布尔运算,一秒进行 20 亿次以上。当然,由于这些二进制数中绝大部分位数都是 0,只需要记录那些等于 1的位数即可。

3. 布尔查询的数学模型

（1）建立"词-文档"关联矩阵数学模型。

【例 3-35】　假设语料库中的记录内容如下。

计算思维和学科基础

D1	据报道,感冒病毒近日猖獗……
D2	小王是医生,他对研究电脑病毒也很感兴趣,最近发现了一种……
D3	计算机程序发现了艾滋病病毒的传播途径……
D4	最近我的电脑中病毒了……
D5	病毒是处于生命与非生命物体交叉区域的存在物……
D6	生物学家尝试利用计算机病毒来研究生物病毒……

为了根据关键词检索网页,首先建立文献数据库索引文件。表 3-3 就是文献与关键词的关联矩阵数学模型,其中 1 表示文档中有这个关键词,0 表示没有这个关键词。

表 3-3　"词-文档"关联矩阵数学模型

文　　档	T1=病毒	T2=电脑	T3=计算机	T4=感冒	T5=医生	T6=生物
D1	1	0	0	1	0	0
D2	1	1	0	0	1	0
D3	1	0	1	0	0	0
D4	1	1	0	0	0	0
D5	1	0	0	0	0	0
D6	1	0	1	0	0	1
…	…	…	…	…	…	…

（2）建立倒排索引文件。为了通过关键词快速检索网页,搜索引擎往往建立了关键词倒排索引表。表每行一个关键词,后面是关键词的文献 ID 等,如表 3-4 所示。

表 3-4　关键词倒排索引表

关键词	文档 ID	文档 ID	文档 ID	文档 ID	文档 ID	文档 ID	附加信息
病毒	D1	D2	D3	D4	D5	D6	出现频率等
电脑		D2		D4			
计算机			D3			D6	
感冒	D1						
医生		D2					
生物						D6	
…	…	…	…	…	…	…	…

4. 网页搜素过程

（1）建立布尔查询表达式。早期的文献查询系统大多基于数据库,严格要求查询语句符合布尔运算。今天的搜索引擎相比之下要聪明得多,它会自动把用户的查询语句转换成布尔运算的关系表达式。

【例 3-36】　假设用户在浏览器中输入的查询语句为"查找计算器病毒的资料"。搜索引擎工作过程如图 3-7 所示,搜索引擎首先对用户输入的关键词进行检索分析。如：进行中文分词(将语句切分为"查找/计算器/病毒/的/资料");过滤停止词(清除"查找、的、资料"等);纠正用户拼写错误(如将"计算器"改为"计算机")等操作。

然后,关键词转换为布尔表达式：Q＝病毒 AND(计算机 OR 电脑)AND((NOT 感冒)OR(NOT 医生)OR(NOT 生物))。也就是需要搜索包含"计算机""病毒",不包含"感冒"

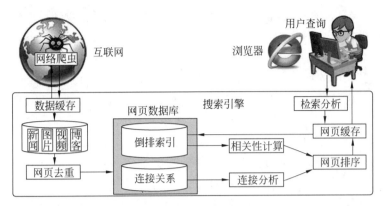

图 3-7　搜索引擎工作过程

"医生""生物"词语的文档。

（2）进行布尔位运算。对表 3-4 进行布尔位运算，符合查询要求的网页为 D2、D3、D4、D6，如果按这个排名显示网页显然不太合理。因此，网页还需要经过相关性计算后再排序显示。

（3）网页排序显示。搜索引擎对查询语句进行关联矩阵运算后，就可以找出含有所有关键词的文档。但是搜索的文档经常会有几十万甚至上千万份，通常搜索引擎只计算前 1000 个网页的相关性就能满足要求。搜索引擎对网页相关性的计算包括：关键词的常用程度；词的频度及密度；关键词的位置；关键词的链接分析及页面权重等内容。经过相关性计算后的排序网页，还需要进行过滤和调整，对于一些有作弊嫌疑的页面，虽然按照正常的权重和相关性计算排名靠前，但搜索引擎可能在最后把这些页面调到后面去。所有排序确定后，搜索引擎将原始页面的标题、说明标签、快照日期等数据发送到用户浏览器。

布尔运算最大的好处是容易实现、速度快，这对于海量信息查找至关重要。它的不足是只能给出是与否的判断，而不能给出量化的度量。因此，所有搜索引擎在内部检索完毕后，都要对符合要求的网页根据相关性排序，然后才返回给用户。

说明：简单搜索引擎的案例，参见本书配套教学资源程序 F3-3.py。

3.2.5　生命游戏：细胞自动机建模

1. 细胞自动机的研究

什么是生命？生命的本质就是可以自我复制、有应激性并且能够进行新陈代谢的机器。每个细胞都是一台自我复制的机器，应激性是对外界刺激的反应，新陈代谢是和外界的物质能量进行交换。冯·诺依曼是最早提出自我复制机器概念的科学家之一。

1948 年，冯·诺依曼在《自动机的通用逻辑理论》论文中，为模拟生物细胞的自我复制提出了"细胞自动机"（也译为元胞自动机）理论。冯·诺依曼对各种人造自动机和天然自动机进行了比较，提出了自动机的一般理论和它们的共同规律，并提出了自繁殖和自修复等理论。但是，冯·诺依曼的细胞自动机理论在当时并未受到学术界的重视。直到 1970 年，剑桥大学何顿·康威(John Horton Conway)教授设计了一个叫作"生命游戏"的计算机程序，美国趣味数学大师马丁·加德纳(Martin Gardner，1914—2010)通过《科学美国人》杂志，将康威的生命游戏介绍给学术界之外的广大读者，生命游戏大大简化了冯·诺依曼的思想，吸引了各行各业一大批人的兴趣,这时细胞自动机课题才吸引了科学家的注意。

2. 生命游戏概述

生命游戏没有游戏玩家各方之间的竞争,也谈不上输赢,可以把它归类为仿真游戏。在游戏进行中,杂乱无序的细胞会逐渐演化出各种精致、有形的结构。这些结构往往有很好的对称性,而且每一代都在变化形状。一些形状一经锁定,就不会逐代变化。有时,一些已经成形的结构会因为一些无序细胞的"入侵"而被破坏。但是形状和秩序经常能从杂乱中产生出来。在 MATLAB 软件下,输入 life 命令就可以运行"生命游戏"程序。

如图 3-8(a)所示,生命游戏是一个二维网格游戏,这个网格中每个方格居住着一个活着或死了的细胞。一个细胞在下一个时刻的生死取决于相邻 8 个方格中活着或死了细胞的数量。如果相邻方格活着的细胞数量过多,这个细胞会因为资源匮乏而在下一个时刻死去;相反,如果周围活细胞过少,这个细胞会因为孤单而死去(见图 3-8(b))。在游戏初始阶段,玩家可以设定周围活细胞(邻居)的数目和位置。如果邻居细胞数目设定过高,网格中大部分细胞会因为找不到资源而死去,直到整个网格都没有生命;如果邻居细胞数目设定过低,世界中又会因为生命稀少而得不到繁衍。实际中,邻居细胞数目一般选取 2 或者 3,这样整个生命世界才不至于太过荒凉或拥挤,而是一种动态平衡。游戏规则是:当一个方格周围有 2 或 3 个活细胞时,方格中的活细胞在下一个时刻继续存活。即使这个时刻方格中没有活细胞,在下一个时刻也会"诞生"活细胞。在这个游戏中,还可以设定一些更加复杂的规则,例如,当前方格的状态不仅由父代决定,而且还考虑到祖父代的情况。

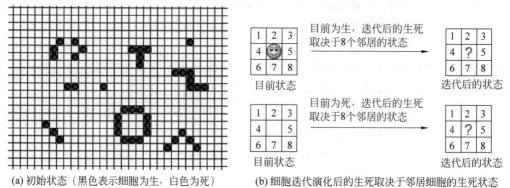

(a) 初始状态(黑色表示细胞为生,白色为死)　　(b) 细胞迭代演化后的生死取决于邻居细胞的生死状态

图 3-8　生命游戏是一个二维的细胞自动机

如图 3-8(a)所示,每个方格中都可放置一个生命细胞,每个生命细胞只有两种状态:生或死。在图 3-8(a)的方格网中,用黑色方格表示该细胞为"生",空格(白色)表示该细胞为"死"。或者说方格网中黑色部分表示某个时候某种"生命"的分布图。生命游戏想要模拟的是:随着时间的流逝,这个分布图将如何一代一代变化。

3. 生命游戏的生存定律

游戏开始时,每个细胞随机地设定为"生"或"死"之一的某个状态。然后,根据某种规则,计算出下一代每个细胞的状态,画出下一代细胞的生死分布图。

应该规定什么样的迭代规则呢?我们需要一个简单而且能够反映生命之间既协同,又竞争的生存定律。为简单起见,最基本的考虑是假设每个细胞都遵循完全一样的生存定律;再进一步,把细胞之间的相互影响只限制在最靠近该细胞的 8 个邻居中,如图 3-8(b)所示。

也就是说,每个细胞迭代后的状态由该细胞及周围 8 个细胞目前的状态所决定。作了这些限制后,仍然还有很多方法来规定"生存定律"的具体细节。例如,在康威的生命游戏中,规定了如下生存定律:

(1) 当前细胞为死亡状态时,当周围有 3 个存活细胞时,则迭代后该细胞变成存活状态(模拟繁殖);若原先为生,则保持不变。

(2) 当前细胞为存活状态时,当周围的邻居细胞低于 2 个(不包含 2 个)存活时,该细胞变成死亡状态(模拟生命数量稀少)。

(3) 当前细胞为存活状态时,当周围有 2 个或 3 个存活细胞时,该细胞保持原样。

(4) 当前细胞为存活状态时,当周围有 3 个以上的存活细胞时,该细胞变成死亡状态(模拟生命数量过多)。

可以把最初的细胞结构定义为种子,当所有种子细胞按以上规则处理后,可以得到第 1 代细胞图。按规则继续处理当前的细胞图,可以得到下一代的细胞图,循环往复。

上面的生存定律当然可以任意改动,发明出不同的"生命游戏"。

4. 生命游戏的迭代演化过程

设定了生存定律之后,根据网格中细胞的初始分布图,就可以决定每个格子下一代的状态。然后,同时更新所有的状态,得到第 2 代细胞的分布图。这样一代一代地迭代下去,以至无穷。如图 3-9 所示,从第 1 代开始,画出了 4 代细胞分布的变化情况。第 1 代时,图中有 4 个活细胞(黑色格子,笑脸为最后一步的连接细胞),然后,读者可以根据上述生存定律,得到第 2、3、4 代的情况,观察并验证图 3-9 的结论。

 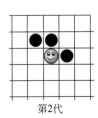 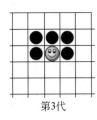 

第1代　　　　　第2代　　　　　第3代　　　　　第4代

图 3-9　生命游戏中 4 代细胞的演化过程

图 3-10 画出了几种典型的图案演化分布情形。在生命游戏的程序中,随意试验其他一些简单图案就会发现:某些图案经过若干代演化后,会成为静止、振动、运动中的一种,或者是它们的混合物。

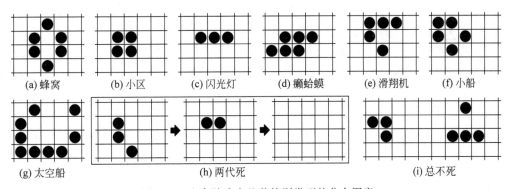

(a) 蜂窝　　(b) 小区　　(c) 闪光灯　　(d) 癞蛤蟆　　(e) 滑翔机　　(f) 小船

(g) 太空船　　　　　　　(h) 两代死　　　　　　　(i) 总不死

图 3-10　生命游戏中几种特别类型的分布图案

计算思维和学科基础

尽管生命游戏中每个细胞所遵循的生存规律都相同,但它们演化形成的图案却各不相同。这又一次说明了一个计算思维的方法:"复杂的事物(即使生命)也可以用几条简单的规则表示"。生命游戏提供了一个观察从简单到复杂的方式。

5. 二维细胞自动机数学模型

细胞自动机不是严格定义的数学方程或函数,细胞自动机的构建没有固定的数学公式,而是由一系列规则构成。凡是满足这些规则的模型都可以称为细胞自动机模型。细胞自动机在时间、空间、状态上,都采用离散变量,每个变量只取有限个状态,而且只在时间和空间的局部进行状态改变。

(1)细胞自动机数学模型。细胞自动机(A)由细胞、细胞状态、邻域和状态更新规则构成,数学模型为

$$A = (L_d, S, N, f) \tag{3-4}$$

其中,L 为细胞空间;d 为细胞空间的维数;S 是细胞有限的、离散的状态集合;N 为某个邻域内所有细胞的集合;f 为局部映射或局部规则。

一个细胞在一个时刻只取一个有限集合的一种状态,如$\{0,1\}$。细胞状态可以代表个体的态度、特征、行为等。空间上与细胞相邻的细胞称为邻元,所有邻元组成邻域。

(2)二维细胞自动机数学模型。生命游戏是一个二维细胞自动机。二维细胞自动机的基本空间是二维直角坐标系,坐标为整数的所有网格集合,每个细胞都在某一网格中,可以用坐标(a,b)表示1个细胞。每个细胞只有0或1两种状态,其邻居是由$(a\pm1,b)$、$(a,b\pm1)$、$(a\pm1,b\pm1)$和(a,b)共9个细胞组成的集合。状态函数 f 用图示法表示时如图 3-11 所示。

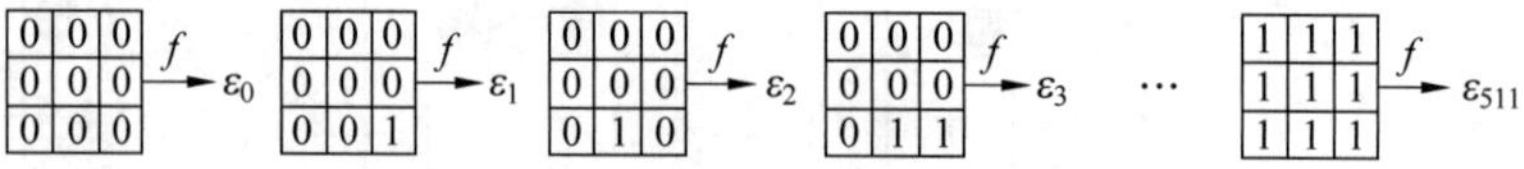

图 3-11　二维细胞自动机的局部规则

从左上角先水平后竖直,到右下角给9个位置排序,状态函数 f 可以用:$f(000000000) = \varepsilon_0$,$f(000000001) = \varepsilon_1$,$f(000000010) = \varepsilon_2$,$\cdots$,$f(111111111) = \varepsilon_{511}$ 表示。

注意:每个等式对应于图 3-11 中的一个框图,如 $f(111111111) = \varepsilon_{512}$ 对应于图 3-11 最后的框图,$f(111111111)$ 的函数值为 ε_{511},其中 ε_{511} 或者为 1 或者为 0。

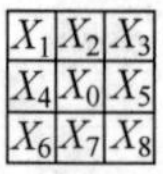

图 3-12　细胞 X_0 的
邻居细胞

设 $t=0$ 时刻的初始配置是 C_0,对任一细胞 X_0,假设邻域内细胞的状态如图 3-12 所示。

那么,这个细胞在 $t=1$ 时的状态就是 $f(X_0, X_1, X_2, X_3, X_4, X_5, X_6, X_7, X_8)$。所有细胞在 $t=1$ 时的状态都可以用这种方法得到,合在一起就是 $t=1$ 时刻的配置 C_1。并依次可得到 $t=2, t=3, \cdots$ 时的配置 $C_2, C_3, \cdots$。

从数学模型的角度看,可以将生命游戏模型划分成网格棋盘,每个网格代表一个细胞。网格内的细胞状态为:0=死亡,1=生存;细胞的邻居半径为:$r=1$;邻居类型=Moore(摩尔)型。则二维生命游戏的数学模型为

$$\text{如果 } S_t = 1, \text{则 } S_{t+1} = \begin{cases} 1, & S = 2,3 \\ 0, & S \neq 2,3 \end{cases} \tag{3-5}$$

$$\text{如果 } S_t = 0, \text{则 } S_{t+1} = \begin{cases} 1, & S = 3 \\ 0, & S \neq 3 \end{cases} \tag{3-6}$$

其中，S_t 表示 t 时刻细胞的状态；S_{t+1} 表示 $t+1$ 时刻细胞的状态；S 为邻居活细胞数。

6. 康威"生命游戏"算法步骤

康威"生命游戏"算法步骤如下：

（1）对本细胞周围的 8 个近邻的细胞状态求和。

（2）如果邻居细胞总和为 2，则本细胞下一时刻的状态不改变。

（3）如果邻居细胞总和为 3，则本细胞下一时刻的状态为 1；否则状态=0。

假设细胞为 c_i，它在 t 时刻的状态为 (s_i, t)，它两个邻居的状态为 $(s_i - 1, t)$，$(s_i + 1, t)$，则细胞 c_i 在下一时刻的状态为 $(s_i, t+1)$，可以用函数表示为

$$(s_i, t+1) = f((s_i - 1, t), (s_i, t), (s_i + 1, t)), \quad (s_i, t) \in \{0,1\}$$

7. 细胞自动机的应用

细胞自动机是一种动态模型，它可以作为一种通用性建模的方法。研究内容包括：信息传递、构造、生长、复制、竞争与进化等。同时，它为动力学系统理论中，有关秩序、紊动、混沌、非对称、分形等系统整体行为与复杂现象的研究，提供了一个有效的模型。细胞自动机的应用几乎涉及社会科学和自然科学的各个领域。

说明：细胞自动机的案例，参见本书配套教学资源中的程序 F3-4.py。

3.3 计算科学基础：可计算性

计算科学的基础理论包括：计算理论（可计算性理论、复杂性理论、算法设计与分析、计算模型等）、离散数学（集合论、图论与树、数论、离散概率、抽象代数、布尔代数）、程序语言理论（形式语言理论、自动机理论、形式语义学、计算语言学等）、人工智能（机器学习、模式识别、知识工程、机器人等）、逻辑基础（数理逻辑、多值逻辑、模糊逻辑、组合逻辑等）、数据库理论（关系理论、关系数据库、NoSQL 数据库等）、计算数学（符号计算、数学定理证明、计算几何等）、并行计算（分布式计算、网格计算等）。

3.3.1 图灵机计算模型

1. 图灵机的基本结构

1936 年，年仅 24 岁的图灵发表了《论可计算数及其在判定问题中的应用》论文。论文中，图灵构造了一台抽象的"计算机"，科学家称它为"图灵机"。图灵机是一种结构十分简单但计算能力很强的计算模型，它可以用来计算所有能想象到的可计算函数。

如图 3-13 所示，图灵机由控制器（P）、指令表（I）、读写头（R/W）、存储带（M）组成。其中，存储带是一个无限长的带子，可以左右移动，带子上划分了许多单元格，每个单元格中包含一个来自有限字母表的符号。控制器中包含了一套指令表（控制规则）和一个状态寄存器，指令表就是一个图灵机程序，状态寄存器则记录了机器当前所处的状态，以及下一个新

状态。读写头则指向存储带上的格子,负责读出和写入存储带上的符号,读写头有写 1、写 0、左移、右移、改写、保持、停机 7 种行为状态(有限状态机)。

图 3-13　图灵机的基本结构

图灵机的工作原理是:存储带每移动一格,读写头就读出存储带上的符号,然后传送给控制器。控制器根据读出的符号以及寄存器中机器当前的状态(条件),查询应当执行程序的那一条指令,然后根据指令要求,将新符号写入存储带(动作),以及在寄存器中写入新状态。读写头根据程序指令改写存储带上的符号,最终计算结果就在存储带上。

2. 图灵机的特点

在上面案例中,图灵机使用了 0、1、* 等符号,可见图灵机由有限符号构成。如果图灵机的符号集有 11 个符号,如 $\{0,1,2,3,4,5,6,7,8,9,*\}$,那么图灵机就可以用十进制来表示整数值。但这时的程序要长得多,确定当前指令要花更多的时间。符号表中的符号越多,用机器表示的困难就越大。

图灵机可以依据程序对符号表要求的任意符号序列进行计算。因此,同一个图灵机可以进行规则相同、对象不同的计算,具有数学上函数 $f(x)$ 的计算能力。

如果图灵机初始状态(读写头的位置、寄存器的状态)不同,那么计算的含义与计算的结果就可能不同。每条指令进行计算时,都要参照当前的机器状态,计算后也可能改变当前的机器状态。而状态是计算科学中非常重要的一个概念。

在图灵机中,虽然程序按顺序来表示指令序列,但是程序并非顺序执行。因为指令中关于下一状态的指定说明了指令可以不按程序的顺序执行。这意味着,程序的三种基本结构——"顺序、判断、循环"在图灵机中得到了充分体现。

3. 通用图灵机

专用图灵机将计算对象、中间结果和最终结果都保存在存储带上,程序保存在控制器中(程序和数据分离)。由于控制器中的程序是固定的,那么专用图灵机只能完成规定的计算(输入可以多样化)。

存在一台图灵机能够模拟所有其他图灵机吗?答案是肯定的,能够模拟其他所有图灵机的机器称为"通用图灵机"。通用图灵机可以把程序放在存储带上(程序和数据混合在一起),而控制器中的程序能够将存储带上的指令逐条读进来,再按照要求进行计算。

通用图灵机一旦能够把程序作为数据来读写,就会产生很多有趣的情况。首先,会有某种图灵机可以完成自我复制,例如,计算机病毒就是这样。其次,假设有一大群图灵机,让它们彼此之间随机相互碰撞。当碰到一块时,一个图灵机可以读入另一个图灵机的编码,并且修改这台图灵机的编码,那么在这个图灵机群中会产生什么情况呢?圣塔菲研究所的实验得出了惊人的结论:在这样的系统中,会诞生自我繁殖的、自我维护的、类似生命的复杂组织,而且这些组织能进一步联合起来构成更大的组织。

4. 图灵机的重大意义

图灵机不是一台具体的机器,它是一种理论思维模型。图灵机完全忽略了计算机的硬件特征,考虑的核心是计算机的逻辑结构。图灵机的内存是无限的,而实际机器的内存是有限的,所以图灵机并不是实际机器的准确模型(图灵本人也没有给出图灵机结构图),图灵机模型也并没有直接带来计算机的发明。但是图灵机具有以下重大意义。

(1)图灵机证明了通用计算理论,肯定了计算机实现的可能性。图灵机可以分析什么是可计算的,什么是不可计算的。一个问题能不能解决,在于能不能找到一个解决这个问题的算法,然后根据这个算法编制程序在图灵机上运行,如果图灵机能够在有限步骤内停机,则这个问题就能解决。如果找不到这样的算法,或者这个算法在图灵机上运行时不能停机,则这个问题无法用计算机解决。图灵指出:"**凡是能用算法解决的问题,也一定能用图灵机解决;凡是图灵机解决不了的问题,任何算法也无法解决**"。

(2)图灵机模型引入了读/写、算法、程序语言等概念,极大突破了过去计算机器的设计理念。通用图灵机与现代计算机的相同之处是:程序可以和数据混合在一起。图灵机与现代计算机的不同之处在于:图灵机的内存无限大,并且没有考虑输入和输出设备(所有信息都保存在存储带上)。

(3)图灵机模型是计算科学最核心的理论,因为计算机的极限能力就是图灵机的计算能力,很多复杂的理论问题都可以转换为图灵机来考虑。进行理论研究时,一般以图灵机为计算模型,因为它能够模拟实际计算机中的所有计算行为,并且足够简单明确。

5. 图灵完备的编程语言

"图灵完备性"用来衡量某个计算模型的计算能力,如果一个计算模型具有和图灵机同等的计算能力,它就可以称为是图灵完备的。简单的方法是看该程序语言能否模拟出图灵机,非图灵完备编程语言一般没有判断(if)、循环(for)、计算等指令(如 HTML、正则表达式等),或者是这些指令功能很弱(如 SQL 语言等),因此无法模拟出图灵机。绝大部分编程语言都是图灵完备的,如 C/C++、Java、Python 等;也有少部分编程语言是非图灵完备的,如HTML、正则表达式、SQL 等。具有图灵完备性的语言不一定都有用(如 Brainfuck 语言),而非图灵完备的编程语言也不一定没有用(如 HTML、SQL、正则表达式等)。程序语言并不需要与图灵机完全等价的计算能力,只要程序语言能够完成某种计算任务,它就是一种有用的程序语言。

3.3.2 停机问题:理论上不可计算的问题

1. 什么是停机问题

停机问题是:对于任意的图灵机和输入,是否存在一个算法,用于判定图灵机在接收初始输入后,可达到停机状态。若能找到这种算法,停机问题可解;否则不可解。通俗地说,停机问题就是:能不能编写一个用于检查并判定另一个程序是否会运行结束的程序呢?图灵在 1936 年证明了:解决停机问题不存在通用算法。

【例 3-37】 用反证法证明"停机问题"超出了图灵机的计算能力,无算法解。

如图 3-14(a)所示,设计一个停机程序 T,在 T 中可以输入外部程序,并对外部程序进行判断。如果输入的程序是自终止的,则程序 T 中的 x=1;如果输入的程序不能自终止,则程序 T 中的 x=0。如图 3-14(b)所示,修改停机程序为 P,程序 P=停机程序 T+循环结构。

如图 3-14(c)所示,在图灵机中运行程序 P,并将程序 T 自身作为输入;如果输入的外部程序为自终止程序,则 x=1,程序 P 陷入死循环。这导致悖论 A:自终止程序不能停机。

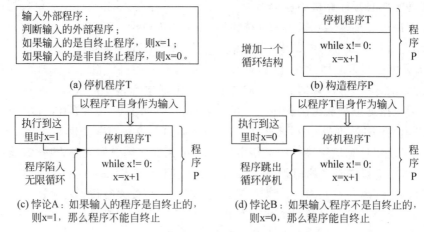

图 3-14　简要证明停机程序悖论的示意图

如图 3-14(d)所示,如果输入的外部程序为非自终止程序,则 x=0,这时程序 P 在循环条件判断后,结束循环进入停机状态。这导致悖论 B:不能自终止的程序可以停机。

以上结论显然自相矛盾,因此,可以认为停机程序是不可计算的。

【例 3-38】 以下用一个更加通俗易懂的案例来说明停机问题。假设 A 是一个万能的程序,那么 A 自然可以构造一个与 A 相反的程序 B。如果 A 预言程序会停机,则 B 就预言程序不会停机;如果 A 预测程序不会停机,则 B 就预言程序会停机。这样 A 能判断 B 会停机吗?这显然是不能的,这也就是说程序 A 和 B 都不存在。

停机程序悖论(逻辑矛盾)在于存在"指涉自身"的问题。简单地说,人们不能判断匹诺曹(《木偶奇遇记》中的主角)说"我在说谎"这句话时,他的鼻子是否会变长。

停机问题说明了计算机是一个逻辑上不完备的形式系统。计算机不能解一些问题并不是计算机的缺点,因为停机问题本质上是不可解的。

2. 停机问题的实际意义

是否存在一个程序能够检查所有其他程序会不会出错?这是一个非常实际的问题。为了检查程序的错误,必须对这个程序进行人工检查。那么能不能发明一种聪明的程序,输进去任何一段其他程序,这个程序就会自动帮你检查输入的程序是否有错误?这个问题被证明和图灵停机问题实质上相同,不存在这样的聪明程序。

图灵停机问题与复杂系统的不可预测性有关。我们总希望能够预测出复杂系统的运行结果。那么能不能发明一种聪明程序,然后输入某些复杂系统的规则,然后输出这些规则运行的结果呢?从原理上讲,这种事情是不可能的,因为它与图灵停机问题等价。因此,要想弄清楚某个复杂系统运行的结果,唯一的办法就是让此类系统实际运作,没有任何一种算法能够事先给出这个系统的运行结果。

以上强调的是**不存在一个通用程序能够预测所有复杂系统的运行结果**,但并没有说不存在一个特定程序能够预测某个或者某类特定复杂系统的结果。那么怎么得到这种特定的程序呢?这就需要人工编程,也就是说存在某些机器做不了的事情,而人能做。

3.3.3　汉诺塔:现实中难以计算的问题

法国数学家爱德华·卢卡斯(Édouard Anatole Lucas)曾编写过一个神话:印度教天神

汉诺（Hanoi）在创造地球时建了一座神庙，神庙里竖有三根宝石柱子，柱子由一个铜座支撑。汉诺将64个直径大小不一的金盘子按照从大到小的顺序依次套放在第一根柱子上，形成一座金塔（即汉诺塔）。天神让庙里的僧侣们将第一根柱子上的64个盘子借助第二根柱子全部移到第三根柱子上，即将整个塔迁移，同时定下了三条规则：一是每次只能移动一个盘子；二是盘子只能在三根柱子上来回移动，不能放在他处；三是在移动过程中，三根柱子上的盘子必须始终保持大盘在下，小盘在上。汉诺塔问题全部可能的状态数为 3^n 个（n 为盘子数），最少搬动次数为 2^n-1。

【例3-39】 只有3个盘子的汉诺塔问题解决过程如图3-15所示。3个盘子的最佳搬移次数为 $2^3-1=7$ 次。

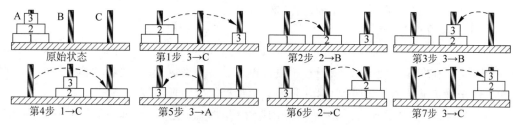

图 3-15 3个盘子时汉诺塔的解题过程

如果汉诺塔3个柱子名为 A、B、C，n 个盘子递归求解的 Python 程序如下：

1	`# E0339.py`	# 【复杂性－汉诺塔】
2	`def hanoi(n, a, b, c):`	# 定义递归函数，n 为盘子数，a,b,c 为柱子名
3	`    if n == 1:`	# 如果只有一个盘子
4	`        print(a,'-->', c)`	# 将盘子从 a 柱移到 c 柱
5	`    else:`	# 否则
6	`        hanoi(n-1, a, c, b)`	# 递归，将 a 柱 n-1 号盘子移到 b 柱，c 柱为辅助柱
7	`        hanoi(1, a, b, c)`	# 递归，将 a 柱最底层最大的盘子移到 c 柱
8	`        hanoi(n-1, b, a, c)`	# 递归，将 b 柱 n-1 号盘子移到 c 柱，a 柱为辅助柱
9	`n = int(input('请输入汉诺塔的盘子数:'))`	# 接收用户输入的数据，并转换为整数
10	`hanoi(n, 'a', 'b', 'c')`	# 调用递归函数 hanoi( )
	`>>>请输入汉诺塔的盘子数:3`	# 程序运行结果（运算时间呈指数增长，测试
	`a-->ca-->bc-->ba-->c...(输出略)`	# 表明，15 个盘子的运算时间约为 5 分钟）

汉诺塔递归求解程序虽然非常简单，但是难以理解，需要反复琢磨。汉诺塔有64个盘子时，盘子最少移动次数为 $2^{64}-1=1.8\times10^{19}$。由此可知，**并不是所有问题都可以计算，即使是可计算问题，也要考虑计算量是否超过了目前计算机的计算能力。**

说明：汉诺塔动画案例，参见本书的配套教学资源程序 F3-3.py。

3.3.4 不完备性与可计算性

计算理论研究的三个核心领域为自动机、可计算性和复杂性。通过"计算机的基本能力和局限性是什么？"这一问题将这三个领域联系在一起。在计算复杂性理论中，将问题分成容易计算和难计算。在可计算理论中，把问题分成可解和不可解。

1. 哥德尔不完备性定理

20世纪以前，大部分数学家认为所有问题都有算法，关于计算问题的研究就是找出解决各类问题的算法。1928年,德国著名数学家戴维·希尔伯特(David Hilbert)提出一个问题:是否有一个算法能对所有的数学原理自动给予证明。这个美好的希望不久就被打破了,1931年,奥地利数学家哥德尔(Kurt Gödel)给出了证明:任何无矛盾的公理体系,只要包含初等数论,则必定存在一个不可判定命题,用这组公理不能判定其真假;或者说:一个理论如果不自相矛盾,那么这种性质在该理论中不可证明。

哥德尔不完备性定理说明,**任何一个形式系统,它的一致性和完备性不可兼得**。或者说,如果一个形式系统是一致的,那么这个系统必然是不完备的,二者不可兼得。

不完备性也可以用一个古老的哲学观点"一个人不可能完全理解自身"进行验证:如果你能做到完全理解自身,你就可以预知自己在未来十秒钟内做什么,而刻意做出不符合预测的行为就可以推翻"你能够完全理解自身"这个前提。

2. 图灵机的不完备性

哥德尔不完备性定理说明,在任何一个数学系统内,总有一些命题的真伪无法通过算法来确定。总是存在这样的函数,由于过于复杂以致没有严格定义的、逐步计算的过程能够根据输入值来确定输出值。也就是说,这种函数的计算超出了任何算法的能力。

图灵提出图灵机模型后也发现了有些问题图灵机无法计算。例如,定义模糊的问题,如"人生有何意义";或者缺乏数据的问题,如"明天彩票的中奖号是多少",它们的答案无法计算出来;还有一些定义完美的问题也是不可计算的,如"停机问题"。

3. 什么是可计算性

物理学家阿基米德曾经宣称:"给我足够长的杠杆和一个支点,我就能撬动地球"。在数学上也同样存在类似的问题:是不是只要给数学家足够长的时间,通过"有限次"简单而机械的演算步骤,就能够得到最终答案呢? 这就是"可计算性"问题。

什么是可计算的? 什么又是不可计算的呢? 要回答这一问题,关键是要给出"可计算性"的精确定义。20世纪30年代,一些著名数学家和逻辑学家从不同角度分别给出了"可计算性"概念的确切定义,为计算科学的发展奠定了重要基础。

可计算的问题都可以通过自然数编码的方法,用函数的形式表示。因此可以通过定义在自然数集上的"直观可计算函数"(也称为一般递归函数)来理解"可计算性"的概念。凡是从某些初始符号串开始,在有限步骤内得到计算结果的函数都是直观可计算函数。

1935年,丘奇(Alonzo Church)为了定义可计算性,提出了λ演算理论。丘奇认为,λ演算可定义的函数与直观可计算函数相同。

1936年,哥德尔、丘奇等定义了递归函数。丘奇指出:一切直观可计算函数都是递归函数。简单地说,计算就是符号串的变换。凡是可以从某些初始符号串开始,在有限步骤内可以得到计算结果的函数都是一般递归函数。可以从简单的、直观上可计算的一般函数出发,构造出复杂的可计算函数。1936年,图灵也提出:图灵机可计算函数与直观可计算函数相同。

一个显而易见的事实是:数学精确定义的直观可计算函数都是可计算的。问题是直观可计算函数是否恰好就是这些精确定义的可计算函数呢? 对此丘奇认为:凡直观可计算函数都是λ可定义的;图灵证明了图灵可计算函数与λ可定义函数是等价的,著名的"丘奇-图灵论题"(丘奇是图灵的老师)认为:**任何能直观计算的问题都能被图灵机计算。如果证明了某个问题使用图灵机不可计算,那么这个问题就是不可计算的。**

由于直观可计算函数不是一个精确的数学概念,因此丘奇-图灵论题不能加以证明,也因此称为"丘奇-图灵猜想",该论题被普遍假定为真。

4. 哪些数不可计算?

如何判断一个数是否可以计算?图灵在一篇论文中提出:"当一个实数所有的位数,包括小数点后的所有位,都可以在有限步骤内用某种算法计算出来,它就是可计算数;如果一个实数不是可计算数,那它就是不可计算数"。例如,圆周率 π 可以在有限时间内计算到小数点后的任何位置,所以 π 是可计算数。

1975 年,计算科学专家格里高里·蔡廷(Gregory Chaitin)提出了一个有趣的问题:选择任意一种编程语言,随机输入一段代码,这段代码能成功运行并且会在有限时间里终止(不会无限运行下去)的概率是多大?他把这个概率值命名为"蔡廷常数"。目前已经在理论上证明了,永远无法求出"蔡廷常数"的值。

理论上,任何一段程序的运行结果,只有终止和永不终止两种情况。可终止程序的数量一定占有全体程序总数的一个固定比例,所以这个停机概率一定存在,它的上限为 1,下限为 0。在真实环境中,任意编程语言书写的程序有无穷多个,要想用统计方法得到这个概率值,需要的程序测试也是无穷多次,显然蔡廷常数是一个不可计算数。

5. 不可计算问题的类型

不可计算的问题有以下类型:第一类是理论意义上不可计算问题,由丘奇-图灵论题确定的所有非递归函数都是不可计算的。具体问题有:停机问题、蔡廷常数、彭罗斯拼图(Penrose Diagram)、蒂博尔·拉多(Tibor Radó)提出的忙碌海狸函数 BB(n)、不定方程的整数解(希尔伯特第 10 个问题,也称为丢番图方程)等,这些问题都是计算能力的理论限制。第二类是现实计算机的速度和存储空间都有一定限制,如果某个问题在理论上可计算,但是计算时间如果长达几百年,那么这个问题实际上还是无法计算。如汉诺塔问题、长密码破解问题、旅行商问题、大数因式分解问题等。第三类是现实意义上难以计算的问题,如"西红柿炒鸡蛋"这样一个概念模糊的命题也不可计算。

3.3.5 P＝NP? 计算科学难题

1. P 问题

有些问题是确定性的,如加、减、乘、除计算,只要按照公式推导,就可以得到确定的结果,这类问题是 P 问题。**P(Polynomially,多项式)问题是指算法能在多项式时间内找到答案的问题**,这意味着计算机可以在有限的时间内完成计算。

对一个规模为 n 的输入,最坏情况下(穷举法),P 问题求解的时间复杂度为 $O(n^k)$。其中 k 是某个确定的常数,我们将这类问题定义为 P 问题,直观上,P 问题是在确定性计算模型下的易解问题。P 问题有:计算最大公约数、排序问题、图搜索问题(在连通图中找到某个对象)、单源最短路径问题(两个节点之间的最短路径)、最小生成树问题(连通图中所有边权重之和最小的树)等,这些问题都能在多项式时间内解决。

2. NP 问题

NP(Nondeterministic Polynomially,非确定性多项式)问题中的 N 指非确定的算法。有些问题是非确定性问题,如寻找大素数问题,目前没有一个现成的推算素数的公式,需要用穷举法进行搜索,这类问题就是 NP 问题。**NP 问题不能确定是否能够在多项式时间内找**

到答案,但是可以确定在多项式时间内验证答案是否正确。

【例3-40】 验证某个连通图中的一条路径是不是哈密尔顿(Hamilton)回路很容易,而问某个连通图中是否不存在哈密尔顿回路则非常困难,除非穷举所有可能的哈密尔顿路径,否则无法验证这个问题的答案,因此这是一个NP问题。

3. NPC问题

如果任何一个NP问题能通过一个多项式时间算法转换为某个其他NP问题,那么这个NP问题就称为NPC(NP-Complete,NP完全)问题。NPC是比NP更难的问题。

【例3-41】 对任意的布尔可满足性问题(SAT),总能写成以下形式:

$$(x_1 \lor x_2 \lor x_3) \land (x_4 \lor x_5 \lor x_n) \cdots$$

其中,$\lor$表示逻辑或运算;$\land$表示逻辑与运算;表达式中x的值只能取0或者1。那么当x取什么值时,这个表达式为真? 或者根本不存在一个取值使表达式为真? 这就是SAT问题,任意SAT是一个典型的NPC问题。

一个简单的SAT问题,如:$(x_1 \lor \overline{x_2} \lor x_3) \land (\overline{x_1} \lor x_2) \land (\overline{x_2} \lor x_3)$,当$x_1 = 0$,$x_2 = 0$,$x_3 =$任意值(0或1)时,表达式的值为真,‾表示逻辑取反运算。

NPC问题目前没有多项式算法,只能用穷举法逐一检验,最终得到答案。但是穷举算法的复杂性为指数关系,计算时间随问题的复杂程度成指数级增长,很快问题就会变得不可计算了。目前已知的NPC问题有3000多个,如布尔可满足性问题、国际象棋N皇后问题、密码学中大素数分解问题、多核CPU流水线调度问题、哈密尔顿回路问题、旅行商问题(Travelling Salesman Problem,TSP)、最大团问题、最大独立集合问题、背包问题等。

4. NP-hard问题

除NPC问题外,还有一些问题连验证解都不能在多项式时间内解决,这类问题被称为NP-hard(NP难)问题。NP-hard太难了,围棋或象棋的博弈问题;怎样找到一个完美的女朋友等,都是NP-hard问题。计算科学中难解问题之间的关系如图3-16所示。

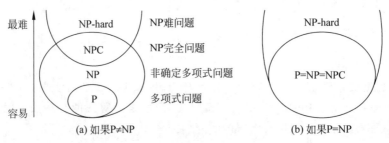

图3-16 计算科学中的难解问题

【例3-42】 棋类博弈问题。考察棋局所有可能的博弈状态时,国际跳棋有10^{31}种博弈状态,香农在1950年估计出国际象棋的博弈状态大概有10^{120}种;中国象棋的博弈状态估计有10^{150}种;围棋的博弈状态达到了惊人的10^{360}种。事实上大部分棋类的计算复杂度都呈指数级上升。作为比较,目前可观测到宇宙中的原子总数估计有$10^{78} \sim 10^{82}$个。

5. P=NP? 问题

直观上看计算复杂性时:P<NP<NPC<NP-hard,问题的难度不断递增。但是目前只证明了P属于NP,究竟P=NP? 还是P≠NP? 迄今为止这个问题还没有找到一个有效的

证明。P＝NP 是一个既没有证实，也没有证伪的命题。

计算科学专家认为：**找一个问题的解很困难，但验证一个解很容易（证比解易）**，用数学公式表示就是 P≠NP。问题难于求解，易于验证，这与人们的日常经验相符。因此，人们倾向于接受 P≠NP 这一猜想。

6. 不可计算问题的解决方法

无论是理论上不可计算还是现实中难以计算的问题，都是指无法得到公式解、解析解、精确解或最优解，但是这并不意味着不能得到近似解、概率解、局部解或弱解。计算科学专家对待理论上或现实中不可解的问题时，通常采取两个策略：一是不去解决一个过于普遍的问题，而是通过弱化有关条件，将问题限制得特殊一些，再解决这个普遍问题的一些特例或范围窄小的问题；二是寻求问题的近似算法、概率算法等。也就是说，对于不可计算或不可判定的问题，人们并不是束手无策，而是可以从计算的角度有所作为。

3.4 学科经典问题：计算复杂性

计算科学发展中，人们提出过许多具有深远意义的问题和典型实例。这些典型问题的研究不仅有助于我们深刻地理解计算科学，而且对学科的发展有十分重要的推动作用。计算科学的经典问题除停机问题、汉诺塔问题、中文屋子问题外，还有哥尼斯堡七桥问题、哈密尔顿回路问题、旅行商问题、哲学家就餐问题、两军通信问题等。

3.4.1 哥尼斯堡七桥问题：图论

18 世纪初，普鲁士的哥尼斯堡（今俄罗斯加里宁格勒）有一条河穿过，河上有两个小岛，有七座桥把两个岛与河岸联系起来，如图 3-17（a）所示。有哥尼斯堡市民提出了一个问题：一个步行者怎样才能不重复、不遗漏地一次走完七座桥，最后回到出发点？问题提出后，很多哥尼斯堡市民对此很感兴趣，纷纷进行试验，但在相当长的时间里都始终未能解决。从数学知识来看，七座桥所有的走法共有 7!＝5040 种，这么多种走法要一一尝试，将会是一个很大的工作量。

1735 年，有人写信给当时在俄罗斯彼得堡科学院任职的瑞士数学家欧拉（Leonhard Euler），请他帮忙解决这一问题。欧拉把哥尼斯堡七桥问题抽象成几何图形，如图 3-17（b）所示，他圆满地解决了这个难题，同时开创了"图论"的数学分支。欧拉把一个实际问题抽象成合适的"数学模型"，这并不需要深奥的理论，但想到这一点却是解决难题的关键。

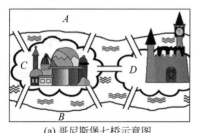
(a) 哥尼斯堡七桥示意图

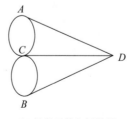
(b) 抽象后的七桥路径

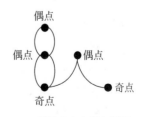
(c) 图的奇点和偶点判断

图 3-17　哥尼斯堡七桥问题

计算思维和学科基础

如果图中存在一条路径，经过图中每条边一次且仅一次，则该路径称为欧拉回路，具有欧拉回路的图称为欧拉图。欧拉回路的"边"不能重复经过，但是"顶点"可以重复经过。欧拉回路可以用"一笔画"来说明，要使图形一笔画出，就必须满足以下条件。

(1) 全部由偶点组成的连通图，选任一偶点为起点，可以一笔画成此图。

(2) 只有 0 或 2 个奇点，其余为偶点的连通图，以奇点为起点可以一笔画成此图。

(3) 其他情况的图不能一笔画出，奇点数除以 2 可以算出此图需几笔画成。

注：如图 3-17(c)所示，顶点的边是奇数称为"奇点"；反之称为"偶点"。

由以上分析可见，哥尼斯堡七桥的路径图中(见图 3-17(b))，4 个点全是奇点，因此图形不能一笔画出(最少需要 2 笔画)。**欧拉回路是从起点一笔画到终点的路径集合**，由此可见哥尼斯堡七桥不存在欧拉回路(不是欧拉图)。

图论中的图由若干点和边构成，一系列由边连接起来的点称为路径。图论常用来研究事物之间的联系。一般用点代表事物，用边表示两个事物之间的联系，如互联网中的节点与线路、社交网络中明星与粉丝之间的关系、电路中的节点与电流、旅行商问题中的城市与道路等，都可以用图论进行分析和研究。在计算科学领域，有各种各样的图论算法，如深度优先遍历、广度优先遍历、图最短路径、图最小生成树、网络最大流等。

说明：哥尼斯堡程序案例，参见本书配套教学资源程序 F3-6.py。

3.4.2 哈密尔顿回路：计算复杂性

1857 年，爱尔兰数学家哈密顿(William Rowan Hamilton)设计了一个名为"周游世界"的木制玩具(见图 3-18(a))，玩具是一个正 12 面体，有 20 个顶点和 30 条边。如果将周游世界的玩具抽象为一个二维平面图(见图 3-18(b))，图中每个顶点看作一个城市，正 12 面体的 30 条边看成连接这些城市的路径。假设从某个城市出发，经过每个城市(顶点)恰好一次，最后又回到出发点(见图 3-18(c))，这就形成了一条哈密尔顿回路。

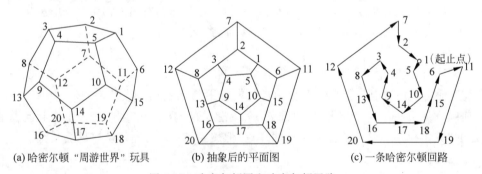

(a)哈密尔顿"周游世界"玩具　　(b)抽象后的平面图　　(c)一条哈密尔顿回路

图 3-18　哈密尔顿图和哈密尔顿回路

哈密尔顿回路与欧拉回路看似相同，但本质上是完全不同的问题。哈密尔顿回路是访问每个顶点一次，欧拉回路是访问每条边一次；哈密尔顿回路的边和顶点都不能重复通过，但是有些边可以不经过，欧拉回路的边不能重复通过，顶点可以重复通过。如图 3-17(b)中不存在欧拉回路，但是存在多个哈密尔顿回路(如 $A \rightarrow C \rightarrow B \rightarrow D \rightarrow A$)。

如果经过图中的每个顶点恰好一次后能够回到出发点，这样的图称为哈密尔顿图。所经过的闭合路径就形成了一个圈，它称为哈密尔顿回路或者哈密尔顿圈，如图 3-19(a)、

图 3-19(b)所示。图中一个顶点的度数是指这个顶点所连接的边数,图 3-19(a)中,顶点 B 的度为 4。哈密尔顿图有很多充分条件,例如,图的最小度不小于顶点数的一半时,则此图是哈密尔顿图;若图中每对不相邻顶点的度数之和不小于顶点数,则为哈密尔顿图。也有一些图中不存在哈密尔顿回路,如图 3-19(c)所示。

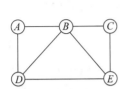  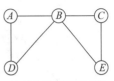

(a) 一条哈密尔顿回路={A,B,C,E,D,A}　　(b) 一条哈密尔顿回路={A,G,D,C,E,B,F,A}　　(c) 没有哈密尔顿回路

图 3-19　哈密尔顿回路(哈密尔顿圈)

目前还没有找到判断一个图是不是哈密尔顿图的充分和必要条件。寻找一个图的哈密尔顿回路是 NP 难问题。通常用穷举搜索的方法来判定一个图中是否含有哈密尔顿回路。目前还没有找到哈密尔顿回路的多项式算法。

欧拉回路和哈密尔顿回路在任务排队、内存碎片回收、并行计算等领域均有应用。

说明:哈密尔顿回路案例,参见本书配套教学资源程序 F3-7.py。

3.4.3　旅行商问题:计算组合爆炸

旅行商问题是哈密尔顿和英国数学家柯克曼(T. P. Kirkman)提出的问题,它是指有若干城市,任何两个城市之间的距离可能不同或相同,现在一个旅行商从某一个城市出发,依次访问每个城市一次,最后回到出发地,问如何行走路程最短。

旅行商问题的"边"和"顶点"都不能重复通过,但是有些"边"可以不经过,因此旅行商问题与哈密尔顿回路有相似性;不同的是旅行商问题增加了边长的权值。

解决旅行商问题的基本方法是:对给定的城市路径进行排列组合,首先列出所有的路径,然后计算出每条路径的总里程,最后选择一条最短的路径。如图 3-20 所示,从城市 A 出发,再回到城市 A 的路径有 6 条,其中距离最短的路径是:A→B→C→D→A。

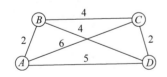

图 3-20　4 个城市的旅行商问题示意图

求解旅行商问题比求哈密尔顿回路更困难。当城市数不多时,找到最短路径并不难。但是随着城市数的增加,路径组合数会呈指数级增长,计算时间的增长率也呈指数级增长,一直达到无法计算的地步,这种情况称为计算的"组合爆炸"问题。

图 3-20 中,旅行商从 A 起,访问全部城市后再回到 A 点时,路径数为 $(4-1)!=6$ 条。旅行商问题目前还没有找到搜索最短路径的优秀算法,只能采用穷举法一个一个城市地去搜索尝试。因此,n 个城市旅行商的全部路径有 $(n-1)!$ 条。

计算思维和学科基础

【例 3-43】 当城市数为 26 时,计算旅行商访问所有城市的全部路径数,代码如下。

1	>>> import math	# 导入标准模块 - 数学
2	>>> math.factorial(25)	# 计算 25 的阶乘值
3	15511210043330985984000000	# 所有路径数 = 1.5×10^{25},计算量发生组合爆炸

说明:一个简化的旅行商问题求解案例,参见本书配套教学资源程序 F3-8.py。

2010 年,英国伦敦大学奈杰尔·雷恩(Nigel Raine)博士在《美国博物学家》发表论文指出,蜜蜂每天都要在蜂巢和花朵之间飞来飞去,在不同花朵之间飞行是一件很耗体力的事情,因此蜜蜂每天都在解决"旅行商问题"。雷恩博士利用人工控制的假花进行实验,结果显示,不管怎样改变假花的位置,蜜蜂稍加探索后,很快就可以找到在不同花朵之间飞行的最短路径。如果能理解蜜蜂是怎样做到这一点的,将对解决旅行商问题有很大帮助。

旅行商问题应用广泛,如在车载 GPS 中,经常需要规划行车路线,如何做到行车路线距离最短,就需要对旅行商问题进行求解;在印制电路板(Printed Circuit Board,PCB)设计中,如何安排众多的导线使线路距离最短,也需要对旅行商问题进行求解。旅行商问题在其他领域也有广泛的应用,如物流运输规划、网络路由节点设置、遗传学领域、航空航天等领域。

3.4.4 单向函数:公钥密码的基础

1. 单向函数的概念

在现实世界中,单向函数的例子非常普遍。例如,把盘子打碎成数百块碎片是很容易的事情,然而要把所有碎片再拼成一个完整的盘子,却是非常困难的事情。例如,将挤出的牙膏塞回牙膏管子,这要比把牙膏挤出来困难得多。类似地,将两个大素数相乘要比将它们的乘积因式分解容易得多。

【例 3-44】 计算 $41 \times 71 = 2911$ 很容易,但是将 2911 因数分解为 41 和 71 却很难。

2. 单向函数的假设

单向函数听起来没什么问题,但若严格地按数学定义,并不能从理论上证明单向函数的存在,因为这将意味着计算科学中最具挑战性的猜想 P = NP 成立,而目前的 NP 完全性理论不足以证明存在单向函数。即便是这样,还是有很多函数看起来像单向函数,我们能够有效地计算它们,而且至今还不知道有什么办法能容易地求出它们的逆,因此假定存在单向函数。

最简单的单向函数就是整数相乘。不管两个多大的整数,都可以很容易地计算出它们的乘积;但是对于两个 100 位的素数之积而言,很难在合理的时间内分解出两个素数因子。

3. 单向陷门函数

单向陷门函数是一类特殊的单向函数,它在一个方向上易于计算而反方向难于计算。但是,如果你知道某个秘密,就能很容易地在另一个方向上计算这个函数。也就是说,已知 x,易于计算 $f(x)$;而已知 $f(x)$,却难于计算 x,如图 3-21 所示。然而,如果有一些秘密信息 y,一旦给出 $f(x)$ 和 y,就很容易计算

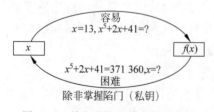

图 3-21 单向陷门函数求解示意图

出 x。例如,钟表拆卸和安装就像一个单向陷门函数,很容易把钟表拆成数百个小零件,而把这些小零件组装成能够工作的钟表却非常困难;然而,通过某些秘密信息(如钟表装配手册),就能把钟表安装还原。

4. 单向陷门函数在密码中的应用

单向函数不能直接用作密码体制,因为如果用单向函数对明文进行加密,即使是合法的接收者也不能还原出明文,因为单向函数的逆运算非常困难。密码体制更关心的是单向陷门函数。毫不夸张地说,**公钥密码体制的设计就是寻找单向陷门函数**。注意,单向陷门函数不是单向函数,它只是对那些不知道陷门的人表现出单向函数的特性。**著名的 RSA (Rivest,Shamir,Adleman)密码体制就是根据单向陷门函数而设计**。

3.4.5 哲学家就餐问题:死锁控制

1965 年,迪科斯彻(Dijkstra)在解决操作系统的"死锁"问题时,提出了"哲学家就餐"问题,他将问题描述为:有五位哲学家,他们的生活方式是交替地进行思考和进餐。哲学家们共用一张圆桌,分别坐在周围的五把椅子上,圆桌上有五个碗和五支餐叉,如图 3-22 所示。平时哲学家进行思考,饥饿时哲学家试图取左、右最靠近他的餐叉,只有在他拿到两支餐叉时才能进餐;进餐完毕,放下餐叉又继续思考。

图 3-22　哲学家就餐问题

在哲学家就餐问题中,有如下约束条件:一是哲学家只有拿到两支餐叉时才能吃饭;二是如果餐叉已被别人拿走,哲学家必须等别人吃完之后才能拿到餐叉;三是哲学家在自己未拿到两支餐叉前,不会放下手中已经拿到的餐叉。

哲学家就餐问题用来说明在并行计算中(如多线程程序设计),多线程同步时产生的问题;它还用来解释计算机死锁和资源耗尽问题。

哲学家就餐问题形象地描述了多进程以互斥方式访问有限资源的问题。计算机系统有时不能提供足够多的资源(CPU、内存等),但是又希望同时满足多个进程的使用要求。如果只允许一个进程使用计算机资源,系统效率将非常低下。研究人员采用一些有效的算法,尽量满足多进程对有限资源的需求,同时尽量减少死锁和进程饥饿现象的发生。

当五个哲学家都左手拿着餐叉不放,同时去取他右边的餐叉时,就会无限等待下去,引起死锁现象发生。在实际问题中,常用的解决方法是资源加锁,使资源只能被一个程序或一段代码访问。当一个程序想要使用的资源被另一个程序锁定时,它必须等待资源解锁。当多个程序涉及加锁资源时,在某些情况下仍然有可能发生死锁。

计算机死锁没有完美的解决方法。解决系统死锁需要频繁地进行死锁检测,这会严重降低系统的运行效率,得不偿失。由于死锁并不经常发生,大部分操作系统采用了"鸵鸟算法",即尽量避免发生死锁,一旦真正发生了死锁,就假装什么都没有看见,重新启动死锁的程序或系统。可见鸵鸟算法是为了效率优先而采用的一种折中策略。

3.4.6 两军通信:信号不可靠传输

网络通信能不能做到理论上可靠?特南鲍姆教授在《计算机网络》一书中提出了一个经典的"两军通信"问题。

如图 3-23 所示,一支 A 军在山谷里扎营,在两边山坡上驻扎着 B 军。A 军比两支 B 军中的任意一支都要强大,但是两支 B 军加在一起就比 A 军强大。如果一支 B 军单独与 A 军作战,它就会被 A 军击败;如果两支 B 军协同作战,他们能够把 A 军击败。两支 B 军要协商一同发起进攻,他们唯一的通信方法是派通信员步行穿过山谷,通过山谷的通信员可能躲过 A 军的监视,将发起进攻的信息传送到对方 B 军;但是通信员也可能被山谷中的 A 军俘虏,从而将信息丢失(信道不可靠)。问题:是否存在一个方法(协议)能实现 B 军之间的可靠通信,使两军协同作战而取胜?这就是两军通信问题。

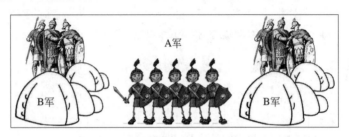

图 3-23　两军通信问题:B 军之间如何实现安全可靠的通信

特南鲍姆教授指出,不存在一个通信协议使山头两侧的 B 军达成共识。因为在信道不可靠的情况下,永远无法确定最后一次通信是否送达了对方。如果更深入一步讨论,当 B 军通信员被 A 军截获,并且通信内容被 A 军修改后(黑客攻击),情况将会变得更加复杂。可见,**网络通信是在不可靠的环境中实现尽可能可靠的数据传输**。

两军通信问题本质上是一致性确认问题,也就是说通信双方都要确保信息的一致性。因特网 TCP(传输控制协议)采用"三次握手"进行通信确认,这是一个通信安全和通信效率兼顾的参数。我们说"TCP 是可靠通信协议",仅仅是说它成功的概率较高而已。

两军通信问题在计算机通信领域应用广泛,如数据的发送方如何确保数据被对方正确接收;在计算机集群系统中,如果在指定时间内(如数秒)没有收到计算节点的"心跳"信号时,怎样确定对方是"宕机"了,还是通信网络出现了问题;在密码学中,最困难的工作是如何将密钥传送给接收方(密钥分发),如果在理论或实际中有一个安全可靠的方法将密钥传送给接收方,则加密和解密系统就显得多此一举。

习　题　3

3-1　简要说明什么是计算思维。

3-2　简要说明计算领域解决问题的主要步骤。

3-3　简要说明计算领域哪些问题不可计算以及如何解决这类问题。

3-4　写出"石头剪刀布"游戏的博弈策略矩阵。

3-5　简要说明如何利用统计语音数学模型,将宠物狗的肢体语言翻译为人类语言。

3-6　简要说明汉诺塔问题递归求解过程中,盘子的移动有哪些规律。

3-7　一个黑白图像局部区域有 1000 个随机数据,如 10001101…,现在需要 1 转换为 0,将 0 转换为 1,请用图灵机编写程序实现以上功能(要求进行程序注释)。

3-8　"现代计算机与图灵机在计算性能上是等价的"这句话正确吗?

3-9   简要说明不可计算的问题有哪些类型。

3-10   简要说明 P 问题。

3-11   简要说明 NP(非确定性多项式)问题。

3-12   简要说明不可计算问题的解决方法。

3-13   简要说明计算复杂性理论的研究内容。

3-14   实验：参考例 3-19 的程序案例，实现囚徒困境的博弈。

3-15   实验：参考例 3-39 的程序案例，用递归求解汉诺塔问题。

计算思维和学科基础

第4章 常用算法和数据结构

算法是解决问题的一系列步骤,也是计算思维的核心概念。本章主要从"算法"等计算思维概念出发,讨论递归、迭代、排序、查找等基本算法思想,以及用"抽象"的方法,建立非数值计算型问题的数据结构。

4.1 算法的特征

4.1.1 算法的定义

1. 算法的基本定义

算法(Algorithm)被公认为计算科学的灵魂。最早的算法可追溯到公元前 2000 年,古巴比伦留下的陶片显示,古巴比伦的数学家提出了一元二次方程及其解法。

计算科学专家科尔曼(Thomas H. Cormen)在《算法导论》(第 3 版)中指出:"**算法就是任何定义明确的计算步骤,它接收一些值或集合作为输入,并产生一些值或集合作为输出。**这样,算法就是将输入转换为输出的一系列计算过程。"

算法用程序设计语言写出来就是程序,但程序不一定都是算法,因为程序不一定满足有穷性。例如,操作系统是一个大型程序,只要整个系统不遭到破坏,它可以不停地运行,即使没有作业需要处理,它也仍处于动态等待中。虽然操作系统在设计中采用了很多算法,但是它本身并不是一个算法。此外,程序中的指令必须是机器可执行指令,而算法中的指令则无此限制。**算法是对问题的求解方法,而程序是算法在计算机中的实现。**

算法与数据结构关系紧密,在算法设计时先要确定相应的数据结构,而在讨论某一种数据结构时也必然会涉及相应的算法,不同的数据结构会直接影响算法的运算效率。

2. 算法的基本特征

(1) 有穷性。一个算法必须在有穷步之后结束,即算法必须在有限时间内完成。这种有穷性使算法不能保证一定有解,结果有以下几种情形:有解;无解;有理论解,但算法的运行没有得到;不知有无解,但是在算法的有穷执行步骤中没有得到解。

(2) 确定性。算法中的每条指令必须有确切含义,无二义性,不会产生理解偏差。算法可以有多条执行路径,但是对某个确定条件则只能选择其中的一条路径执行。

(3) 可行性。算法是可行的,描述的操作都可以通过有限次运算实现。

(4) 输入。一个算法有零或多个数据输入。有些数据在算法执行过程中输入,有些数据不需要外部输入,数据输入被嵌入在算法之中。

（5）输出。一个算法有一个或多个输出，输出与输入之间存在某些特定的关系。不同的输入可以产生不同或相同的输出，但是相同的输入必须产生相同的输出。

4.1.2 算法的表示

算法可以用自然语言、伪代码、流程图、N-S 图、PAD（问题分析图）、UML（统一建模语言）等进行描述。

1. 用自然语言表示算法

自然语言描述算法的优点是简单，便于人们对算法的阅读。但是自然语言表示算法时文字冗长，容易出现歧义；而且，用自然语言描述分支和循环结构时不直观。

【例 4-1】 用自然语言描述 $z = x \div y$ 的算法流程，自然语言描述如下。

（1）输入变量 x、y；

（2）判断 y 是否为 0；

（3）如果 $y = 0$，则输出出错提示信息；

（4）否则计算 $z = x/y$；

（5）输出 z。

2. 用伪代码表示算法

用编程语言描述算法过于烦琐，常常需要借助注释才能使人明白。为了解决算法理解与执行两者之间的矛盾，人们常常采用伪代码进行算法思想描述。伪代码忽略了编程语言中严格的语法规则和细节描述，使算法容易被人理解。伪代码是一种算法描述语言。**用伪代码说明算法并无固定的、严格的语法规则（没有语法规范）**，只要把算法思想表达清楚，并且书写格式清晰易读即可。

【例 4-2】 从键盘输入两个数，输出其中最大的数，算法伪代码描述如下。

1	Begin	# 伪代码开始
2	input A,B	# 输入变量 A、B
3	if A > B	# 如果 A 大于 B
4	then Max←A	# 则将 A 赋值给变量 Max
5	else Max←B	# 否则将 B 赋值给变量 Max
6	endif	# 结束条件判断
7	output Max	# 输出最大数 Max
8	End	# 伪代码结束

3. 用流程图表示算法

流程图由一些特定意义的图形、流程线及简要的文字说明构成，它能清晰地表示程序的运行过程。在流程图中，一般用圆边框表示算法开始或结束；矩形框表示各种处理功能；平行四边形框表示数据输入或输出；菱形框表示条件判断；圆圈表示连接点；箭头线表示算法流程；文字 Y（True）表示条件成立，N（False）表示条件不成立，如图 4-1 所示。用流程图描述的算法不能在计算机上执行，如果将它转换成可执行程序，还需要进行编程。令人感到困惑的是，在工程实际中，往往是先写好了程序，再来编制程序流程图。

【例 4-3】 用流程图描述 $z = x \div y$，并输出 z，算法流程图如图 4-2 所示。

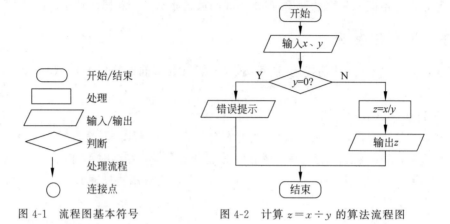

图 4-1 流程图基本符号　　　　　图 4-2 计算 $z = x \div y$ 的算法流程图

4.1.3 算法的评估

1. 算法的评价标准

衡量算法优劣的标准有：正确性、可读性、健壮性、效率与复杂度。

（1）正确性。在给定有效输入后，算法能经过有限时间的计算并产生正确的答案，就称算法是正确的。算法是否"正确"包含以下四个层次：一是不含语法错误；二是对多组输入数据能够得出满足要求的结果；三是对精心选择的、典型的、苛刻的多组输入数据，能够得出满足要求的结果；四是对一切合法的输入都可以得到符合要求的解。

（2）可读性。一方面，**算法主要用于人们的阅读与交流，其次才用于程序设计**，因此算法应当易于理解；另一方面，晦涩难读的算法难以编程，并且在程序调试时容易导致较多错误。算法简单则程序结构也会简单，这样容易验证算法的正确性，便于程序调试。

（3）健壮性。算法应具有容错处理能力。当输入非法数据时，算法应当恰当地作出反映或进行相应处理，而不是产生莫名其妙的输出结果。算法应具有以下健壮性：一是对输入的非法数据或错误操作给出提示，而不是中断程序的执行；二是返回表示错误性质的特征值，以便程序在更高层次上进行出错处理。

（4）效率。**一个问题可能有多个算法**，每个算法的计算量都会不同，如例 4-4 所示。要在保证运算正确的前提下，力求得到简单的算法。

（5）复杂度。算法复杂度是指算法运行时需要的资源，它们包括时间资源和内存资源，因此算法复杂度有时间复杂度和空间复杂度。

【例 4-4】 赝品金币问题。9 枚外观完全一样的金币，其中有一枚是赝品（重量较轻的假币）。请问，如果用天平鉴别金币的真假，在排除重复称量的情况下，最好的情况是第一次称量就可以辨别出假币。那最差的情况下需要称几次才能辨别出假币？

算法 1：天平左边固定一个金币，不断变换右边金币的数量，最差的情况下需要称 7 次可鉴别出假币。

算法 2：天平两边各放一枚金币，每次变换两边金币的数量，最差的情况下需要称 4 次可鉴别出假币。

算法 3：天平左边放 3 枚金币，右边放 3 枚金币，留下 3 枚金币，最差的情况下需要称 2 次可以鉴别出假币。

2. 评估算法性能的困难

对算法的性能进行评估很困难,存在以下影响因素。

(1)硬件速度。如 CPU 频率、内核数,内存的容量等,都会影响算法运行时间。

(2)问题规模。如搜索 1000 与 1000 万以内的素数时,运行时间会非线性增长。

(3)公正性。测试环境和测试数据的选择,很难做到对各个算法都公正。

(4)编程精力。对多个算法编程和测试,需要花费大量的时间和精力。

(5)程序质量。可能会因为程序编写的好,而没有体现出算法本身的质量。

(6)编译质量。编译程序如果对程序代码优化较好,则生成的执行程序质量高。

在以上各种因素都不确定的情况下,很难客观地评估各种算法之间的优劣。目前国际上对复杂问题和高效算法,主要采用基准测试(Benchmark)的方法对某个实例做性能测试,如世界 500 强计算机采用的 Linpack 基准测试。因为能够分析清楚的算法,要么是简单算法,要么是低效算法,难题和高效算法有时很难分析清楚。

4.1.4　算法复杂度

计算科学专家高德纳指出:**计算复杂性理论研究计算模型在各种资源(时间、空间等)限制下的计算能力**。算法的复杂度包括时间复杂度和空间复杂度。算法复杂度有最好、最坏、平均几种情况,最常使用的是最坏情况下的算法时间复杂度。

1. 算法时间复杂度的表示

算法时间指算法从开始运行到算法运行结束所需要的时间。当问题规模 n 逐渐增大时,算法运行时间的极限情形称为算法的"渐近时间复杂度"(简称为时间复杂度)。

常用大 O(读[big-oh]或[大圈])表示算法复杂度的上界,这里 O 表示量级(Order);如果某个算法的复杂度达到了这个问题复杂度的下界,就称这个算法是最佳算法。例如,算法复杂度为 $O(n)$ 时,表示当 n 增大时,运行时间最多以正比于 $T(n)$ 的速度增长。

2. 算法时间复杂度计算案例

【例 4-5】　时间复杂度 $T(n)=O(1)$ 的情况。Python 程序如下。

```
1   #E0405.py                              # 【复杂度-计算直角三角形边长】
2   import math                            # 导入数学模块,计算频度＝1 次
3   a = int(input("输入直角第 1 条边长:"));    # 输入取整,计算频度＝1 次
4   b = int(input("输入直角第 2 条边长:"));    # 输入取整,计算频度＝1 次
5   c = math.sqrt(a * a + b * b)           # 计算边长,计算频度＝1 次
6   print("第 3 条直角边长为:", c)            # 输出计算值,计算频度＝1 次
```

程序第 2～5 行语句的执行时间是与问题规模 n 无关的常数,算法的时间复杂度为常数时,记作 $T(n)=O(1)$。如果算法的执行时间不随问题规模 n 的增加而增长,即使算法中有几百条语句,其执行时间也不过是一个较大的常数,这类算法的时间复杂度均为 $O(1)$。

【例 4-6】　时间复杂度 $T(n)=O(n)$ 的情况。Python 程序如下。

```
1   #E0406.py                              # 【复杂度-计算 1～100 的累加和】
2   sum = 0                                # 变量赋值,计算频度＝1 次
3   for i in range(1, 101):                # 循环 1 到 101,计算频度＝n 次
4       sum = sum + i                      # 计算累加值,计算频度＝n 次
5   print('1 + 2 + 3 + ... + 100 = ', sum) # 输出累加值,计算频度＝1 次
```

因此,以上算法的时间复杂度为 $T(n)=1+n+n+1=2+2n=O(n)$。

【例 4-7】 时间复杂度 $T(n)=O(\log n)$ 的情况。Python 程序如下。

```
1   # E0407.py                    # 【复杂度 - 求 64 被 2 整除的数】
2   n = 64                        # 变量赋值,计算频度 = 1 次
3   while n > 1:                  # 循环,终止条件为 n > 1,计算频度 = n/2 次
4       print(n)                  # 输出计算值,计算频度 = n/2 次
5       n = n // 2                # 变量 n 整除 2,计算频度 = n/2 次
```

以上程序中,每循环一次就减少了一半的计算量,循环只运行了 6 次($2^6=64$, $\log_2 64 = 6$),所以凡是循环次数呈指数减少时,时间复杂度为 $O(\log_2 n)$,简写为 $O(\log n)$。

【例 4-8】 时间复杂度 $T(n)=O(n^2)$ 的情况。如双重循环,Python 程序如下。

```
1   # E0408.py                        # 【复杂度 - 打印乘法口诀】
2   for i in range(1, 10):            # 外循环,i 为被乘数循环次数,计算频度 = n 次
3       for j in range(1, i + 1):     # 内循环,j 为乘数循环次数,计算频度 = n² 次
4           print(i, ' * ', j, ' = ', i * j)   # 输出 i * j 值,计算频度 = n² 次
```

以上算法的时间复杂度为 $T(n)=n+n^2+n^2=O(n^2)$。

一种时间复杂度的简便估计方法是看程序中有几个 for 循环嵌套,1 个循环是 $O(n)$,2 个循环是 $O(n^2)$,3 个循环是 $O(n^3)$。当复杂度为 n^3+n^2 时,则取最大量级 n^3 即可。如果在一个循环中,循环次数呈指数级减少时,则时间复杂度为 $O(\log n)$。

3. 算法的空间复杂度

算法空间复杂度是指程序运行从开始到结束所需的存储空间,包括以下两部分。

(1) 固定部分。固定部分存储空间与所处理数据的大小和数量无关,或者称与问题的实例无关。主要包括程序代码、常量、简单变量、定长成分的结构变量所占的空间。

(2) 可变部分。可变部分与处理数据的大小和规模有关。例如,100 个数据的排序与 100 万个数据的排序所需存储空间呈指数级增长,因为存储中间结果的开销增长很快。

空间复杂度与时间复杂度的概念类同,计算方法相似,而且空间复杂度分析相对简单,所以一般主要讨论时间复杂度。

4. 棋类游戏中的复杂度

棋类游戏中,每移动一枚棋子,就创造了一个新的棋盘状态,这些棋盘状态构成了游戏的状态空间。如井字棋盘面共有 $3\times3=9$ 个位置,每个位置的棋子状态有黑、白、空,因此井字棋的状态空间复杂度约为 $3^9=19\,863\approx10^4$。这是一个大约的数字,因为其中可能还包含了一些不符合棋类规则的状态。

游戏树复杂度表示某个游戏所有不同路径的数量。游戏树复杂度比状态空间复杂度要大得多,因为同一个棋盘状态可以有不同的博弈顺序。根据经验,井字棋、象棋及围棋每一步的平均合法移动数分别为 4、35 和 250 步;一场棋类游戏的平均总步数大约为 9、80 和 150 步。利用上面的经验参数可以估算出井字棋的游戏树复杂度大约为 $4^9\approx10^5$;棋类游戏的状态空间复杂度和博弈树复杂度如表 4-1 所示。

表 4-1　棋类游戏的状态空间复杂度和博弈树复杂度

复　杂　度	井字棋	国际跳棋	国际象棋	中国象棋	五子棋	围棋
空间复杂度	10^{4}	10^{21}	10^{46}	10^{48}	10^{105}	10^{172}
博弈树复杂度	10^{5}	10^{31}	10^{123}	10^{150}	10^{70}	10^{360}

5. 常见算法的时间复杂度

常见算法的时间复杂度等级如表 4-2 所示。

表 4-2　常见算法的时间复杂度等级

复　杂　度	说　　明	循环	案　　例
$O(1)$	常数阶	无	顺序执行的算法,如没有循环结构的程序
$O(\log n)$	对数阶	1 层	循环次数呈指数级减少的算法,如二分查找法
$O(n)$	线性阶	1 层	单循环算法,如在无序数据表中,顺序查找确定位置
$O(n \log n)$	线性对数阶	2 层	双循环中,内循环次数呈指数级减少的算法,如快速排序
$O(n^{2})$	平方阶	2 层	双循环算法,如 4×4 矩阵要计算 16 次
$O(n^{3})$	立方阶	3 层	三循环算法,如 4×4×4 矩阵要计算 64 次
$O(2^{n})$	指数阶	—	如汉诺塔问题、密码暴力破解问题等
$O(N!)$	阶乘阶	—	如旅行商问题、汉密尔顿回路问题等

说明:通常对数必须指明底数,如 $x = \log_{b} n$,该等式等价于 $b^{x} = n$。而 $\log_{b} n$ 的值随底数 b 的改变而乘以相应的常数倍,所以写成 $f(n) = O(\log n)$ 时不再指明底数,因为最终要忽略常数因子。

算法复杂度为指数阶和阶乘阶的情况很少见,因为设计算法时,要避免"指数级递增"这种复杂度的出现。

4.2　常　用　算　法

4.2.1　迭代法

1. 迭代的概念

迭代是利用变量的原值推算出变量的新值。**如果递归是自己调用自己,迭代则是 A 不停地调用 B。**迭代利用计算机运算速度快、适合做重复性操作的特点,让计算机对一组指令重复执行(循环),在每次执行这组指令时,都从变量的原值推出它的一个新值。如图 4-3 所示,迭代现象广泛存在于工作和生活中。

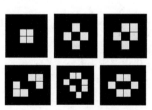 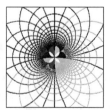 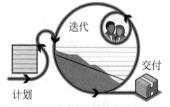

(a) 生命游戏中细胞的迭代过程　(b) 图形生成的迭代过程　(c) 项目执行的迭代过程

图 4-3　迭代过程案例

2. 迭代的基本策略

在程序设计中,往往利用循环来实现迭代。迭代要做好以下三方面的工作。

(1) 确定迭代模型。用迭代解决问题时,至少存在一个直接或间接由旧值递推出新值的变量,这个变量就是迭代变量。如"for i in 'Python'"语句中,i 就是迭代变量。

(2) 建立迭代关系式。迭代关系式是指从变量前一个值推出下一个值的基本公式。迭代关系式的建立是解决迭代问题的关键。

(3) 迭代过程的控制。不能让迭代过程无休止地重复执行(死循环)。迭代过程的控制分为两种情况:一是迭代次数是确定值时,可以构建一个固定次数的循环来实现对迭代过程的控制;二是迭代次数无法确定时,需要在程序循环体内判断迭代结束的条件。

3. 程序设计案例: 迭代算法解细菌繁殖问题

【例 4-9】 阿米巴细菌以简单分裂的方式繁殖,它分裂一次需要 3min。将若干阿米巴细菌放在一个盛满营养液的容器内,45min 后容器内就充满了阿米巴细菌。已知容器最多可以装阿米巴细菌 2^{20} 个。请问,开始时往容器内放了多少个阿米巴细菌?

根据题意,阿米巴细菌每 3min 分裂一次,那么从开始将阿米巴细菌放入容器中,到 45min 后充满容器,需要分裂 $45/3=15$ 次。而"容器最多可以装阿米巴细菌 2^{20} 个",即阿米巴细菌分裂 15 次以后得到的个数是 2^{20}。不妨用倒推的方法,从第 15 次分裂后的 2^{20} 个,倒推出第 14 次分裂后的个数,再进一步倒推出第 13 次分裂后,第 12 次分裂后,…,第 1 次分裂之前的个数。

设第 1 次分裂之前的阿米巴细菌个数为 x_0 个,第 1 次分裂之后的个数为 x_1 个,第 2 次分裂之后的个数为 x_2 个,…,第 15 次分裂之后的个数为 x_{15} 个,则有:

$$x_{14}=x_{15}/2, x_{13}=x_{14}/2, \cdots, x_{n-1}=x_n/2 \quad (n \geqslant 1)$$

因为第 15 次分裂之后的细菌个数 x_{15} 已知,如果定义迭代变量为 x,则可以将上面的倒推公式转换成如下的迭代基本公式: $x=x/2$(x 的初值为 2^{20})。

让迭代基本公式重复执行 15 次,就可以倒推出第 1 次分裂之前的阿米巴细菌个数。可以使用固定次数的循环来实现对迭代过程的控制。Python 程序如下。

```
1  # E0409.py                       # 【算法 - 迭代计算细菌数量】
2  x = 2 ** 20                       # 最终阿米巴细菌数量赋值给 x(迭代初始条件)
3  for i in range(0, 15):            # 设置循环起止条件(迭代 15 次)
4      x = x / 2                     # 利用基本公式进行迭代计算
5  print('初始阿米巴细菌数量为:', x)   # 输出初始阿米巴细菌数
   >>>初始阿米巴细菌数量为: 32.0      # 程序运行结果
```

【例 4-10】 用迭代算法编写函数,求正整数 $n=5$ 的阶乘值。Python 程序如下。

```
1  # E0410.py                       # 【算法 - 迭代求阶乘】
2  def fact(n):                      # 定义迭代函数 fact(n),n 为形参
3      result = 1                    # 设置阶乘初始值
4      for k in range(2, n + 1):     # 循环计算(迭代)
5          result = result * k       # 计算阶乘值
6      return result                 # 将阶乘值返回给调用函数
7  fact(5)                           # 调用函数 fact(n),并传入实参 5(阶乘值)
   >>> 120                          # 程序运行结果
```

4.2.2 递归法

1. 递归的概念

在计算科学中,**递归是指函数自己调用自己**。递归函数能实现的功能与循环等价,在一些函数式编程语言中,递归是进行循环的一种方法。递归一词也常用于描述以自相似重复事物的过程,**递归具有自我描述、自我繁殖的特点**,如图 4-4 所示。

图 4-4   图形中自我描述和自我繁殖的递归现象

德罗斯特效应(Droste effect,荷兰著名巧克力品牌)是递归的一种视觉形式。

2. 程序设计案例:用递归程序讲故事

【例 4-11】   语言中也存在递归现象,童年时,小孩央求大人讲故事,大人有时会讲这样的故事:"从前有座山,山上有个庙,庙里有个老和尚和小和尚,老和尚给小和尚讲故事,讲的是:从前有座山,山上有个庙,……"。这是一个永远也讲不完的故事,因为故事中有故事,无休止地循环,讲故事人便利用了语言的递归性。Python 程序如下。

```
1    # E0411.py                                    # 【算法 - 递归讲故事】
2    import time                                   # 导入标准模块 - 时间
3
4    def story(a):                                 # 定义故事递归函数
5        print(a)                                  # 打印输出故事
6        time.sleep(1)                             # 暂停 1 秒(调用休眠函数)
7        return story(a)                           # 递归调用(自己调用自己)
8    myList = ["从前有座山,山上有个庙,庙里有个老和尚          # 故事赋值
9    和小和尚,老和尚给小和尚讲故事,讲的是:"]
10   story(myList)                                 # 调用故事递归函数

>>>'从前有座山,山上有个庙,…(输出略)                     # 按 Ctrl + C 组合键强制中断
```

从以上程序可以看到:程序没有对递归深度进行控制,这会导致程序无限循环执行,这也充分反映了递归自我繁殖的特点。由于每次递归都需要占用一定的存储空间,程序运行到一定次数后(Python 默认递归深度为 1000 次),就会因为内存不足,导致内存溢出而死机。**计算机病毒程序和蠕虫程序正是利用了递归函数自我繁殖的特点**。

那么可以自我描述和自我繁殖的递归程序是否符合算法规范?会不会导致图灵停机问题?科学家们已经证明:满足一定规范的自调用或自描述程序,从数学本质上看是正确的,不会产生悖论。第一个实现递归功能的程序设计语言是 ALGOL 60。

3. 递归的定义与方法

在一个函数的定义中出现了对自己本身的调用,称为直接递归;或者一个函数 p 的

常用算法和数据结构

定义中包含了对函数 q 的调用,而函数 q 的实现过程又调用了函数 p,即函数形成了环状调用链,这种方式称为间接递归。递归的基本思想是:将一个大型复杂的问题分解为规模更小的、与原问题有相同解法的子问题来求解。递归只需要少量的程序就可以描述解题过程需要的多次重复计算。设计递归程序的困难在于如何编写可以自我调用的递归函数。

递归的执行分为递推和回溯两个阶段。在递推阶段,将较复杂问题(规模为 n)的求解递推到比原问题更简单一些的子问题(规模小于 n)求解。在递归中,必须要有终止递推的边界条件,否则递归将陷入无限循环中。在回溯阶段,利用基本公式进行计算,逐级回溯,依次得到复杂问题的解。

4. 阶乘的递归过程分析

【例 4-12】 以阶乘 3! 的计算为例,说明递归的执行过程。

对于 $n>1$ 的整数,阶乘的边界条件是 0!=1;基本公式是 $n!=n \cdot (n-1)!$。

(1)递推过程。利用递归方法计算 3! 阶乘时,可以先计算 2!,将 2! 的计算值回代就可以求出 3! 的值(3!=3×2!);但是程序并不知道 2! 的值是多少,因此需要先计算 1! 的值,将 1! 的值回代就可以求出 2! 的值(2!=2×1!);而计算 1! 的值时,必须先计算 0!,将 0! 的值回代就可以求出 1! 的值(1!=1×0!)。这时 0!=1 是阶乘的边界条件,递归满足这个边界条件时,也就达到了子问题的基本点,这时递推过程结束。

(2)回溯过程。递归满足边界条件后,或者说达到了问题的基本点后,递归开始进行回溯,即(0!=1)→(1!=1×1)→(2!=2×1)→(3!=3×2),最终得出 3!=6。

阶乘递归函数的递推和回溯过程示意图如图 4-5 所示。从上例看,递归过程需要花费很多临时内存单元来保存中间计算结果(空间开销大);另外,运算需要递推和回溯两个过程,这样会花费更长的计算时间(时间开销大)。

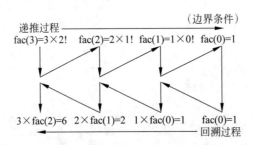

图 4-5 阶乘递归函数的递推和回溯过程示意图

5. 程序设计案例:递归算法求阶乘

【例 4-13】 用 Python 语言编写递归函数,求正整数 $n=5$ 的阶乘值 $n!$。

用 $\mathrm{fac}(n)$ 表示 n 的阶乘值,阶乘的数学定义如下:

$$\mathrm{fac}(n)=n!=\begin{cases}1, & n=0(\text{边界条件})\\ n \cdot (n-1)!, & n \geqslant 1(\text{基本公式})\end{cases}$$

利用递归函数求阶乘值的 Python 程序如下。

1	♯E0413.py	♯【算法 - 递归求阶乘】
2	def fac(n):	♯ 定义递归函数 fac(n)
3	if n == 0:	♯ 判断边界条件,如果 n = 0
4	return 1	♯ 返回值为 1
5	return n * fac(n - 1)	♯ 阶乘函数递归调用,将值返回给调用函数
6	print('5 的阶乘 = ', fac(5))	♯ 调用 fac(n)递归函数,并传入实参 5
	>>> 5 的阶乘 = 120	♯ 程序运行结果

【例 4-14】 用递归算法将十进制数转换为二进制数,Python 程序如下。

1	♯E0414.py	♯【算法 - 递归 10 转 2】
2	def T2B(n):	♯ 定义 T2B(n)递归函数(T2B 为 10 转 2)
3	if n == 0:	♯ 如果传入的参数 = 0
4	return	♯ 函数返回
5	T2B(int(n/2))	♯ 函数递归调用(自己调用自己)
6	print(n % 2, end = '')	♯ 输出二进制数,end = ''为不换行输出
7	print('转换后的二进制数为:')	
8	T2B(200)	♯ 调用 T2B(n)递归函数,并传入实参 200
	>>>转换后的二进制数为: 11001000	♯ 程序运行结果

6. 递归的应用

(1)递归适用的问题。一是数据可以按递归定义(如阶乘、Fibonacci 函数);二是问题可以按递归算法求解(如回溯);三是数据结构可以按递归定义(如树遍历)。递归在函数式编程语言中得到了普遍应用。如在 Haskell 编程语言中,不存在 for、while 等循环控制语句,Haskell 语言强迫程序员使用递归等函数式编程的思维去解决问题。

(2)递归的基本条件。有些问题具有递归特征,如"汉诺塔""快速排序"等,在非数值计算中(如表格、树形结构等)也经常采用递归结构。不是所有问题都能用递归解决,递归解决问题必须满足两个条件:一是通过递归调用可以缩小问题的规模,而且子问题与原问题有相同的形式,即存在递归基本公式;二是存在边界条件,递归达到边界条件时退出递归。递归与迭代的区别在于递归需要回溯,而迭代没有回溯过程。

(3)递归的缺点。递归算法在时间和空间上的开销都很大。一是递归算法比迭代算法运行效率低;二是在递归调用过程中,递归函数每进行一次新调用时,都将创建一批新变量,计算机系统必须为每层的返回点、局部变量等开辟内存单元来存储,如果递归深度过大(调用次数过多),很容易造成内存单元不够而产生数据溢出故障。例如,在 Python 语言中,当递归深度大于 1000 时,将产生内存堆栈溢出故障。

4.2.3 枚举法

1. 枚举法基本算法思想

枚举法也称为穷举法,它的算法思想是:先确定枚举对象、枚举的范围和判定条件。然后依据问题的条件确定答案的大致范围,并对所有可能的情况逐一枚举验证,如果某个情况使验证符合问题的条件(真正解或最优解),则为本问题的一个答案;如果全部情况验证完后均不符合问题的条件,则问题无解。

在枚举算法中,枚举对象的选择非常重要,它直接影响算法的时间复杂度,选择适当的枚举对象可以获得更高的运算效率。枚举法通常会涉及求极值(如最大、最小等)问题。在树形数据结构问题的广度搜索和深度搜索中,也广泛使用枚举法。

对有范围要求的案例,可以通过循环范围控制枚举区间,并且在循环体中根据求解的条件进行选择结构的判别与筛选,求得所要求的解。

枚举法最大的缺点是运算量比较大,解题效率不高,如果枚举范围太大,在时间上就难以承受。但是枚举法思路简单,程序编写和调试容易,如果问题规模不是很大(如运算次数小于 1000 万),采用枚举法不失为一个很好的选择。

2. 程序设计案例:枚举法解鸡兔同笼问题

【例 4-15】 鸡兔同笼问题最早记载于《孙子算经》。原文如下:"今有雉兔同笼,上有三十五头,下有九十四足,问雉兔各几何?"这个问题的大致意思是:在一个笼子里关着若干只鸡和若干只兔,从笼子上面数共有 35 个头,从笼子下面数共有 94 只脚,请问笼中鸡和兔的数量各是多少?

(1)假设笼中鸡有 x 只,兔子有 y 只,根据题目列出以下方程。

$$\begin{cases} x + y = 35（鸡和兔子共 35 个头） \\ 2x + 4y = 94（鸡 2 只脚,兔子 4 只脚,共 94 只脚） \end{cases}$$

(2)外循环开始时,取鸡有 1 只;内循环判断兔子在 1～34 只时是否满足求解方程式,结果不满足。第 2 次外循环时,取鸡有 2 只,内循环判断兔子在 1～34 只时是否满足求解方程式,结果还是不满足。以此类推,直到满足条件表达式,得到一个结果,这就是穷举法。用穷举法求解非常简单,但是计算量大时,时间花费很大。

Python 程序如下。

1	`#E0415.py`	# 【算法 - 枚举法解鸡兔同笼】
2	`for x in range(35):`	# 外循环,统计鸡的数量
3	`    for y in range(35):`	# 内循环,统计兔子的数量
4	`        if 2 * x + 4 * y == 94 and x + y == 35:`	# 判断是否满足求解方程式
5	`            print(f"鸡有{x}只,兔子有{y}只")`	# 输出计算结果
	`>>>鸡有 23 只,兔子有 12 只`	# 程序运行结果

【例 4-16】 水仙花数是指一个 3 位数,各位数字的立方和等于该数本身。如 153 是一个水仙花数,因为 $153 = 1^3 + 5^3 + 3^3$。编程打印 100～1000 的所有水仙花数。

(1)水仙花数是一个 3 位数,因此循环判断从 100 开始,到 1000 结束。

(2)在循环体内,可以利用整除(//)计算百位数;利用整除(//)和求余(%)计算十位数;利用求余(%)计算个位数。

(3)将百位、十位、个位数分别做乘方运算,然后相加,就获得了一个值 n。

(4)将 n 与 k 进行比较,如果两个数值相等,则 k 是水仙花数。

Python 程序如下。

1	♯E0416.py	♯【算法－求水仙花数】
2	for k in range(100, 1000):	♯ 循环范围100～1000
3	a = k // 100	♯ 求百位数(整除)
4	b = (k//10) % 10	♯ 求十位数(整除,求余)
5	c = k % 10	♯ 求个位数(求余)
6	n = a**3＋b**3＋c**3	♯ 计算水仙花数
7	if n == k:	♯ 如果n与k相等,则k为水仙花数
8	print('水仙花数为:', k)	♯ 打印水仙花数
	>>>	♯ 程序运行结果
	水仙花数为: 153	♯ $153 = 1^3 + 5^3 + 3^3$
	水仙花数为: 370	♯ $370 = 3^3 + 7^3 + 0^3$
	水仙花数为: 371	♯ $371 = 3^3 + 7^3 + 1^3$
	水仙花数为: 407	♯ $407 = 4^3 + 0^3 + 7^3$

4.2.4 分治法

1. 问题的规模与分解

用计算机求解问题时,需要的**计算时间与问题规模 N 有关**。问题规模越小,解题所需的计算时间越少。例如,对 n 个元素进行排序,当 $n=1$ 时,不需任何计算;$n=2$ 时,只作 1 次比较即可排好序;$n=3$ 时作 3 次比较即可,以此类推。而当 $n=1000$ 万时,问题就不那么容易处理了。要想解决一个大规模的问题,有时相当困难。问题规模缩小到一定程度后,就可以很容易地解决。随着问题规模的扩大,问题的复杂性也会随之增加。

分治法就是将一个难以直接解决的大问题分割成一些规模较小的相同问题,以便各个击破,分而治之。这个技巧是很多高效算法的基础,如排序算法等。

2. 分治法基本算法思想

分治法的算法思想是:将大问题分解为相互独立的子问题求解,然后将子问题的解合并为大问题的解。这一特征涉及分治法的效率,如果各子问题不独立(如例 4-20 的背包问题),则分治法要做许多不必要的工作,重复地解公共的子问题,此时虽然可用分治法解决,但是效率不高,一般用动态规划法较好。分治法的算法步骤如下。

(1)分解。将问题分解为若干规模较小的子问题,然后对子问题求解。

(2)合并。将各个子问题的解合并为原问题的解。合并是分治法的关键步骤,有些问题的合并方法比较明显,有些问题合并方法比较复杂,或者有多种合并方案;或者合并方案不明显。究竟应该怎样合并,没有统一的模式,需要具体问题具体分析。

分治与递归像一对孪生兄弟,经常同时应用在算法设计之中,并由此产生了许多高效算法。分治法与软件设计的模块化方法也非常相似。利用分治法求解的一些经典问题有归并排序、二分搜索、快速排序、线性时间选择、循环赛日程表、汉诺塔等。

3. 程序设计案例:用分治法进行归并排序

【例 4-17】 利用分治法进行归并排序。假设数据序列为 $[49,38,65,97,76,13,27]$。采用分治法进行归并排序的过程如图 4-6 所示。

归并排序(也称二路归并排序)是将一个数列一分为二,对每个子数列递归排序,最后将排好的子数列组合为一个有序数列。归并排序是"分治法"应用的完美实现。归并排序需要如下两个步骤。

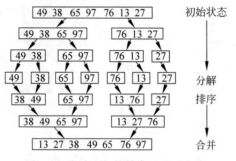

图 4-6　分治法归并排序过程示意图

（1）分解：将数列分为 n 个子数列，每个子数列长度为 1。

（2）合并：重复操作，将两个相邻的有序数列合并成一个有序数列。

Python 程序如下。

```
1    # E0417.py                                          # 【算法 - 分治法归并排序】
2    def merge_sort(nums):                               # 定义排序函数
3        if len(nums) <= 1:                              # 判断输入数列的元素个数
4            return 0                                    # 返回 0 值
5        # 【分解:序列一分为二】
6        mid = len(nums) // 2                            # 确定分界中点
7        L = nums[:mid]                                  # 左边序列列表
8        R = nums[mid:]                                  # 右边序列列表
9        merge_sort(L), merge_sort(R)                    # 递归调用排序函数
10       # 【合并:序列合二为一】
11       i = j = k = 0                                   # 初始化变量
12       while i < len(L) and j < len(R):               # 比较左右两个元素的大小
13           if L[i] <= R[j]:                           # 比较左右两个元素的大小
14               nums[k] = L[i]                         # 将较小值放入列表
15               k += 1                                 # 计数器自加
16               i += 1
17           else:
18               nums[k] = R[j]                         # 右边元素放入列表
19               k += 1                                 # 计数器自加
20               j += 1
21       while i < len(L):                              # 左边没循环完,加在后边
22           nums[k] = L[i]                             # 将左边元素放入列表
23           k += 1                                     # 计数器自加
24           i += 1
25       while j < len(R):                              # 右边没循环完,加在后边
26           nums[k] = R[j]                             # 将右边元素放入列表
27           k += 1                                     # 计数器自加
28           j += 1
29
30   if __name__ == "__main__":                         # 主程序
31       n = int(input("请输入元素个数:"))               # 接收元素个数
32       nums = list(map(int, input("请输入无序数列:").split()))   # 接收无序数列元素
33       merge_sort(nums)                               # 调用排序函数
34       print('归并排序为:', ','.join(map(str, nums)))  # 元素拼接输出
```

>>>	# 程序运行结果
请输入元素个数:7	# 输入元素个数
请输入无序数列:49 38 65 97 76 13 27	# 输入无序序列
归并排序为:13,27,38,49,65,76,97	# 输出排序结果

4.2.5 贪心法

1. 贪心法的特点

贪心法(又称为贪婪算法)是指对问题求解时,总是做出在当前看来是最好的选择。贪心法是一种不追求最优解,只希望得到较为满意解(次优解)的方法。贪心法不能总是获得整体最优解,通常可以获得较优解。

如图 4-7 所示,贪心法只将当前值与下一个值进行比较,因此不能保证解是全局最优的;不能求最大或最小解问题,只能求满足某些约束条件的可行解。

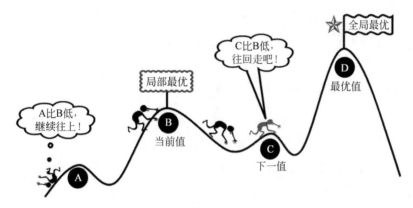

图 4-7　贪心法不能保证找到全局最优解

2. 贪心法基本算法思想

贪心法的基本算法思想如下。

(1)建立数学模型来描述问题。

(2)将求解的问题分成若干子问题。

(3)对每个子问题求解,得到子问题的局部最优解。

(4)将子问题的局部最优解合成为原来问题的一个解。

3. 程序设计案例:贪心法解硬币找零问题

大家在购物找钱时也会用到贪心法,为了使找回的零钱数量最少,贪心法不考虑找零钱的所有方案,而是从最大面值的币种开始,按递减的顺序考虑下一个币种。先尽量用大面值的币种,只有当金额不足大面值币种时才考虑下一个较小面值的币种。

【例 4-18】　假设某国的钱币分为 1 元、3 元、4 元,如果要找零 6 元时,按贪心法:先找 1 张 4 元,再找 1 张 3 元又多了,只能再找 2 张 1 元,共 3 张钱。而实际最优找零是 2 张 3 元就够了,可见贪心法可以得到次优解,不一定能得到最优解。

【例 4-19】　假设某国硬币有 1 分、5 分、10 分、25 分 4 种,1 元等于 100 分。输入一个小于 1 元的金额,然后计算最少需要换成多少枚硬币。

按贪心法思想,首先计算面值最大的 25 分硬币需要多少个,剩下的余额计算 10 分的硬币需要多少个,以此类推,最后累加各种硬币的个数即可。Python 程序如下。

```
1   # E0419.py                                    # 【算法 - 贪心法硬币找零】
2   y = float(input('请输入小于 1 元的金额:'))    # 用户输入数据(转换为浮点数)
3   if 1 <= y <= 0:                                # 判断输入是否错误
4       print('错误:输入金额错误.')                # 输出提示信息
5   else:                                          # 否则
6       y = y * 100                                # 扩大 100 倍,便于下面的运算
7       a = y // 25                                # 计算 25 分硬币数,//为整除运算符
8       b = (y - a * 25) // 10                     # 计算 10 分硬币数
9       c = (y - a * 25 - b * 10) // 5             # 计算 5 分硬币数
10      d = y - a * 25 - b * 10 - c * 5            # 计算 1 分硬币数
11      s = a + b + c + d                          # 计算总计需要硬币数
12      print('需要 25 分硬币数:', int(a))          # 输出需要硬币的数量
13      print('需要 10 分硬币数:', int(b))
14      print('需要 5 分硬币数:', int(c))
15      print('需要 1 分硬币数:', int(d))
16      print('总计需要硬币个数:', int(s))

>>>                                               # 程序运行结果
请输入小于 1 元的金额:0.37
需要 25 分硬币数:1
需要 10 分硬币数:1
需要 5 分硬币数:0
需要 1 分硬币数:2
总计需要硬币个数:4
```

4. 贪心法的应用

贪心法可以解决一些最优化问题,如求图中的最小生成树(图和树是一种数据结构)、求霍夫曼编码等。对于大部分问题,贪心法通常不能找出最佳解,因为贪心法没有测试所有可能的解。贪心法容易过早做决定,因而没法达到最佳解。例如,在图着色问题中使用贪心法时,就无法确保得到最佳解。贪心法的优点在于程序设计简单,而且很多时候能达到较优的近似解。

4.2.6 动态规划

动态规划是一种运筹学方法,“规划”一词的数学含义是“优化”的意思。动态规划是将一个复杂的问题转换为一系列子问题,然后在多轮决策过程中寻找最优解。

1. 动态规划的特征

动态规划是按照问题的时间或空间特征,将问题分解为若干阶段或者若干子问题,然后对所有子问题进行搜索解答。计算过程中,每个解答结果存入一个表格中,作为下面处理问题的基础。每个子问题的解依赖前面一系列子问题的解,最终获得最优解。

动态规划是一种解决问题的方法,不是一种特殊算法,它没有标准的数学表达式。由于问题的性质不同,确定最优解的条件也不相同,因此,**不存在一种万能的动态规划算法**,可以获得各类问题的最优解。

动态规划问题的目标是求解最优值,求解过程必然会用到穷举法。因为要求解最优值

就必须把所有答案(子问题答案)都穷举出来,然后找到其中的最优解。

动态规划对重复出现的子问题,只在第一次遇到时求解,然后将子问题的计算结果存入一个表格(称为"DP表"或"备忘录")里,在后续操作中,如果需要上一个子问题的解,再找出已经求得的答案,不必重新计算。简单地说,**动态规划在解题过程中,对每个子问题只计算一次,这样避免了大量的重复计算,节省了计算时间**。从计算思维的角度看,动态规划是利用空间来换取时间的算法。

动态规划与贪心法的区别在于贪心法对每个子问题的解不能回溯;而动态规划会保存所有子问题的解,并且可以根据这些解判断当前的选择(回溯功能)。

2. 动态规划的三要素

动态规划的三要素是最优子结构、边界和状态转移方程。最优子结构是指每个阶段的最优状态,可以从之前某个阶段的某个状态得到(子问题的最优解能决定这个问题的最优解);边界是指问题最小子集的解(初始范围);状态转移方程描述了两个相邻子问题之间的关系(递推式)。

动态规划解题的核心是找到状态转移方程,状态转移方程其实就是数学上的递推方程。就是通过最基础的问题,一步步递推出最终目标结果。在定义状态转移方程时,有不同的定义方式,不同的定义方式会有不同的递推方程式。一种是通过定义递归方程求解动态规划问题,这是一种自顶向下的求解方式,这种方式通常会有很多重复计算的过程,因此一般通过建立备忘录来记录中间过程;另一种是通过定义动态规划数组求解动态规划问题,这是一种自底向上的求解方式。

3. 动态规划的解题过程

求解动态规划问题一般采用以下方法(下面的 k 表示多轮决策的第 k 轮决策)。

(1)问题分解。按照问题的时间特征或空间特征,把问题分为若干阶段。划分阶段时,注意划分后的阶段一定要是有序的或者是可排序的,否则问题就无法求解。

(2)确定状态变量和决策变量。选择合适的状态变量 $S(k)$,它要能够将问题在各阶段的不同状态表示出来。确定决策变量 $u(k)$,即当前有哪些决策可以选择。

(3)写出状态转移方程。状态转移就是根据上一阶段的状态和决策,导出本阶段的状态,即 $S(k+1)=u(k)\cdot s(k)$。在实际解题时,常常反过来做,即根据相邻两个阶段状态之间的关系,确定决策方法和状态转移方程。

(4)寻找边界条件。给出状态转移方程的递推终止条件或边界条件。

(5)确定目标。写出多轮决策的目标函数 $V(k,n)$,即最终需要达到的目标。

(6)寻找目标的终止条件。

4. 动态规划的应用

动态规划可以用来解决计算科学中的一些经典问题,如背包问题、硬币找零问题、最短路径问题等。动态规划也广泛应用于各种工程领域的决策过程,如货物装载、资源分配、证券投资组合、生产调度、网络流量优化、密钥生成等。

5. 背包问题

背包问题是一种组合优化的 NPC 问题。它一般描述为:给定一组物品,每种物品都有自己的质量和价值,在限定的总质量内,如何选择才能使得物品的总价值最高。也可以将背包问题描述为决定性问题,即在总质量不超过 W 的前提下,总价值的最大值 V 是多少?背包问题有三种类型：一是物品只可以取一次的 0-1 背包问题；二是物品可以取无限次的完全背包问题；三是物品可取次数有一个上限的多重背包问题。

6. 程序设计案例：动态规划解背包问题

背包问题就是求最优值，而动态规划也是求最优值。因此，可以记录下每个状态的最优值是由状态转移方程的哪一项推导而来。这样就可以根据这条策略找到上一个状态，从上一个状态接着向前推即可。

【例 4-20】 如果你准备去旅行，你需要携带一个背包和一些常用物品。假设背包能够承受的最大质量为 20kg，物品的质量和价值如表 4-3 所示，而且物品不可能全部都装在背包里，请问如何选择物品会使背包里物品的价值最高呢？

表 4-3　背包物品质量和价值

物 品 名	质量/kg	价 值
书	2	3
相机	3	4
水	4	8
衣	5	8
食物	9	10

（1）构建动态规划表（DP 表）。背包问题可以采用动态规划或贪心法求解。采用动态规划时定义一个表格，如表 4-4 所示，表头行是背包载物的质量，表头列是背包物品名称，表格中的单元格是放置不同物品时的最大价值。

表 4-4　背包物品的最大价值动态规划表（DP 表）

物 品 名	背包质量和物品最大价值						
	1kg	2kg	3kg	4kg	5kg	…	20kg
书	0	3	3	3	3	…	3
相机	0	3	4	4	7	…	7
水	…	…	…	…	…	…	…
衣	…	…	…	…	…	…	…
食物	0	3	4	8	8	…	29

（2）填写动态规划表。动态规划的解题过程相当于填写动态规划表。填写表格时，根据背包质量选择在该质量下最大价值所组成的物品。**数据填入规则是每行只能拿取当前行和之前行的物品。**填写步骤如下。

步骤 1：表 4-4 第 1 行只有书，没有其他物品，书的质量是 2kg，价值是 3，所以 2kg 和 2kg 以上的背包都可以放入 1 本书，并且在表中填写书的价值 3。

步骤 2：表 4-4 第 2 行可放的物品有书和相机，2kg 背包时只能放入书（价值 3）。3kg 背包可以放书（价值 3），也可以放相机（价值 4），这时取价值最大的物品相机放进背包（价值 4）。4kg 的背包时，也只能放入相机。5kg 以上的背包，则物品会有多种放入方法，如 5kg 的背包可以放入 1 本书（价值 3,2kg）和 1 个相机（价值 4,3kg），这样正好 5kg，价值为 7。其他单元格和其他行的情况,都可以依照以上方法填入。

(3) 状态变量。把 $m(i, W)$ 记为前 i 个物品中($1 \leqslant i \leqslant 5$),不超过 W 质量($1 \leqslant W \leqslant 20$)得到的最大价值,$m(i, W)$ 应该是 $m(i-1, W)$ 和 $m(i-1, W-Wi)+vi$ 两者的最大值,我们从 $m(1, 1)$ 开始计算到 $m(5, 20)$。

(4) 决策变量。定义一个 $m[i, j]$ 数组,它是可选择前 i 个物品时,最大容量为 j 的最大质量。该值将存储在动态规划表中。

(5) 状态转移方程。求解背包问题的状态转移方程如下:
$$m[i][j] = \max(m[i-1][j], \text{当前商品价值} + \text{剩余空间价值}(m[i-1][j - \text{当前商品质量}]))$$

即
$$m[(i, w)] = \max(m[(i-1, w)], m[(i-1, w-wv[i]['w'])] + wv[i]['v'])$$
其中,$m(i, w)$ 为决策变量;i 为第 i 个物品;w 为物品质量;v 为物品价值。

(6) 边界条件。在特殊位置时,如 $m[0][0]$ 单元格,没有 $m[i-1][j]$ 时就填写 0。边界条件和状态转移方程如以下公式所示。

$$m(i, W) = \begin{cases} 0 & \text{if } i = 0 \\ 0 & \text{if } W = 0 \\ \max(m(i-1, W)) & \text{if } wi > W \\ \max\{m(i-1, W), vi + m(i-1), W - wi\} & \text{其他} \end{cases}$$

用动态规划解背包问题的 Python 程序代码如下。

1	#E0420.py	#【算法-动态规划】
2	wv = [None, {'w':2,'v':3}, {'w':3,'v':4}, {'w':4,'v':8}, {'w':5, 'v':8}, {'w':9,'v':10}]	# 质量和价值
3	max_w = 20	# 背包最大承重
4	m = {(i,w):0 for i in range(len(wv)) for w in range(max_w + 1)}	# 初始化二维表 m[(i, w)]
5	for i in range(1, len(wv)):	# 在二维表中填写物品价值
6	print('外循环次数:', i)	
7	for w in range(1, max_w + 1):	
8	if wv[i]['w'] > w:	# 如果装不下第 i 个物品
9	m[(i, w)] = m[(i-1, w)]	# 则不装第 i 个物品
10	else:	# 如果背包还可以装物品, # 则按以下进行
11	m[(i, w)] = max(m[(i-1, w)], m[(i-1, w-wv[i]['w'])]) + wv[i]['v'])	# 状态转移方程
12	print('各个阶段价值:', m[(i, w)])	# 打印 DP 表中的最优值
13	print('背包最大价值为:', m[(len(wv) - 1, max_w)])	# 打印背包最大价值
	>>> 背包最大价值为:29	# 程序运行结果

其中程序第 5 行表示前 i 个物品中最大质量 w 的组合所得到的最大价值。当 i 什么都不取,或 w 上限为 0 时,价值为 0。

程序第 11 行表示不装第 i 个物品和装第 i 个物品时,两种情况下的最大价值。

常用算法和数据结构

4.2.7 筛法求素数

1. 素数的相关知识

一个大于 1 的自然数,如果除了 1 和它本身外,不能被其他自然数整除(除 0 以外),这个数称为素数(或质数);否则称为合数。按规定,1 不算素数,最小的素数是 2,其后依次是 3、5、7、11 等。公元前约 300 年,古希腊数学家欧几里得在《几何原本》中证明了"素数无穷多"。因为素数在正整数中的分布时疏时密、极不规则,迄今为止,没有人发现素数的分布规律,也没有人能用公式计算出所有素数。

素数研究中最负盛名的哥德巴赫(C. Goldbach)猜想认为:**每个大于 2 的偶数都可写成两个素数之和;大于 5 的所有奇数均是 3 个素数之和**。哥德巴赫猜想又称为 1+1 问题。我国数学家陈景润证明了 1+2,即所有大于 2 的偶数都是 1 个素数和只有 2 个素数因数的合数和,国际上称为陈氏定理。素数研究是人类好奇心与求知欲的最好见证。

2. 判定一个数是否为素数的方法

方法 1:对 n 做 $(2, n)$ 范围内的余数判定(如模运算),如果至少有一个数用 n 取余后为 0,则表明 n 为合数;如果所有数都不能整除 n,则 n 为素数。

方法 2:公元前 250 年,古希腊数学家厄拉多赛(Eratosthenes)提出了一个构造出不超过 n 的素数的算法,称为厄拉多赛筛法。它基于一个简单的性质:对正整数 n,如果用 $2 \sim \sqrt{n}$ 的所有整数去除,均无法整除,则 n 为素数。用厄拉多赛筛法可以确定素数搜索的终止条件,缩小搜索范围。

方法 3:如果 n 是合数,那么它必然有一个小于或等于 $\sqrt{n}$ 的素数因子,只需要对 $\sqrt{n}$ 进行素数测试即可。

3. 程序设计案例:穷举法求素数

【例 4-21】 用穷举法列出 1~100 的素数。Python 程序如下。

```
1   # E0421.py                                  # 【算法 - 穷举法求素数】
2   import math                                 # 导入标准模块 - 数学
3   for n in range(2, 100):                     # 外循环,n 在 2~100 顺序取数
4       for j in range(2, round(math.sqrt(n)) + 1):  # 内循环,循环范围:2~sqrt(n) + 1
5           if n % j == 0:                      # 求余运算:如果 n % j = 0,n 就是合数
6               break                           # 退出内循环,返回到上级(外循环)
7       else:                                   # 否则
8           print(n)                            # 打印素数

>>> 2 3 5 7 11 13 … (输出略)                    # 程序运行结果(注:输出为竖行)
```

其中,程序第 4 行的"for j in range( )"语句为内循环,主要功能是判断 n 是否为素数。math. sqrt(n)+1 为内循环终止条件;round( )函数返回浮点数的四舍五入值,主要功能是将开方值转换为整数;range( )函数为顺序生成 2 到内循环结束的整数;j 为内循环临时变量,它的功能是与外循环变量 n 进行求余运算。

程序第 5 行为 n 与 j 进行模运算(求余运算),结果为 0 说明 j 能被 n 整除,它不是素数;如果结果不为 0,则说明 j 是素数。

这是一个可怕的算法,但是并没有错误。当 $n = 1\,000\,000$ 或更大时,机器好长时间都没有计算结果,所以程序有很大的优化空间。

4. 程序设计案例:筛法求素数

筛法求素数采用了逐步求精的算法思想,它大大降低了算法的时间复杂度。

【例 4-22】 图 4-8 所示为用筛法计算 30 以内的素数筛选过程。

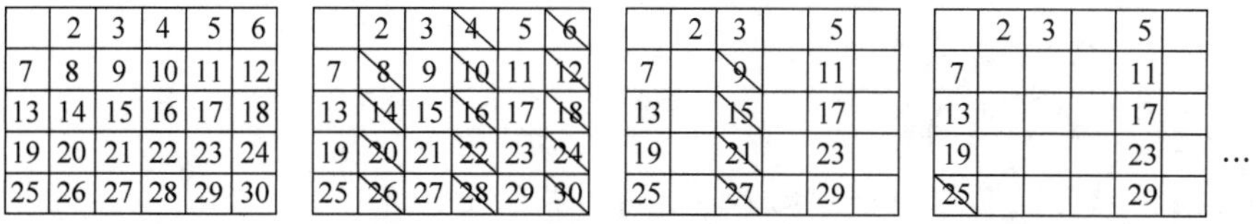

(a) 原始数列　　　(b) 筛去1和2的倍数　　　(c) 筛去3的倍数　　　(d) 筛去5的倍数

图 4-8　素数的筛选过程

(1) 列出从 2 开始的所有自然数,构造一个数字序列:[2, 3, 4, 5, 6, …, 30]。

(2) 取序列的第一个数 2,它一定是素数,然后用 2 把序列里 2 的倍数筛掉,剩余序列为 [2, 3, 5, 7, 9, 11, 13, 15, 17, 19, …, 29],见图 4-8(b)。

(3) 取新序列的第一个数 3,它一定是素数,然后用 3 把序列里 3 的倍数筛掉,剩余序列为 [2, 3, 5, 7, 11, 13, 17, 19, …, 29],见图 4-8(c)。

(4) 取新序列的第一个数 5(因为 4 已经在步骤(2)筛掉了),然后用 5 把序列里 5 的倍数筛掉,剩余序列为 [2, 3, 5, 7, 11, 13, 17, 19, …, 29],见图 4-8(d)。

(5) 按以上步骤不断筛选,到 $\sqrt{30}$ 停止,就可以得到 30 以内的素数。

筛法求素数的 Python 程序如下。

```
1    # E0422.py                                # 【算法 - 筛法求素数】
2    # 【筛法求素数】
3    ss = 10000                                # 素数计算范围
4    x1 = 0                                    # 计算次数计数器初始化
5    k = list(range(1, ss + 1))                # 生成计算范围列表
6    k[0] = 0                                  # 列表索引号初始化
7    for i in range(2, ss + 1):               # 外循环从 2～10000 + 1
8        if k[i - 1] != 0:                    # 如果列表切片不为 0
9            for j in range(i * 2, ss + 1, i): # 起始 i * 2,终止 ss + 1,步长 i
10               k[j - 1] = 0                  # 列表清零
11               x1 = x1 + 1                   # 计算次数累加
12   prime1 = [x for x in k if x != 0]         # 筛选素数(用列表推导式)
13   print(prime1, end = ' ')                  # 打印素数
14   print("筛法求 1 万之内的素数计算次数为:", x1)   # 打印筛法计算次数
15
16   # 【穷举法求素数】
17   ss = 10000                                # 素数计算范围
18   x2 = 0                                    # 计算次数计数器初始化
19   prime2 = []                               # 素数列表初始化
20   for x in range(2, ss + 1):               # 外循环从 2～10000 + 1
21       for y in range(2, x):                # 内循环筛选素数
22           x2 = x2 + 1                       # 计算次数累加
```

常用算法和数据结构

23	if x % y == 0:	# 求余为零,不是素数
24	break	# 强制退出内循环
25	else:	# 否则
26	prime2.append(x)	# 将素数添加到素数列表
27	print(prime2, end = ' ')	# 打印所有素数
28	print("穷举法求 1 万之内的素数计算次数为:", x2)	# 打印穷举法计算次数
>>>		# 程序运行结果
筛法求 1 万之内的素数计算次数为: 23071		
穷举法求 1 万之内的素数计算次数为: 5775223		# 穷举法比筛法运算量高 2 个数量级

说明:筛法程序还可以进一步优化(提示:参考程序 E0421.py)。

4.2.8 随机化算法

1. 随机化算法的特征

通过统计和抽样的随机化方法得到问题的近似解,从计算思维角度来说,就是以时间换取的求解正确性的提高。随机化算法的基本特征是:对某个问题求解时,用随机化算法求解多次后,所得到的结果可能会有很大差别。**解可能既不精确也不是最优,但从某种意义上说是充分的**。随机化算法的类型有数值随机化算法、蒙特卡罗(Monte Carlo)算法、拉斯维加斯(Las Vegas)算法、舍伍德(Sherwood)算法、遗传算法等。

随机数在随机化算法设计中扮演着十分重要的角色。真正的随机数完全没有规律,数字序列也不可重复,它一般采用物理方法产生,如掷骰子、转轮盘、电子噪声等。一般在关键性应用中(如密码学)使用真正的随机数。

计算机中的随机数都是伪随机数。**伪随机数是由随机种子(如系统时钟)根据某个算法(如线性同余算法)计算出来的随机数**。伪随机数并不是假随机数,这里的“伪”是有规律的意思。如果程序采用相同的算法和相同的种子值,那么将会得到相同的随机数序列。在解决实际问题时,往往使用伪随机数就能够满足应用要求了。

2. 蒙特卡罗算法

蒙特卡罗(著名赌城)算法由冯·诺依曼和乌拉姆(Ulam)提出,目的是解决当时核武器中的计算问题。蒙特卡罗算法以概率和统计学的理论为基础,用于求得问题的近似解。蒙特卡罗算法能够求得问题的一个解,但是这个解未必是精确的。蒙特卡罗算法是首先建立一个概率模型,使所求问题的解正好是该模型的参数,或者是其他有关的特征量。然后通过模拟试验,即多次随机抽样试验,统计出某事件发生的百分比。只要试验次数很大,该百分比就会接近事件发生的概率。蒙特卡罗算法在游戏、机器学习、物理、化学、生态学、社会学、经济学等领域都有广泛应用。

3. 程序设计案例:蒙特卡罗算法求 π 值

【例 4-23】 用蒙特卡罗算法计算π值。

如图 4-9 所示,正方形内部有一个半径为 R 的内切圆,它们的面积之比是 π/4。向该正方形内随机投掷 n 个点,设落入圆内的点数为 k。当投点 n 足够大时,$k:n$ 之值也逼近“圆面积:正方形面积”的值,从而可以推导出经验公式:$π≈4k/n$。

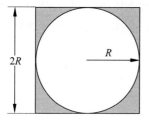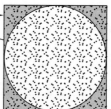

正方形内投点n（距离>1）

圆内投点k（距离≤1）

$$\frac{\text{圆面积}}{\text{正方形面积}} = \frac{\pi R^2}{(2R)^2} = \frac{\pi}{4}$$

$$\frac{\text{圆内投点}}{\text{正方形内投点}} = \frac{k}{n} \approx \frac{\pi}{4}$$

图 4-9 蒙特卡罗算法计算 π 值

蒙特卡罗算法计算 π 值的 Python 程序如下。

```python
1  #E0423.py                                          # 【算法－随机化计算 pi 值】
2  import time                                        # 导入标准模块－时间
3  from math import sqrt                              # 导入标准模块－数学开方函数
4  from random import random                          # 导入标准模块－随机数
5
6  def MC(n):                                          # 定义蒙特卡罗函数(n 为总投点数)
7      k = 0                                           # 初始化同圆内投点数
8      for i in range(n):                             # 循环累计落在圆中的投点数
9          x = random( )                              # 随机生成投点的 x 坐标值
10         y = random( )                              # 随机生成投点的 y 坐标值
11         if sqrt(x * x + y * y) <= 1:               # 距离≤1 则落在圆内(圆半径＝1)
12             k += 1                                  # 落在圆内投点数累加
13     print(f'总投点 = {n};圆内点 = {k};圆外点 = {n - k}')  # 打印投点数
14     return 4 * k/n                                  # 返回经验公式计算的 pi 值
15
16 def pi_time( ):                                     # 定义计时函数
17     global n, pi                                    # 定义 n、pi 为公共变量
18     n = int(input("请输入投点总数 = "))             # 输入总投点数(计算次数)
19     begin = time.time( )                            # 计算开始时间
20     pi = MC(n)                                      # 调用函数计算 pi 值
21     print("蒙特卡罗算法计算的 pi 值为:", pi)          # 输出 pi 模拟计算值
22     end = time.time( )                              # 计算结束时间
23     print("程序处理时间为:%.2fs" % (end - begin))    # 输出计算时间(% 为占位符)
24     return n, pi                                    # 返回投点总数 n 和 pi 值
25
26 def write_file( ):                                  # 定义数据写文件函数
27     with open("pi值.txt", "w") as f:               # 在当前目录创建新文件
28         f.write('计算次数:' + str(n))               # 写入数据,数值 n 转换为字符串
29         f.write('\n计算 pi 值:' + str(pi))          # 写入数据,数值 pi 转换为字符串
30         print('数据写入成功。')
31
32 if __name__ == "__main__":                          # 执行主程序
33     pi_time( )                                       # 调用时间计算函数
34     write_file( )                                    # 调用数据写文件函数
```

```
>>>                                                 # 程序运行结果
请输入投点总数 = 1000000
总投点 = 1000000;圆内点 = 785069;圆外点 = 214931
蒙特卡罗算法计算的 pi 值为: 3.140276
程序处理时间为:0.93s
数据写入成功。
```

其中程序第 11 行的语句"if sqrt(x * x + y * y) <= 1"为判断投点是落在圆内还是圆外；表达式"sqrt(x * x + y * y)"为计算投点与圆心的距离,距离值小于或等于 1 表示投点落在圆内(圆半径=1),距离值大于 1 表示投点落在圆外。

从以上实验结果可以得出以下结论：

(1) 随着投点次数的增加,π 值的准确率也在增加。

(2) 投点次数达到一定规模时,准确率精度增加减缓,因为随机数是伪随机数。

(3) 做多次 100 万个投点测试时,每次运算结果都会不同。

4.2.9 遗传算法

1. 遗传算法概述

遗传算法(Simple Genetic Algorithm,SGA)是根据生物进化模型提出的一种优化算法,常用于机器学习、优化、自适应等问题。遗传算法由繁殖(选择)、交叉(重组)、变异(突变)三个基本操作组成。遗传算法首先在问题解的空间中取一群点,作为遗传开始的第一代。每个点(基因)用二进制字符串表示,基因(字符串)的优劣程度用目标函数衡量。在向下一代遗传演变中,首先把前一代的基因根据目标函数值的概率分配到配对池中,好的基因(字符串)以高概率被复制下来,劣质基因被淘汰。然后将配对池中的基因(字符串)任意配对,并对每个基因进行交叉操作,产生新基因(新字符串)。最后对新基因(字符串)的某一位进行变异,这样就产生了新一代基因。按照以上方法经过数代遗传演变后,在最后一代中得到全局最优解或近似最优解。

2. 遗传算法简单案例

【例 4-24】 女性计算科学专家米歇尔(Melanie Mitchell)在《复杂》一书中设计了一个场景：在一个 10×10 的棋盘中,每个格子代表一个房间,其中一半房间随机放置了一些易拉罐作为垃圾。假设由一个只能看到前后左右房间的机器人来收集这些易拉罐,给机器人编制一个算法,让它根据不同情况采取不同动作,在规定时间内捡到最多的易拉罐垃圾。米歇尔设计了一个策略,如果机器人所在房间内正好有一个易拉罐,则机器人把它捡起来；如果当前房间没有易拉罐,则机器人就往别的房间查找。遗传算法过程如下。

(1) 随机生成 200 个策略(即 200 个基因),这些策略可能非常愚蠢,也许机器人一动就会撞墙,但是先不管那么多,进化的要点是人完全不参与设计。

(2) 计算这 200 个"基因"的适应度。也就是说,用很多个有不同易拉罐布局的游戏去测试这些"基因",看最后哪些"基因"的得分更高。

(3) 把适应度高的"基因"筛选出来,让它们两两随机配对。适应度越高的"基因"获得配对的机会越多,"生育"的下一代基因都从父母处各获得一半基因,而且进行变异(即每个新基因随机改变几个参数),这样得到下一代 200 个"新基因"。

(4) 对新一代的"基因"重复第(2)步。这样经过 1000 代之后,就会得到 200 个具有优秀策略的"基因"。其中最好的基因居然能让机器人自动从外围绕着圈往里走,从而在有限时间内遍历更多的房间。

遗传算法的惊人之处不在于哪个具体基因的高明,而在于这些基因之间的配合。甚至有些基因会做出反直觉的动作,如在当前房间有易拉罐时不捡,而这是为了配合其他基因给未来的行动路线做一个标记。让人们设计一个基因也许很容易，但是设计出不同基因的相互配合是非常困难的事情。

3. 遗传算法基本原理

选择是从群体中选择优胜的个体，淘汰劣质个体，即从第 t 代群体 $P(t)$ 中选择出一些优良的个体遗传到下一代群体 $P(t+1)$ 中。轮盘赌选择法是最简单也是最常用的方法。该方法中，个体的选择概率和它的适应度值成比例，需要进行多轮选择。

交叉是将群体 $P(t)$ 内的个体随机搭配成对，对每个个体，以某个概率 P_c（交叉概率）交换它们之间的部分染色体。最常用的方法为单点交叉，具体操作是：在个体串中随机设定一个交叉点，该点前或后的两个个体部分结构进行互换，并生成两个新个体。

变异是对群体 $P(t)$ 中的每个个体，以设定的变异概率 P_m（一般为 $0.001 \sim 0.1$）改变某一个或一些基因的基因值。变异的目的是：使遗传算法具有局部随机搜索能力；使遗传算法维持群体的多样性。

遗传算法的停止准则是：当最优个体的适应度达到给定值，或者最优个体的适应度不再上升，或者迭代次数达到预设参数时（一般为 $100 \sim 500$ 代），算法终止。

4. 遗传算法的基本流程

遗传算法中，交叉具有全局搜索能力，因此作为主要操作；变异具有局部搜索能力，因而作为辅助操作。遗传算法通过交叉和变异这对相互配合又相互竞争的操作，使其具备兼顾全局和局部的搜索能力。遗传算法流程图如图 4-10 所示，遗传算法伪代码如下。

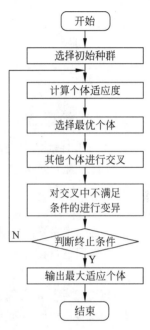

图 4-10 遗传算法流程图

1	Begin	# 伪代码开始
2	t = 0	
3	初始化种群 P(t);	
4	计算 P(t)的适应值	
5	while 迭代条件：	
6	t = t + 1	
7	从 P(t-1)中选择 P(t)	# 选择
8	重组 P(t)	# 交叉
9	计算 P(t)的适应值	# 变异
10	判断迭代终止条件	
11	输出最优基因个体	
12	End	# 伪代码结束

5. 遗传算法的不足

遗传算法还有大量的问题需要研究，目前还有各种不足。首先是变量多，当取值范围大或无给定范围时，收敛速度下降；其次是遗传算法可以找到最优近似解，但无法精确确定最优解的位置；最后是遗传算法的参数选择没有定量的方法。遗传算法还需要进一步研究它

常用算法和数据结构

的数学基础理论,以及遗传算法的通用编程形式等。

说明:用遗传算法解旅行商问题,参见本书配套教学资源程序F4-1.py。

4.3 排序与查找

将杂乱无章的数据通过算法按关键字顺序排列的过程称为排序。常见的排序算法有冒泡排序、插入排序、快速排序、选择排序、堆排序、归并排序等。查找是利用计算机的高性能,有目的地查找一个问题解的部分或所有可能情况,从而获得问题的解决方案。排序通常是查找的前期操作。常用查找算法有顺序查找、二分查找、分块查找(索引查找)、广度优先搜索(Breadth First Search,BFS)、深度优先搜索(Depth First Search,DFS)、启发式搜索等。

4.3.1 冒泡排序

1. 排序算法的基本操作

所有排序都有两个基本操作:一是关键字值大小的比较;二是改变元素的位置。排序元素的具体处理方式依赖于元素的存储形式,对于顺序存储型元素,一般移动元素本身;而对于采用链表存储的元素,一般通过改变指向元素的指针实现重定位。

为了简化排序算法的描述,绝大部分算法只考虑对元素的;一个关键字进行排序(如对职工工资数据进行排序时,只考虑应发工资,忽略其他关键字);一般假设排序元素的存储结构为数组或列表;一般约定排序结果为关键字的值递增排列(升序)。

2. 冒泡排序算法案例分析

【例4-25】 初始序列为[7,2,5,3,1],要求排序后按升序排列。

冒泡排序是最简单的排序算法。采用冒泡排序时,最小的元素跑到顶部(左端),最大的元素沉到底部(右端)。冒泡排序过程如图4-11所示。

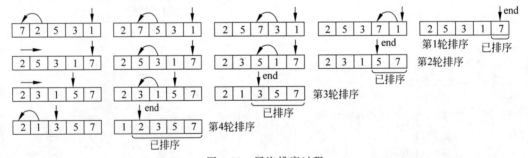

图 4-11 冒泡排序过程

冒泡排序的算法思想是将两个相邻的元素相互比较,如果比较发现次序不对,则将两个元素的位置互换。依次由左往右(由下往上)比较,最终较大的元素会向上(右端)浮起,犹如冒泡一般。

3. 程序设计案例:冒泡排序

冒泡算法的Python程序如下。

```
1   #E0425.py                                              #【算法－冒泡排序】
2   def bubbleSort(nums):                                  # 定义冒泡排序函数
3       for i in range(len(nums) - 1):                     # 外循环控制排序轮数
4           for j in range(len(nums) - i - 1):             # 内循环负责两个元素的比较
5               if nums[j] > nums[j + 1]:                  # 判断两个元素的大小
6                   nums[j], nums[j + 1] = nums[j + 1], nums[j]  # 交换两个元素的位置
7           print(f'第{i}轮排序', nums)                     # 输出每轮冒泡排序的结果
8       return nums                                        # 函数返回
9
10  nums = [7, 2, 5, 3, 1]                                 # 定义初始元素列表
11  print(bubbleSort(nums))                                # 调用冒泡排序函数
>>> 第 0 轮排序 [2, 5, 3, 1, 7]…(输出略)                   # 程序运行结果
```

4. 冒泡排序算法分析

冒泡排序是一种效率低下的排序方法,在元素规模很小时可以采用。当元素规模较大时,最好用其他排序方法。

冒泡排序法不需要占用太多的内存空间,仅需要一个交换时进行元素暂存的临时变量存储空间,因此空间复杂度为 $O(1)$,不浪费内存空间。

在最好的情况下,元素列表本来就是有序的,一趟扫描即可结束,共比较 $n-1$ 次,无须交换。在最坏的情况下,元素逆序排列,则共需要做 $n-1$ 次扫描,每次扫描都必须比较 $n-i$ 次,因此共需做 $n(n-1)/2$ 次比较和交换,时间复杂度为 $O(n^2)$。

4.3.2 插入排序

1. 扑克牌的排序方法

插入排序非常类似于玩扑克牌时的排序方法。开始摸牌时,左手是空的,牌面朝下放在桌上。接着,右手从桌上摸起一张牌,并将它插入左手牌中的正确位置,如图 4-12 所示。为了找到这张牌的正确位置,要将它与手中已有的牌从右到左进行比较。无论什么时候,左手中都是已经排好序的扑克牌。

例如,左手中已经有 10、J、Q、A 四张牌,右手现在抓到一张 K,这时将 K 和左手中的牌从右到左依次比较,K 比 A 小,因此再往左比较,这时 K 比 Q 大,好,就插在这里。为什么比较了 A 和 Q 就可以确定 K 的位置了? 这里有一个重要的前提:左手的牌已经排序。因此插入 K 之后,左手的牌仍然按序排列,下次抓到牌还可以用以上方法插入。插入排序算法也是同样的道理,与扑克牌不同的是不能在两个相邻元素之间直接插入一个新元素,而是需要将插入点之后的元素依次往右移动一个存储单元,腾出 1 个存储单元来插入新元素。

图 4-12 扑克牌的插入排序过程

2. 程序设计案例:插入排序

【例 4-26】 假设元素的初始序列为[7,2,5,3,1],要求按升序排列。

直接插入排序过程如表 4-5 所示。

常用算法和数据结构

表 4-5 插入排序过程

指针	元素插入排序过程						说　明
列表	a[0]	a[1]	a[2]	a[3]	a[4]	a[5]	列表 a[i] 为元素存储单元,key 为临时变量
序列		7	2	5	3	1	序列的初始状态
i=1	7			5	3	1	key=7,将 key 左移到 a[0],作为已排序好的元素
i=2	2	7		5	3	1	key=2,比较 key<7,7 左移,key 插入 a[0]
i=3	2	5	7		3	1	key=5,比较 2<key<7,7 左移,key 插入 a[1]
i=4	2	3	5	7		1	key=3,比较 2<key<5<7,5、7 左移,key 插入 a[1]
i=5	1	2	3	5	7		key=1,key<2<3<5<7,2、3、5、7 左移,key 插入 a[0]

插入排序的 Python 程序如下。

```
1    # E0426.py                                      # 【算法－插入排序】
2    def insertSort(nums):                           # 定义排序函数
3        for i in range(len(nums)):                  # 外循环控制排序轮数
4            key = i                                 # 插入元素指针 key 赋值
5            while key > 0:                          # 内循环负责两个元素的比较
6                if nums[key - 1] > nums[key]:       # 判断两个元素的大小
7                    nums[key - 1], nums[key] = nums[key],\
8                        nums[key - 1]               # 交换两个元素的位置
9                key -= 1                            # 移动指针 key 位置
10           print(f'第{i}轮排序', nums)              # 输出每轮排序结果
11       return nums                                 # 返回排序结果
12
13   nums = [7, 2, 5, 3, 1]                          # 定义初始元素列表
14   print(insertSort(nums))                         # 调用排序函数和打印排序结果
     >>>第 0 轮排序 [7, 2, 5, 3, 1]…(输出略)          # 程序运行结果
```

3. 插入排序算法分析

插入排序的元素比较次数和元素移动次数与元素的初始排列有关。在最好的情况下,列表元素已按关键字从小到大有序排列,每次只需要与前面有序元素的最后一个元素比较 1 次,移动 2 次元素,总的比较次数为 $n-1$,元素移动次数为 $2(n-1)$,算法复杂度为 $O(n)$;在平均情况下,元素的比较次数和移动次数约为 $n^2/4$,算法复杂度为 $O(n)$;最坏的情况是列表元素逆序排列,其时间复杂度是 $O(n^2)$。

插入排序是一种稳定的排序方法,它最大的优点是算法思想简单,在元素较少时,是比较好的排序方法。

4.3.3 快速排序

1. 快速排序算法思想

快速排序采用分治法的思想,从序列中选取一个基准数,通过第一轮排序,将序列分割

成两部分,其中一部分元素的值小于基准数,另一部分元素的值大于或等于基准数,然后分别对两个子序列进行递归或迭代排序,达到整个序列排序的目的。

(1) 选择基准数。从序列中选出一个元素作为基准数(也称为关键字)。基准数的选择方法有:取序列第一个或最后一个元素作为基准数;或者取序列中间位置的元素(序列长度//2)作为基准数;或者取序列任意位置的元素作为基准数。

(2) 分割序列。用基准数把序列分成两个子序列。这时基准数左侧的元素小于或等于基准数,右侧的元素大于基准数(以上过程称为第 1 轮快速排序)。

(3) 递归排序。对分割后的子序列按步骤(1)和步骤(2)再进行分割,直到所有子序列为空,或者只有一个元素,这时整个快速排序完成(类似于二分查找)。

2. 程序设计案例: 快速排序

【例 4-27】 对序列[6, 3, 7, 5, 1, 4, 9, 2, 0, 8]中的元素进行快速排序。

(1) 第 1 轮快速排序。如图 4-13 所示,选择序列长度整除 2 的商作为基准数的索引号,即: mid=data[len(data)//2]=data[5]=4。接着创建左右两个子序列。然后**以基准数作为分界值,对原始序列从左到右进行循环扫描,将大于或等于基准数的元素放入右子序列;小于基准数的元素放入左子序列**。第 1 轮排序结果如图 4-13 所示。

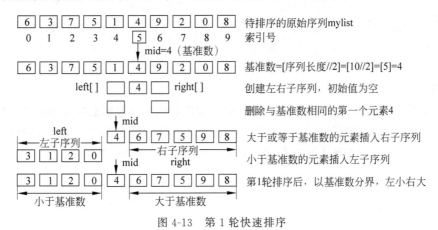

图 4-13　第 1 轮快速排序

(2) 第 2 轮递归排序。第 2 轮排序采用递归函数,对左子序列(其中元素小于基准数)的元素按步骤(1)的方法进行递归排序。

(3) 第 3 轮递归排序。第 3 轮排序采用递归函数,对右子序列(其中元素大于基准数)的元素按步骤(1)的方法进行递归排序。

由以上步骤可以看出,第 1 轮快速排序是将序列分为左右两部分;第 2 轮递归排序将左子序列排好序;第 3 轮递归排序将右子序列排好序。当左、右两个子序列的元素排序完成后,整个序列的排序也就完成了。Python 快速排序程序如下。

1	♯E0427.py	♯【算法 - 快速排序】
2	def quick_sort(data):	♯ 定义快速排序递归函数
3	if len(data) >= 2:	♯ 序列大于或等于 2 个元素时
4	mid = data[len(data)//2]	♯ 基准数 = 索引号[序列长度整除 2]
5	print('基准数: ', mid)	♯ 打印基准数
6	left, right = [], []	♯ 创建左、右子序列,初始值为空

常用算法和数据结构

7	`        data.remove(mid)`	# 删除与基准数相同的第一个元素
8	`        for n in data:`	# 对序列进行循环比较
9	`            if n >= mid:`	# 元素与基准数比较(降序将>=改为<=)
10	`                right.append(n)`	# 大于或等于基准数的元素插入右子序列
11	`                print('右序列元素: ', n)`	# 打印右子序列元素
12	`            else:`	
13	`                left.append(n)`	# 小于基准数的元素插入左子序列
14	`                print('左序列元素: ', n)`	# 打印左子序列
15	`        print('剩余序列: ', data)`	# 打印剩余序列
16	`        L = quick_sort(left)`	# 对左子序列进行递归排序
17	`        print('左子序列', L)`	# 打印左子序列
18	`        R = quick_sort(right)`	# 对右子序列进行递归排序
19	`        print('右子序列', R)`	# 打印右子序列元素
20	`        return L + [mid] + R`	# 返回排序结果(左序列+基准值+右序列)
21	`    else:`	
22	`        return data`	# 序列元素个数小于2时返回原始序列
23		
24	`mylist = [6, 3, 7, 5, 1, 4, 9, 2, 0, 8]`	# 定义待排序的序列
25	`print('待排序序列: ', mylist)`	# 打印原始序列
26	`print('快速排序结果: ', quick_sort(mylist))`	# 调用快速排序递归函数
	`>>> …(输出略)`	# 程序运行结果

程序第 5、11、14、15、17、19 行为说明排序中间过程的语句,可删除。

3. 快速排序算法分析

快速排序是跳跃式排序,速度比较快。快速排序的效率与原始数据排列有关,并且基准数的选取对排序性能影响很大,它是性能不稳定的排序算法。快速排序的最好时间复杂度为 $O(n\log(n))$;平均时间复杂度为 $O(n\log(n))$;最差时间复杂度为 $O(n^2)$。

4.3.4 二分查找

1. 二分查找算法分析案例

在列表中查找一个元素的位置时,如果列表是无序的,则只能用穷举法逐个顺序查找;但如果列表是有序的,就可以用二分查找(折半查找、二分搜索)算法。

【**例 4-28**】 某序列为[12,15,21,33,34,42,55,58,60,80],假设要查找的数字是 58,则二分查找过程如图 4-14 所示。

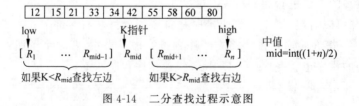

图 4-14 二分查找过程示意图

2. 程序设计案例:二分查找

有序序列二分查找过程的 Python 程序如下。

```
1    #E0428.py                                      #【算法-二分查找】
2    def search_data(list, data_find):              # 定义二分查找函数
3        mid = int(len(list) / 2)                    # 中间值=列表长度/2
4        if list[mid] >= 1:                          # 从1开始的列表内查找
5            if list[mid] > data_find:               # 如果要找的元素比中间值小
6                print(f'元素比中间值{list[mid]}小。')    # 显示查找中间结果
7                search_data(list[:mid], data_find)  # 递归调用,在中间值左侧查找
8            elif list[mid] < data_find:             # 如果要找的元素比中间值大
9                print(f'元素比中间值{list[mid]}大。')    # 显示查找中间结果
10               search_data(list[mid:], data_find)  # 递归调用,在中间值右侧查找
11           else:                                   # 否则
12               print(f'找到的元素为:{list[mid]}。')     # 输出找到信息
13       else:                                       # 否则
14           print('不好意思,没有找到您需要的元素。')        # 输出没有找到信息
15
16   list = [12, 15, 21, 33, 34, 42, 55, 58, 60, 80]  # 创建元素列表
17   search_data(list, 58)                            # 调用函数,查找元素58

>>> 元素比中间值42大。                                 # 程序运行结果
    找到的元素为:58。
```

【例 4-29】 用二分法查找无序列表中元素的最大值。

将无序序列分成两个等长的列表,寻找每个部分最大的数,然后比较结果。Python 程序如下。

```
1    #E0429.py                                      #【算法-二分法求列表最大值】
2    def maximum(lst, b, e):                        # 定义函数,lst 为列表,b 为起始元素
3        if b == e:                                  # e 为结束元素
4            return lst[b]                           # 返回列表
5        m = (b + e) // 2                            # 中间值=列表长度//2
6        x = maximum(lst, b, m)                      # 递归调用查找
7        y = maximum(lst, m + 1, e)                  # 递归调用查找
8        return x if x > y else y                    # 返回最大元素值
9
10   myList = [34, 21, 33, 42, 60, 12, 55, 15, 80, 58]  # 定义元素序列
11   print("最大元素是:", maximum(myList, 0, 9))        # myList 元素列表,0 起始,9 终止

>>> 最大元素是: 80                                    # 程序运行结果
```

3. 二分查找算法分析

二分查找算法是不断将列表进行对半分割,每次拿中间元素和查找元素比较。如果匹配成功,则宣布查找成功,并指出查找元素的位置;如果匹配不成功,则继续进行二分查找;如果最后一个元素仍然没有匹配成功,则宣布查找元素不在列表中。

二分查找算法的平均复杂度为 $O(\log n)$,而顺序查找的平均复杂度为 $O(n/2)$,当 n 越来越大时,二分查找算法的优势也就越来越明显。

二分查找算法的优点是比较次数少,查找速度快,平均性能好;缺点是要求待查列表为有序表。二分查找算法适用于不经常变动而查找频繁的有序列表。

常用算法和数据结构

4.3.5 分块查找

分块查找又称为索引查找(或分组查找),它是对顺序查找的一种改进算法。分块查找适用于记录数量非常多的情况,如大型数据库记录查找。

1. 分块查找时的存储结构

分块查找需要对数据列表建立一个主表和一个索引表。

主表结构。将主表 $R[1..n]$ 均分为 b 块,前 $b-1$ 块中节点数为 $s=[n/b]$,第 b 块的节点数小于或等于 s。每块中的关键字不一定有序,但前一块中的最大关键字必须小于后一块中的最小关键字,即主表是"分块有序"的。

索引表结构。抽取各块中的关键字最大值和它的起始地址构成一个索引表 $ID[i..b]$,即 $ID[i]$($1 \leqslant i \leqslant b$)中存放第 i 块的关键字最大值和该块在表 R 中的起始地址。由于表 R 是分块有序的,所以索引表是一个递增有序表。

【例 4-30】 如图 4-15 所示,其中主表 R 有 18 个节点,被分成 3 块,每块 6 个节点。第 1 块中最大关键字 22 小于第 2 块中最小关键字 24,第 2 块中最大关键字 48 小于第 3 块中最小关键字 49。第 3 块中的最大关键字为 86。

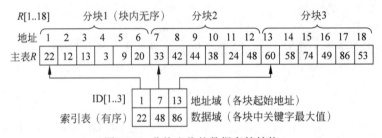

图 4-15 分块查找的数据存储结构

2. 分块查找的基本算法思想

(1) 查找索引表。由于索引表是有序表,可采用二分查找或顺序查找,以确定待查的节点在哪一块。

(2) 在已确定的块中进行顺序查找。由于主表分块内为无序状态,因此只能进行顺序查找。

【例 4-31】 如图 4-15 所示,查找关键字 $K=24$ 的节点。

首先将 K 依次与索引表中各个关键字进行比较。找到索引表第 1 个关键字的值小于 K 值,因此节点不在主表第 1 块中。由于 $K<48$,所以如果存在关键字为 24 的节点,则必定在第 2 块中。然后,找到第 2 块的起始地址为 7,从该地址开始在主表 $R[7..12]$ 中进行顺序查找,直到 $R[11]=K$ 为止。

【例 4-32】 如图 4-15 所示,查找关键字 $K=30$ 的节点。

先确定在主表第 2 块,然后在该块中查找。由于在该块中查找不成功,因此说明表中不存在关键字为 30 的节点,给出出错提示。

3. 分块查找的特点

在实际应用中,主表不一定要分成大小相等的若干块,可根据主表的特征进行分块。例如,一个学校的学生登记表可按系号或班号分块。

分块查找算法的效率介于顺序查找和二分查找之间。

分块查找的优点是块内记录随意存放,插入或删除较容易,无须移动大量记录。

分块查找的代价是增加了一个辅助数组的存储空间以及初始表的分块排序运算。

说明:分块查找程序案例,参见本书配套教学资源程序 F4-2.py。

4.4 数 据 结 构

可以想象,将一大堆杂乱无章的数据交给计算机处理很不明智,其后果是计算机处理效率很低,有时甚至无法进行处理。于是人们开始考虑如何更有效地描述、表示、存储数据,这就是数据结构需要解决的问题。

4.4.1 基本概念

1. 数据结构的发展

早期计算机的主要功能是处理数值计算问题。由于涉及的运算对象是整数、实数(浮点数),或布尔类型的逻辑数据,因此,专家们的主要精力集中在程序设计的技巧上,而无须重视数据结构问题。随着计算机应用的不断扩大,非数值计算问题越来越广泛。非数值计算涉及的数据类型更为复杂,数据之间的相互关系很难用数学方程式加以描述。因此,解决非数值计算问题不仅是需要合适的数学模型,而且需要设计出合适的数据结构,才能有效地解决问题。

1968 年,高德纳开创了数据结构的最初体系,他所著的《计算机程序设计艺术》第一卷《基本算法》是第一本系统阐述数据结构的著作。瑞士计算科学专家尼古拉斯·沃斯(Niklaus Emil Wirth,1984 年获图灵奖)在 1976 年出版的著作中指出,算法+数据结构=程序,可见数据结构在程序设计中的重要性。

2. 实际工作中的数据结构问题

【例 4-33】 用二维表描述问题。如表 4-6 所示,学生基本情况表记录了学生的学号、姓名、成绩等信息。表中每位学生的信息排在一行,这一行称为记录。二维表是一个结构化数据,对整个表来说,每条记录就是一个节点。对于表中一条记录来说,学号、姓名、成绩等元素存在一一对应的线性关系。可以用一片连续的内存单元存放表中的记录(存储结构),利用这种数据结构,可以对表中数据进行查询、修改、删除等操作。

表 4-6 学生基本情况表

学 号	姓 名	专 业	成 绩 1	成 绩 2
G2021060102	韩屏西	公路1	85	88
G2021060103	郑秋月	公路1	88	75
T2021060107	孙小天	土木2	88	90
T2021060110	朱星长	土木2	82	78

【例 4-34】 用树形结构描述问题。如计算机文件系统中,根目录下有很多子目录和文件,每个子目录又包含多个下级子目录和文件,但每个子目录只有一个父目录。这是一种典型的树形结构,数据之间为一对多的关系,这是一种非线性数据结构。如各种棋类活动中,

存在不同的棋盘状态,这些状态很难用数学公式表达,而利用"树结构"描述棋盘状态非常方便。树形结构案例如图 4-16 所示。

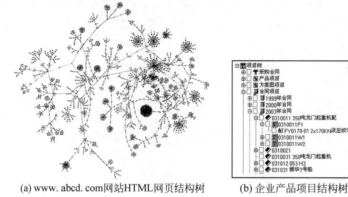

(a) www. abcd. com网站HTML网页结构树　　(b) 企业产品项目结构树

图 4-16　树形结构在实际工作中的应用

【例 4-35】 用图结构描述问题。美国化学与生物工程师阿马尔(Luis Amaral)发明了一种足球评分系统,在模型中,球员运动轨迹被看作网络,球员是其中的节点,模型重点分析球员之间的传球而不是个人表现。图 4-17(a)中的传球和射门线路构成了一个网状图形结构,如图 4-17(b)所示,节点与节点之间形成多对多的关系,这是一种非线性结构。另外,交叉路口红绿灯的管理问题、哥尼斯堡七桥问题、逻辑电路设计问题、数据库管理系统等问题,均无法用传统的数学模型描述,需要采用数据结构中的"图"进行描述。

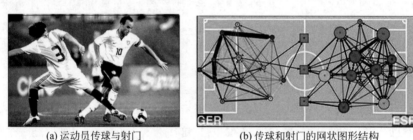

(a) 运动员传球与射门　　　　(b) 传球和射门的网状图形结构

图 4-17　足球运动员传球和射门的网状模型

由以上案例可见,描述非数值计算问题的数学模型不再是数学方程式,而是表、树、图之类的数据结构。

3. 数据结构的定义

数据是计算机处理符号的总称。由于数据的类型有整数、浮点数、复数、字符串、逻辑值等类型,因此,在数据结构和程序中,往往将数据统称为"元素"。

数据之间的关系称为"结构",数据结构是研究数据的逻辑结构和物理存储结构,以及它们之间的相互关系。如图 4-18 所示,数据结构主要研究以下三方面的内容:数据的逻辑结构;数据的物理存储结构;数据的运算方式。算法设计取决于数据的逻辑结构(如栈、队列、树等),算法实现取决于数据的物理存储结构(如顺序存储、索引存储等)。

4. 数据结构的类型

任何问题中,数据之间都存在这样或那样的关系(或称结构)。如图 4-19 所示,根据数据之间关系的不同特性，数据逻辑结构有四种基本类型：集合结构（无序的松散关系）、线性结构（一一对应关系）、树形结构（一对多关系）和图形结构（多对多关系）。

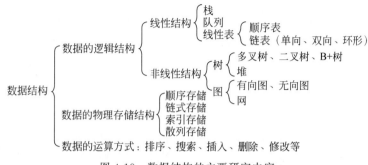

图 4-18   数据结构的主要研究内容

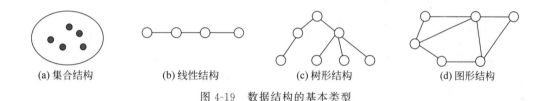

图 4-19   数据结构的基本类型

（1）集合结构。如图 4-19(a)所示，集合结构中，数据之间的关系是"属于同一个集合"。由于集合是数据之间关系极为松散的一种结构，因此也可用其他数据结构来表示。

（2）线性结构。如图 4-19(b)所示，线性结构的数据之间存在一对一关系。线性结构有线性表（一维数组、顺序表、链表等）、栈、队列等。

（3）树形结构。如图 4-19(c)所示，树形结构的数据之间存在一对多关系。树形结构有二叉树、B 树、B＋树（注意，没有 B 减树）、最优二叉树（霍夫曼树）、二叉搜索树、红黑树等。**树是一种最常用的高效数据结构**，许多算法可以用这种数据结构来实现。树的优点是查找、插入、删除都很快；缺点是节点删除算法复杂。

（4）图形结构。如图 4-19(d)所示，图形结构的元素之间存在多对多关系，图形结构有无向图和有向图。如果图形结构中的边具有不同值，这种图形结构称为网图结构。图的优点是对现实世界建模非常方便；缺点是算法相对复杂。

4.4.2　线性结构

线性结构是最简单也是最常用的一种数据结构。线性结构中元素之间是一对一的关系，即除了第一个和最后一个元素之外，其他元素都首尾相接。在实际应用中，线性结构的形式有字符串、列表、一维数组、栈、队列、链表等数据结构。

1. 栈

栈（Stack）也称为"堆栈"，但不能称为"堆"，"堆"是另外的概念。**栈的特点是先进后出**。栈是一种特殊的线性表，栈中数据插入和删除都在栈顶进行。允许插入和删除的一端称为栈顶，另一端称为栈底。如图 4-20 所示，元素 $a_1, a_2, \cdots, a_n$ 顺序进栈，因此栈底元素是 a_1，栈顶元素是 a_n。不含任何元素的栈称为空栈。栈的存储结构可用数组或单向链表表示。

常用算法和数据结构

栈的常用操作有初始化、进栈（Push）、出栈（Pop）、取最栈顶元素（Top）判断栈是否为空。在程序的递归运算中,经常需要用到栈这种数据结构。

2. 队列

队列（Queue）和栈的区别是：栈先进后出,**队列先进先出**,如图 4-21 所示。在队列中,允许插入的一端称为队尾,允许删除的一端称为队首。新插入的元素只能添加到队尾,被删除的元素只能是排在队首的元素。

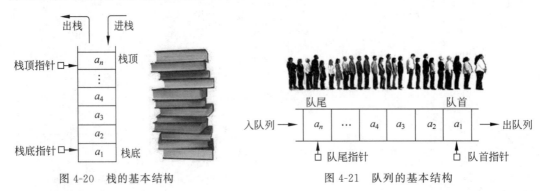

图 4-20　栈的基本结构　　　　　　图 4-21　队列的基本结构

队列与现实生活中的购物排队十分相似。排队的规则是不允许"插队",新加入的成员只能排在队尾,而且队列中全体成员只能按顺序向前移动,当到达队首并获得服务后离队。排队中的任何成员可以中途离队,但这对于队列来说是不允许的。

队列经常用作"缓冲区",例如,有一批从网络传输来的数据,处理需要较长的时间,而数据到达的时间间隔并不均匀,有时快,有时慢。如果采用先来先处理、后来后处理的算法,可以创建一个队列,用来缓存这些数据,出队一笔,处理一笔,直到队列为空。

【例 4-36】 队列操作的 Python 程序如下。

1	>>> import queue	# 导入标准模块－队列
2	>>> q = queue.Queue(5)	# 定义单向队列,队列长度为5(默认为无限长)
3	>>> q.put(123)	# 队列赋值
4	>>> print(q.get())	# 获取和打印队列
	123	
5	>>> q = queue.LifoQueue()	# 定义后进先出队列
6	>>> q.put('黄河')	
7	>>> q.put('长江')	
8	>>> print(q.get())	# 获取和打印队列
	长江	
9	>>> q = queue.PriorityQueue()	# 定义优先级队列
10	>>> q.put((3, '进程1'))	# 队列赋值
11	>>> q.put((1, '进程2'))	
12	>>> print(q.get())	# 获取和打印高优先级队列
	(1, '进程2')	

3. 单向链表

链表由一连串节点组成,每个节点包含一个存储数据的数据域（data）和一个后继存储位置的指针域（next）。如图 4-22 所示,链表的基本结构有单向链表、双向链表和环形链表。

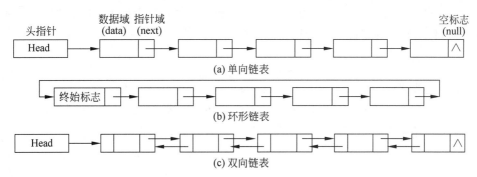

图 4-22　链表的基本结构

　　链表的优点是存储单元可以是连续的,也可以是不连续的;而且允许在链表的任意节点之间插入和删除节点;链表克服了数组需要预先知道数据多少的缺点,链表可以灵活地实现内存动态管理。链表存储的缺点:不能随机读取数据,查找一个数据时,必须从链表头开始查找,十分麻烦;由于增加了节点的指针域,存储空间开销较大。

　　链表作为一种基础数据结构,可以用来生成其他类型的数据结构。链表可以在多种编程语言中实现,像 LISP 和 Scheme 编程语言中就包含了链表的存取操作。C/C++、Java 等程序语言需要其他数据类型(如数组和指针等)来生成链表。

　　环形链表有终、始标志,这个节点不存储数据,链表末尾指针指向这个节点,形成一个"环形链表",这样无论在链表的哪里插入新元素,不必判断链表的头和尾。

　　如图 4-23 所示,如果知道了插入节点的位置,可以进行节点的插入和删除操作。

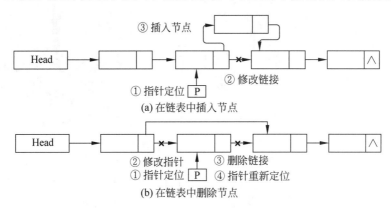

图 4-23　链表插入节点和删除节点

4.4.3　树形结构

　　树形结构广泛存在于客观世界中,如族谱、目录、社会组织、各种事物的分类等,都可用树形结构表示。树形结构在计算领域应用广泛,如操作系统中的目录结构;源程序编译时,可用树表示源程序的语法结构;在数据库系统中,树结构也是信息的重要组织形式之一。简单地说,一切具有层次关系或包含关系的问题都可用树形结构描述。

1. 树的基本概念和特征

　　如图 4-24 所示,图看上去像一棵倒置的树,"树"由此得名。图示法表示树形结构(以下简称为树结构)时,通常根在上,叶在下。树的箭头方向总是从上到下,即从父节点指向子节点;因此,可以简单地用连线代替箭头,这是画树结构时的约定。

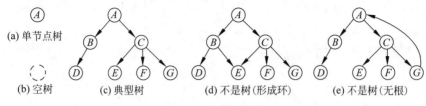

图 4-24　各种树结构

一棵树是由 $n(n>0)$ 个元素组成的有限集合,其中每个元素称为节点,树有一个特定的根节点(root),除根节点外,其余节点被分成 $m(m \geqslant 0)$ 个互不相交的子集(子树)。

如图 4-25 所示,树上任一节点所拥有子树的数量称为该节点的度。图 4-25 中节点 C 的度为 3,节点 B 的度为 1,节点 D、H、F、I、J 的度为 0。度为 0 的节点称为叶子或终端节点,度大于 0 的节点称为非终端节点或分支点。树中节点 B 是节点 D 的直接前趋,因此称 B 为 D 的父节点,称 D 为 B 的孩子或子节点。与父节点相同的节点互称为兄弟,如 E、F、G 是兄弟节点。一棵树或子树上的任何节点(不包括根本身)称为根的子孙。树中节点的层数(或深度)从根开始算起:根的层数为 1,其余节点的层数为双亲节点层数加 1。在一棵树中,如果从一个节点出发,按层次自上而下沿着一个个树枝到达另一个节点,则称它们之间存在一条路径,路径的长度等于路径上的节点数减 1。森林指若干棵互不相交树的集合,实际上,一棵树去掉根节点后就成了森林。

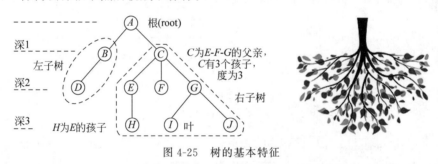

图 4-25　树的基本特征

树是一种"分支层次"结构。所谓"分支"是指树中任一节点的子孙,可以按它们所在子树的不同划分成不同的"分支";所谓"层次"是指树上所有节点可以按层划分成不同的"层次"。在实际应用中,树中的一个节点可用来存储实际问题中的一个元素,而节点之间的逻辑关系往往用来表示元素之间的某种重要关系。

【例 4-37】 3D 游戏中,经常把游戏场景组织在一个树结构中,这是为了可以快速判断出游戏的可视区域。算法思想是:如果当前节点完全不可见,那么它的所有子节点也必然完全不可见;如果当前节点完全可见,那么它的所有子结点也必然完全可见;如果当前节点部分可见,就必须依次判断它的子节点,这是一个递归算法。

树的基本运算包括建树(Create)、树遍历、剪枝(Delete)、求根(Root)、求双亲(Parent)、求孩子(Child)等操作。

2. 二叉树的存储结构

二叉树的特点是除了叶子以外的节点都有两个子树,有满二叉树(见图 4-26(a))、完全二叉树(见图 4-26(b))等。二叉树的两个子树有左右之分,颠倒左右就是不一样的二叉树了(见图 4-26(c)),所以二叉树左右不能随便颠倒。由此还可以推出三叉树、四叉树等。

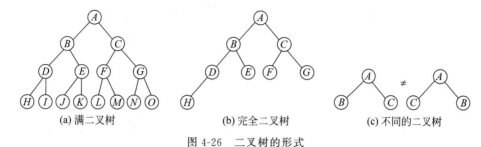

图 4-26　二叉树的形式

程序设计语言中并没有"树"这种数据类型,因此二叉树的顺序存储结构由列表或一维数组构成,二叉树的节点按次序分别存入数组的各个单元。一维数组的下标就是节点位置指针,每个节点中有一个指向各自父亲节点的数组下标。显然,节点的存储次序很重要,存储次序应能反映节点之间的逻辑关系(父子关系),否则二叉树的运算就难以实现。为了节省查询时间,可以规定儿子节点的数组下标值大于父亲节点的数组下标值,而兄弟节点的数组下标值随兄弟从左到右递增,如图 4-27 所示。

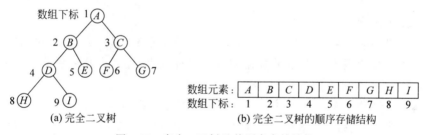

图 4-27　完全二叉树及其顺序存储结构

顺序存储结构中,节点的存储位置就是它的编号(即下标或索引号),节点之间可通过它们的下标确定关系。如果二叉树不是完全二叉树,就必须将其转换为完全二叉树。如图 4-28(a)所示,可通过在二叉树"残缺"位置上增设"虚节点"的方法,将其转换成一棵完全二叉树,见图 4-28(b),然后对得到的完全二叉树重新按层编号,再按编号将各节点存入数组,各个"虚节点"在数组中用空标志"^"表示。经过变换的顺序存储结构可以用完全二叉树类似的方法实现二叉树数据结构的基本运算。显然,上述方法解决了非完全二叉树的顺序存储问题,但同时也造成了存储空间的浪费,见图 4-28(c)。可见这是一种以空间换取性能的计算思维方式。

3. 程序设计案例:树的定义和访问

【例 4-38】 二叉树如图 4-28(a)所示,编程创建树结构,并读取树中的元素。

可以用 Python 的列表创建树结构。在树列表创建中,可以将根节点的值存储为列表的第 1 个元素;列表的第 2 个元素是左子树列表;列表的第 3 个元素是右子树列表。Python 程序如下。

图 4-28　二叉树的"完全化"和顺序存储结构

```
1   >>> Tree = ['A',                                    # 定义树,A 为根
2            ['B', ['D', [], 'G', [], [], ]],           # 左子树(空节点用空元素表示)
3            ['C', ['E', [], []], ['F', [], [], ]]      # 右子树
4            ]
5   >>> Tree[0]                                         # 读树根 A,输出为'A'
6   >>> Tree[1][0]                                      # 读左子树元素 B,输出为'B'
7   >>> Tree[1][1][0]                                   # 读左子树元素 D,输出为'D'
8   >>> Tree[1][1][2]                                   # 读左子树元素 G,输出为'G'
9   >>> Tree[2][0]                                      # 读右子树元素 C,输出为'C'
10  >>> Tree[2][1][0]                                   # 读右子树元素 E,输出为'E'
11  >>> Tree[2][2][0]                                   # 读右子树元素 F,输出为'F'
12  >>> Tree[2][2][1]                                   # 读右子树空元素,输出为[]
```

说明:上例中,树根为 Tree[0],左子树为 Tree[1],右子树为 Tree[2]。

4. 二叉树的遍历

树的遍历是指沿着某条搜索路径,依次对树中的每个节点访问一次且仅访问一次。二叉树访问一个节点就是对该节点的数据域进行某种处理,处理内容依具体问题而定,如查找、排序等操作。

二叉树由三部分组成:根、左子树和右子树。遍历运算的关键在于访问节点的顺序,树遍历通常限定为"先左后右",这样就减少了很多遍历方法。二叉树的遍历可分解成三项子任务:访问根节点;遍历左子树(依次访问左子树的全部节点);遍历右子树(依次访问右子树的全部节点)。树的遍历方法有广度优先遍历和深度优先遍历。遍历通常限定为"先左后右",这样就减少了很多遍历方法。如图 4-29 所示,树的深度优先遍历又可分为前序遍历(NLR,根-左-右)、后序遍历(LRN,左-右-根)和中序遍历(LNR,左-根-右),其中中序遍历只对二叉树才有意义。

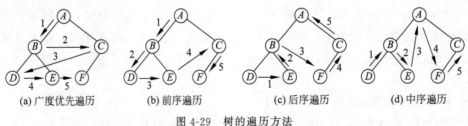

图 4-29　树的遍历方法

说明:树的前序、中序、后序遍历案例,参见本书的配套教学资源程序 F4-3.py。

5. 决策树

棋牌游戏、商业活动、战争等竞争性智能活动都是一种博弈。任何一种双人博弈行为都可以用决策树(也称为博弈树)来描述,通过决策树的搜索,寻找最佳策略。例如,决策树上的第一个节点对应一个棋局,树的分支表示棋的走步,根节点表示棋局的开始,叶节点表示棋局某种状态的结束(如吃子)。一个棋局的结果可以是赢、输或者和局。

如图 4-30(a)所示,可以用决策树说明保险交易过程。如图 4-30(b)所示,在与或决策树推理中(如 Prolog 程序语言),决策树中的"或"节点一般加弧线表示。如图 4-30(c)所示,为了降低最优决策搜索的复杂度,往往对一些低概率分支做"剪枝"处理。

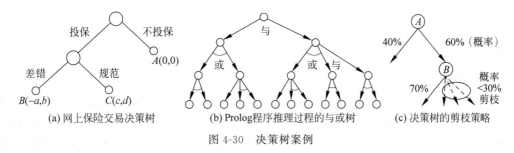

(a) 网上保险交易决策树   (b) Prolog程序推理过程的与或树   (c) 决策树的剪枝策略

图 4-30　决策树案例

例如,在象棋博弈中,当轮到 A 方走棋时,则可供 A 方选择的若干行动方案之间是"或"的关系。轮到 B 方走棋时,B 方也有若干可供选择的行动方案,但此时这些行动方案对 A 方来说,它们之间是"与"的关系。

决策树的优点是简单易懂,可视化好;缺点是可能会建立过于复杂的规则,为了避免这个问题,有时需要对决策树进行剪枝、设置叶节点最小样本数量、设置树的最大深度。最优决策树是一个 NPC 问题,所以,实际决策树算法是基于试探性的算法。例如,在每个节点实现局部最优值的贪心算法,贪心算法无法保证返回一个全局最优的决策树。

决策树算法模型经常用于机器学习,主要用于对数据进行分类和回归。算法的目标是通过推断数据特征、学习决策规则,从而创建一个预测目标变量的模型。

6. 树的搜索技术

在人工智能领域,对问题求解有两大类方法:一是对于知识(信息)贫乏系统,主要依靠搜索技术来解决问题,这种方法简单,但是缺乏针对性,效率低;二是对于知识丰富系统,可以依靠推理技术解决问题,基于丰富知识的推理技术直截了当,效率高。

许多智力问题(如汉诺塔问题、旅行商问题、博弈问题、走迷宫问题等)和实际问题(如路径规划等)都可以归结为状态空间的搜索。迷宫如图 4-31(a)所示,可以将迷宫的状态空间表示为一棵搜索树,如图 4-31(b)所示,然后对树进行搜索求解。

搜索方法有盲目搜索和启发式搜索。盲目搜索又称为穷举式搜索,它只按照预先规定的控制策略进行搜索,没有任何中间信息来改变这些控制策略。如采用穷举法进行的广度优先搜索和深度优先搜索,遍历节点的顺序都是固定的,因此是一种盲目搜索。

启发式搜索是在搜索过程中加入了与问题有关的启发式信息,用于指导搜索朝着最有希望的方向前进,加速问题的求解并找到最优解。

说明:走迷宫的程序案例,参见本书配套教学资源程序 F4-4.py。

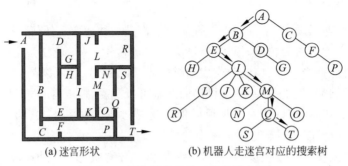

(a) 迷宫形状   (b) 机器人走迷宫对应的搜索树

图 4-31   迷宫形状及其对应的搜索树

4.4.4 图形结构

1. 图的基本概念

图由顶点和顶点之间边的集合组成,通常表示为 $G(V, E)$,其中 G 表示一个图,V 是图 G 中顶点的集合,E 是图 G 中边的集合。图中的数据元素称为顶点(Vertex),顶点之间的逻辑关系用边来表示。按图中的边分为无向图和有向图,无向图由顶点和边组成,有向图由顶点和弧(有向边)组成,如图 4-32 所示。图中的边没有权值关系时,一般定义边长为 1;如果图中的边有权值,则构成的图称为网图。

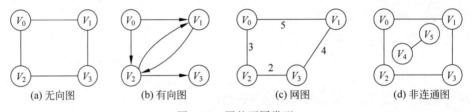

(a) 无向图   (b) 有向图   (c) 网图   (d) 非连通图

图 4-32   图的不同类型

无向图中,如果任意两个顶点之间都能够连通,则称为连通图,如图 4-32(a)、图 4-32(c)所示。有向图的连通比较复杂,有强连通图(任意两个顶点至少有一条通路)、单向连通图(只有一条连通路径)、弱连通图(去掉方向后是连通的,如图 4-32(b)所示)。

2. 图的存储结构

储存图的方法主要采用邻接矩阵和邻接表,然后用一维和二维数组存储邻接矩阵和邻接表。邻接矩阵的缺点是存储空间耗费比较大,因为它用一个二维数组来储存图的顶点和边的信息。如果图有 N 个顶点,则需要 N^2 的存储空间。如果图是稀疏的,就可以用邻接表来储存它,充分发挥链表可以动态调节存储空间的优点。

(1) 用邻接矩阵存储图。邻接矩阵存储方式是用两个数组来存储图的元素,一个一维数组存储图中顶点信息,另一个二维数组(称为邻接矩阵)存储图中的边或弧的信息,无向图邻接矩阵如图 4-33(a)所示,有向图邻接矩阵如图 4-33(b)所示。

(2) 用邻接表存储图。邻接矩阵是不错的图存储结构,但是对边数和顶点较少的图,这种结构太浪费存储空间。图的另外一种存储结构是邻接表,即数组与链表相结合的存储方法。邻接表的存储方法是:一是图中的顶点(V_i)用一维数组存储,另外在顶点数组中,每个

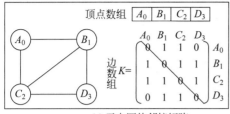

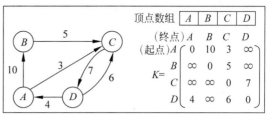

(a) 无向图的邻接矩阵　　　　　　　　　　(b) 有向图的邻接矩阵

图 4-33　图的邻接矩阵存储形式

数据元素都需要存储指向第一个邻接点的指针,以便于查找该顶点邻接边的信息;二是图中每个顶点 V_i 的所有邻接点构成一个线性表,顶点包括一个邻接点域(指向数组下标)和一个指针域(指向下一个顶点)。对于带权值的网图,可以在边表顶点定义中再增加一个数据域,存储权值信息。一个带权无向图(见图 4-34(a))的邻接表存储结构,如图 4-34(b)所示。

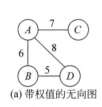
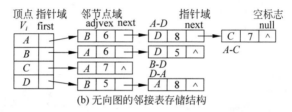

(a) 带权值的无向图　　　　　(b) 无向图的邻接表存储结构

图 4-34　无向图的邻接表存储形式

3. 图的广度优先遍历

图的遍历和树的遍历类似,从图中某一顶点出发,访问图中所有顶点,并且使每个顶点仅被访问一次,这一过程称为图的遍历。

图的广度优先遍历需要识别出图中每个顶点所属层次,即给每个顶点编一个层次号。但是图是非层次结构,一般无层次而言。因此需要在保持原图逻辑结构的同时,将原图变换成一个有层次的图。图分层时,先确定一个初始顶点,然后根据图中顶点的逻辑关系(顶点之间边的关系),将它们变换成一个有层次的图。树的广度优先遍历中不存在回路,但是图的顶点之间有多个边,会存在不同的路径,并且可能形成回路。因此,当沿回路进行访问时,一个顶点可能被访问多次,这可能会导致死循环。为了避免这种情况,在广度优先遍历中,应为每个顶点设立一个访问标志,每访问一个顶点,都要检查它的访问标志,如果标志为"未访问",则按正常方式处理(如访问或转到它的邻接点等);否则跳过它,访问下一个顶点。

深度优先遍历一般用递归的方法,广度优先遍历使用递归方法反而会使问题复杂化。广度优先遍历是一种分层处理方式,因此一般采用队列存储结构。

求解城市之间最优路径时,先建立一个 data.txt 文件,用于存放城市之间边的权值信息。用贪心法求最优路径的步骤如下:在程序中读入城市数据文件 data.txt;然后一条边一条边地构造这棵树;再根据某种量度标准来选择将要计入的下一条边,最简单的量度标准是选择使边的权值(或长度)总和增加最小的那条边(最短路径)。

4. 程序设计案例：无向图的广度优先遍历

【例 4-39】 某无向图如图 4-35 所示，对图进行广度优先遍历。

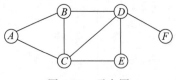

图 4-35　无向图

无向图广度优先遍历的 Python 程序如下。

```
1    # E0439.py                              # 【数据 - 图广度优先】
2    graph = {                               # 定义图邻接表(字典 + 列表)
3        "A": ["B","C"],                     # 将图 4 - 35 顺时针旋转 90 度,更容易理解
4        "B": ["A", "C", "D"],
5        "C": ["A", "B", "D","E"],
6        "D": ["B", "C", "E","F"],
7        "E": ["C", "D"],
8        "F": ["D"],
9    }
10
11   def BFS(graph, vertex):                 # 定义广度优先函数(graph 为图,vertex 为起点)
12       queue = []                          # 用列表作为队列
13       queue.append(vertex)                # 将首个顶点添加到队列中
14       looked = set()                      # 使用集合来存放已访问过的顶点
15       looked.add(vertex)                  # 将首个顶点添加到集合中,表示已访问
16       while(len(queue) > 0):              # 当队列不为空时进行遍历
17           temp = queue.pop(0)             # 从队列头部取出一个顶点并查询该顶点
18           nodes = graph[temp]             # 的相邻顶点
19           for w in nodes:                 # 遍历该顶点的所有相邻顶点
20               if w not in looked:         # 判断顶点是否在已访问集合中
21                   queue.append(w)         # 如果顶点未被访问,则添加到队列中
22                   looked.add(w)           # 同时添加到已访问集合中,表示已访问
23           print(temp, end = ' ')          # 打印广度优先遍历顶点
24
25   print("广度优先遍历:", end = " ")       # 打印提示信息
26   BFS(graph, "A")                         # 无向图无根顶点,此例以 A 为首个顶点
>>> 广度优先遍历: A B C D E F                # 程序运行结果
```

习　题　4

4-1　简要说明算法的定义。

4-2　九九乘法口诀表是算法吗？请说明理由。

4-3　算法是否正确包含哪些要求？

4-4　算法运行所需要的时间取决于哪些因素？

4-5　计算 200～500 可被 5 整除的数，请写出算法流程图。

4-6　简要说明分治法的算法思想。

4-7　简要说明枚举法的算法思想。

4-8　大四学生面临找工作或考研的选择,用贪心法分析认为找工作较好,用动态规划分析认为考研较好,你会选择哪种算法? 为什么选择这种算法?

4-9　简要说明序列 $A=[6,8,5,7,4]$ 的冒泡排序步骤。

4-10　简要说明快速排序的算法思想。

4-11　简要说明数据结构的主要研究内容。

4-12　实验:参考例 4-10 的程序案例,用迭代算法求正整数 $n=5$ 的阶乘值。

4-13　实验:参考例 4-13 的程序案例,编写递归函数,求正整数 n 的阶乘值 $n!$!

4-14　实验:参考例 4-16 的程序案例,求 10 000 以内的水仙花数。

4-15　实验:参考例 4-19 的程序案例,用贪心法计算硬币找零问题。

4-16　实验:参考例 4-22 的程序案例,用筛法计算 10 000 以内的素数。

4-17　实验:参考例 4-23 的程序案例,用蒙特卡罗投点法计算 π 值。

4-18　实验:参考例 4-25 的程序案例,对序列进行冒泡排序。

4-19　实验:参考例 4-27 的程序案例,对序列进行快速排序。

4-20　实验:利用欧几里得算法可以求出两个整数的最大公约数和最小公倍数,写出它们的算法思想;写出算法流程图;编制 Python 语言程序。

常用算法和数据结构

第二部分
基础知识

第 5 章   信息编码和逻辑运算

计算机只能处理 0 和 1 的数字信号,因此必须对各种信息进行编码,将它们转换为计算机能够接收的形式。本章从"抽象、编码、转换"等计算思维概念出发,讨论数值和字符的编码方法,以及信息压缩编码、数据检错编码等方法,并且讨论数理逻辑的基本形式。

5.1   数值信息编码

5.1.1   二进制数的编码

1. 信息的二进制数表示

信息编码包括基本符号和组合规则两大要素。信息论创始人香农(Claude Elwood Shannon)指出:**通信的基本信息单元是符号,而最基本的信息符号是二值符号**。最典型的二值符号是二进制数,它以 1 或 0 代表两种状态。香农提出,信息的最小度量单位为比特(bit)。任何复杂信息都可以根据结构和内容,按一定编码规则,最终转换为一组由 0、1 构成的二进制数据,并能无损地保留信息的含义。

2. 二进制编码的优点

计算机采用十进制数做信息编码时,加法运算需要 10 个(0～9)运算符号,加法运算有 100 个运算规则($0+0=0,0+1=1,0+2=2,\cdots,9+9=18$)。如果采用二进制编码,则运算符号只需要两个(0 和 1),加法运算只有 4 个运算规则($0+0=0,0+1=1,1+0=1,1+1=10$)。用二进制做逻辑运算非常方便,可以用 1 表示逻辑命题值"真"(True),用 0 表示逻辑命题值"假"(False)。计算机采用二进制逻辑设计电路时,可以将算术运算的电路设计转换为二进制逻辑门电路设计,这大大降低了计算机设计的复杂性。

也许可以指出,由于加法运算服从交换律,故此 $0+1$ 与 $1+0$ 具有相同的运算结果,这样十进制运算规则可以减少到 50 个,但是对计算机设计来说,结构还是过于复杂。

也许还能够指出,十进制"$1+2$"只需要做一位加法运算,转换为 8 位二进制数后,至少要做 8 位加法运算(如 $[0000001]_2 + [00000010]_2$),可见二进制数大大增加了计算的工作量。但是目前普通的计算机(4 核 2.0GHz 的 CPU)每秒可以做 80 亿次以上的 64 位二进制加法运算,可见计算机善于做大量的、机械的、重复的高速计算工作。

3. 计算机中二进制编码的含义

当计算机接收到一连串二进制符号(0 和 1 字符串流)时,它并不"理解"这些二进制符号的含义。**二进制符号的具体含义取决于程序对它的解释**。

【**例 5-1**】 二进制数符号 $[01000010]_2$ 在计算机中的含义是什么? 这个问题无法给出

简单的回答,这个二进制数的意义要看它的编码规则是什么。如果这个二进制数是采用原码编码的数值,则表示为十进制数+65;如果采用 BCD(Binary Coded Decimal,二-十进制编码)编码,则表示为十进制数 42;如果采用 ASCII(American Standard Code for Information Interchange,美国信息交换标准代码)编码,则表示字符 A;另外,它还可能是一个图形数据、一个视频数据、一条计算机指令的一部分,或者其他含义。

4. 任意进制数的表示方法

任何一种进位制都能用几个有限基本数字符号表示所有数。进位制的核心是基数,如十进制的基数为 10,二进制的基数为 2。对任意 R 进制数,基本数字符号为 R 个,任意进制的数 N 可以用式(5-1)进行位权展开表示:

$$N = A_{n-1} \times R^{n-1} + A_{n-2} \times R^{n-2} + \cdots + A_0 \times R^0 + A_{-1} \times R^{-1} + \cdots + A_{-m} \times R^{-m} \tag{5-1}$$

式中:A 为任意进制数字;R 为基数;n 为整数的位数和权;m 为小数的位数和权。

【例 5-2】 将二进制数 1011.0101 按位权展开表示。

$[1011.0101]_2 = 1 \times 2^3 + 1 \times 2^1 + 1 \times 2^0 + 1 \times 2^{-2} + 1 \times 2^{-4}$。

5. 二进制数运算规则

计算机内部采用二进制数进行存储、传输和计算。用户输入的各种信息,由计算机软件和硬件自动转换为二进制数,在数据处理完成后,再由计算机转换为用户熟悉的十进制数或其他信息。二进制数的基本符号为 0 和 1,二进制数的运算规则是"逢二进一,借一当二"。二进制数的运算规则基本与十进制相同,二进制数四则运算规则如下。

(1) 加法运算:0+0=0,0+1=1,1+0=1,1+1=10(有进位)。

(2) 减法运算:0-0=0,1-0=1,1-1=0,0-1=1(有借位)。

(3) 乘法运算:0×0=0,1×0=0,0×1=0,1×1=1。

(4) 除法运算:0÷1=0,1÷1=1(除数不能为 0)。

二进制数用下标 2 或在数字尾部加 B 表示,如 $[1011]_2$ 或 1011B。

习惯上,十进制数不用下标或标志表示,如 100 就是十进制的数值一百。

6. 十六进制数编码

二进制表示一个大数时位数太多,计算领域专业人员辨认困难。早期计算机采用八进制数来简化二进制数,随后发现八进制编码太长,而且容易混淆,于是又采用十六进制数表示二进制数。十六进制的符号是 0、1、2、3、4、5、6、7、8、9、A、B、C、D、E、F。运算规则是"逢16 进 1,借 1 当 16"。**计算机内部并不采用十六进制数进行存储和运算**,采用十六进制数是方便专业人员可以很简单地将十六进制数转换为二进制数。

十六进制数用下标 16 或在数字尾部加 H 表示。如 $[18]_{16}$ 或 18H;更多时候,十六进制数采用前缀 0x 的形式表示,如 0x000012A5 表示十六进制数 12A5。

常用数制与编码之间的对应关系如表 5-1 所示。

表 5-1 常用数制与编码之间的对应关系

十 进 制 数	十六进制数	二 进 制 数	BCD 编码
0	0	0000	0000
1	1	0001	0001

十 进 制 数	十六进制数	二 进 制 数	BCD 编码
2	2	0010	0010
3	3	0011	0011
4	4	0100	0100
5	5	0101	0101
6	6	0110	0110
7	7	0111	0111
8	8	1000	1000
9	9	1001	1001
10	A	1010	0001 0000
11	B	1011	0001 0001
12	C	1100	0001 0010
13	D	1101	0001 0011
14	E	1110	0001 0100
15	F	1111	0001 0101

5.1.2 不同数制的转换

1. 二进制数与十进制数的转换

在二进制数与十进制数的转换过程中,必须频繁地计算 2 的整数次幂。表 5-2 和表 5-3 给出了 2 的整数次幂和十进制数值的对应关系。

表 5-2 2 的整数次幂与十进制数值的对应关系

2^n	2^9	2^8	2^7	2^6	2^5	2^4	2^3	2^2	2^1	2^0
十进制数值	512	256	128	64	32	16	8	4	2	1

表 5-3 二进制分数与十进制小数的关系

2^{-n}	2^{-1}	2^{-2}	2^{-3}	2^{-4}	2^{-5}	2^{-6}	2^{-7}	2^{-8}
十进制分数	1/2	1/4	1/8	1/16	1/32	1/64	1/125	1/256
十进制小数	0.5	0.25	0.125	0.0625	0.03125	0.015625	0.0078125	0.00390625

二进制数转换成十进制数时,可以采用按权相加的方法,这种方法按照十进制数的运算规则,将二进制数各位的数码乘以对应的权再累加起来。

【例 5-3】 将$[1101.101]_2$按位权展开转换成十进制数。

二进制数按位权展开转换成十进制数的运算过程如图 5-2 所示。

二进制数	1	1	0	1	.	1	0	1	
位权	2^3	2^2	2^1	2^0	.	2^{-1}	2^{-2}	2^{-3}	
十进制数	8 +	4 +	0 +	1 +		0.5 +	0 +	0.125	=13.625

图 5-1 二进制数按位权展开过程

163

【例 5-4】 将二进制整数 $[11010101]_2$ 转换为十进制整数,Python 指令如下。

1	>>> int('11010101', 2)	# 将二进制整数转换为十进制数
	213	# 输出转换结果

2. 十进制数与二进制数的转换

十进制数转换为二进制数时,整数部分与小数部分必须分开转换。整数部分采用除 2 取余法,就是将十进制数的整数部分反复除 2,如果相除后余数为 1,则对应的二进制数位为 1;如果余数为 0,则相应位为 0。逐次相除,直到商小于 2 为止。

小数部分采用乘 2 取整法,即将十进制小数部分反复乘 2。每次乘 2 后,所得积的整数部分为 1,相应二进制数为 1,然后减去整数 1,余数部分继续相乘;如果积的整数部分为 0,则相应二进制数为 0,余数部分继续相乘,直到乘 2 后小数部分=0 为止。如果乘积的小数部分一直不为 0,则根据数值的精度要求截取一定位数即可。

【例 5-5】 将十进制数 18.8125 转换为二进制数。

整数部分除 2 取余,余数作为二进制数,从低到高排列(见图 5-2(a))。小数部分乘 2 取整,积的整数部分作为二进制数,从高到低排列(见图 5-2(b))。

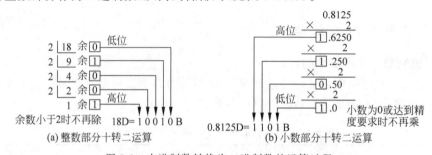

图 5-2 十进制数转换为二进制数的运算过程

运算结果为 $18.8125 = [10010.1101]_2$。

【例 5-6】 将十进制整数 234 转换为二进制数,Python 指令如下。

1	>>> bin(234)	# 将十进制整数 234 转换为二进制数整数
	'0b11101010'	# 输出转换结果,前缀 0b 表示二进制数

说明:带小数的二转十、十转二案例,参见本书配套教学资源程序 F5-1.py。

3. 二进制数与十六进制数的转换

对于二进制整数,自右向左每 4 位分为一组,当整数部分不足 4 位时,在整数前面加 0 补足 4 位,每 4 位对应一位十六进制数;对二进制小数,自左向右每 4 位分为一组,当小数部分不足 4 位时,在小数后面(最右边)加 0 补足 4 位,然后每 4 位二进制数对应 1 位十六进制数,即可得到十六进制数。

【例 5-7】 将二进制数 $[111101.010111]_2$ 转换为十六进制数。

$[111101.010111]_2 = [00111101.01011100]_2 = [3D.5C]_{16}$,转换过程如图 5-3 所示。

0011	1101	•	0101	1100
3	D	•	5	C

图 5-3 例 5-7 的转换过程

【例 5-8】 将二进制整数$[11010101]_2$转换为十六进制整数,Python 指令如下。

1	`>>> hex(int('11010101', 2))`	♯ 先转换为十进制整数,再转换为十六进制数
	`'0xd5'`	♯ 输出转换结果,前缀 0x 表示十六进制数

4. 十六进制数与二进制数的转换

将十六进制数转换成二进制数非常简单,只要以小数点为界,向左或向右每一位十六进制数用相应的四位二进制数表示,然后将其连在一起即可完成转换。

【例 5-9】 将十六进制数$[4B.61]_{16}$转换为二进制数。

$[4B.61]_{16}=[01001011.01100001]_2$,转换过程如图 5-4 所示。

十六进制数	4	B	.	6	1
二进制数	0100	1011	.	0110	0001

图 5-4 例 5-9 题图

【例 5-10】 将十六制整数$[4B]_{16}$转换为二进制整数,Python 指令如下。

1	`>>> bin(int('4b', 16))`	♯ 先转换为十进制数,再转换为二进制数
	`'0b1001011'`	♯ 输出转换结果,前缀 0b 表示二进制数

5. BCD 编码

计算机经常需要将十进制数转换为二进制数,利用以上转换方法存在两方面的问题:一是数制转换需要多次做乘法和除法运算,这大大增加了数制转换的复杂性;二是小数转换需要进行浮点运算,而浮点数的存储和运算较为复杂,运算效率低。

BCD 码用 4 位二进制数表示 1 位十进制数。BCD 有多种编码方式,8421 码是最常用的 BCD 编码,它各位的权值为 8、4、2、1,且与 4 位二进制数编码不同,它只选用了 4 位二进制数编码中前 10 组代码。BCD 码与十进制数的对应关系如表 5-1 所示。当数据有很多 I/O 操作时(如计算器,每次按键都是一个 I/O 操作),通常采用 BCD 码,因为 BCD 码更容易将二进制数转换为十进制数。

二进制数使用$[0000\sim1111]_2$全部编码,而 BCD 码仅仅使用$[0000\sim1001]_2$十组编码,编码到$[1001]_2$后就产生进位,而二进制数编码到$[1111]_2$才产生进位。

【例 5-11】 将十进制数 10.89 转换为 BCD 码。

$10.89=[0001\ 0000.1000\ 1001]_{BCD}$,对应关系如图 5-6 所示。

十进制数	1	0	.	8	9
BCD 码	0001	0000	.	1000	1001

图 5-5 例 5-11 题图

【例 5-12】 将 BCD 码$[0111\ 0110.1000\ 0001]_{BCD}$转换为十进制数。

$[0111\ 0110.1000\ 0001]_{BCD}=76.81$,对应关系如图 5-6 所示。

BCD 码	0111	0110	.	1000	0001
十进制数	7	6	.	8	1

图 5-6 例 5-12 题图

【**例 5-13**】 将二进制数$[111101.101]_2$转换为 BCD 码。

如图 5-7 所示，二进制数不能直接转换为 BCD 码，因为编码方法不同，可能会出现非法码。可以将二进制数$[111101.101]_2$转换为十进制数 61.625 后，再转换为 BCD 码。

二进制数	0011	1101	·	1010
非法BCD码	~~0011~~	~~1101~~	·	~~1010~~
正确BCD码	0110	0001	·	0110 0010 0101

图 5-7 例 5-13 题图

常用数制之间的转换方法如图 5-8 所示。

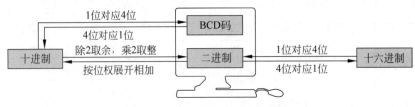

图 5-8 常用数制之间的转换方法

5.1.3 二进制整数编码

计算机以字节(Byte)组织各种信息，字节是计算机用于存储、传输、计算的基本计量单位，一个字节可以存储 8 位二进制数。

1. 无符号二进制整数编码形式

计算过程中，如果运算结果超出了数据表示范围称为溢出。如例 5-14 所示，8 位二进制无符号整数运算结果大于 255 时，就会产生溢出问题。

【**例 5-14**】 $[11001000]_2 + [01000001]_2 = 1[00001001]_2$（8 位存储时，最高位溢出）。

解决数据溢出最简单的方法是增加数据的存储长度，数据存储字节越长，数值表示范围越大，越不容易产生溢出现象。如果小数字（小于 255 的无符号整数）采用 1 字节存储，大数字（大于 255 的无符号整数）采用多字节存储，则这种**变长存储会使存储和计算复杂化**，因为每个数据都需要增加 1 字节来表示数据长度，更麻烦的是计算机需要对每个数据进行长度判断。例如 Python 语言可以动态分配变量的数据长度，这也是导致它运行速度很慢的原因之一。解决数据不同存储长度的方法是建立不同的数据类型，静态编程语言（如 C 语言）在程序设计时要首先声明数据类型，对同一类型数据采用统一存储长度，如整型(int)数据的存储长度为 4 字节，长整型数据的存储长度为 8 字节。

【**例 5-15**】 无符号数 $22 = [10110]_2$ 在计算机中的存储形式如图 5-9 所示。

用1字节存储时：	00010110			
用2字节存储时：	00000000	00010110		
用4字节存储时：	00000000	00000000	00000000	00010110

图 5-9 数据的不同存储长度

由例 5-15 可见，数据的等长存储会浪费一些存储空间（4 字节存储时），但是等长存储提高了运算速度，这是一种"以空间换时间"的计算思维模式。

2. 带符号二进制整数编码形式

数值有"正数"和"负数"之分，数学中用"＋"表示正数（常被省略），"－"表示负数。但是计算机只有 0 和 1 两种状态,为了区分二进制数"＋""－"符号,符号在计算机中也必须"数字化"。当用一个字节表示一个数值时,将该字节的最高位作为符号位,用 0 表示正数,用 1 表示负数,其余位表示数值大小。

"符号化"的二进制数称为机器数或原码,没有符号化的数称为真值。机器数有固定的长度(如 8、16、32、64 位等),当二进制数位数不够时,整数在左边(最高位前面)用 0 补足,小数在右边(最低位后面)用 0 补足。

【例 5-16】 ＋23＝$[+10111]_2$＝$[00010111]_2$,如图 5-10 所示,最高位 0 表示正数。

真值	8 位机器数(原码)	16 位机器数(原码)
＋10111	00010111	00000000 00010111

图 5-10　例 5-16 题图

【例 5-17】 －23＝$[-10111]_2$＝$[10010111]_2$。二进制数$[-10111]_2$真值与机器数的区别如图 5-11 所示,最高位 1 表示负数。

真值	8 位机器数(原码)	16 位机器数(原码)
－10111	10010111	10000000 00010111

图 5-11　例 5-17 题图

5.1.4　二进制小数编码

1. 定点数编码方法

定点数是小数点位置固定不变的数。在计算机中,整数用定点数表示,小数用浮点数表示。当十进制整数很大时(十进制整数大于 18 位,或者存储大于 16 位),一般也用浮点数表示。

【例 5-18】 十进制数－73 的二进制真值为$[-1001001]_2$,如果用 2 字节存储,最高位(符号位)用 0 表示"＋",1 表示"－",二进制数原码的存储格式如图 5-12 所示。

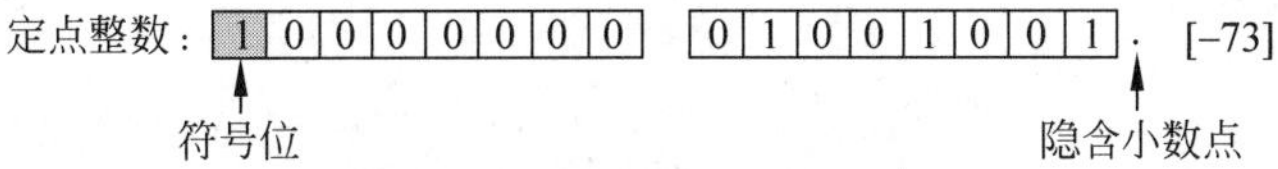

定点整数: 1 0 0 0 0 0 0 0　0 1 0 0 1 0 0 1　[-73]
符号位　　　　　　　　　　　隐含小数点

图 5-12　16 位定点整数的存储格式

在计算机系统中,整数(int)与浮点数(float)有截然不同的编码模式。如数值 12345 的整型编码为 0x00003039;而浮点数的编码为 0x4640E400。

2. 浮点数的表示

小数在计算机中的存储和运算是一个非常复杂的事情。目前有两位计算科学专家因研究浮点数的存储和运算而获得图灵奖。小数点位置浮动变化的数称为浮点数,浮点数采用指数表示,二进制浮点数的表示公式如下:

$$N = \pm M \times 2^{\pm E} \tag{5-2}$$

式中,N 为浮点数;M 为小数部分,称为"尾数";E 为原始指数。**浮点数中,原始指数 E 的位数决定数值范围,尾数 M 的位数决定数值精度。**

【例 5-19】 $[1001.011]_2＝[0.1001011]_2 \times 2^4$。

【例 5-20】 $[-0.0010101]_2 = [-0.10101]_2 \times 2^{-2}$。

3. 二进制小数的截断误差

(1) 存储空间不足引起的截断误差。如果存储浮点数的长度不够,将会导致尾数最低位数据丢失,这种现象称为截断误差(舍入误差)。可以通过使用较长的尾数域来减少截断误差地发生。

【例 5-21】 十进制数 3.14159 转换为二进制数时为 $[11.001001]_2$;将二进制数转换为科学计数法,则 $[11.001001]_2 = [0.11001001]_2 \times 2^2$;由此可知,尾数 M 符号位 $=[0]_2$,尾数 $M = [11001001]_2$,指数 E 符号位 $=[0]_2$,指数 $E = 2 = [10]_2$。如果按式(5-2)定义存储格式为:[指数 E 符号位][指数 E][尾数 M 符号位][尾数 M],则 $[11.001001]_2 = [0\ 10\ 0\ 11001001]_2$。这是一个 12 位二进制数,如果采用 8 位进行存储,将会导致尾数产生截断误差。

(2) 数值转换引起的截断误差。截断误差的另外一个来源是无穷展开式问题。例如,将十进制数 1/3 转换为小数时,总有一些数值不能精确地表示出来。二进制计数法与十进制计数法的区别在于:**二进制计数法中有无穷小数的情况多于十进制计数法**。

【例 5-22】 十进制小数 0.8 转换为二进制数为 $[0.11001100\ldots]_2$,后面还有无数个 $[1100]_2$,这说明十进制小数转换成二进制数时,不能保证精确转换;二进制小数转换成十进制数也遇到同样的问题。

【例 5-23】 将十进制数 1/10 转换为二进制数也会遇到无穷展开式问题,总有一部分数不能精确地存储。编程语言在涉及浮点数运算时,会尽量计算精确一些,但是也会出现截断误差的现象。Python 运算的截断误差如下。

1	>>>(0.1 + 0.2) == 0.3	# 注意," == "是等于符号
	False	# 比较结果为假
2	>>> 0.1 + 0.2	
	0.30000000000000004	# 在二 - 十进制转换中,会产生截断误差
3	>>> 4 - 3.6	
	0.3999999999999999	# 运算结果也会出现截断误差

说明:小数的十转二案例,参见本书配套教学资源程序 F5-2.py。

十进制小数转换成二进制小数时,如果遇到无穷展开式,计算过程会无限循环,这时可根据精度要求,取若干位二进制小数作为近似值,必要时采用"0 舍 1 入"的规则。

(3) 浮点数的运算误差。浮点数加法中,相加的顺序很重要,如果一个大数加上一个小数,那么小数就可能被截断。因此,多个数相加时,应当先相加小数字,将它们累计成一个大数字后,再与其他大数相加,避免截断误差。对大部分用户而言,商用软件提供的计算精度已经足够。一些特殊领域(如导航系统等),小误差会在运算中不断累加,最终产生严重的后果。如乘方运算中,当指数很大时,小误差将会呈指数级放大。

【例 5-24】 $1.01^{365} = 37.8$;$1.02^{365} = 1377.4$;$0.99^{365} = 0.026$;$0.98^{365} = 0.0006$。

4. IEEE 754 规格化浮点数

计算机中的实数采用浮点数存储和运算。浮点数并不完全按式(5-2)进行表示和存储。

如表 5-4 所示,计算机中的浮点数严格遵循 IEEE 754 标准。

表 5-4　IEEE 754 标准规定的浮点数规格

浮点数规格	码长/bit	符号 S/bit	阶码 e/bit	尾数 M/bit	十进制数有效位
单精度(float)	32	1	8	23	6~7
双精度(double)	64	1	11	52	15~16
扩展双精度数 1	80	1	15	64	20
扩展双精度数 2	128	1	15	112	34

说明:表中阶码 e 与式(5-2)中的原始指数 E 并不相同;尾数 M 与式(5-2)中的 M 也有所区别。

浮点数的表示方法多种多样,因此,**IEEE 754 标准对规格化浮点数进行了规定:小数点左侧整数必须为 1(如 1. xxxxxxxx)**,指数采用阶码表示。

【例 5-25】　$1.75 = [1.11]_2$,用科学记数法表示时,小数点前一位为 0 还是 1 并不确定,IEEE 754 标准规定小数点前一位为 1,即规格化浮点数为 $1.75 = [1.11]_2 = [1.11]_2 \times 2^0$。

浮点数规格化有两个目的:一是整数部分恒为 1 后,在存储尾数 M 时,就可以省略小数点和整数 1(与式(5-2)的区别),从而可以用 23 位尾数域表达 24 位浮点数;二是整数位固定为 1 后,浮点数能以最大数的形式出现,尾数即使遭遇了极端截断操作(如尾数全部为0),浮点数仍然可以保持尽可能高的精度。

整数部分的 1 舍去后,会不会造成两个不同数的混淆呢? 例如,$A = [1.010011]_2$ 中的整数部分 1 在存储时被舍去了,那么会不会造成 $A = [0.010011]_2$(整数 1 已舍去)与 $B = [0.010011]_2$ 两个数据的混淆呢? 其实不会,因为数据 B 不是一个规格化浮点数,数据 B 可以改写成 $[1.0011]_2 \times 2^{-2}$ 的规格化形式。所以省略小数点前的 1 不会造成任何两个浮点数的混淆。但是浮点数运算时,省略的整数 1 需要还原,并参与浮点数相关运算。

5. IEEE 754 浮点数编码方法

(1)浮点数的阶码。原始指数 E 可能为正数或负数,但是 IEEE 754 标准没有定义指数 E 的符号位(见表 5-4)。这是因为二进制数规格化后,纯小数部分的指数必为负数,这给运算带来了复杂性。因此,IEEE 754 规定指数部分用阶码 e 表示,阶码 e 采用移码形式存储。阶码 e 的移码值等于原始指数 E 加上一个偏移值,32 位浮点数的偏移值为 127;64 位浮点数的偏移值为 1023。经过移码变换后,阶码 e 变成了正数,可以用无符号数存储。阶码 e 的表示范围是 1~254,阶码 0 和 255 有特殊用途。阶码为 0 时,表示浮点数为 0 值;阶码为 255 时,若尾数为全 0 则表示无穷大,否则表示无效数字。

(2)IEEE 754 浮点数的存储形式。IEEE 754 标准浮点数的存储格式如图 5-13 所示,编码方法是:省略整数 1、小数点、乘号、基数 2;从左到右采用:符号位 S(1 位,0 表示正数,1 表示负数)+阶码位 e(余 127 码或余 1023 码)+尾数位 M(规格化小数部分,长度不够时从最低位开始补 0)。

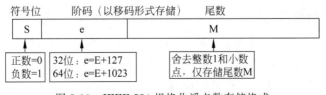

图 5-13　IEEE 754 规格化浮点数存储格式

6. 十进制实数转换为规格化二进制浮点数的案例

实数转换为 IEEE 754 标准浮点数的步骤是：将十进制数转换为二进制数→在 S 中存储符号值→将二进制数规格化→计算阶码 e 和尾数 M→连接[S-e-M]$_2$。

【例 5-26】 将十进制实数 26.0 转换为 32 位规格化二进制浮点数，如图 5-14 所示。

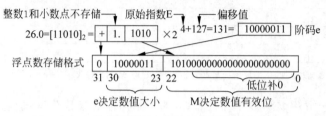

图 5-14 32 位规格化浮点数的转换方法和存储格式

（1）将实数转换为二进制数，26.0＝[11010]$_2$。

（2）26.0 是正数，因此符号位 S＝0。

（3）将二进制数转换为规格化浮点数，[11010]$_2$＝[1.1010]$_2$×2^4。

（4）计算浮点数阶码 e，E＝4，偏移值＝127，e＝4＋127＝131＝[10000011]$_2$。

（5）浮点数尾数 M＝[1010]$_2$，低位补 0 后 M＝[10100000000000000000000]$_2$（注意，尾数省略了整数 1 和小数点，只取小数部分）。

（6）连接符号位-阶码-尾数，N＝[01000001 11010000 00000000 00000000]$_2$。

实现十进制实数转换为 32 位规格化二进制浮点数的 Python 程序如下。

```
1   import struct                              ♯ 导入标准函数 - 二进制数处理
2   def float_to_bits(f):                      ♯ 定义转换函数
3       s = struct.pack('> f', f)              ♯ 将浮点数转换为二进制数的字符串
4       return struct.unpack('> l', s)[0]      ♯ 将二进制数的字符串解包为元组
5   b = list(bin(float_to_bits(26.0)))         ♯ 调用函数，将元组转换为二进制数
6   b. insert(2, '0')                          ♯ 转换的实数为正数，在符号位插入 0
7   print('实数 26.0 的二进制浮点数为:', ''. join(b))   ♯ 打印输出二进制数

>>>浮点数 26.0 的二进制数为:                     ♯ 程序运行结果
0b1000000111010000000000000000000
```

其中，程序第 3 行的 struct.pack()函数将浮点数 f 转换为一个包装后的字符串。程序第 4 行的 struct. unpack()函数将元素解包为一个二进制数元组。

7. 二进制浮点数转换为十进制实数案例

【例 5-27】 将[11000001 11001001 00000000 00000000]$_2$ 转换成十进制数。

（1）把浮点数分割成三部分：[1]$_2$、[10000011]$_2$、[1001001 00000000 00000000]$_2$，可得符号位 S＝[1]$_2$，阶码 e＝[10000011]$_2$，尾数 M＝[1001001 00000000 00000000]$_2$。

（2）还原原始指数 E：E＝e－127＝[10000011]$_2$－[01111111]$_2$＝[100]$_2$＝4。

（3）还原尾数 M 为规格化形式：M＝[1.1001001]$_2$×2^4（"1."从隐含位而来）。

（4）还原为非规格化形式：N＝[S1.1001001]$_2$×2^4＝[S11001.001]$_2$（S＝符号位）。

（5）还原为十进制数形式：N＝[S11001.001]$_2$＝－25.125（S＝1，说明是负数）。

8. 浮点数能表示的最大十进制数

32 位浮点数(float)尾数 M 为 23 位,加上隐含的 1 个整数位,尾数部分共有 24 位,可以存储 6~7 位十进制有效数(见表 5-4)。由于阶码 e 为 8 位,IEEE 规定原始指数 E 的表示范围为 -126~$+127$,这样 32 位浮点数可表示的最大正数为 $(2-2^{-23})\times2^{127}=3.4\times10^{38}$(有效数 6~7 位),可表示的最小正数为 $2^{-126}=1.17\times10^{-38}$(有效数 6~7 位)。

注意:最大/最小数涉及计算溢出问题;有效位涉及计算精度问题。

在 32 位浮点数中,原始指数 E 超过 127 时怎么处理?0 的浮点数为 0.0 时怎么处理?十进制有效数为什么是 6~7 位?实数转换为浮点数的基本公式是什么?浮点数如何进行四则运算?总之,**小数的处理过程非常复杂**。浮点运算是对计算机性能的考验,世界 500 强计算机都是按浮点运算性能进行排名。

5.1.5 二进制补码运算

1. 原码在二进制数运算中存在的问题

用原码表示二进制数简单易懂,易于与真值进行转换。但二进制数原码进行加减运算时存在以下问题:一是做 $x+y$ 运算时,首先要判别两个数的符号,如果 x、y 同号,则相加;如果 x、y 异号,就要判别两数绝对值的大小,然后用绝对值大的数减去绝对值小的数。显然,这种运算方法不仅增加了运算时间,而且使计算机结构变得复杂。二是在原码中规定最高位是符号位,0 表示正数,1 表示负数,这会出现 $[00000000]_2=[+0]_2$,$[10000000]_2=[-0]_2$ 的现象,而 0 有两种形式产生了"二义性"问题。三是两个带符号的二进制数原码运算时,在某些情况下,符号位会对运算结果产生影响,导致运算出错。

【例 5-28】 $[01000010]_2+[01000001]_2=[10000011]_2$(进位导致的符号位错误)。

【例 5-29】 $[00000010]_2+[10000001]_2=[10000011]_2$(符号位相加导致的错误)。

计算机需要一种可以带符号运算,而运算结果不会产生错误的编码形式,而"补码"具有这种特性。因此,**计算机中整数普遍采用二进制补码进行存储和计算**。

2. 二进制数的反码编码方法

二进制正数的反码与原码相同,负数的反码是该数原码除符号位外各位取反。

【例 5-30】 二进制数字长为 8 位时,$+5=[00000101]_原=[00000101]_反$。

【例 5-31】 二进制数字长为 8 位时,$-5=[10000101]_原=[11111010]_反$。

3. 补码运算的概念

两个数相加,计算结果的有效位(即不包含进位)为 0 时,称这两个数互补。如 10 以内的补码对有 1—9、2—8、3—7、4—6、5—5。十进制数中,**正数 x 的补码为正数本身 $[x]_补$,负数的补码为 $[y]_补=[模-|y|]_补$**。如图 5-15 所示,$+4$ 的补码为 $+4$,-1 的补码为 $+9(10-|1|=9)$。

"模"是指数字计数范围,如时钟的计数范围是 0~12,模=12。十进制数中,1 位数的模为 10,2 位数的模为 100,以此类推。下面是补码模运算案例。

【例 5-32】 $4+5\equiv[4]_补+[5]_补=[9]_补\text{ mod }10=9$(如图 5-15(a)所示)。

【例 5-33】 $6+7\equiv[6]_补+[7]_补=[13]_补\text{ mod }10=3$(如图 5-15(b)所示)。

【例 5-34】 $7-6\equiv[7]_补+[10-6]_补=[11]_补\text{ mod }10=1$(如图 5-15(c)所示)。

【例 5-35】 $6-7\equiv[6]_补+[10-7]_补=[9]_补\text{ mod }10=9$(如图 5-15(d)所示)。

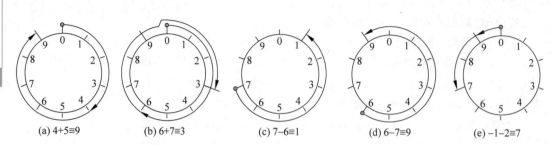

图 5-15　模＝10 的十进制数模运算示意图(顺时针方向为＋,逆时针方向为－)

【例 5-36】　$-1-2\equiv[10-1]_{\text{补}}+[10-2]_{\text{补}}=[17]_{\text{补}}\bmod 10=7$(如图 5-15(e)所示)。

【例 5-37】　补码运算的 Python 程序如下。

```
1   >>>(4 + 5) % 10            # 输出为:9(正数的补码为正数本身,无须转换)
2   >>>(6 + 7) % 10            # 输出为:3( % 为模运算符,Python 称为求余运算)
3   >>>(7 + (～6 + 1)) % 10    # 输出为:1( - 6 的补码为绝对值 6 取反后 + 1)
4   >>>(6 + (～7 + 1)) % 10    # 输出为:9(～为取反运算符)
5   >>>((～1 + 1) + (～2 + 1)) % 10   # 输出为:7
```

由以上案例可见,模运算可以将加法和减法运算都转换为补码的加法运算。

4. 二进制数的补码编码方法

二进制正数的补码就是原码,负数的补码等于正数原码“取反加 1”,即按位取反,末位加 1。负数的最高位(符号位)为 1,不管是原码、反码还是补码,符号位都不变。

【例 5-38】　10 的二进制原码为 10＝$[00001010]_{\text{原}}$(最高位 0 表示正数)。

　　　　　-10 的二进制原码为 $-10＝[10001010]_{\text{原}}$(最高位 1 表示负数)。

【例 5-39】　10 的二进制反码为 10＝$[00001010]_{\text{反}}$(最高位 0 表示正数)。

　　　　　-10 的二进制反码为 $-10＝[11110101]_{\text{反}}$(最高位 1 表示负数)。

【例 5-40】　10 的二进制补码为 10＝$[00001010]_{\text{补}}$(最高位 0 表示正数)。

　　　　　-10 的二进制补码为 $-10＝[11110110]_{\text{补}}$(最高位 1 表示负数)。

5. 补码运算规则

补码运算的算法思想:把正数和负数都转换为补码形式,使减法变成加一个负数的补码形式,从而使加减法运算转换为单纯的补码加法运算。补码运算在逻辑电路设计中实现简单。当补码运算结果不超出表示范围(不溢出)时,可得出以下重要结论。

用补码表示的两数进行加法运算时,其结果仍为补码。补码的符号位可以与数值位一同参与运算。运算结果如有进位,则判断是否为“溢出”,如果不是“溢出”,就将进位舍去不要。不论对正数还是负数,补码都具有以下性质。

$$[A]_{\text{补}}+[B]_{\text{补}}=[A+B]_{\text{补}} \tag{5-3}$$

$$[[A]_{\text{补}}]_{\text{补}}=[A]_{\text{原}} \tag{5-4}$$

式中,A 和 B 为正整数、负整数、0 均可。

【例 5-41】　$A=-70,B=-55$,求 A 与 B 相加之和。

先将 A 和 B 转换为二进制数的补码,然后进行补码加法运算,最后将运算结果(补码)转换为原码即可。原码、反码、补码在转换中,要注意符号位不变的原则。

$-70=-(64+4+2)=[11000110]_原=[10111001]_反+[00000001]_2=[10111010]_补$

$-55=-(32+16+4+2+1)=[10110111]_原=[11001000]_反+[00000001]_2$

$=[11001001]_补$

$$\begin{array}{r} 10111010 \\ +\quad 11001001 \\ \hline [1]\quad 10000011 \end{array}$$

没有溢出时,进位 1 自然丢失 →

相加后补码为$[10111010]_补+[11001001]_补=[10000011]_补$,进位[1]作为模丢失。为什么要丢弃进位呢?因为在加法器中,本位值与进位由不同逻辑电路实现(参见图 5-46)。

由补码运算结果再进行一次求补运算(取反加 1)就可以得到真值:

$$[10000011]_补=[11111100]_反+[00000001]_2=[11111101]_原=-125$$

通过以上案例可以看到,进行补码加法运算时,不用考虑数值的符号,直接进行补码加法即可。减法可以通过补码的加法运算实现。如果运算结果不产生溢出,且最高位(符号位)为 0,则表示结果为正数;如果最高位为 1,则结果为负数。

6. 补码运算的特征

补码设计的目的:一是使符号位能与有效值一起参加运算,从而简化运算规则;二是使减法运算转换为加法运算,进一步简化 CPU 中加法器的设计。

所有复杂计算(如线性方程组、矩阵、微积分等)都可以转换为四则运算,四则运算理论上都可以转换为补码的加法运算。**实际设计中,CPU 为了提高运算效率,乘法和除法采用了移位运算和加法运算。CPU 内部只有加法器,没有减法器,所有减法都采用补码加法进行。** 程序编译时,编译器将数值进行了补码处理,并保存在计算机存储器中。补码运算完成后,计算机将运行结果转换为原码或十进制数据输出给用户。CPU 对补码完全不知情,它只按照编译器给出的机器指令进行运算,并对某些溢出标志位进行设置。

5.2 非数值信息编码

5.2.1 字符的早期编码

字符集是各种文字和符号的总称,它包括文字、符号、简单图符、数字等。字符集种类繁多,每个字符集包含的字符个数不同,编码方法不同。如 ASCII 字符集、GBK 字符集、Unicode 字符集等。计算机要处理各种字符集的文字,就需要对字符集中每个字符进行唯一性编码,以便计算机能够识别和存储各种文字。

1. 早期字符集编码标准

(1) ASCII 编码(1967 年)。ASCII 是英文字符编码规范。ASCII 用 7 位进行编码(00~7F)表示 128 个字符,其扩展编码使用 8 位表示(80~FF),共可以表示 256 个字符,每个 ASCII 字符占 1 字节。ASCII 码是应用最广泛的编码。

(2) ANSI 编码。ANSI(American National Standards Institute,美国国家标准学会)编码与 ASCII 编码兼容,在 00~7F 的字符用 1 字节代表 1 字符(编码与 ASCII 相同)。对于汉字,ANSI 使用 80~FFFF 范围的 2 字节表示 1 个字符。在简体中文 Windows 系统下,

ANSI 代表 GBK 编码；在日文 Windows 系统下，ANSI 代表 JIS 编码；不同 ANSI 编码之间互不兼容。

(3) ISO 8859 编码(1998 年)。ISO 8859 是一系列欧洲字符集的编码标准(不包含汉字)，如 ISO 8859-1 标准收集了德法等西欧常用字符；ISO 8859-2 标准收集了中东欧字符，如克罗地亚语、捷克语、匈牙利语、波兰语、斯洛伐克语、斯洛文尼亚语等，英语也可用这个字符集显示。ISO 8859 标准采用 8 位编码，每个字符集最多可定义 95 个字符。ISO 8859 标准为了与 ASCII 码兼容，所有低位编码都与 ASCII 编码相同。

2. 中文字符集编码标准

(1) GB 2312 编码(1980 年)。GB 2312 是最早的国家标准中文字符集，它收录了 6763 个常用汉字和符号。GB 2312 采用定长 2 字节编码，其中 3755 个一级汉字按拼音序进行编码，3008 个二级汉字则按部首笔画序进行编码。

(2) GBK 编码(1995 年)。GBK 是 GB 2312 的扩展，它与 Unicode 编码兼容。GBK 加入了对繁体字的支持，收集了如计算機、冃、刌、円、冇等繁体字和生僻字。GBK 使用 2 字节定长编码，共收录 21 003 个汉字。

(3) GB 18030 编码(2000 年)。GB 18030 与 GB 2312 和 GBK 兼容。GB 18030 共收录 70 244 个汉字和符号，它采用变长多字节编码，每个汉字或符号由 1～4 字节组成。GB 18030 编码最多可定义 161 万个字符，支持国内少数民族文字、中日韩和繁体汉字等。Windows 7/8/10 默认支持 GB 18030 编码。

(4) 繁体中文 Big5 编码(2003 年)。Big5 是中国港澳台地区的繁体汉字编码。它对汉字采用 2 字节定长编码，共可表示 13 053 个中文繁体汉字。Big5 编码的汉字先按笔画再按部首进行排列。Big5 编码与 GB 类编码互不兼容。

【例 5-42】 如图 5-16 所示，中文字符在 UTF-8 编码中占 3 字节。

字符	GB 2312—80	GBK	BIG5	Unicode	UTF-16	UTF-8
中	D6 D0	D6 D0	A4 A4	4E 2D	4E 2D	E4 B8 AD
国	B9 FA	B9 FA	—	56 FD	56 FD	E5 9B BD

图 5-16 字符"中国"的各种编码形式(十六进制表示)

5.2.2 国际字符统一码 Unicode

1. Unicode 字符集和编码

(1) Unicode 字符集。Unicode(统一码)是一项国际字符集标准。Unicode 字符集的理论大小是 $2^{21}=2\ 097\ 152$ 个编码。Unicode 为全球每种语言的文字和符号都规定了一个唯一的二进制代码点和名称(简称码点)，如"汉"字的码点和名称是"U+6C49"。Unicode 码点通常用 2 字节表示一个字符，所以一个 Unicode 平面有 $2^{16}=65\ 535$ 个码点(理论值)。Unicode 目前规定了 17 种语言符号平面(110 万编码)。如 CJK(中日韩统一表意文字)平面收录了中文简体汉字、中文繁体汉字、日文假名、韩文谚文、越南喃字(大约 2 万个编码，不常用生僻字另有扩展字符集)。大多数字符集只有一种编码形式(如 ASCII、GB 2312 等)，Unicode 字符集有多种编码形式(如 UTF-8、UTF-16、UTF-32 等)。Unicode 字符集中汉字码点按《康熙字典》的偏旁部首和笔画数排列，编码排序与 GB(国标)字符集编码排序不同。

【例5-43】 打印字符串的 Unicode 编码,Python 程序如下。

```
1    #E0543.py                           # 【编码－打印 Unicode 码】
2    str = input('请输入一个字符串:')      # 输入字符串
3    a = [0] * len(str)                   # 计算字符串长度
4    i = 0                                # 计数器初始化
5    for x in str:                        # 循环计算编码
6        a[i] = hex(ord(x))               # 将字符 x 转换为 Unicode 编码
7        i = i+1                          # 计数器累加
8    result = list(a)                     # 转换为列表
9    print("字符串的 Unicode 编码为:", result)  # 打印 Unicode 编码
```

>>>请输入一个字符串:**a 中国**	# 程序运行结果
字符串的 Unicode 编码为: ['0x61', '0x4e2d', '0x56fd']	# 前缀 0x 表示十六进制编码

(2) UTF-8 编码。UTF-8 采用变长编码,128 个 ASCII 字符只需要 1 字节;带有变音符号的拉丁文、希腊文、西里尔字母、亚美尼亚语、希伯来文、阿拉伯文、叙利亚文等需要 2 字节;汉字为 3 字节;其他辅助平面符号为 4 字节。Python 3.x 程序采用 UTF-8 编码,因特网协议和浏览器等程序均采用 UTF-8 编码。

(3) UTF-16 编码。UTF-16 采用 2 或 4 字节变长编码。Windows 内核采用 UTF-16 编码,但支持 UTF-16 与 UTF-8 的自动转换。UTF-16 编码有 Big Endian(大端字节序)和 Little Endian(小端字节序)之分,UTF-8 编码没有字节序问题。

(4) UTF-32 编码。UTF-32 采用 4 字节编码,由于浪费存储空间,故很少使用。

2. UTF-8 编码方法

UTF-8 编码遵循了一个非常聪明的设计思想:**不要试图去修改那些没有坏或你认为不够好的东西,如果要修改,只去修改那些出问题的部分。**

UTF-8 采用变长编码,它用 1~4 字节表示一个字符。ASCII 码中每个字符的编码在 UTF-8 编码中保持完全一致,128 个 ASCII 字符只需要 1 字节编码(编码范围为 0000~007F)。带有附加符号的拉丁文、希腊文、西里尔字母、亚美尼亚语、希伯来文、阿拉伯文、叙利亚文等用 2 字节编码(编码范围为 0080~07FF)。汉字(包括中日韩三国使用的汉字)等字符使用 3 字节编码(编码范围为 4E00~9FFF)。其他极少使用的 Unicode 辅助字符使用 4 字节编码。

3. UTF-8 编码的优点

(1) UTF-8 编码中,128 个英文符号与 ASCII 编码完全一致,ASCII 编码无须任何改动。除 ASCII 编码外,其他字符都采用多字节编码,由于 ASCII 编码最高位为 0,多字节编码最高位为 1,所以不会产生编码冲突。

(2) UTF-8 从字符的首字节(编码第 1 个字节)编码就可以判断某个字符有几个字节。如果首字节以 $[0]_2$ 开头,一定是单字节编码(即 ASCII 码);如果首字节以 $[110]_2$ 开头,一定是 2 字节编码(如一些欧洲文字);如果首字节以 $[1110]_2$ 开头,一定是 3 字节编码(如汉字),其他以此类推。除单字节编码外,多字节 UTF-8 编码的后续字节均以 $[10]_2$ 开头。UTF-8 变长编码的优点是节省存储空间,减少了数据传输时间。

【例5-44】 UTF-8 汉字编码公式为 $[1110xxxx\ 10xxxxxx\ 10xxxxxx]_2$(x 表示 Unicode

码点中的 0 或 1）。如"中"字的 Unicode 码点为 $[01001110\ 00101101]_2$（4E2D），将它填入 UTF-8 汉字编码公式,得到的 UTF-8 编码为 $[\textbf{1110}0100\ \textbf{10}111000\ \textbf{10}101101]_2$（E4 B8 AD）。字符"中"的 UTF-8 编码方法如图 5-17 所示。

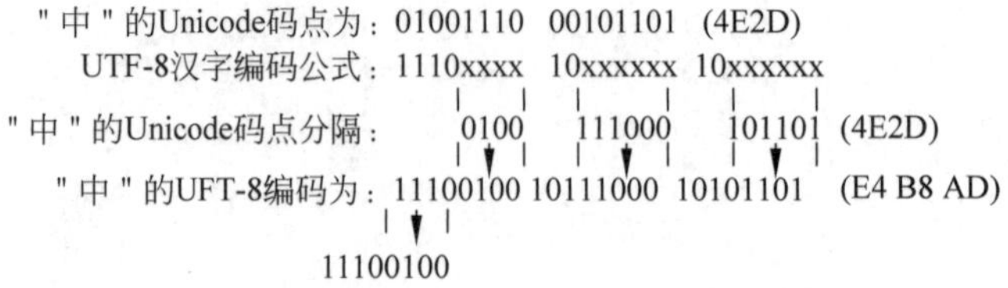

```
"中"的Unicode码点为: 01001110  00101101  (4E2D)

UTF-8汉字编码公式: 1110xxxx  10xxxxxx  10xxxxxx

"中"的Unicode码点分隔:  0100    111000    101101  (4E2D)

"中"的UFT-8编码为: 11100100 10111000 10101101  (E4 B8 AD)

                    11100100
```

图 5-17   字符"中"的 UTF-8 编码方法

（3）UTF-16 采用定长 2 或 4 字节变长编码。UTF-16 的编码与 Unicode 中的码点相同（见图 5-16）。UTF-16 编码在存储时,2 个字节中哪个字节存高位? 哪个字节存低位? 这需要考虑字节序问题。UTF-8 多字节编码时,首字节高位与后续字节高位的编码不同,这本身就说明了字节序,所以不用再考虑字节序问题。

（4）UTF-8 具有编码错误快速恢复的优点。简单地说,程序可以从文件的任意部分开始读取数据。假设程序读到 1 个受损的字节,这只会使这个字符无法识别,并不会影响下一个字符的正确识别。因为 UTF-8 专门规定了字符首字节的编码格式,因此不会出现双字节编码（如 UTF-16、GBK 等）的字节错位问题,这有利于解决字符乱码问题。

5.2.3 音频数据编码

在计算机中,数值和字符都转换成二进制数来存储和处理。同样,声音、图形、视频、等信息也需要转换成二进制数后,计算机才能存储和处理。在计算机中,将模拟信号转换成二进制数的过程称为数字化处理。

1. 声音处理的数字化过程

声音是连续变化的模拟量。如对着话筒讲话时,如图 5-18（a）所示,话筒根据它周围空气压力的变化,输出连续变化的电压值。这种变化的电压值是对声音的模拟,称为模拟音频,如图 5-18（b）所示。要使计算机能存储和处理声音信号,就必须将模拟音频数字化。

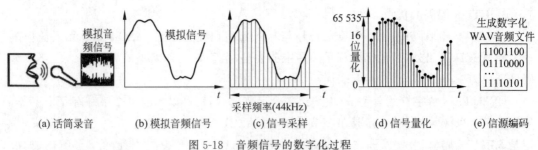

图 5-18   音频信号的数字化过程

（1）采样。连续信号都可以表示成离散的数字序列。模拟信号转换成数字信号必须经过采样过程,采样是在固定的时间间隔内,对模拟信号截取一个振幅值,如图 5-18（c）所示,并用定长的二进制数表示(如 16 位),将连续的模拟信号转换成离散的数字信号。**截取模拟信号振幅值的过程称为采样,所得到的振幅值为采样值。**单位时间内采样次数越多(采样频率越高),数字信号就越接近原声。奈奎斯特(Nyquist)采样定理指出:模拟信号离散化采样频率达到信号最高频率 2 倍时,可以无失真地恢复原信号。人耳听力范围在 20Hz~20kHz。声音采样频率达到 40kHz(每秒钟采集 4 万个数据)就可以满足信号采样要求,声卡采样频率一般为 44.1kHz 或更高。

(2) 量化。量化是将信号样本值截取为最接近原信号的整数值过程,例如,采样值是 16.2 就量化为 16,如果采样值是 16.7 就量化为 17。音频信号的量化精度(也称为采样位数)一般用二进制数位数衡量,如声卡量化位数为 16 位时,有 $2^{16}=65\ 535$ 种量化等级,如图 5-18(d)所示。目前声卡大多为 24 位或 32 位量化精度(采样位数)。音频信号采样量化时,一些系统的信号样本全部在正值区间,如图 5-18(d)所示,这时编码采用无符号数存储;另一些系统的样本有正值、0、负值(如正弦曲线),编码时用样本值最左边的位表示采样区间的正负符号,其余位表示样本绝对值。

(3) 编码。如果每秒钟采样速率为 S,量化精度为 B,它们的乘积为位率。例如,采样频率为 40kHz,量化精度为 16 位时,位率$=40\ 000\times16=640$kbit/s。位率是信号采集的重要性能指标,如果位率过低,就会出现数据丢失的情况。数据采集后得到了一大批原始音频数据,对这些数据进行压缩编码(如 wav、mp3 等)后,再加上音频文件格式的头部,就得到了一个数字音频文件,如图 5-18(e)所示。这项工作由声卡和音频处理软件(如 Adobe Audition)共同完成。

2. 声音信号的输入与输出

数字音频信号可以通过网络、U 盘、数字话筒、电子琴乐器数字接口(MIDI)等设备输入计算机。模拟音频信号一般通过模拟信号话筒和音频输入接口(Line in)输入计算机,然后由声卡转换为数字音频信号,这一过程称为模/数(A/D)转换。需要将数字音频播放出来时,可以利用音频播放软件将数字音频文件解压缩,然后通过声卡或音频处理芯片,将离散数字量再转换成连续的模拟量信号(如电压或电流),这一过程称为数/模(D/A)转换。

5.2.4 点阵图像编码

1. 图像的数字化

数字图像(Image)可以由数码照相机等设备获取,设备对图像进行数字化处理,通过接口传输到计算机,并且以文件的形式存储在计算机中。当然,数字图像也可以直接在计算机中进行自动生成或人工设计,或由网络、U 盘等设备输入。

当计算机将图像数据输出到显示器、打印机等设备时,这些数据通过处理设备将离散化的数字整合为一幅自然图像。

2. 二值图像编码

只有黑、白两色的图像称为二值图像。图像信息是一个连续的变量,离散化的方法是设置合适的采样分辨率,然后对二值图像中的每个像素用 1 位二进制数表示,一般将黑色点编码为 1,白色点编码为 0(量化),这个过程称为数字化处理(见图 5-19)。

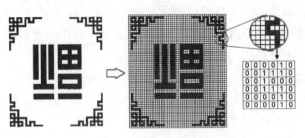

图 5-19　二值图像的数字化处理

　　图像分辨率是指单位长度内包含像素点的数量,分辨率单位有 dpi(点/英寸)等。图像分辨率为 1024×768 时,表示每条水平线上包含 1024 个像素点,垂直方向有 768 条线。分辨率不仅与图像的尺寸有关,还受到输出设备(如显示器点距等)等因素的影响。分辨率决定了图像细节的精细程度,图像分辨率越高,包含的像素就越多,图像越清晰。同时,太高的图像分辨率会增加文件处理时间和存储空间。

3. 灰度图像编码

　　灰度图像的数字化方法与二值图像相似,不同的是将白色与黑色之间的过渡灰色按对数关系分为若干亮度等级,然后对每个像素点按亮度等级进行量化。为了便于计算机存储和处理,一般将亮度分为 0～255 个等级(量化精度),而人眼对图像亮度的识别小于 64 个等级,因此对 256 个亮度等级的图像,人眼难以识别出亮度的差别。灰度图像中每个像素点的亮度值用 8 位二进制数(1 字节)表示,如图 5-20 所示为灰度图像的编码方式。

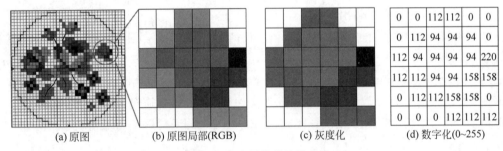

| (a) 原图 | (b) 原图局部(RGB) | (c) 灰度化 | (d) 数字化(0~255) |

图 5-20　灰度图像的编码方式

4. 彩色图像编码

　　显示器上的任何色彩都可以用红绿蓝(RGB)三个基色按不同比例混合得到。RGB 的数值是指亮度,并用整数表示。如图 5-21 所示,红色用 1 字节表示,亮度范围为 0～255 个等级(如 R＝0～255);绿色和蓝色也同样处理。

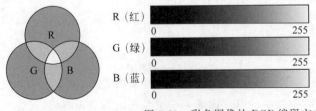

图 5-21　彩色图像的 RGB 编码方式

【例5-45】 如图5-21所示,白色像素点的编码为R＝255,G＝255,B＝255;黑色像素点的编码为R＝0,G＝0,B＝0(亮度全部为0);红色像素点的编码为R＝255,G＝0,B＝0;2008年北京奥组委将中国红编码定义为R＝230,G＝0,B＝0等。

采用以上编码方式,一个像素点可以表达的色彩有2^{24}＝1670万种,这时人眼很难分辨出相邻两种颜色的区别。一个像素点用多少位二进制数表示,称为色彩深度(量化精度),如上述案例中的色彩深度为24位。目前大部分显示器的色彩深度为32位,其中,8位记录红色,8位记录绿色,8位记录蓝色,8位记录透明度(Alpha)值,它们一起构成一个像素的显示效果。

【例5-46】 对分辨率为1024×768、色彩深度为24位的图片进行编码。

如图5-22所示,对图片中每个像素点进行色彩取值,其中某一个橙红色像素点的色彩值为R＝233,G＝105,B＝66,如果不对图片进行压缩,则将以上色彩值进行二进制编码即可。形成图片文件时,还必须根据图片文件格式加上文件头部。

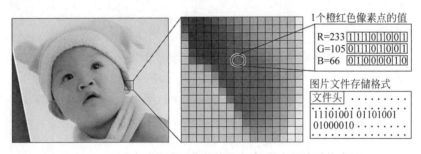

图5-22 24位色彩深度图像的编码方式(没有压缩时的编码)

5. 点阵图像的特点

点阵图像由多个像素点组成,二值图、灰度图和彩色图都是点阵图像(也称为位图或光栅图),简称为"图像"。图像放大时,可以看到构成整个图像的像素点,由于这些像素点非常小(取决于图像的分辨率),因此图像的颜色和形状的连续性很好;一旦将图像放大观看,图像中的像素点会使线条和形状显得参差不齐。缩小图像尺寸时,也会使图像变形,因为缩小图像是通过减少像素点来使整个图像变小。

6. 点阵字体编码

ASCII码和Unicode统一码主要解决了字符的存储、传输、计算、处理(录入、检索、排序等)等问题,而字符在显示和打印输出时,需要对"字形"进行再次编码。通常将字体(字形)编码的集合称为字库,字库以文件的形式存放在硬盘中,在字符输出(显示或打印)时,根据字符编码在字库中找到相应的字体编码,再输出到显示器或打印机中。汉字的风格有多种形式,如宋体、黑体、楷体等。由于字库没有统一的标准进行规定,同一字符在不同计算机中显示和打印时,可能字符形状会有所差异。

字体编码有点阵字体和矢量字体两种类型。点阵字体是将每个字符分成16×16(或其他分辨率)的点阵图像,然后用图像点的有无(一般为黑白)表示字体的轮廓。点阵字体最大的缺点是放大后字符边缘会出现锯齿现象。

【例5-47】 图5-23是字符"啊"的点阵图,每行用2字节表示,共16行、32字节来表达一个16×16点阵的汉字字体信息。

信息编码和逻辑运算

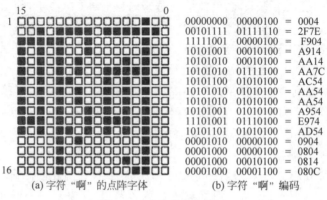

00000000	00000100 = 0004
00101111	01111110 = 2F7E
11111001	00000000 = F904
10101001	00010100 = A914
10101010	00010100 = AA14
10101010	01111100 = AA7C
10101100	01010100 = AC54
10101010	01010100 = AA54
10101010	01010100 = AA54
10101010	01010100 = A954
11101001	01110100 = E974
10101101	01010100 = AD54
00001010	00000100 = 0904
00001000	00000100 = 0804
00001000	00010100 = 0814
00001000	00001100 = 080C

(a) 字符"啊"的点阵字体　　　　(b) 字符"啊"编码

图 5-23　点阵字体和编码

5.2.5　矢量图形编码

1. 矢量图形的编码

矢量图形(Graphic)使用直线或曲线来描述图形。**矢量图形采用特征点和计算公式对图形进行表示和存储**。矢量图形保存的是每个图形元件的描述信息,例如,一个图形元件的起始/终止坐标、特征点等。在显示或打印矢量图形时,要经过一系列的数学运算才能输出图形。矢量图形在理论上可以无限放大,图形轮廓仍然能保持圆滑。

如图 5-24 所示,矢量图形只记录生成图形的算法和图上的某些特征点参数。矢量图形中的曲线利用短直线插补逼近,通过图形处理软件,可以方便地将矢量图形放大、缩小、移动、旋转、变形等。矢量图形最大的优点是无论进行放大、缩小或旋转等操作,图形都不会失真、变色和模糊。由于构成矢量图形的各个图元相对独立,因而在矢量图形中可以只编辑修改其中某一个物体,而不会影响图形中的其他物体。

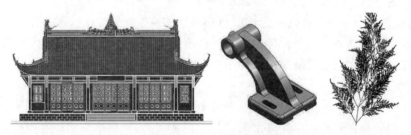

图 5-24　矢量图形

矢量图形只保存算法和特征点参数(如分形图),因此占用存储空间较小,打印输出和放大时图形质量较高。但是,矢量图形也存在以下缺点:一是难以表现色彩层次丰富的逼真图像效果;二是无法使用简单廉价的设备,将图形输入计算机中并矢量化;三是矢量图形目前没有统一的标准格式,大部分矢量图形格式存在不开放和知识产权问题,这造成了矢量图形在不同软件中进行交换的困难,也给图形设计带来了极大的不便。

矢量图形主要用于几何图形生成、工程制图、二维动画设计、三维物体造型、美术字体设计等。大多数绘图软件(如 Visio)、计算机辅助设计软件(如 AutoCAD)、三维造型软件(如 3ds Max)等,都采用矢量图形作为存储格式。矢量图形可以很好地转换为点阵图像,但是,点阵图像转换为矢量图形时效果很差。

2. 矢量字体编码

矢量字体保存的是每个字体的数学描述信息,在显示和打印矢量字体时,要经过一系列的运算才能输出结果。矢量字体可以无限放大,笔画轮廓仍然保持圆滑。

字体绘制可以通过 FontConfig+FreeType+PanGo 三者协作来完成,其中 FontConfig 负责字体管理和配置;FreeType 负责单个字体的绘制;PanGo 则完成对文字的排版布局。

矢量字体有多种格式,其中 TrueType 字体的应用最为广泛。TrueType 是一种字体构造技术,要让字体在屏幕上显示,还需要字体驱动引擎,如 FreeType 就是一种高效的字体驱动引擎。FreeType 是一个字体函数库,它可以处理点阵字体和多种矢量字体。

如图 5-25 所示,矢量字体重要的特征是轮廓(outline)和字体精调(hint)控制点。轮廓是一组封闭的路径,它由线段或贝塞尔(Bézier)曲线(见图 5-26)组成。字形控制点有轮廓锚点和精调控制点,缩放这些点的坐标值将缩放整个字体轮廓。

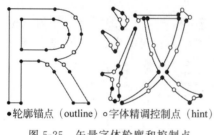

● 轮廓锚点(outline) ○ 字体精调控制点(hint)

图 5-25　矢量字体轮廓和控制点

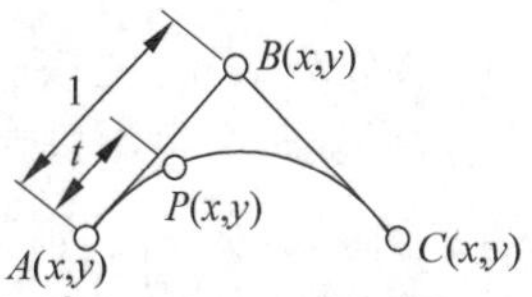

$B(x,y)$
1
t
$P(x,y)$
$A(x,y)$
$C(x,y)$
$P_x=(1-t)^2 \times A_x+2t(1-t) \times B_x+t^2 \times C_x$
$P_y=(1-t)^2 \times A_y+2t(1-t) \times B_y+t^2 \times C_y$
$0 \leqslant t \leqslant 1$

图 5-26　二次贝塞尔曲线示意图

轮廓虽然精确描述了字体的外观形状,但是数学上的正确对人眼来说并不见得合适。特别是字体缩小到较小的分辨率时,字体可能变得不好看,或者不清晰。字体精调就是采用一系列技术来精密调整字体,让字体变得更美观、更清晰。

矢量字体尽管可以任意缩放,但字体缩得太小时仍然存在问题。字体会变得不好看或者不清晰,即使采用字体精调技术,效果也不一定好,或者处理起来太麻烦。因此,显示大字体时多采用矢量字体,但是显示小字体(小于 8pt)时一般采用点阵字体。

矢量字体的显示大致需要经过以下步骤:加载字体→设置字体大小→加载字体数据→字体转换(旋转或缩放)→字体渲染(计算并绘制字体轮廓、填充色彩)等。可见在计算机显示一整屏文字时,计算工作量比我们想象的要大得多。

说明:绘制二次贝塞尔曲线案例,参见本书配套教学资源程序 F5-3.py。

5.3　压缩与纠错编码

5.3.1　信息熵的度量

1. 熵的概念和熵递增原理

1854 年,德国科学家克劳修斯(Rudolf Clausius)引入了熵(希腊语"变化"的意思)的概念。**熵是一个统计学意义上的概念**,熵可以衡量系统的混乱程度。例如,在一个充满气体的盒子里,可以测得气体的温度和压力,但是不知道盒子里每个气体粒子的位置和速度。盒子里气体具有相同温度和压强的微观状态数越多,系统的熵就越大。

熵递增原理是自然界的基本规律,熵递增原理指出:在一个孤立系统中(无外力作用时),当熵处于最小值时,系统处于最有序的状态;但熵会自发性地趋于增大,随着熵的增加,有序状态会逐步变为无序状态,并且不能自发地产生新的有序结构。这就像懒人的房间,如果没有人替他收拾打扫(外力),房间只会杂乱下去,绝不会变得整洁。

热力学指出,在一个孤立的物理系统中,热熵不会随时间减小,只会增加。而信息熵则相反,在一个封闭系统中,信息熵只会减少,不会增加。信息熵表示不确定性,热熵反映混乱度,这点上两者有很大的一致性。

2. 信息的定义

信息是什么?维纳(Norbert Wiener)在《控制论》一书中指出:**信息就是信息,既非物质,也非能量**。这个定义对信息未作正面回答。香农绕过了这个难题,他基于概率统计,从计算的角度研究信息的量化。

3. 信息熵的计算

1948 年,香农发表了《通信的数学原理》论文,第一次将熵的概念引入信息论中。香农创造了 bit 这个单词,用于表示二进制的"位"。香农对信息的定义是:**信息是用来消除随机不确定性的东西**。香农提出,如果系统 S 内存在多个事件 $S = \{E_1, E_2, \cdots, E_n\}$,每个事件的概率分布为 $P = \{p_1, p_2, \cdots, p_n\}$,则事件的信息熵(Entropy)为

$$H(X) = -\sum_{i=1}^{n} p(x_i) \log_2 p(x_i) \tag{5-5}$$

式中,$H(X)$ 为信息熵,单位为 bit;$p(x_i)$ 是随机事件 x_i 的发生概率。对数底选择是任意的,使用 2 作为对数底只是遵循信息论的传统。公式前面的负号是为了确保信息熵是正数,或者说没有负信息熵。

4. 等概率事件对信息熵计算的简化

每个事件发生的概率相等(等概率事件)时,可以将信息熵计算过程简化。

【例 5-48】 向空中投掷硬币,硬币落地后有两个状态:一个是正面朝上,另一个是反面朝上,每个状态出现的概率为 1/2。如果是投掷正六面体的骰子,则可能出现的状态有 6 个,每个状态出现的概率均为 1/6。编程计算硬币的信息熵和骰子的信息熵,代码如下:

$H(硬币) = -(2 \times 1/2) \times \log_2 p(1/2) = 1 \text{bit}$。

$H(骰子) = -(6 \times 1/6) \times \log_2 p(1/6) \approx 2.6 \text{bit}$。

```
>>> from math import log2            # 导入标准模块 - 对数运算
>>> H1 = -(2 * 1/2) * log2(1/2)      # 计算硬币投掷的信息熵
>>> print('硬币投掷的信息熵 = ', H1)
硬币投掷的信息熵 = 1.0
>>> H2 = -(6 * 1/6) * log2(1/6)      # 计算骰子投掷的信息熵
>>> print('骰子投掷的信息熵 = ', H2)
骰子投掷的信息熵 = 2.584962500721156
```

【例 5-49】 π 是一个无限循环小数:3.1415926535…。如果希望 π 值的精度是十进制数的 30 位,编程计算最少需要多少 bit 二进制数才能满足要求?代码如下:

```
1   >>> from math import log2              # 导入标准模块 - 对数运算
2   >>> H3 = - log2(10) / - log2(2)        # 计算十转二需要的信息熵 bit
3   >>> print('10 转 2 的信息熵 = ', H3)
    10 转 2 的信息熵 = 3.321928094887362    # 1 位十进制数转为二进制数的信息熵
```

由以上计算可知,每位十进制数转换为二进制数时,信息熵大约需要 3.4bit(余量稍留大一点)。30 位十进制数转换成二进制数时,最少需要 30 位×3.4bit＝102bit。在实际应用中,由于存在编码方法、存储格式等要求,实际长度要大得多。

5. 事件发生概率不同的信息熵计算

在实际的情况中,每种可能情况出现的概率并不相同,所以必须用信息熵来衡量整个系统的平均信息量。因此,信息熵可以理解为信息的不确定性。

【例 5-50】 一个黑箱中有 10 个球,球有红、白两种颜色,但是不知道每种颜色的球各有多少个。黑箱中红、白球数量不同时,计算信息熵。Python 程序如下。

```
1   # E0550.py                                    # 【编码 - 信息熵计算】
2   from math import log2                          # 导入标准模块 - 对数计算
3   for x in range(1, 10):                         # 循环计算信息熵
4       p1 = x / 10                                # 计算红球概率
5       p2 = 1 - p1                                # 计算白球概率
6       n = [p1, p2]                               # 列表赋值
7       H = - sum([p * log2(p) for p in n])        # 循环计算信息熵
8       print(f'【{x}】红球概率:{p1:.2f};\          # 打印计算的信息熵
9       白球概率:{p2:.2f};信息熵:{H:.2f}')          # 参数:.2f 为保留两位小数

>>>                                                # 程序运行结果
【1】红球概率:0.10; 白球概率:0.90;信息熵:0.47
【2】红球概率:0.20; 白球概率:0.80;信息熵:0.72
【3】红球概率:0.30; 白球概率:0.70;信息熵:0.88
【4】红球概率:0.40; 白球概率:0.60;信息熵:0.97
【5】红球概率:0.50; 白球概率:0.50;信息熵:1.00
【6】红球概率:0.60; 白球概率:0.40;信息熵:0.97
【7】红球概率:0.70; 白球概率:0.30;信息熵:0.88
【8】红球概率:0.80; 白球概率:0.20;信息熵:0.72
【9】红球概率:0.90; 白球概率:0.10;信息熵:0.47
```

通过程序计算可以发现,黑箱中红球越多,则抽到红球的概率越高,信息熵就越小,因为不确定性减少了。**越是确定的事件,不确定性越小,信息量也越少。** 如果黑箱中全部是红球,则信息熵＝0,相当于没有任何信息。当黑箱中红白球都是 50％时,信息熵达到了最大值 1bit,这时难以确定会抽到哪个颜色的球。可见,**概率与信息熵成反比关系**,概率越高,信息熵越低;概率越低,信息熵越高。**信息熵与信息量成正比关系。**

6. 汉字的信息熵

1974 年,我国专家和科研部门对中文海量文本进行了统计,发现使用频率最高的 3755 个汉字对各类文本的覆盖率达到了 99.9％。因此在 GB 2312—1980 标准中,将这 3755 个汉字规定为一级汉字库。

【例 5-51】 假设 3755 个汉字在文本中出现的概率相同,计算汉字的平均信息熵,代码如下。

```
1  >>> from math import log2                          # 导入标准模块 – 对数计算
2  >>> H3 = - (3755 * 1/3755) * log2(1/3755)          # 计算汉字的平均信息熵
3  >>> print('一级汉字的信息熵 = ', H3)
   一级汉字的信息熵 = 11.874597192401634
```

实际文本语料中,汉字的使用频率并不相同,如汉字出现频率最高的字是"的",出现频率是 4.1%。**统计表明,常用语言单个字母的平均信息熵为汉语 9.65bit、英语 4.03bit、法语 3.98bit**。汉语的平均词长为 1.94 左右(词组);英文单词的平均词长为 5 个字母左右,因此英语单词的信息熵要大于汉字(参见例 5-52)。

7. 信息熵与编码长度

香农信息论的特点是:信息熵只考虑信息本身出现的概率,与信息内容无关。简单地说,多个信息熵的累加和称为信息量。信息论中的信息量与日常语境中的信息量是不同的概念。日常语境的信息量往往是指信息的质量和信息表达的效率。或者说,**日常语境中的信息量与信息内容相关;而信息熵与信息内容无关,只与字符的编码长度有关**。

【例 5-52】 S_1 ="秋高气爽"(4),S_2 ="秋天晴空万里,天气凉爽"(11),S_3 = The autumn sky is clear and the air is crisp(44)。计算它们的信息量(信息熵之和)。

$H_1 = 9.65 \times 4 = 38.6 \text{bit}$;$H_2 = 9.65 \times 11 = 106.15 \text{bit}$;$H_3 = 4.03 \times 44 = 177.32 \text{bit}$。

在日常语境中,S_1、S_2、S_3 三个短语表达了同一个语义,它们的信息量大致相同。但是,在信息熵计算中,$S2$ 的信息熵比 S_1 高 1 倍以上,S_3 的信息熵是 S_1 的 4 倍以上,也就是说,在同一语义下,S_2 和 S_3 的编码长度要大大高于 S_1。

5.3.2 无损压缩编码

可以通过数据压缩来消除多媒体信息中原始数据的冗余性。在保证信息质量的前提下,压缩比(压缩比=压缩前数据的长度:压缩后数据的长度)越高越好。

1. 无损压缩的特征

无损压缩的基本原理是相同的信息只需要保存一次。例如,一幅蓝天白云的图像压缩时,首先会确定图像中哪些区域是相同的,哪些是不同的。蓝天中数据重复的图像就可以压缩,只需要记录同一颜色区域的起始点和终止点。从本质上看,无损压缩可以删除一些重复数据,大大减少图像的存储容量。

无损压缩的优点是可以完全恢复原始数据,而不引起任何数据失真。无损压缩算法一般可将文件压缩到原来的 1/2~1/4(压缩比为 2:1~4:1)。但是,无损压缩并不会减少数据占用的内存空间,因为读取压缩文件时,软件会对丢失的数据进行恢复填充。

2. 常用压缩编码算法

常用压缩编码算法如图 5-27 所示。

LZW(Lempel、Ziv 和 Welch 三人共同发明的算法)、LZ77(Lempel 和 Ziv 于 1977 年发明的算法)、LZSS(由 LZ77 改进的算法)编码属于字典模型的压缩算法,而 RLE(Run

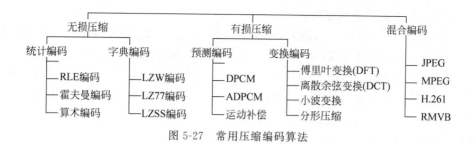

图 5-27　常用压缩编码算法

Length Encoding,行程长度编码)、霍夫曼编码和算术编码都属于统计模型压缩算法。字典模型压缩算法与原始数据的排列顺序有关,而与数据的出现频率无关;统计模型压缩算法正好相反,它与数据的排列顺序无关,而与数据的出现频率有关。这两类压缩算法各有所长,相互补充。许多压缩软件结合了这两类算法。

3. RLE 压缩编码算法原理

RLE(行程长度编码,也称为游程编码)是对重复的数据序列用重复次数和单个数据值来代替,重复的次数称为"游程"。RLE 是一种变长编码,RLE 用一个特殊标记字节指示重复字符开始,非重复节可以有任意长度而不被标记字节打断,标记字节是字符串中不出现的符号(或出现最少的符号,如@)。RLE 编码方法如图 5-29 所示。

图 5-28　RLE 编码方法

【例 5-53】　对字符串 AAAAABACCCCBCCC 进行 RLE 编码。

编码为@5A@1B@1A@4C@1B@3C。标记字节@说明字符开始,数字表示字符重复次数,后面是被重复字符。Python 程序如下。

```
1   # E0553.py                                              # 【编码-游程编码】
2   line = input('请输入原始数据:')                          # 输入数据
3   count = 1                                                # 计数器初始化
4   print('数据 REL 编码为:', end = "")                      # 打印提示信息
5   for i in range(1, len(line)):                            # 循环读取字符串
6       if line[i] == line[i - 1]:                           # 如果前后两个字符相同
7           count += 1                                       # 计数器 + 1
8       else:
9           print("(" + str(count) + "," + line[i - 1] + "),",end = "")  # 打印重复次数和字符
10          count = 1                                        # 计数器初始化
11  print("(" + str(count) + "," + line[-1] + ")")           # 打印全部编码

>>>                                                          # 程序运行结果
请输入原始数据:AAAAABACCCCBCCC
数据 REL 编码为:(5,A),(1,B),(1,A),(4,C),(1,B),(3,C)
```

RLE 编码算法简单直观,编码和解码速度快,压缩效率低,适用于字符重复出现概率高的情况。许多图形、视频文件都会用到 RLE 编码算法。

4. 霍夫曼压缩编码算法原理

霍夫曼（David A. Huffman）编码算法的基本原理是：频繁使用的字符用短编码代替，较少使用的字符用长编码代替，每个字符的编码各不相同（变长编码）。例如，字母 e、t、a 的使用频率要大于字母 z、q、x，可以用短编码表示常用字母 e、t、a，用长编码表示不常用字母 z、q、x，这样每个字母都有唯一的编码。编码的长度可变，而不是像 ASCII 码那样都用 8 位表示。霍夫曼编码广泛应用于数据压缩、数据通信、多媒体技术等领域。

【例 5-54】 对字符串 I am a teacher 进行霍夫曼编码。

设信号源字符串为 $X=\{$空格,a,e,I,m,t,c,h,r$\}$（按字符出现概率的大小进行排列）。假设每个字符对应的概率为 $p=\{0.22,0.22,0.14,0.07,0.07,0.07,0.07,0.07,0.07\}$，霍夫曼编码过程如图 5-29 所示。霍夫曼编码算法的步骤如下。

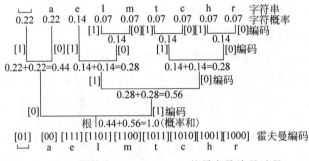

图 5-29　字符串 I am a teacher 的霍夫曼编码过程

（1）如图 5-29 所示，按字符在文本中出现概率的大小从左到右顺序排列。

（2）将概率相同的两个符号组成一个节点，如空格和 a、I 和 m、t 和 c 等。

（3）将两个相邻概率组合相加，形成一个新概率（如 0.22+0.22=0.44），将新出现的概率与未编码的字符一起重新排序（如 0.44 与 0.56）。

（4）重复步骤（2）～步骤（3），直到出现的概率和为 1（如根节点），形成"霍夫曼树"。

（5）编码分配。编码从根节点（树底部）开始向上分配（如空格编码=01）。代码左边标 1 或 0 无关紧要，因为结果仅仅是编码不同，而编码平均长度相同。

字符串 I am a teacher 的霍夫曼编码如图 5-30 所示。

压缩文本	I		a	m		a		t	e	a	c	h	e	r
霍夫曼编码	1101	01	00	1100	01	00	01	1011	111	00	1010	1001	111	1000

图 5-30　字符串的霍夫曼编码（二进制）

说明：霍夫曼编码的案例，参见本书配套教学资源程序 F5-4.py。

5. 字典压缩编码算法

（1）日常生活中的字典编码。人们日常生活中经常使用字典压缩方法。例如，奥运会、PC 等词汇，说者和听者都明白它们是指奥林匹克运动会、个人计算机，这就是信息压缩。人们之所以能使用这种压缩方式而不产生语义上的误解，是因为在说者和听者心目中都有一个事先定义好的缩略语字典，人们在对信息进行说（压缩）和听（解压缩）过程中，都对字典进行了查询操作。字典压缩编码就是基于这一计算思维设计的。

（2）字典压缩编码算法思想。字典压缩编码就是把文本中的符号做成一个字典列表，并用特殊代码（如数字）来表示这个符号。字典压缩编码算法是创建一个短语字典，编码过程中，如果遇到字典中出现的短语时，就输出字典中短语的索引号，而不是短语本身。LZ77和LZW编码均采用这种算法思想。

（3）LZW压缩编码算法。LZW压缩编码算法由Lemple、Ziv、Welch三人共同创造，并用他们的名字的首字母命名。LZW压缩编码算法中，首先建立一个字典（字符串表），把每个第一次出现的字符串放入字典中，并用一个数字标号来表示（一般在7位ASCII码上进行扩展），压缩文件只存储数字标号，不存储字符串。这个数字标号与此字符串在字典中的位置有关，这个字符串再次出现时，可用字典中的数字标号来代替，并将这个数字标号存入压缩文件中，压缩完成后将字典丢弃。解压缩时，可根据压缩数据重新生成字典。

【例5-55】 对文本"good good study,day day up"进行LZW压缩编码。

对原始文本中的字符串进行扫描，生成的字典如图5-31所示。为易于理解，下面的数字标号没有采用扩展ASCII码，而采用顺序数字编码表示。

字符串	g	o	d		good	s	t	u	y	,	a	day	p	。	…
数字标号	1	2	3	4	5	6	7	8	9	10	11	12	13	14	…

图5-31 LZW压缩编码算法扫描文本后生成的字典

利用LZW压缩编码算法，对文本信息进行压缩的最终编码如图5-32所示。

压缩文本	good		good		study	,	day		day		up	。
压缩编码	1223	4	5	4	67839	10	3119	4	12	4	813	14

图5-32 利用LZW压缩编码算法对文本信息进行压缩的编码

说明：对字符串进行LZW压缩编码的案例，参见本书配套教学资源程序F5-5.py。

如图5-32所示，随着新字符串不断被发现，字典的数字标号也会不断地增长。如果字符数量过大，生成的数字标号也会越来越大，这时就会产生编码效率问题。如何避免这个问题呢？GIF格式图像压缩采用的方法是：当数字标号"足够大"时，就干脆从头开始进行数字标号，并且在字典这个位置插入一个清除标志（CLEAR），表示从这里重新开始构造字典，以前所有数字标号作废，开始使用新数字标号。问题是"足够大"是多大？理论上数字标号集越大，压缩比越高，但系统开销也越高。LZW压缩编码算法的字典一般在7位ASCII字符集上进行扩展，扩展后的数字标号可用12位（4096个编码）甚至更多位表示。

LZW压缩编码算法适用情况是原始数据中有大量子字符串重复出现，重复越多，压缩效果越好，反之则越差。一般情况下LZW压缩编码算法可实现2∶1～3∶1的压缩比。

目前流行的GIF、TIF等格式图像文件采用了LZW压缩编码算法；WinRAR、WinZip等压缩软件也采用了LZW压缩编码算法，微软公司CAB压缩文件也采用了LZW编码机制。甚至许多硬件（如网络设备）中，也采用了LZW压缩编码算法。LZW压缩编码算法广泛用于文本数据和特殊应用领域的图像数据（如指纹图像、医学图像等）压缩。

信息编码和逻辑运算

【例 5-56】 将 d:\test\temp 子目录下所有文件进行压缩,Python 程序如下。

```
1   # E0556.py                                              # 【编码－文件压缩】
2   import zipfile                                          # 导入标准模块－压缩
3   import os                                               # 导入标准模块－系统
4   f = zipfile.ZipFile('my.zip', 'w', zipfile.ZIP_DEFLATED)  # my.zip 为压缩文件名,w 为写入
5   startdir = 'd:\\test\\temp'                             # ZIP_DEFLATED 为压缩,f 为变量
6   for dirpath, dirnames, filenames in os.walk(startdir):  # 读取目录下所有文件
7       for filename in filenames:                          # 将压缩文件循环写入临时变量
8           f.write(os.path.join(dirpath, filename))        # 将临时变量循环写入压缩文件
9   f.close( )                                              # 关闭文件
```

5.3.3 有损压缩技术

1. 有损压缩的特征

经过有损压缩的对象进行数据重构时,重构后的数据与原始数据不完全一致,是一种不可逆的压缩方式。如图像、视频、音频数据的压缩就可以采用有损压缩,因为对象中包含的数据往往多于人们视觉系统和听觉系统所能接收的信息,有损压缩是丢掉一些数据,并且不会对声音或者图像表达的意思产生误解,但可以大大提高压缩比。图像、视频、音频数据的压缩比高达 $10:1 \sim 50:1$,可以大大减少数据在内存和磁盘中的占用空间。因此多媒体信息编码技术主要侧重于有损压缩编码的研究。

有损压缩的算法思想是:通过有意丢弃一些对视听效果相对不太重要的细节数据进行信息压缩。这种压缩方法一般不会严重影响视听质量。

2. JPEG 图像压缩标准

国际标准化组织(International Organization for Standardization,ISO)和国际电信联盟(ITU)共同成立的联合图像专家组(Joint Photographic Experts Group,JPEG),于 1991 年提出了"多灰度静止图像的数字压缩编码"(简称 JPEG 标准)。这个标准适用于彩色和灰度图像的压缩处理。JPEG(读[J-peg])标准包含两部分:第一部分是无损压缩,采用差分脉冲编码调制(Differential Pulse Code Modulation,DPCM)的预测编码;第二部分是有损压缩,采用离散余弦变换(DCT)和霍夫曼编码。

JPEG 算法的思想是:恢复图像时不重建原始画面,而是生成与原始画面类似的图像,丢掉那些没有被注意到的颜色。JPEG 压缩利用了人的心理和生理特征,因而非常适合真实图像的压缩。对于非真实图像(如线条图、卡通图像等),JPEG 压缩效果并不理想。JPEG 对图像的压缩比为一般为 $10:1 \sim 25:1$。

3. JPEG 图像压缩编码原理

JPEG 图像压缩编码原理非常复杂,如图 5-33 所示,压缩编码分为以下四个步骤。

(1) 颜色模型转换及采样。JPEG 采用 YCbCr(Y 亮度,Cb 色度,Cr 饱和度)色彩模型,因此需要将 RGB(红绿蓝)色彩的图像数据转换为 YCbCr 色彩的数据。

(2) DCT(离散余弦变换)。将图像数据转换为频率系数(原理复杂,此处不详述)。

(3) 量化。将频率系数由浮点数转换为整数。

(4) 熵编码。其编码原理和过程更加复杂(此处不详述)。

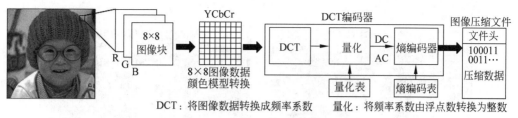

图 5-33　JPEG 图像压缩编码流程

4. MPEG 动态图像压缩标准

对计算技术而言视频是随空间(图像)和时间(一系列图像)变化的信息。视频图像由很多幅静止画面(称为帧)组成,如果采用 JPEG 压缩算法,对每帧图像画面进行压缩,然后将所有图像帧组合成一个视频图像,这种计算思维方法可行吗?

【例 5-57】　一幅分辨率为 640×480 的彩色静止图像,没有压缩时的理论大小为(640×480×24bit)/8=900KB,假设经过 JPEG 压缩后大小为 50KB(压缩比 18∶1)。按 JPEG 算法压缩一部 120min 的影片,则影片文件大小为 50KB×30fps(帧/秒)×60s×120min=10.3GB。显然,完全采用 JPEG 算法压缩视频图像时,还是存在文件太大的问题。

运动图像专家组开发了视频图像的数据编码和解码标准 MPEG(读[M-peg])。目前已经开发的 MPEG 标准有 MPEG-1、MPEG-2、MPEG-4 等。MPEG 算法除了对单幅视频图像进行编码压缩外(帧内压缩),还利用图像之间的相关特性,消除了视频画面之间的图像冗余,大大提高了数字视频图像的压缩比,MPEG-2 的压缩比可达到 20∶1~50∶1。

5. MPEG 压缩编码算法原理

MPEG 压缩编码基于运动补偿和离散余弦变换(DCT)算法。**MPEG 算法思想是：在一帧图像内(空间方向),数据压缩采用 JPEG 算法来消除冗余信息;在连续多帧图像之间(时间方向),数据压缩采用运动补偿算法来消除冗余信息。**

计算机视频的播放速率为 30fps,也就是 1/30s 显示一幅画面,在这么短的时间内,相邻两个画面之间的变化非常小,相邻帧之间存在极大的数据冗余。在视频图像中,可以利用前一帧图像来预测后一帧图像,以实现数据压缩。帧间预测编码技术广泛应用于 H.261、H.263、MPEG-1、MPEG-2 等视频压缩标准。

图像帧之间的预测编码有以下方法。

(1) 隔帧传输。对于静止图像或活动很慢的图像,可以少传输一些帧(如隔帧传输);没有传输的图像帧则利用帧缓存中前一图像帧的数据作为该图像帧的数据。

(2) 帧间预测。不直接传送当前图像帧的像素值,而是传送画面中像素 X_1 与前一画面(或后一画面)同一位置像素 X_2 之间的数据差值。

【例 5-58】　在一段太阳升起的视频中,第 n 帧图像中,太阳中 X_1 点的像素值为 $R=200$(橙红色);在 $n+1$ 帧图像中,该点 X_2 的像素值改变为 $R=205$(稍微深一点的橙红色)。这时可以只传输两个像素之间的差值 5,图像中没有变化的像素无须传输数据。

(3) 运动补偿预测。如图 5-34(a)所示,视频图像中一个画面大致分为三个区域:一是背景区(相邻两个画面的背景区基本相同);二是运动物体区(可以视为由前一个画面某一区域的像素移动而成);三是暴露区(物体移动后显露出来曾被遮盖的背景区域),如图 5-34(b)所示。运动补偿预测就是将前一个画面的背景区＋平移后的运动物体区作为后一个画面的预测值。

(a) 视频画面的初始帧（第1帧）

(b) 视频画面的结束帧（第30帧）

图 5-34　视频画面的三个基本区域

6. MPEG 视频图像排列

如图 5-35 所示，MPEG 标准将图像分为三种类型：帧内图像 I 帧（关键帧）、预测图像 P 帧（预测计算图像）和双向预测图像 B 帧（插值计算图像）。

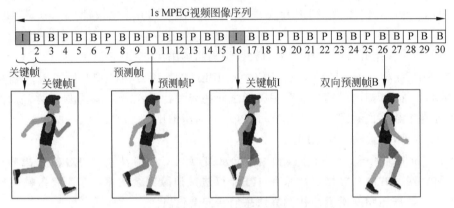

图 5-35　典型 MPEG 视频图像帧显示序列

（1）关键帧 I。I 帧包含内容完整的图像，它用于其他图像帧的编码和解码参考，因此称为关键帧。I 帧采用类似 JPEG 的压缩算法，压缩比较低。I 帧图像可作为 B 帧和 P 帧图像的预测参考帧。I 帧周期性出现在视频图像序列中，出现频率可由编码器选择，一般为 2 次/s(2Hz)。对于高速运动的视频图像，I 帧的出现频率可以选择高一些，B 帧可以少一些；对于慢速运动的视频图像，I 帧出现的频率可以低一些，B 帧图像可以多一些。

（2）预测帧 P。P 帧是利用相邻图像帧统计信息进行预测的图像帧。也就是说 P 帧和 B 帧采用相对编码，即不对整个画面帧进行编码，只对本帧与前一帧画面不同的地方编码。P 帧采用运动补偿算法，所以 P 帧图像的压缩比相对较高。由于 P 帧是预测计算的图像，因此计算量非常大，在高分辨率视频中计算量很大，对计算机显卡的要求高。

（3）双向插值帧 B。B 帧是双向预测插值帧，它利用 I 帧和 P 帧作参考，进行运动补偿预测计算。B 帧不能用来作为对其他帧进行运动补偿预测的参考帧。

（4）视频图像帧序列。典型的 MPEG 视频图像帧序列如图 5-35 所示，在 1s 时间里，30 帧画面有 28 帧需要进行运动补偿预测计算，可见视频图像的计算量非常大。

5.3.4 信号纠错编码

1. 信道差错控制编码

数据传输要通过各种物理信道,由于电磁干扰、设备故障等因素的影响,传送的信号可能发生失真,使信息遭到损坏,造成接收端信号误判。为了提高信号传输的准确性,除了提高信道抗噪声干扰外,还必须在通信中采用信道差错控制编码。采用信道差错控制编码的目的是提高信号传输的可靠性,改善通信系统的传输质量。

差错控制编码是数据在发送之前,按照某种关系附加一个校验码后再发送。接收端收到信号后,检查信息位与校验码之间的关系,确定传输过程中是否有差错发生。**差错控制编码提高了通信系统的可靠性,但它以降低通信系统的效率为代价。**

差错控制方法有两种:一种是 ARQ(Automatic Repeat-reQuest,自动重传请求);另一种是 FEC(Forward Error Correction,前向纠错)。纠错码使用硬件实现时,速度比软件快几个数量级;纠错码使用软件实现不需要另外增加设备,特别适用于网络通信。绝大多数情况下,计算机使用检错码,出现错误后自动请求对方重发(ARQ);只有在单工通信情况下,才会使用纠错编码。

2. 出错重传的差错控制方法

ARQ 采用出错重传的方法。如图 5-36 所示,在发送端对数据进行检错编码,通过信道传送到接收端,接收端经过译码处理后,只检测数据有无差错,并不自动纠正差错。如果接收端检测到接收的数据有错误时,则利用信道传送反馈信号,请求发送端重新发送有错误的数据,直到收到正确数据为止。ARQ 通信方式要求发送方设置一个数据缓冲区,用于存放已发送出去的数据,以便出现差错后,可以调出数据缓冲区的内容重新发送。在计算机通信中,大部分通信协议采用 ARQ 差错控制方式。

图 5-36 ARQ 差错控制方式

3. 奇偶校验方法

奇偶校验是一种最基本的检错码,它分为奇校验和偶校验。**奇偶校验可以发现数据传输错误,但是它不能纠正数据错误。**

【例 5-59】 字符 A 的 ASCII 码为 $[01000001]_2$,其中有两位码元值为 1。如果采用奇校验编码,由于这个字符的编码中有偶数个 1,所以校验位的值为 1,其 8 位组合编码为 $[10000011]_2$,前 7 位是信息位,最低位是奇校验码。同理,如果采用偶校验,可知校验位的值为 0,其 8 位组合编码为 $[10000010]_2$。接收端对 8 位编码中 1 的个数进行检验时,如有不符,就可以判定传输中发生了差错。

如果通信前,通信双方约定采用奇校验码,接收端对传输数据进行校验时,如果接收到编码中 1 的个数为奇数时,则认为传输正确;否则就认为传输中出现了差错。在传输中有偶数个比特位(如 2 位)出现差错时,这种方法就不再适用。所以,奇偶校验只能检测出信息

信息编码和逻辑运算

中出现的奇数个错误,如果出错码元为偶数个,则奇偶校验不能奏效。

奇偶校验容易实现,而且一个字符(8位)中2位同时发生错误的概率非常小,所以信道干扰不大时,奇偶校验的检错效果很好。计算机广泛采用奇偶校验进行检错。

4. 一个简单的前向纠错编码案例

在前向纠错(FEC)通信中,发送端在发送前对原始信息进行差错编码,然后发送。接收端对收到的编码进行译码后,检测有无差错。接收端不但能发现差错,而且能确定码元发生错误的位置,从而加以自动纠正。前向纠错不需要请求发送方重发信息,发送端也不需要存放以备重发的数据缓冲区。虽然前向纠错有以上优点,但是纠错码比检错码需要使用更多的冗余数据位。也就是说编码效率低,纠错电路复杂。因此,大多应用在单向传输或实时要求特别高的领域。例如,地球与火星之间距离太远,火星探测器"机遇号"的信号传输一个来回差不多要20min,这使得信号的前向纠错非常重要。

计算机常用的前向纠错编码是汉明码(R. W. Hamming),可以利用汉明码进行检测并纠错。下面用一个简单的例子来说明纠错的基本原理,它虽然不是汉明码,但是它们的算法思想相同,都是利用冗余编码来达到纠错的目的。

【例 5-60】 如图 5-37(a)所示,发送端 A 将字符 OK 传送给接收端 B,字符 OK 的 ASCII 码$=[79,75]_{10}$。如果接收端 B 通过奇偶校验发现数据 D2 在传输过程中发生了错误,最简单的处理方法就是通知发送端重新传送出错数据 D2,但是这样会降低传输效率。

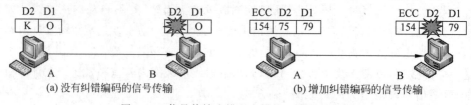

(a) 没有纠错编码的信号传输   (b) 增加纠错编码的信号传输

图 5-37　信号传输出错和出错校正编码示意图

如图 5-37(b)所示,如果发送端将两个原始数据相加,得出一个错误校验码 ECC(ECC=D1+D2=79+75=154),然后将原始数据 D1、D2 和校验码 ECC 一起传送到接收端。接收端通过奇偶校验检查没有发现错误,就丢弃校验码 ECC;如果接收端通过奇偶校验发现数据 D2 出错了,就可以利用校验码 ECC 减去另外一个正确的原始数据 D1,这样就可以得到正确的原始数据 D2(D2=ECC-D1=154-79=75),不需要发送端重传数据。

5. CRC 编码原理

(1) CRC 编码特征。信号在通信线路上串行传送时,通常会引发多位数据发生错误。这种情况下,奇偶校验和汉明码校验的作用就再明显,这时需要采用 CRC(Cyclic Redundancy Check,循环冗余校验)编码。CRC 编码是一种最常用的差错校验码,它的特点是检错能力极强(可检测多位出错),开销小(开销小于奇偶校验编码),易于用逻辑电路实现。在数据存储和数据通信领域,CRC 编码无处不在。例如,以太网、WinRAR 压缩软件等采用了 CRC-32 编码;磁盘文件采用了 CRC-16 编码;GIF 等格式图像文件也采用 CRC 编码作为检错手段。

(2) CRC 算法思想。根据选定的"生成多项式"生成 CRC 编码;在待发送的数据帧后面附加上 CRC 编码,生成一个新数据帧(源数据+CRC 编码)发送给接收端。数据帧到达接收端后,接收方将数据帧与生成多项式进行模运算(mod),如果结果不为 0,则说明数据在传输过程中出现了差错。CRC 校验的工作原理如图 5-38 所示。

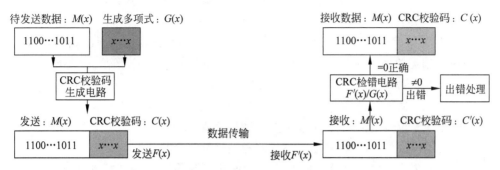

图 5-38　CRC 校验的工作原理

（3）发送方 CRC 编码过程。读取原始数据块→将该数据块左移 n 位后除以生成多项式 $G(x)$→将余数作为 CRC 码附在数据块最后面（原始数据块＋CRC 编码）→传送增加 CRC 码的数据块。

（4）数据接收方 CRC 校验过程。接收数据块→将接收数据块与生成多项式 $G(x)$ 进行模运算→如果余数为 0 则接收数据正确，余数不为 0 则说明数据传输错误。

6. 生成多项式

常用的 CRC 生成多项式国际标准如表 5-5 所示。生成多项式的最高位和最低位系数必须为 1，为了简化表示生成多项式，一般只列出二进制值为 1 的位，其他位为 0。生成多项式按二进制数最高阶数记为 CRC-m。如 CRC-8、CRC-16 等。

表 5-5　常用 CRC 生成多项式国际标准

标准名称	生成多项式	简记式*	生成多项式展开	应用案例
CRC-4-ITU	x^4+x+1	0x3	1 0011	ITU-G.704
CRC-8-ITU	x^8+x^2+x+1	0x07	1 0000 0111	HEC
CRC-16	$x^{16}+x^{15}+x^2+1$	0x8005	1 10000000 00000101	美国标准
CRC-16-ITU	$x^{16}+x^{12}+x^5+1$	0x1021	1 00010000 00100001	欧洲标准
CRC-32	$x^{32}+x^{26}+x^{23}+\cdots+x^2+x+1$	0x04c11db7	1 0000$\cdots$111	以太网、RAR

说明：* 生成多项式的最高幂次系数固定为 1，在简记式中，通常将最高位的 1 去掉。如 CRC-8-ITU 的简记式 0x07 实际上是 0x107，对应的二进制码为 0x07＝107H＝$[1\ 0000\ 0111]_2$。

【例 5-61】　码组 $[1100101]_2$ 可以表示为 $1\times x^6+1\times x^5+0\times x^4+0\times x^3+1\times x^2+0\times x+1$，为了简化表达式，生成多项式省略了码组中为 0 的部分，即记为 $G(x)=x^6+x^5+x^2+1$。

7. 程序设计案例：生成 CRC 编码

【例 5-62】　生成字符串 'hello,word!' 的 CRC 检验编码，Python 程序如下。

```
1   >>> import zlib                              # 导入标准模块－解包
2   >>> s = b'hello,word!'                       # 字符串赋值，b 说明字符串为 byte 编码
3   >>> print(hex(zlib.crc32(s)))               # 生成 CRC－32 编码，打印十六进制 CRC 编码
    0xb4e7eee9                                   # 前缀 0x 表示十六进制数
4   >>> print(bin(zlib.crc32(s)))               # 生成 CRC－32 编码，打印二进制 CRC 编码
    0b10110100111001111110110111101001          # 前缀 0b 表示二进制数
```

说明：生成 CRC-16 编码的案例,参见本书配套教学资源程序 F5-6.py。

8. CRC 编码的特征

CRC 编码只能检查错误,不能纠正错误,但是 CRC 能检查 3 位以上的错误,CRC 校验的好坏取决于选定的生成多项式。CRC 编码虽然可以用软件实现,但是大部分时候采用硬件电路实现(如网卡和主板中的 CRC 校验电路)。CRC 编码具有以下特征。

(1) 源数据长度任意,校验码长度取决于选用的生成多项式。

(2) 信号任一位发生错误时,生成多项式做模运算后余数不为 0。

(3) 信号不同位发生错误时,生成多项式做模运算后余数不为 0。

(4) 生成多项式做模运算后的余数不为 0 时,继续做模运算,余数会循环出现。

5.3.5　信道传输编码

信道传输编码就像商品的包装,商品包装的目的是使商品更适合运输,在运输过程中不受损。同样,信道编码的目的是使编码后的二进制数据更适合信道的传输。

1. 直流平衡

1s 对人类来说是一个短暂的时间,但是在 USB 3.0 总线中,信号传输频率为 5GHz,这意味在 1s 时间内可以传输 50 亿个(5Gbit/s)信号,1s 对计算机来说是一个漫长的时间。在数据传输过程中,如果长时间(如 100 个时钟周期)内没有信号出现(称为“直流不平衡”),会造成以下问题:一是不能确定传输的数据一直为 1 或为 0,还是数据传输系统出现了问题;二是长时间(如 100 个时钟周期)为低电平(为 0),偶尔出现一个高电平(为 1)时,系统不能确定这个信号是有效信号还是干扰信号;三是高速串行传输采用了同步传输技术,数据发送端将时钟信号与源数据组合成数据帧进行传输,接收端需要从接收的数据帧恢复时钟信号来保证同步,这需要线路中传输的二进制码流有足够多的跳变,即不能有过多连续的高电平,也不能有过多连续的低电平。

直流平衡是数据传输中 1 和 0 数量保持大致相同的一种技术。实现直流平衡的方法有 8B-10B 编码、64B-66B 编码、扰频等编码技术。

2. 8B-10B 编码技术

(1) 8B-10B 编码的应用。8B-10B 信道编码技术广泛应用于高速串行接口,如 USB (Universal Serial Bus,通用串行总线)、SAS(Serial Attached SCSI,串行 SCSI)接口、SATA (Serial Advanced Technology Attachment,硬盘串行传输)接口、PCI-E 总线、光纤链路、GbE(吉比特以太网)、XAUI(10G 比特接口)、InfiniBand 总线、Serial Rapid IO 总线等。高速串行接口的 8B-10B 编码主要采用专用集成电路(ASIC)芯片实现,这些高速接口主要包括三个组成部分:电路部分(串行/解串行)、物理层部分(数据编码)、链路与协议部分(高层)。

(2) 8B-10B 编码的原理。8B-10B 编码的原理是将 8 位二进制数字编码成 10 位,它包括 256 个数据编码和 12 个控制编码。8B 的含义是将 8 位数据分成两部分:低 5 位进行 5B-6B 编码,高 3 位则进行 3B-4B 编码,这两种映射关系可以从标准化表格中查到。人们习惯把 8B 数据表示成 $Dx.y$ 的形式,其中 $x=5$LSB(最低有效位),$y=3$MSB(最高有效位)。

【例 5-63】　一个 8B 的源数据为 $[10110101]_2$,其中 $x=[10101]_2$(低 5 位,十进制数=21),$y=[101]_2$(高 3 位,十进制数=5),一般将这个源数据写成 D21.5 的形式。

（3）8B-10B 编码的技术特征。**8B-10B 编码的特性是保证直流平衡，它可以实现发送 0、1 的数量保持基本一致，连续的 1 或 0 不超过 5 位**，即每 5 个连续的 1 或 0 后，必然会插入一位 0 或 1。这些特性确保了 0 码元与 1 码元个数一致（直流平衡）；确保了字节同步易于实现（即在一个比特流中易于找到字节的起始位）；以及对误码率有足够的容错能力；降低硬件电路设计的复杂度等。

（4）8B-10B 编码的缺点。8B-10B 编码的缺点只有一个，就是高达 25％ 的系统开销。人们提出过一些降低 8B-10B 编码技术系统开销的改进方法，如 64B-66B 编码技术（用于 10G 以太网，开销大约 3％）；10GBase-KR（用于 10GbE 背板连接）；CEI-P 编码技术；Interlaken PHY 编码技术等。这些技术的共同点都是以提高硬件设计复杂度（芯电晶体管数量）为代价，换取较低的编码开销。到目前为止，还没有哪种低开销的编码技术能够脱颖而出，成为继 8B-10B 编码之后广泛采用的首选信道编码技术。

5.4 数理逻辑与应用

5.4.1 数理逻辑概述

德国数学家莱布尼茨首先提出了用演算符号表示逻辑语言的思想；英国数学家乔治·布尔（George Boole）1847 年创立了布尔代数；美国科学家香农将布尔代数用于分析电话开关电路。布尔代数为计算机逻辑电路设计提供了理论基础。

逻辑学最早由古希腊学者亚里士多德创建。莱布尼茨曾经设想过创造一种"通用的科学语言"，将推理过程像数学一样利用公式进行计算。数理逻辑既是数学的一个分支，也是逻辑学的一个分支。数理逻辑是用数学方法研究形式逻辑的学科，所谓数学方法包括使用符号和公式，以及形式化、公理化等数学方法。通俗地说，**数理逻辑就是对逻辑概念进行符号化后（形式化），对证明过程用数学方法进行演算**。

数理逻辑的研究包括古典数理逻辑（命题逻辑和谓词逻辑）和现代数理逻辑（递归论、模型论、公理集合论、证明论等）。递归论主要研究可计算性理论，模型论主要研究形式语言（如程序语言）与数学之间的关系，公理化集合论主要研究集合论中无矛盾性的问题。数理逻辑和计算科学有许多重合之处，两者都属于模拟人类认知机理的科学。许多计算科学的先驱者既是数学家，又是数理逻辑学家，如阿兰·图灵、布尔等。数理逻辑与计算技术的发展有着密切联系，它为机器证明、自动程序设计、计算机辅助设计等应用和理论提供必要的理论基础。例如，程序语言学、语义学的研究从模型论衍生而来，而程序验证则从模型论的模型检测衍生而来。柯里·霍华德（Haskell Brooks Curry-William Alvin Howard）同构理论说明了"证明"和"程序"的等价性。例如，LISP、Prolog 就是典型的逻辑推理程序语言，程序执行过程就是逻辑推理的证明过程（参见 2.3.4 节）。

现代数理逻辑证明，最基本的逻辑状态只有两个：一个是从一种状态变为另一种状态（如从 0 转变为 1 的逻辑开关）；另一个是在两种状态中，按照某种规则（如比较大小）选择其中的一种状态（如实现 if 语句功能的逻辑比较器）。根据这两种逻辑状态，可以构成多状态的任意逻辑关系。例如，在 CPU 内部，**算术运算都可以用"加法和比较大小"两个运算关系联合表达**，减法可以通过补码的加法来实现。

5.4.2 基本逻辑运算

1. 逻辑运算的特点

布尔代数中,逻辑变量和逻辑值只有 0 和 1,它们不表示数值的大小,只表示事物的性质或状态。如命题判断中的"真"与"假",数字电路中的"低电平"与"高电平"等。

布尔代数有三种最基本的逻辑运算:与运算(AND)、或运算(OR)、非运算(NOT)。通过这三个基本逻辑运算可组合出任何其他逻辑关系。逻辑运算与算术运算的规则大致相同,但是逻辑运算与算术运算存在以下区别。

(1) 逻辑运算是一种位运算,按规则逐位运算即可。

(2) 逻辑运算中不同位之间没有任何关系,当然也就不存在进位或借位问题。

(3) 逻辑运算由于没有进位,因此不存在溢出问题。

(4) 逻辑运算没有符号问题,逻辑值在计算机中以原码形式表示和存储。

(5) 真值表是描述逻辑关系的直观表格。

逻辑运算的这些特性,特别适用于集成电路芯片中逻辑电路的设计。

2. 与运算

与运算(AND)相当于逻辑的乘法运算,它的逻辑表达式为 $Y = A \cdot B$。**与运算规则是:全 1 为 1,否则为 0(全真为真)**。用电子元件制造的与运算器件称为"与门",与运算规则、真值表和与门表示符号如图 5-39 所示(GB 为国家标准)。与运算常用于存储单元的清零,如某个存储单元和一个各位为 0 的数相与时,存储单元结果为零。

	A	B	Y
	0	0	0
	0	1	0
	1	0	0
	1	1	1

$0 \times 0 = 0$
$0 \times 1 = 0$
$1 \times 0 = 0$
$1 \times 1 = 1$

(a) 与运算规则　(b) 与运算真值表　(c) IEEE "与门" 符号　(d) GB "与门" 符号

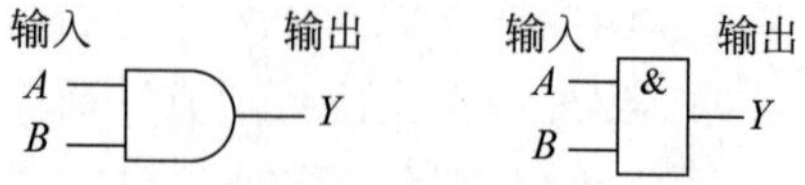

图 5-39　与运算规则和与门表示符号

【例 5-64】 10011100 AND 00000000 = 00000000。

$$
\begin{array}{ll}
& 10011100 \quad (\text{输入 } A) \\
\text{AND} & \underline{00000000} \quad (\text{输入 } B) \\
& 00000000 \quad (\text{输出 } Y)
\end{array}
$$

3. 或运算

或运算(OR)相当于逻辑的加法运算,它的逻辑表达式为 $Y = A + B$。**或运算规则是:全 0 为 0,否则为 1(全假为假)**。用电子元件制造的或运算器件称为"或门",或运算规则、真值表和或门表示符号如图 5-40 所示。或运算常用于对某位存储单元置位(存储单元设置为全 1)运算。

	A	B	Y
	0	0	0
	0	1	1
	1	0	1
	1	1	1

$0 + 0 = 0$
$0 + 1 = 1$
$1 + 0 = 1$
$1 + 1 = 1$

(a) 或运算规则　(b) 或运算真值表　(c) IEEE "或门" 符号　(d) GB "或门" 符号

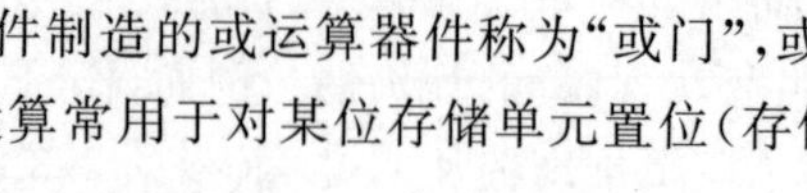

图 5-40　或运算规则和或门表示符号

【例 5-65】 10011100 OR 00111001 ＝ 10111101。

$$\begin{array}{r r l} & 10011100 & \text{（输入 } A\text{）} \\ \text{OR} & 00111001 & \text{（输入 } B\text{）} \\ \hline & 10111101 & \text{（输出 } Y\text{）} \end{array}$$

4. 非运算

非运算（NOT）是逻辑值取反运算，逻辑表达式为 $Y=\overline{A}$，非运算是对逻辑值"取反"，规定在逻辑运算符上方加上画线"—"表示。用电子元件制造的非运算器件称为"非门"，非运算规则、真值表和非门表示符号如图 5-41 所示。在逻辑门符号中，一般用"小圆圈"表示逻辑值取反。非运算常用于对某个二进制位进行取反运算；或者逻辑电路中的与非门、或非门电路设计。

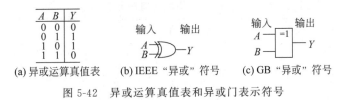

$\overline{1}=0$
$\overline{0}=1$

A	Y
0	1
1	0

(a) 非运算规则　(b) 非运算真值表　(c) IEEE "非门" 符号 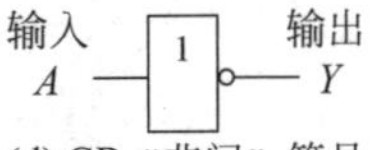　(d) GB "非门" 符号

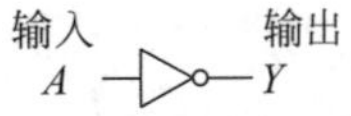

图 5-41　非运算规则和非门表示符号

【例 5-66】 NOT(10011100) ＝ 01100011。

$$\begin{array}{r l l} \text{NOT} & 10011100 & \text{（输入 } A\text{）} \\ \hline & 01100011 & \text{（输出 } Y\text{）} \end{array}$$

5. 异或运算

异或（XOR）是一种应用广泛的逻辑运算，异或运算用符号"$\oplus$"表示，运算规则为 $0\oplus0=0$，$0\oplus1=1$，$1\oplus0=1$，$1\oplus1=0$。**异或运算可以理解为：相同为 0，相异为 1（同假异真）**。异或运算真值表和异或门符号如图 5-42 所示。异或也称为半加运算，运算法则相当于不带进位的二进制加法，所以异或运算常用于半加器逻辑电路设计（参见图 5-45）。

A	B	Y
0	0	0
0	1	1
1	0	1
1	1	0

(a) 异或运算真值表　(b) IEEE "异或" 符号　(c) GB "异或" 符号

图 5-42　异或运算真值表和异或门表示符号

【例 5-67】 10011100 XOR 00111001 ＝ 10100101。

$$\begin{array}{r r l} & 10011100 & \text{（输入 } A\text{）} \\ \text{XOR} & 00111001 & \text{（输入 } B\text{）} \\ \hline & 10100101 & \text{（输出 } Y\text{）} \end{array}$$

5.4.3　命题逻辑演算

1. 数理逻辑中的命题

数理逻辑主要研究推理过程，而推理过程必须依靠命题来表达，**命题是能够判断真假的陈述句**。命题判断只有两种结论：命题结论为真或为假，命题真值通常用大写英文字母 T（True）或 F（False）表示。表达单一意义的命题称为"原子命题"，原子命题可通过"联结词"

构成"复合命题"。论述一个命题为真或为假的过程称为证明。

【例 5-68】 下列陈述句都是命题。

(1) 8 小于 10——命题真值为真。

(2) 8 大于 10——假命题也是命题,是真值为假的命题。

(3) 一个自然数不是合数就是素数——命题真值为假,1 不是合数和素数。

(4) 明年 10 月 1 日是晴天——真值目前不知道,但真值是确定的(真或假)。

(5) 公元 1100 年元旦下雨——可能无法查明真值,但真值是确定的(真或假)。

【例 5-69】 下列语句不是命题。

(1) 8 大于 10 吗?——疑问句,非陈述性句,不是命题。

(2) 天空多漂亮!——感叹句,非陈述性句,不是命题。

(3) 禁止喧哗——命令句,非陈述性句,不是命题。

(4) $x > 10$——x 值不确定,因此命题真值不确定。

(5) $c^2 = a^2 + b^2$——方程不是命题。

(6) 这句话是谎言——悖论不是命题。

2. 逻辑联结词的含义

命题演算是研究命题如何通过一些逻辑联结词构成更复杂的命题。由简单命题组成复合命题的过程,可以看作逻辑运算的过程,也就是命题的演算。

数理逻辑运算也和代数运算一样,满足一定的运算规律。例如,满足数学的交换律、结合律、分配律;同时也满足逻辑上的同一律、吸收律、双否定律、德摩根定律、三段论定律等。利用这些定律可以进行逻辑推理,简化复合命题。在数理逻辑中,与其说注重的是论证本身,不如说注重的是论证的形式。

将命题用合适的符号表示称为命题符号化(形式化)。数理逻辑规定了用逻辑联结词表示命题的推理规则,如表 5-6 所示。使用联结词可以将若干简单句组合成复合句。

表 5-6　逻辑联结词与含义

联结词符号	说　　　明	命 题 案 例	命 题 读 法	命 题 含 义
¬	非(NOT)	¬P	非 P	P 的否定(逻辑取反)
∧	与(AND)	P∧Q	P 并且 Q	P 和 Q 的合取(逻辑乘)
∨	或(OR)	P∨Q	P 或者 Q	P 和 Q 的析取(逻辑加)
→	如果…则…(if-then)	P→Q	若 P 则 Q	P 蕴含 Q(单向条件)
↔	当且仅当	P↔Q	P 当且仅当 Q	P 等价 Q(双向条件)

命题的真值可以用图表来说明,这种表称为真值表,如表 5-7 所示。

表 5-7　逻辑运算真值表

命题前件	命题后件	不同逻辑命题运算的真值					
P	Q	P∧Q	P∨Q	¬P	¬Q	P→Q	P↔Q
0	0	0	0	1	1	1	1
0	1	0	1	1	0	1	0
1	0	0	1	0	1	0	0
1	1	1	1	0	0	1	1

3. 联结词的优先级

（1）联结词的优先级按"否定→合取→析取→蕴含→等价"由高到低。

（2）同级的联结词,优先级按出现的先后次序(从左到右)排列。

（3）运算要求与优先次序不一致时,可使用括号,括号中的运算优先级最高。

联结词连接的是两个命题真值之间的联结,而不是命题内容之间的联结,因此命题的真值只取决于原子命题的真值,与它们的内容无关。

4. 逻辑联结词"蕴含"（→）的理解

（1）前提与结论。日常生活中,命题的前提和结论之间包含有某种因果关系,但在数理逻辑中,允许前提和结论之间无因果关系,只要可以判断逻辑值的真假即可。

【例 5-70】 侯宝林先生相声中讲到:如果关羽叫阵,则秦琼迎战。

显然,这个命题在日常生活中是荒谬的,因为他们之间没有因果关系。但是在数理逻辑中,设 P＝关羽叫阵,Q＝秦琼迎战,命题:P→Q 成立。

（2）善意推定。日常生活中,当前件为假时(P＝0),P→Q 没有实际意义,因为整个语句的意义往往无法判断,故人们只考虑 P＝1 的情形。但在数理逻辑中,当前件 P 为假时(P＝0),无论后件 Q 为真或假(Q＝0 或 Q＝1),P→Q 总为真命题(即 P→Q＝1),这有没有道理呢？

【例 5-71】 李逵对戴宗说:"我去酒肆一定帮你带壶酒回来。"

可以将这句话表述为命题 P→Q(P＝李逵去酒肆,Q＝带壶酒回来)。后来李逵因有事没有去酒肆(即 P＝0),但是按数理逻辑规定(见表 5-7),命题 P→Q 为真(即李逵带壶酒回来了),这合理吗？ 我们应理解为李逵讲了真话,即:他要是去酒肆,我们相信他一定会带壶酒回来。这种理解在数理逻辑中称为"善意推定",因为前件不成立时,很难区分前件与后件之间是否有因果关系,只能做善意推定。

5. 命题逻辑的演算

【例 5-72】 将下列命题用逻辑符号表示。

（1）命题:今天会下雨或不上课。

令:P＝今天下雨,Q＝今天不上课,符号化命题为 P∨Q。

命题演算 1:如果 P＝1(真),Q＝0(假);则 P∨Q＝1∨0＝1(命题为真)。

命题演算 2:如果 P＝1(真),Q＝1(真);则 P∨Q＝1∨1＝1(命题为真)。

命题演算 3:如果 P＝0(假),Q＝0(假);则 P∨Q＝0∨0＝0(命题为假)。

命题演算 4:如果 P＝0(假),Q＝1(真);则 P∨Q＝0∨0＝1(命题为真)。

（2）命题:mm 既漂亮又会做饭。

令:P＝mm 漂亮,Q＝mm 会做饭,符号化命题为 P∧Q。

（3）命题:骑白马的不一定是王子。

令:P＝骑白马的一定是王子,符号化命题为 ¬P。

（4）命题:若 $f(x)$ 是可以微分的,则 $f(x)$ 是连续的。

令:P＝$f(x)$是可以微分的,Q＝$f(x)$是连续的,符号化命题为 P→Q。

（5）命题:只有在老鼠灭绝时,猫才会哭老鼠。

令:P＝猫哭老鼠,Q＝老鼠灭绝,符号化命题为 P↔Q。

（6）命题：铁和氧化合，但铁和氮不化合。

令：P＝铁和氧化合，Q＝铁和氮化合，符号化命题为 P∧(¬Q)。

（7）命题：如果上午不下雨，我就去看电影，否则我就在家里看书。

令：P＝不下雨看电影，Q＝在家看书，符号化命题为 ¬P→Q。

（8）命题：人不犯我，我不犯人；人若犯我，我必犯人。

令：P＝人犯我，Q＝我犯人，符号化命题为 (¬P→ ¬Q)∧(P→Q)。

说明：求逻辑命题真值表的案例，参见本书配套教学资源程序 F5-7.py。

【例 5-73】 某地发生了一起谋杀案，警察通过排查确定凶手必为以下四个嫌疑犯之一。以下为嫌疑犯供词：A 说不是我；B 说是 C；C 说是 D；D 说 C 在胡说。假设其中有三人说了真话，一个人说了假话。请问谁是凶手？Python 程序如下。

```
1  # E0573.py                                          # 【编码 - 逻辑推理】
2  for m in['A', 'B', 'C', 'D']:                        # 循环对每个条件进行判断
3      if (m != 'A') + (m == 'C') + (m == 'D') + (m != 'D') == 3:   # 根据条件,设置命题逻辑
4          print(f'{m}是凶手')                           # 满足以上条件的为凶手
>>> C 是凶手                                             # 程序运行结果
```

5.4.4 谓词逻辑演算

1. 命题函数

命题逻辑不能充分表达计算科学中的许多陈述，如"n 是一个素数"就不能用命题逻辑来描述。因为它的真假取决于 n 的值，当 $n＝5$ 时，命题为真；当 $n＝6$ 时，命题为假。

程序中常见的语句如"x＞5""x＝y＋2"等，当变量值未知时，这些语句既不为真，也不为假；但是当变量为确定值时，它们就成为了一个命题。

【例 5-74】 在语句"x＞5"中包含了两部分：第一部分变量 x 是语句的主语，第二部分是谓词"大于 5"。用"$p(x)$"表示语句"x＞5"，其中 p 表示谓词"＞5"，而 x 是变量。一旦将变量 x 赋值，$p(x)$ 就成为了一个命题函数。例如，当 $x＝0$ 时，变量有了确定的值，因此命题 $p(0)$ 为假；当 $x＝8$ 时，命题 $p(8)$ 为真。

【例 5-75】 令 $G(x，y)$ 表示"x 高于 y"，而 $G(x，y)$ 是一个二元谓词（两个变量）。如果将"张飞"代入 x，"李逵"代入 y，则 G(张飞，李逵)就是命题"张飞高于李逵"。可见在 x、y 中代入确定的个体后，$G(x，y)$ 命题函数就可以形成一个具体的命题。

2. 个体和谓词

原子命题是在结构上不能再分解出其他命题的命题（也称为简单命题），如：今天是星期日等。原子命题中不能有与、或、非、如果、那么等联结词。

原子命题由个体词和谓词两部分组成。在谓词公式 $P(x)$ 中，P 称为谓词，x 称为变量（或个体变元）。

个体是独立存在的物体，它可以是抽象的，也可以是具体的。如人、学生、桌子、自然数等都可以作为个体，个体也可以是抽象的常量、变量、函数。在谓词演算中，个体通常在命题里表示思维对象。

表示个体之间关系的词称为谓词。表示一个个体的性质（一元关系）称为一元谓词；表

示 n 个个体之间的关系称为 n 元谓词。如"x 是素数"是一元谓词;"大于"是二元谓词;"在……之间"是三元谓词,如"x 大于 a,小于 b"就是三元谓词。

【例 5-76】 "$x=y+2$"表示了两个变量之间的关系(二元谓词),其中谓词是"( )=( )+2"。当 $x=7,y=5$ 时,命题函数 $p(x,y)$ 表示 $7=5+2$,命题 $p(7,5)$ 为真;当 $x=2,y=3$ 时,命题函数 $p(x,y)$ 表示 $2=3+2$,命题 $p(2,3)$ 为假。

3. 谓词逻辑的符号表示

在谓词逻辑的形式化中,一般使用以下符号进行表示。

(1) 常量符号一般用 a、b、c…表示,它可以是集合中的某个元素。

(2) 变量符号一般用 x、y、z…表示,集合中任意元素都可代入变量符号。

(3) 函数符号一般用 f、g…表示,n 元函数表示为 $f(x_1,x_2,\cdots,x_n)$。

(4) 谓词符号一般用 P、Q、R…表示,n 元谓词表示为 $P(x_1,x_2,\cdots,x_n)$。

4. 量词

量词是命题中表示数量的词,它分为全称量词和存在量词。例如,在"所有阔叶植物是落叶植物""有些水生动物用肺呼吸"这两个命题中,"所有""有些"都是量词,其中"所有"是全称量词,"有些"是存在量词。

汉语中,"所有""一切"等表示全称量词;"有些""至少有一个"等表示存在量词。全称量词一般用符号"$\forall x$"表示,读作"对任一 x",或"所有 x"。存在量词一般用符号"$\exists x$"表示,读作"有些 x",或"存在一个 x"。在一个公式前面加上量词,称为量化式,如 $(\forall x)F(x)$ 称为全称量化式,表示"对所有 x,x 就是 F"(即一切事物都是 F)。$(\exists x)F(x)$ 称为存在量化式,表示"有一个 x,x 就是 F"(即有一个事物是 F)。在谓词逻辑中,命题符号化必须明确个体域,无特别说明时,默认为全总个体域,一般使用全称量词。

5. 命题公式

用量词($\forall$、$\exists$)和命题联结词($\land$、$\lor$、$\rightarrow$ 等)可以构造出各种复杂的命题公式。例如,"5 是素数""7 大于 3"这两个原子命题的公式为 $F(x)$ 和 $G(x,y)$。例如,陈述 n 个个体间有某关系的原子命题,可用公式 $F(x_1,x_2,\cdots,x_n)$ 表示。谓词逻辑中,命题的谓词逻辑公式有无穷多个。

【例 5-77】 用谓词逻辑公式表示以下命题。

(1) 命题:所有自然数乘 0 都等于 0(皮亚诺公理中乘法的定义)。

谓词逻辑公式:$\forall m,m\times 0=0$。

(2) 命题:有的水生动物是用肺呼吸的。

谓词逻辑公式:$(\exists x)(F(x)\land G(x))$。

(3) 命题:一切自然数都有大于它的自然数。

谓词逻辑公式:$(\forall x)(F(x)\rightarrow(\exists y)(F(y)\land G(x,y)))$。

谓词逻辑公式只是一个符号串,并没有具体的意义,但是,如果给这些符号串一个解释,使它具有真值,这就变成了一个命题。

谓词逻辑公式的演算只涉及符号、符号序列、符号序列的变换等,没有涉及符号和公式的意义。这种不涉及符号、公式意义的研究称为语法研究。例如,定理、可证明性等都是语法概念。而对符号和公式的解释,以及公式和它的意义等,都属于语义研究的范围。例如,个体域、解释、赋值、真假、普遍有效性、可满足性等,都是语义概念。

【例 5-78】 用谓词逻辑公式表示：张飞是计算专业的学生，他不喜欢编程。

定义：COMPUTER(x)表示 x 是计算专业的学生。

定义：LIKE(x，y)表示 x 喜欢 y。

谓词逻辑公式为 COMPUTER(张飞) $\land$ $\neg$ LIKE(张飞，编程)。

6. 谓词逻辑的特点

谓词逻辑的优点是可以简单地说明和构造复杂的事物，并且分离了知识和处理知识的过程；谓词逻辑与关系数据库有密切的关系；一阶谓词逻辑具有完备的逻辑推理算法；逻辑推理方法不依赖于任何具体领域，具有较大的通用性。

谓词逻辑的缺点是难以表示过程和启发式的知识，不能表示具有不确定性的知识；当事实的数量增大时，在证明过程中可能产生计算量的"组合爆炸"问题；内容与推理过程的分离，使内容包含的大量信息被抛弃，使得处理过程效率低。

5.4.5 逻辑运算应用

逻辑运算广泛用于计算领域，如集成电路芯片都采用逻辑电路设计；如 Prolog 编程语言建立在一阶谓词逻辑的基础上；如程序编译时，采用逻辑推理分析程序语法。

1. 逻辑运算在数据库查询中的应用

逻辑运算中的"与""或""非"可以用来表示日常生活中的"并且""或者""除非"等判断。例如，在数据库中查询信息时，就会用到逻辑运算语句。

【例 5-79】 查询某企业中基本工资高于 5000 元，并且奖金高于 3000 元，或者应发工资高于 8000 元的职工。

查询语句：基本工资＞5000.00 AND 奖金＞3000.00 OR 应发工资＞8000.00。

2. 逻辑运算在图形处理中的应用

逻辑运算可以用于对图形进行某些剪辑操作。如图 5-43 所示，将两个相交的图形进行与运算时，可以剪裁出其中相交部分的子图；将两个相交的图形进行或运算时，可以将两个图形合并成一个图形，将两个图形进行非运算时，就可以减去其中一个图形中相交的部分；将两个相交的图形进行异或运算时，可以剪裁两个图形中的相交部分。

| (a) A AND B | (b) A OR B | (c) A NOT B | (d) A XOR B |

图 5-43　逻辑运算在图形处理中的应用

3. 逻辑运算在集合中的应用

【例 5-80】 如图 5-44 所示，设集合 A 包含"全集"中所有的偶数（2 的倍数），集合 B 包含"全集"中所有 3 的倍数；集合 A 与集合 B 的交集 A $\bigcap$ B（在集合 A AND B 中所有的元素）将是"全集"中所有 6 的倍数。

4. 逻辑运算在加法器电路设计中的应用

计算机的基本运算包括：算术运算、移位运算、逻辑运算，它们由 CPU 内部的算术逻辑运算单元（ALU）进行处理。**加法运算是计算机最基本的运算**，如算术四则运算、程序中的条件判断语句（if）、循环语句（for）等，都可以转换为 CPU 内部的加法操作。利用前述的逻

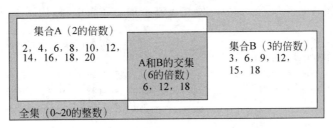

图 5-44　集合 A 和集合 B 之间的逻辑关系

辑门电路,设计一个能实现两个 1 位二进制数做算术加法运算的电路,这个电路称为"半加器",利用"半加器"就可以设计出"全加器"逻辑电路。

(1)半加器逻辑电路设计。在半加器中,暂时不考虑低位进位的情况。半加器有两个输入端:加数 A、被加数 B;两个输出端:和 S、进位 C。1 位半加器逻辑电路及真值表如图 5-46 所示,它由 1 个"异或门"和一个"与门"组成,考察真值表中 C 与 A、B 之间的关系是"与"的关系,即 $C = A \times B$;再看 S 与 A、B 之间的关系,也可看出这是"异或"关系,即 $S = A \oplus B$。因此,可以用"与门"和"异或门"来实现真值表的要求。

【例 5-81】　在图 5-45 所示半加器电路中,验证两个 1 位二进制数相加结果是否正确。

设 $A = 0, B = 0$;$S = A \oplus B = 0 \oplus 0 = 0$;$C = A \times B = 0 \times 0 = 0$;逻辑电路正确。

设 $A = 1, B = 0$;$S = A \oplus B = 1 \oplus 0 = 1$;$C = A \times B = 1 \times 0 = 0$;逻辑电路正确。

设 $A = 0, B = 1$;$S = A \oplus B = 0 \oplus 1 = 1$;$C = A \times B = 0 \times 1 = 0$;逻辑电路正确。

设 $A = 1, B = 1$;$S = A \oplus B = 1 \oplus 1 = 0$;$C = A \times B = 1 \times 1 = 1$;逻辑电路正确。

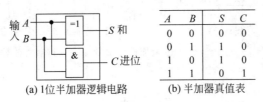

A	B	S	C
0	0	0	0
0	1	1	0
1	0	1	0
1	1	0	1

(a)1位半加器逻辑电路　　(b)半加器真值表

图 5-45　1 位半加器逻辑电路和真值表

(2)全加器逻辑电路设计。全加器有多种逻辑电路设计形式。如图 5-46 所示,可用两个半加器和一个或门组成一个全加器,也可以利用其他逻辑电路组成全加器。逻辑电路可采用 VHDL 设计。

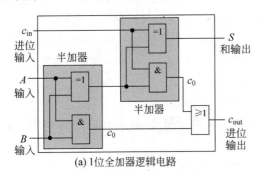

A	B	c_{in}	c_{out}	S
0	0	0	0	0
0	1	0	0	1
1	0	0	0	1
1	1	0	1	0
0	0	1	0	1
0	1	1	1	0
1	0	1	1	0
1	1	1	1	1

(a)1位全加器逻辑电路　　(b)全加器真值表

图 5-46　1 位全加器逻辑电路和真值表

信息编码和逻辑运算

【例 5-82】 用 VHDL 设计一个一位二进制全加器逻辑电路,代码如下。

1	library IEEE;	-- 调用 IEEE 库函数(-- 为 VHDL 注释符)
2	use IEEE.STD_LOGIC_1164.all;	-- 导入程序函数包
3	entity adder is port(a, b,ci : in bit;	-- 实体定义;输入:a、b、ci(输入进位)
4	sum, co : out bit);	-- 输出:sum(和)、co(输出进位)
5	end adder;	-- 实体定义结束
6		
7	architecture all_adder of adder is	-- 结构体定义
8	begin	-- 结构体开始
9	sum <= a xor b xor ci;	-- 和的逻辑关系,<= 为赋值运算,xor 为异或逻辑
10	co <= ((a or b) and ci) or (a and b);	-- 进位的逻辑关系,or 为或逻辑,and 为与逻辑
11	end all_adder;	-- 结构体结束

(3) 4 位加法器电路设计。如图 5-47 所示,如果要搭建一个 4 位加法器,只需将 4 个 1 位全加法器连接即可。将 n 个 1 位加法器串行连接在一起,可搭建一个 n 位加法器,这种加法器称为行波进位加法器,加法器输出的稳定时间为 $(2n+4)\Delta$。可以利用 4 位加法器逻辑电路,设计出 8 位、16 位、32 位、64 位等长度的二进制整数加法器。目前 CPU 中的整数加法器为 64 位,原理与以上相同,但结构要复杂得多。

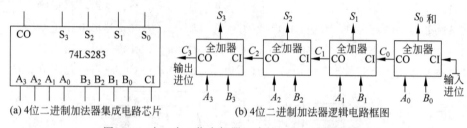

(a) 4 位二进制加法器集成电路芯片 (b) 4 位二进制加法器逻辑电路框图

图 5-47 由 4 个 1 位全加器组成的 4 位二进制加法器

习 题 5

5-1 计算机对同一类型的数据采用相同的数据长度进行存储,如 1 和 12345678 都采用 4 字节存储,为什么不对 1 采用 1 字节存储,12345678 采用 4 字节存储?

5-2 学生成绩评定等级有优秀、良好、中等、及格、不及格,需要几位二进制数表示?

5-3 为什么说整数四则运算理论上都可以转换为补码的加法运算?

5-4 为什么中文 Windows 系统内部采用 UTF-16(UCS-2)编码,而不使用 ASCII 码。

5-5 音频信号采样频率为 8kHz,样本用 256 级表示,采样位率多大时不会丢失数据?

5-6 简要说明有损压缩的算法思想。

5-7 视频图像帧之间的预测编码有哪些方法?

5-8 为什么 WinRAR 软件在压缩文本时压缩比很小,而在压缩图像文件时压缩比很高?

5-9 请对英语 So said,So done(说到做到)进行 LZW 算法编码。

5-10 一个英文字符需要 7 位 ASCII 码,LZW 压缩编码算法采用 12 位编码后会使压缩文件更大吗?如果一个文本中有 10 个 the 字符,采用 LZW 压缩编码算法时,the 字符的压缩比是多少?

　　5-11　简要说明信息熵的特点。

　　5-12　实验:参考例 5-26 的程序案例,将十进制实数转换为 32 位规格化浮点数。

　　5-13　实验:参考例 5-43 的程序案例,打印字符串的 Unicode 编码。

　　5-14　实验:参考例 5-48 的程序案例,计算投掷硬币和投掷骰子的信息熵。

　　5-15　实验:参考例 5-53 的程序案例,对字符串进行 RLE 编码。

　　5-16　实验:参考例 5-56 的程序案例,将子目录下所有文件进行压缩。

　　5-17　实验:参考例 5-62 的程序案例,生成字符串的 CRC 检验编码。

　　5-18　实验:考试试卷中的单选题有 A、B、C、D 四个选项,答题必须从四个选项中选出一个正确选项,计算这个事件的信息熵。

第6章 组成原理和操作系统

计算机是一个复杂的系统,如果按照层次模型分析,问题要简单得多。本章主要从模型、层次、抽象、结构等计算思维概念出发,讨论计算机硬件组成和操作系统。

6.1 计算机系统结构

6.1.1 计算机层次模型

计算机系统设计专家阿姆达尔指出:**计算机体系结构是程序员所看到的计算机的属性**。程序员关心的属性有数据表示、数据存储、数据传输、数据运算、指令集等。计算机的"体系"由指令集进行规定,计算机的"结构"则是实现指令集的硬件电路。最佳的计算机体系结构是以最好的兼容性、最佳的性能、最低的成本实现程序员需求的计算机属性。

如图 6-1 所示,计算机体系结构层次模型大致可以分为 6 层,最高层是应用软件层,最底层是数字逻辑层,指令系统层是软件系统与硬件系统之间的分界层。

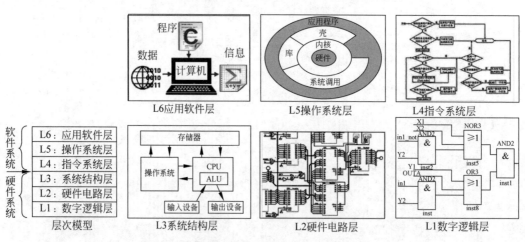

图 6-1 计算机结构层次模型和各层的表示方法

计算机体系结构层次模型有以下特点:

(1) 每个层次的复杂性降低了,便于专业人员的理解和设计。

(2) 不同层次的计算机具有不同的属性,这些属性是工程师要实现的功能。

(3) 层次越高,抽象程度越高;层次越低,细节越具体。

(4) 层次越多,系统整体性能会越低;层次太少时,系统设计会过于复杂。

计算机体系结构中,不同层次有不同的抽象模型。例如,不同体系的计算机,从操作系统层看,它们具有不同的属性。但是在应用软件层,即使是不同体系结构的计算机,我们也可以认为它们之间没有什么差别,具有相同的属性。这种本来存在的事物或属性,但从某个层次看好像不存在的概念称为透明(不可见)。

6.1.2 冯·诺依曼结构

1. 冯·诺依曼计算机设计原则

1945 年,冯·诺依曼在"101 报告"中提出了以下现代计算机的设计原则。

(1) 在计算机中采用二进制运算和存储,进一步提高计算机运算速度。

(2) 存储程序,即计算机指令和数据编码后,都存储在计算机存储器中。

(3) 计算机结构包括:输入、输出、存储器、控制器、运算器五大部件。

目前的计算机都采用冯·诺依曼结构。冯·诺依曼在"101 报告"中并没有用图形表示计算机的系统结构,这导致了教科书中存在各种不同的冯·诺依曼计算机结构图。

2. 存储程序思想的重要性

(1) 存储程序的思想。冯·诺依曼计算机结构的最大特点是"**共享数据,串行执行**"。冯·诺依曼指出:预先编制好程序,指令用二进制机器码表示,并且将指令存放在存储器中,然后由计算机按照事前制定的计算顺序来执行数值计算工作,这就是著名的"存储程序"原理。存储程序意味着计算机运行时能自动、连续地从存储器中依次取出指令并执行。这大大提高了计算机的运行效率,减少了硬件的连接故障。

(2) 程序和数据的统一。早期专家们认为程序与数据是完全不同的实体。因此,将程序与数据分离,数据存放在存储器中,程序则作为控制器的一部分,采用穿孔纸带、外接电路等方式实现。冯·诺依曼将程序与数据同等看待,程序与数据一样进行编码,并且一起存放在存储器中。从程序和数据的严格区分到同等看待,这个观念的转变是计算机发展史上的一场革命。计算机可以调用存储器中的程序,对数据进行操作。

(3) 程序控制计算机。早期的编程体现为对计算机一系列开关进行设置,对电气线路进行接线配置,以及安装穿孔纸带。计算机每执行一个程序,都要对这些开关和线路进行设置。例如,在 ENIAC 计算机中,编制一个解决小规模问题的程序,就要在 40 多块几英尺(1 英尺=0.3048m)长的电路板上,插上几千个导线插头。这样不仅计算效率低,且灵活性非常差。存储程序的设计思想实现了计算自动化。程序指令和数据可以预先设置在打孔卡片或纸带上,然后由输入装置一起读入计算机存储器中,再也不用手动设置开关和线缆了。**存储程序的设计思想导致了由程序控制计算机的设计方案。**

(4) 程序员职业的独立。早期编程只是计算任务的附属工作,更像是一些烦琐的手工劳动,早期编程通常是指对机器进行"设置"或"编码",这些工作大多由女性操作员完成。当时吸引人的是硬件,计算机硬件当时被认为是真正的科学和工程。**存储程序的设计思想导致了硬件与软件的分离**,即硬件设计与程序设计分开进行,这种专业分工直接催生了"程序员"这个职业。20 世纪 40 年代,大批女性参加了计算机编程工作。例如,冯·诺依曼的妻子克拉拉·冯·诺依曼曾经担任首批程序员,协助冯·诺依曼完成蒙特卡洛算法的编码工作。当时,葛丽丝·霍普(女性计算科学专家)是程序设计方面的领军人物。

3. 冯·诺依曼计算机结构的进化

(1) 早期计算机的局限性。早期计算机由控制器和程序共同对计算机进行控制(见图 6-2(a))。受限于存储单元太小,如冯·诺依曼当时主持设计的 EDVAC 计算机内存只能存储 1000 个 44 位的字(36KB 左右),程序的功能也不强大,更谈不上操作系统的出现,因此控制器是整个计算机的控制核心。

(2) 程序控制的冯·诺依曼计算机结构。目前的计算机仍然遵循了冯·诺依曼"五大结构"和"程序存储"的设计思想,但是随着技术的进步,计算机结构有了一些进化。例如,连接线路变成了总线,运算器变成了 CPU,其中最重要的变化是"控制器"部件。随着技术的进步,存储单元容量越来越大,运算器性能不断提高,计算机变得越来越复杂,这促使了操作系统的诞生。这时,利用硬件控制器对计算机系统进行控制,就产生了结构复杂、灵活性不够、系统成本高等问题。因此,**目前的计算机系统中,控制器的功能由操作系统实现,操作系统由开机引导程序从外存调入内存,操作系统通过 CPU 的交互,实现由程序控制计算机系统**,如图 6-2(b)所示。

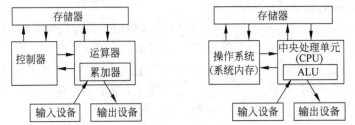

(a) 传统冯·诺依曼计算机结构(参见图1-11)　(b) 程序控制的冯·诺依曼计算机结构

图 6-2　冯·诺依曼计算机结构模型

在计算机系统中,处理器、内存、设备、文件等,都由操作系统进行统一控制。CPU 内部并没有一个功能独立的控制单元,充其量只是一些控制电路,功能仅限于对 CPU 运算过程进行控制,并不对(也无法对)内存、I/O 设备等模块进行控制;计算机内部也没有一个称为控制器的部件。程序控制的冯·诺依曼结构大大增强了计算机的灵活性和通用性,同时大大降低了系统的复杂性和成本。程序控制计算机实现了巴贝奇、图灵的设计思想,也是冯·诺依曼程序存储思想的必然结果。

6.1.3　计算机集群结构

1. 计算机集群系统的发展

1994 年,托马斯·斯特林(Thomas Sterling)等利用以太网和 RS-232 通信网构建了第一个拥有 16 个 Intel 486 DX4 处理器的贝奥武夫(Beowulf)集群系统,这种利用普通计算机组成一台超级计算机的设计方案,比重新设计一台超级计算机便宜很多。根据统计数据,世界 500 强计算机中,有 85.4% 的超级计算机采用集群结构,14.6% 的超级计算机采用 MPP(Massively Parallel Processing,大规模并行处理)结构,**集群是目前超级计算机的主流体系结构**。

计算机集群采用了以空间换时间的计算思维。集群系统是将多台计算机(如 PC 服务器),通过集群软件(如 Rose HA)和局域网(如千兆以太网),将不同的设备(如磁盘阵列、光纤交换机)连接在一起,组成一个超级计算机群,协同完成并行计算任务。集群系统中的单台计算机称为计算节点,这些计算节点通过网络相互连接。

将大型集群计算机安装在一个专门的建筑中,称为互联网数据中心(Internet Data Center,IDC),数据中心的规模差异很大,从几台到十几万台机器。数据中心的出现,使云计算成为一个热点。

2. 计算机集群系统的组成

计算机集群系统组成的三大要素是集群硬件设备、集群系统软件、集群网络系统。

(1) 集群硬件设备。集群硬件设备主要有 PC 服务器、交换机、磁盘阵列等,它们通过网络连接在一起。例如,"天河二号"集群系统由 170 个机柜组成,其中包括 125 个计算机柜、8 个服务机柜、13 个通信机柜和 24 个存储机柜。共有 16 000 个运算节点,累计 312 万个计算核心。内存总容量 1.4PB,外存总容量 12.4PB,最大运行功耗 17.8MW。

(2) 集群系统软件。集群系统软件有操作系统、并行计算平台、基础软件等。97% 的超级计算机采用 64 位 Linux 操作系统。计算平台的主要功能是管理并行计算任务和保证系统负载均衡,常见并行计算平台有 Google 公司的 Borg、百度公司的 Matrix(矩阵)、阿里公司的 fuxi(伏羲)、腾讯公司的 Typhoon(台风)、通用运算平台 Hadoop 等。集群基础软件包括数学函数库(如 Intel MKL 等)、编译系统(如 ICC)等。

(3) 集群网络系统。集群网络系统一般采用高性能的网络通信芯片和高速光纤网络。按照阿姆达尔(Amdahl)定律,在并行计算环境中,每 1MHz 的计算将导致 1Mbit/s 的 I/O 需求。一个有 50 颗 2.5GHz CPU 的服务器机柜,网络最大带宽需求将达到 100Gbit/s 的量级。如果超级计算机集群有 500 个这样的服务器机柜,当 10% 的服务器机柜需要同步进行数据交换时,网络带宽总需求将达到 5Tbit/s。其次,在超级计算机集群系统中,随时会有新机器加入服务器机柜和旧机柜下架,这会引起网络结构的动态变化。这种情形下如何确保计算机集群系统持续不间断的工作,是网络可用性面临的一个难题。

3. 高性能大型集群系统结构

集群系统有高性能计算(High Performance Computing,HPC)集群、高可用集群和负载均衡集群三种类型。三种类型经常会混合设计,如高可用集群可以在节点之间均衡用户程序负载,同时维持高可用性。

HPC 集群致力于开发超级计算机,研究并行算法和开发相关软件。HPC 集群主要用于大规模数值计算,如科学计算、天气预报、石油勘探、生物计算等。在 HPC 集群中,运行专门开发的并行计算程序,可以把一个问题的计算数据分配到集群中多台计算机中,利用所有计算机的共同资源来完成计算任务,从而解决单机不能胜任的工作。HPC 集群的典型应用如 Google 公司数据中心。Google 公司所有服务器均为自己设计制造,服务器高度为 2U(1U= 4.45cm)。每台服务器主板有 2 个 CPU、2 个硬盘、8 个内存插槽,服务器采用 AMD 和英特尔 x86 处理器(4 内核)。

【例 6-1】 计算机集群系统组成如图 6-3 所示,数据中心以机柜为单位,每个机柜可以安装 80 台服务器,每个机柜通过 2 条 1000M 以太网链路连接到 2 台 1000M 以太网交换机,每个数据中心有众多的机柜。如 Google 公司在俄勒冈州的 Dalles 数据中心有 3 个超大机房,大约可以存放 10 万台服务器。

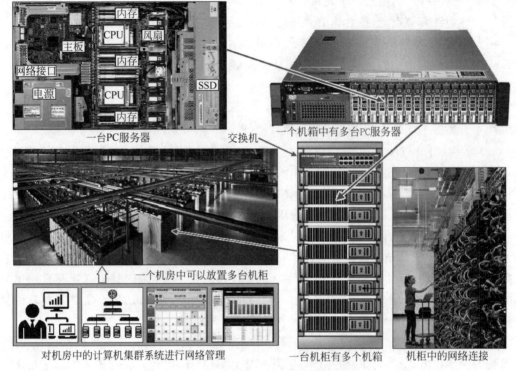

图 6-3　计算机集群系统组成示意图

4. 高可用双机热备集群系统结构

高可用(High Availability,HA)集群主要用于不可间断的服务环境。HA 集群具有容错和备份机制,在主计算节点失效后,备份计算节点能够立即接管相关资源,继续提供相应服务。HA 集群主要用于网络服务(如 Web 服务等)、数据库系统(如 MySQL 等)以及关键业务系统(如银行业务等)。HA 集群不仅保护业务数据,而且保证对用户提供不间断的服务。当发生软件、硬件或人为系统故障时,将故障影响降低到最小。对业务数据的保护一般通过独立磁盘冗余阵列(RAID)或存储区域网络(SAN)来实现,因此,在大部分集群系统中,往往将 HA 集群与存储区域网络设计在一起。

双机热备是典型的高可用集群系统,系统包含主服务器(主机)、备份服务器(备机)、共享磁盘阵列等设备,以及设备之间的心跳连接线。在实际设计中,主机和备机有各自的 IP 地址,通过集群软件进行控制。高可用集群系统结构如图 6-4 所示。

在集群系统中,"心跳"信号是集群服务器之间发送的数据包,它表示"我还活着"。如图 6-4 所示,**在双机热备系统中,核心部分是心跳监测网络和集群资源管理模块**。心跳监测一般通过串行接口(RS-232)实现。两台(或多台)服务器在运行过程中,两个节点之间通过串行网络相互发送心跳信号,告诉对方自己当前的运行状态。心跳信号包括系统软件和硬件的运行状态、网络通信和应用程序的运行状态等。如果备机在指定时间内未收到主机发来的信号,就可以认为主机运行不正常(主机故障)。备机立即在自己机器中接手运行故障机上的应用程序,并且将故障机中的程序和资源(IP 地址、磁盘空间等)接管过来,使故障机中的应用程序继续在备机上运行。应用程序和资源的接管由软件自动完成,无须人工干预。

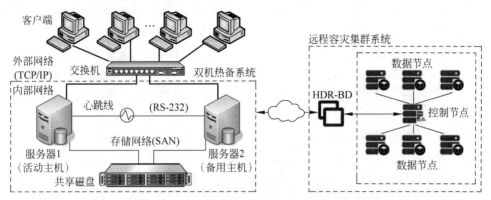

图 6-4 高可用集群系统结构示意图

当两台主机正常工作时,也可以根据需要将其中一台主机中的应用程序人为地切换到另一台备机上运行(负载均衡调度)。

6.2 计算机工作原理

计算机的工作原理是将现实世界中的各种信息,转换为二进制代码(数据编码);保存在计算机存储器(数据存储)中;在程序控制下由运算器对数据进行处理(数据计算);在数据存储和计算过程中,需要将数据从一个部件传输到另一个部件(数据传输);数据处理完成后,再将数据转换为人类能够理解的形式(数据解码)。在以上工作过程中,数据如何编码和解码、数据存储在什么位置、数据如何进行计算等,都由计算机能够识别的机器命令(指令系统)控制和管理。由以上讨论可以看出,计算机本质上是一台由程序控制的二进制数据处理机器。**计算机硬件设备最基本的操作是存储、传输和计算。**

6.2.1 数据存储

计算机存储器分为两大类:内部存储器和外部存储器。内部存储器简称为内存,通过总线与 CPU 相连,用来存放正在执行的程序和数据;外部存储器简称为外存,通过接口电路(如 SATA、USB、M.2 等)与主机相连,用来存放暂时不执行的程序和数据。

1. 存储器的类型

不同存储器工作原理不同,性能也不同。计算机常用的存储器类型如图 6-5 所示。

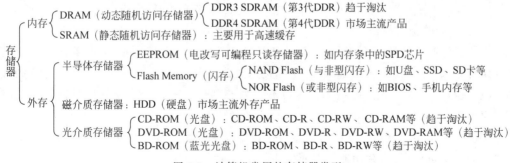

图 6-5 计算机常用的存储器类型

组成原理和操作系统

(1) 内存。内存是采用 CMOS(Complementary Metal Oxide Semiconductor,互补金属氧化物半导体)工艺制作的半导体存储芯片,内存断电后,其中的程序和数据都会丢失。早期将内存类型分为:RAM(Random Access Memory,随机访问存储器)和 ROM(Read Only Memory,只读存储器),由于 ROM 使用不方便,性能极低,目前已经淘汰。目前内存类型为:DRAM(Dynamic RAM,动态随机访问存储器)和 SRAM(Static RAM,静态随机访问存储器)。SRAM 存储速度快,只要不掉电,数据不会丢失;但是 SRAM 结构复杂(1bit 存储单元需要 5~6 个晶体管),一般仅用在 CPU 内部作为高速缓存(Cache)。DRAM 利用电容保存数据,结构简单(1bit 存储单元仅需要 1 个晶体管和 1 个电容),成本低;但是由于电容漏电,因此数据容易丢失。为了保证数据不丢失,系统需要定时(间隔 64ms)对 DRAM 进行内存动态刷新(即对 DRAM 中的电容进行充电)。DDR SDRAM(Double Data Rate Synchronous DRAM,双倍速率同步动态随机访问存储器)是最常用的 DRAM,一般简称为 DDR 存储器。

(2) 外存。外存的存储材料和工作原理更加多样化。由于外存需要保存大量数据,因此要求容量大,价格便宜,更为重要的是外存中的数据在断电后不会丢失。外存的存储材料有:采用半导体材料的闪存(Flash Memory),如电子硬盘(SSD,固态硬盘)、U 盘(USB 接口闪存)、存储卡(如 SD 接口存储卡)等;采用磁介质材料的硬盘(软盘和磁带机已淘汰);采用光介质材料的 CD-ROM、DVD-ROM、BD-ROM 光盘等(接近淘汰)。

(3) 存储容量单位。在存储器中,最小存储单位是字节(Byte),1 字节可以存放 8 位(bit)二进制数据。在实际应用中,字节单位太小,为了方便计算,引入了 KB、MB、GB、TB 等单位,它们的换算关系是:$1Byte = 8bit$,$1KB = 2^{10} = 1024B$,$1MB = 2^{20} = 1024KB$,$1GB = 2^{30} = 1024MB$,$1TB = 2^{40} = 1024GB$,$1PB = 2^{50} = 1024TB$,$1EB = 2^{60} = 1024PB$,$1ZB = 2^{70} = 1024EB$。

2. 存储器的性能

存储器的性能由存取时间、存取周期、传输带宽三个指标衡量。

存取时间指启动一次存储器操作到完成该操作所需要的全部时间,存取时间越短,存储器性能越高,如内存存取时间为纳秒级(10^{-9}s),硬盘存取时间为毫秒级(10^{-3}s)。

存取周期指存储器连续两次存储操作所需的最小间隔时间,如寄存器与内存之间的存取时间都是纳秒级,但是寄存器为 1 个存取周期(保持与 CPU 同步),而 DDR4-2600 内存大约为 100 个存取周期。可见内存的存取周期大大高于 CPU 的指令执行周期。

传输带宽是单位时间里存储器能达到的最大数据存取量,或者说是存储器最大数据传输速率;串行传输带宽单位为 bit/s(位/秒),并行传输单位为 B/s(字节/秒)。

3. 存储器的层次结构

不同存储器的性能和价格不同,不同应用对存储器的要求也不同。对最终用户来说,要求存储容量大,停电后数据不能丢失,存储设备移动性好,价格便宜;但是对数据读写时延不敏感,在秒级即可满足用户要求。对计算机核心部件 CPU 来说,存储容量相对不大,数百个存储单元(如寄存器)即可,数据也不要求停电保存(因为大部分为中间计算结果),对存储器移动性没有要求,但是 CPU 对数据传送速度要求极高。为了解决这些矛盾,数据在计算机中分层次进行存储,存储器层次模型如图 6-6 所示。

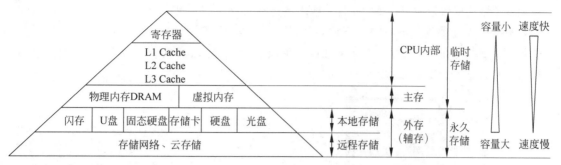

图 6-6　存储器的层次模型

4. 存储器数据查找

（1）内存数据查找。**内存以"字节"为单位进行数据存储和查找**。每个内存单元（1 字节）都有一个内存地址（见图 6-7）。**CPU 运算时按内存地址查找程序或数据**，这个过程称为寻址。寻址过程由操作系统控制，由硬件设备（主要是 CPU、内存、总线）执行。32 位系统的内存理论寻址空间为 $2^{32}=4\text{GB}$，64 位系统的内存理论寻址空间为 $2^{64}=16\text{EB}$。例如，4GB 的内存，需要 32 根地址线。实际应用中，**计算机能够使用的最大内存取决于硬件和软件的限制**。硬件的限制因素有 CPU 位宽、主板设计（内存插槽数、地址线数、芯片组），假设主板有 4 个内存插槽，每个内存条容量为 16GB，则主板支持的最大内存为 $4\times16\text{GB}=64\text{GB}$。软件的限制因素在于操作系统，例如 64 位 Windows 10 企业版最大支持 6TB 内存；32 位 Windows 10 最大支持 4GB 内存；Linux Kernel 4.14 以上的 64 位版本，系统内核最大支持 4PB 物理内存和 128PB 虚拟内存。

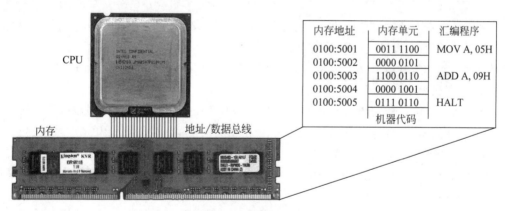

图 6-7　内存数据的寻址

【例 6-2】"天河二号"超级计算机每个计算节点有 88GB 内存，而 $2^{36}=64\text{GB}$，$2^{37}=128\text{GB}$，因此需要 37 位二进制数来标识内存一个字节的地址。

（2）外存数据查找。程序和数据没有运行时，存放在外存设备中，如硬盘、U 盘、光盘等；程序运行时，CPU 不直接对外存的程序和数据进行寻址，而是在操作系统的控制下，将程序和数据复制到内存，CPU 在内存中读取程序和数据。操作系统怎样寻找外存中的程序和数据呢？外存数据查找方法与内存有很大区别，**外存以"块"为单位进行数据存储和传输**。如图 6-8 所示，硬盘中的数据块称为扇区，存储和查找以扇区为单位；U 盘数据按"块"进行

213

查找;光盘数据块也按扇区查找,但是扇区结构与硬盘不同;网络数据在接收缓冲区查找。外存数据的地址编码方式与内存不同,如 Windows 按"页"(1 页＝1 簇＝8 扇区＝4KB)号进行硬盘数据寻址,寻址时不需要单独的地址线,而是将地址信息放在数据包中,利用线路进行串行传输。

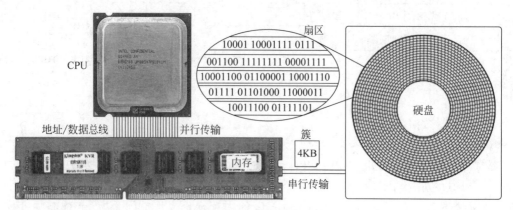

图 6-8　硬盘数据的块寻址

6.2.2　数据传输

数据传输包括:计算机内部数据传输,如 CPU 与内存之间的数据传输;计算机与外部设备之间的数据传输,如计算机与显示器的数据传输;计算机与计算机之间的数据传输,如用户用两台计算机的 QQ 软件聊天。

1. 电信号的传输速度

电信号在真空中的传输速度大约为 $30 \times 10^4 \mathrm{km/s}$,信号在导线中的传播速度有多快?这个问题在低频(50MHz 以下)电路中基本无须考虑,而目前 CPU、内存、总线等部件,工作频率或传输速率经常达到 1GHz 以上,这就造成了信号在传输过程中的时延、信号时间太短、传输导线长度不一等问题。

是什么决定电信号的传播速度呢? 根据伯格丁(Eric Bogatin)博士的分析,一是导线周围的材料(电路板、塑料包皮等);二是信号在导线周围空间(不是导线内部)形成的交变电磁场;三是电磁场的建立速度和传播速度,这三者共同决定了电信号的传播速度。根据伯格丁博士的分析和计算,绝大多数印制电路板(PCB)线路中,**电信号在电路板中的传输速度小于 15cm/ns**,这是一个非常重要的经验参数。

【例 6-3】 当电信号在 FR4(计算机主板材料)电路板上,长度为 15cm 的互连导线中传输时,时延约为 1ns。这个时间看似很快,但是在 5GHz(如 PCI-E 总线、USB 3.0 总线等)的信号传输中,一个脉冲信号的时钟周期仅为 0.2ns,而信号的辨别时间(信号上升沿)更短暂,只有 0.02ns,可见信号时延对计算机性能影响非常大。

2. 数据并行传输

如图 6-9 所示,并行传输是数据以成组方式(1 至多字节)在线路上同时传输。

并行传输中,每个数据位占用一条线路,如 32 位传输就需要 32 条线路(半双工),这些线路通常制造在电路板中(如主板的总线),或在一条多芯电缆里(如显示器与主机连接电缆)。并行传输适用于两个短距离(2m 以下)设备之间的数据传输。在计算机内部,早期部件之间的通信往往采用并行传输。例如,CPU 与内存之间的数据传输、PCI 总线设备与主板芯片组之间的数据传输。并行传输不适用于长距离传输(2m 以上)。

3. 数据串行传输

如图 6-10 所示,串行传输是数据在一条传输线路(信道)上一位一位按顺序传送的通信方式。串行传输时,所有数据、状态、控制信息都在一条线路上传送。这样,通信时所连接的物理线路最少,也最经济,适合信号近距离和远距离传输(1m 至数十千米)。

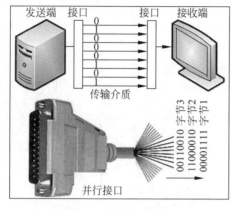

图 6-9　数据并行传输

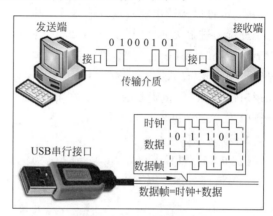

图 6-10　数据串行传输

4. 并行传输与串行传输的比较

并行传输在一个时钟周期里可以传输多位(如 64 位)数据,而串行传输在一个时钟周期里只能传输一位数据,直观上看,并行传输的数据传输速率大大高于串行传输。

但是在实践中,提高并行传输速率存在很多困难:一是并行传输的时钟频率在 2000MHz 以下,而且很难提高。因为时钟频率过高时,会引起多条导线之间传输信号的相互干扰(高频电信号的趋肤效应);二是高频(100MHz 以上)信号并行传输时,各个信号之间同步控制的成本很高;三是并行传输距离很短(2m 以下),长距离传输时,技术要求和线路成本都非常高;四是并行传输如果采用 64bit 单通道内存条,传输频率为 2133MHz 时,内存与 CPU 之间的最高理论带宽=$2133 \times 64/8 \approx 17$GB/s。

串行传输时钟频率目前在 1GHz 以上,如 USB 3.0 传输时钟频率为 5.0GHz;商业化的单根光纤串行传输时钟频率为 6.4THz 以上,如果以字节计算,大约为 640GB/s。2014年,丹麦科技大学的研究团队在实验室条件下实现在单根光纤上 43Tbit/s 的传输网速。可见串行传输带宽大大高于并行传输带宽。串行传输信号同步简单,线路成本低,传输距离远。铜缆传输距离可达 100m,光纤传输距离为 10km 以上。

目前,计算机数据传输越来越多地采用多通道串行传输技术,它与并行传输的最大区别在于通道之间不需要同步控制机制。 如显卡数据传输采用 PCI-E 串行总线,硬盘采用 SATA 串行接口,外部设备数据采用 USB 串行总线等。

6.2.3　数据运算

程序也是一种数据,计算机工作过程是一种数据运算过程,而数据运算过程也是 CPU 指令执行过程。狭义的计算指数值计算,如加、减、乘、除等;而广义的计算则是指问题的解决方法,即计算机通过数据运算,对某个问题自动进行求解。

1. 加法器部件

计算机中的计算建立在算术四则运算的基础上。在四则运算中,加法是最基本的运算。设计一台计算机,首先必须构造一个能进行加法运算的部件(加法器)。由于减法、乘法、除法,甚至乘方、开方等运算都可以用加法实现。例如,减法运算可以用加一个负数的形式表示(补码运算),乘法可以用加法和移位的方法实现。因此,如果能构造出实现加法运算的部件,就一定可以构造出能实现其他运算的机器。

进行二进制数加法运算的部件称为加法器,这个部件设计在 CPU 内部的 ALU (Arithmetic and Logic Unit,算术逻辑运算单元)中。加法器是对多位二进制数求和的运算电路。CPU 中有 ALU 和 FPU(Float Point Unit,浮点运算单元),ALU 负责整数加法运算和逻辑运算,FPU 负责小数运算。在 Intel Core i7 CPU 中,有 4 个 CPU 内核,每个内核有 5 个 64 位 ALU 和 3 个 128 位 FPU。

2. 数据运算过程

【例 6-4】 以程序语句 SUM=6+2 为例,下面简要说明数据运算的基本过程。

(1) 编译处理。以上程序语句经过编译器处理后,机器执行代码如表 6-1 所示。

表 6-1 汇编语句和机器码指令

汇编指令形式	内存地址	编译后的机器码	指令说明
MOV AL,6	2001	00000110　10110000	将数据 6 传送到 AL 寄存器
ADD AL,2	2003	00000010　00000100	将 2 与 AL 中的 6 相加后存入 AL
MOV SUM,AL	2005	00000000　01010000　10100010	将 AL 中的值送到 SUM 内存单元
HLT	2008	11111000	停机(程序停止运行)

(2) 取指令(IF)。如图 6-11 所示,CPU 内部有一个指令寄存器(IP),它保存着操作系统分配指令的内存单元起始地址(如 2001)。CPU 控制单元按照指令寄存器中的地址,通过地址总线找到指令内存单元地址(如 2001),利用数据总线将内存单元 2001～2002 地址中的指令(如 MOV AL,6)送到 CPU 的指令高速缓存。

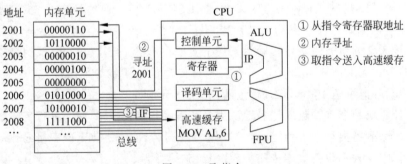

图 6-11　取指令

(3) 指令译码(ID)。如图 6-12 所示,CPU 内部的译码单元负责解释指令的类型与内容,并且判定这条指令的操作对象(操作数)。译码实际上就是将二进制指令代码翻译成为特定的 CPU 电路微操作,然后由控制单元传送给 ALU。

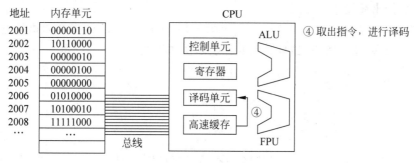

图 6-12　指令译码

（4）指令执行（IE）。执行单元由 ALU 和 FPU 组成。译码后的指令将送入不同处理单元。如果操作对象是整数运算、逻辑运算、内存单元存取、控制指令等，则送入 ALU 处理；如果操作对象是浮点数，则送入 FPU 处理。在运算中需要相应数据时，控制单元先从高速缓存读取数据。如果高速缓存没有运算需要的数据，则控制单元通过数据通道，从内存中获取必要的数据，然后再进行运算。指令执行工作过程如图 6-13 所示。

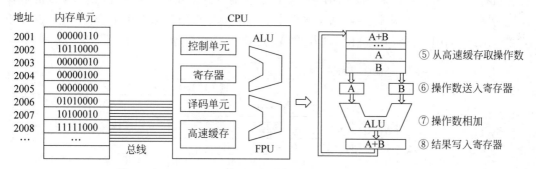

图 6-13　指令执行

（5）结果写回（Write Back，也译为"回写"）。指令"MOV AL，6"执行完成后，执行单元（ALU）将运算结果写回高速缓存或内存单元中。计算结果写回过程如图 6-14 所示。CPU执行完指令（MOV AL，6）后，控制单元告诉指令寄存器从内存单元（2003）中读取下一条指令（ADD AL，2）。这个过程不断重复执行，直到最后一条程序指令（HLT）执行完成，程序进入停机状态。

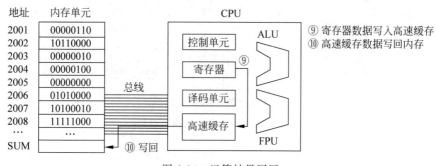

图 6-14　运算结果写回

3. CPU 流水线技术

计算机中所有指令都由 CPU 执行。如图 6-15 所示，**一条机器指令的执行过程主要由取指令、指令译码、指令执行、结果写回四种基本操作构成。**

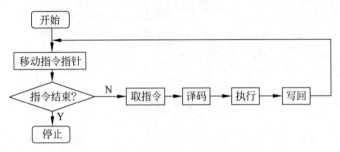

图 6-15　一条机器指令的执行过程

如图 6-16(a)所示，早期微机(1990 年以前)执行完指令 1 后，再执行指令 2，这个过程不断重复进行。目前计算机采用流水线技术，执行完指令 1 的第 1 个操作(工步)后，指令 1 还没有执行完，就马上执行指令 2 的第 1 个操作了。指令流水线技术大大提高了 CPU 的运算性能。图 6-16(b)为 4 级流水线，如果将指令中每个操作再细分为多个工步，就可以设计成多级流水线，如图 6-16(c)的 ARM-A73 CPU 大多为 11 级流水线。

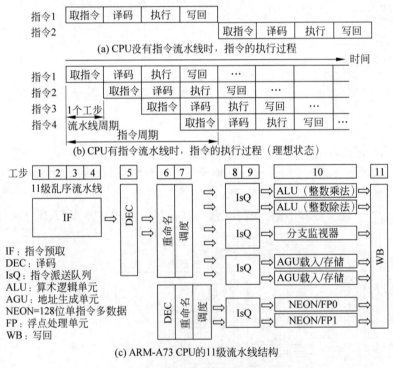

图 6-16　CPU 流水线的执行过程

流水线技术也会遇到一些问题。例如，当遇到转移指令(如 IF、FOR 等)时，就会出现流水线中断问题，即流水线中已载入的指令必须清空，重新载入新指令。因此在 CPU 设计中，对转移指令进行了预判，在最大程度上克服了转移指令带来的不利影响。

6.2.4 指令系统

1. 指令系统的特征

指令是计算机能够识别和执行的二进制代码,它规定了计算机能完成的某一种操作的命令,所有指令的集合称为指令系统。指令系统一般以汇编语言的形式给出,**汇编语言与机器指令之间存在一一对应的关系**。指令系统的要求如下:

(1) 应当定义一套当前和将来都能够进行高效运算的指令集。

(2) 应当为编译器提供明确的编译目标。

(3) 对硬件设计工程师来说,它能够利用现有技术低成本地实现。

(4) 对软件设计工程师来说,它应当兼容当前的程序设计语言。

软件兼容性的要求大大减缓了指令集的变革。市场的压力使得计算机设计工程师很难抛弃原有的指令系统。因此,在新一代指令系统设计中,往往需要保持与原有指令系统的兼容,然后增加一部分新指令,以增强系统的功能和性能。

2. 指令的基本组成

每种类型的计算机都有自己的指令集,指令的类型和执行方式与 CPU 密切相关。**指令在内存中有序存放,指令执行顺序由应用程序和操作系统控制,指令执行操作 CPU 决定**。如图 6-17 所示,一条机器指令通常由操作码和操作数两部分组成。

图 6-17　机器指令的格式

【**例 6-5**】　编写 8086 汇编语言指令,将操作数 1234H 存入 BX 寄存器。指令如下:

| 1 | MOV BX, 1234H | // MOV 为操作码,BX 和 1234H 为操作数// |

操作码说明指令要完成的操作,如取数、加法、输出数据等。

操作数说明操作对象所在的存储单元地址,操作数在大多数情况下是地址码。

3. CISC 与 RISC 指令系统

不同指令系统的计算机,它们之间的软件不能通用。例如,台式计算机采用 x86 指令系统,智能手机采用 ARM 指令系统,因此它们之间的软件不能相互通用。

(1) CISC(Complex Instruction Set Computer,复杂指令集计算机)指令系统。早期计算机部件昂贵,运算速度慢。为了提高运算速度,专家们将越来越多的指令加入指令系统,以提高处理效率,这逐步形成了 CISC(读[sisk])指令系统。Intel 公司 x86 系列 CPU 就是典型的 CISC 指令系统。新一代 CPU 都会增加一些新指令,为了兼容以前 CPU 平台上的软件,旧指令集必须保留,这就使指令系统变得越来越复杂。

(2) RISC(Reduced Instruction Set Computer,精简指令集计算机)指令系统。RISC 的设计思想是尽量简化计算机指令的功能,将较复杂的功能用一段子程序实现(如早期 RISC 机器甚至用连续加法实现乘法运算),减少指令的数量,所有指令格式保持一致,所有指令在一个周期内完成,采用流水线技术等。目前 95%以上的智能手机和平板计算机采用 ARM 结构的 CPU,ARM 采用 RISC 指令系统。精简指令集 CPU 中的译码单元要简单得多,而简洁意味着高效率和低功耗。因此,RISC 非常适合低功耗应用领域。

技术上一直存在 CISC 与 RISC 谁更优秀的争论。实际上目前双方都在融合对方的优点,克服自身的缺陷。如 CISC 采用微指令技术保证指令格式的一致,并采用了 RISC 指令流水线技术,将一些长指令译码为流水线中的多个指令工步。同样,RISC 指令集也越来越庞大(目前指令达到了数百条)。

4. x86 基本指令集

Intel 公司 1978 年发布了 8086 指令集。Intel 公司又逐步发展了 MMX、SSE、AVX 等指令集,这些指令集都是向下兼容的,统称为 x86 指令集。

x86 指令的长度没有太强规律性,指令长度为 1~15 字节不等,大部分指令在 5 字节以下。从 Pentium Pro CPU 开始,Intel 公司将长度不同的 x86 指令在 CPU 内部译码成长度固定的 RISC 指令,这种方法称为微指令设计,如图 6-18 所示。

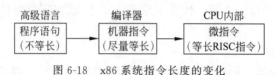

图 6-18　x86 系统指令长度的变化

6.3　计算机硬件组成

计算机工业采用 OEM(Original Equipment Manufacturer,原始设备生产厂商)生产方式,厂商按照计算机标准和规范生产部分设备,然后由某个厂商将这些设备组装成一台完整的计算机。OEM 生产方式大大降低了计算机的生产成本,而且能够灵活地满足用户的各种需求。

6.3.1　主机结构

1. 计算机控制中心结构

个人计算机(PC)采用以 CPU 为核心的控制中心分层结构。PC 的控制中心系统结构如图 6-19 所示,与图 6-2 的冯·诺依曼计算机结构比较,PC 结构上增加了一个南桥芯片(PCH)转接各种 I/O 设备;而操作系统则放在内存中的专用系统区。PC 系统结构可以用"1-2-3 规则"简要说明,即 1 个 CPU、2 大芯片、3 级结构。

(1) 1 个 CPU。CPU 在系统结构顶层,控制系统运行状态,下面的数据逐级上传到 CPU 进行处理。**从系统性能考察,CPU 运行速度大大高于其他设备,以下设备越往下走,性能越低**;从系统组成考察,CPU 的更新换代将导致南桥芯片的改变、内存类型的改变等;从指令系统进行考察,指令系统进行改变时,必然引起 CPU 结构的变化,而内存系统不一定改变。目前计算机系统仍然以 CPU 为中心进行设计。

(2) 2 大芯片。PCH(Platform Controller Hub,南桥芯片)和 BIOS(Basic Input Output System,基本输入/输出系统)芯片。在两大芯片中,南桥芯片负责数据的上传与下送。**南桥芯片连接着多种外部设备,它提供的接口越多,计算机的功能扩展性越强。BIOS 芯片则主要解决硬件系统与软件系统的兼容性**。

(3) 3 级结构。控制中心结构分为 3 级,有以下特点:从速度上考察,第 1 级工作频率

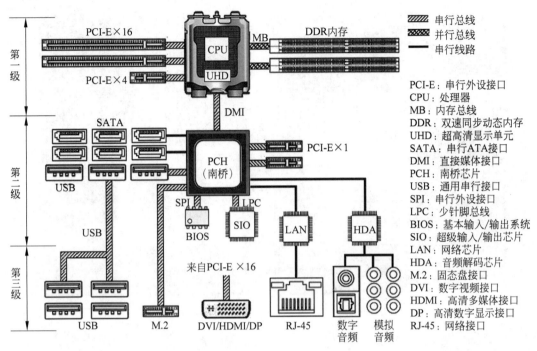

图 6-19　第 12 代 Intel Core i7 计算机系统结构图

最高,然后速度逐级降低;从 CPU 访问频率考察,第 3 级最低,然后逐级升高;从系统性能
考察,前端总线和南桥芯片容易成为系统瓶颈,然后逐级次之;从连接设备多少考察,第 1
级的 CPU 最少,然后逐级增加,在计算机系统结构中,上层设备较少,但是速度很快。CPU
和南桥芯片一旦出现故障,必然导致致命性故障。下层接口和设备较多,发生故障的概率也
越大(如接触性故障),但是这些设备不会造成致命性故障。

2. 计算机的主要硬件设备

计算机系统由硬件和软件两部分组成。硬件是构成计算机系统各种物理设备的总称,
它包括主机和外设两部分。

不同类型的计算机在硬件上有一些区别,如大型计算机安装在成排的机柜中,网络服务
器不需要显示器,笔记本计算机将大部分外设集成在一起。台式计算机主要由主机、显示
器、键盘鼠标三大部件组成。台式个人计算机的主要部件如图 6-20 和表 6-2 所示。

表 6-2　台式个人计算机主要部件一览表

序 号	部 件 名 称	数量	说明	序 号	部 件 名 称	数量	说明
1	CPU	1个	必配	8	电源	1个	必配
2	CPU 散热风扇	1个	必配	9	机箱	1个	必配
3	主板	1个	必配	10	键盘	1个	必配
4	内存条	1个	必配	11	鼠标	1个	必配
5	独立显卡	1个	选配	12	音箱	1对	选配
6	显示器	1个	必配	13	话筒	1个	选配
7	硬盘或固态盘	1个	必配	14	外接电源盒	1个	必配

CPU
风扇
主板
机箱
音箱
内存条
显卡
显示器
电源
硬盘
键盘
鼠标

图 6-20　台式个人计算机的部分部件

6.3.2　CPU 部件

CPU 的主要功能是执行程序指令和进行数据运算,它是计算机的核心部件。CPU 严格按时钟频率工作,工作频率越高,运算速度就越快,能够处理的数据量越大。市场上的 CPU 产品主要分为两类:x86 系列和非 x86 系列。

1. x86 系列 CPU 产品

x86 系列 CPU 产品只有 Intel 和 AMD 两家公司生产,Intel 公司是 CPU 领域的技术领头人。x86 系列 CPU 在操作系统层次和应用软件层次中相互兼容,产品主要用于台式计算机、笔记本计算机、高性能服务器等领域。芯片授权商有上海兆芯、北大众志公司等。

Intel 的 CPU 产品类型有:酷睿(Core)系列,主要用于桌面型计算机;至强(Xeon)系列,主要用于高性能服务器;嵌入式系列,如凌动(Atom)系列、8051 系列等。酷睿系列 CPU 是 Intel 公司的主力产品,产品有 Core i3/i5/i7/i8/i9 等档次。

2. 非 x86 系列 CPU 产品

非 x86 系列 CPU 产品的设计和生产厂商非常多,主要有 ARM 公司,芯片授权商有高通公司、中国华为公司、苹果公司、NVIDIA(英伟达)公司、三星公司、联发科公司等。IBM 公司 Power 系列 CPU 的芯片授权商有阿尔卡特、中晟宏芯等。MIPS 系列 CPU 的芯片授权商有 Cisco、SONY、中国"龙芯"等。非 x86 CPU 指令系统各不相同,硬件在电路层互不兼容,在软件层一般采用 Linux 操作系统。

随着智能手机的发展,ARM 系列 CPU 近年来异军突起。据估算,智能手机中 ARM 处理器的应用达到了 95%,ARM 芯片在工业控制、物联网等领域也风生水起。ARM 公司并不生产 CPU 产品,它只提供量产化的 CPU 设计方案,以及开发工具和指令系统。ARM 公司以 IP 核(知识产权)的形式提供 CPU 内核设计版图,然后向授权商和生产厂商收取专利费用。

3. CPU 基本组成

CPU 的外观看上去是一个平面矩形块状物,中间凸起部分是 CPU 核心部分封装的金属壳,在金属封装壳内部是一片指甲大小(14mm×16mm)的、薄薄的(0.8mm)硅晶片,它是 CPU 内核。在这块小小的硅片上,密布着数亿个晶体管,它们相互配合,协调工作,完成着各种复杂的运算和操作。金属封装壳周围是 CPU 基板,它将 CPU 内部的信号引接到 CPU 引脚上。基板下面有许多密密麻麻的镀金引脚,它是 CPU 与外部电路连接的通道。无引脚 LGA 封装的 CPU 外观如图 6-21 所示。

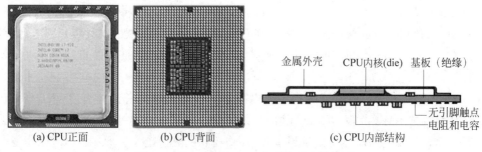

(a) CPU正面　　　(b) CPU背面　　　(c) CPU内部结构

图 6-21　Intel 公司 CPU 外观和基本结构图

对 CPU 来说,更小的晶体管制造工艺意味着更高的 CPU 工作频率、更高的处理性能、更低的发热量。集成电路制造工艺几乎成了 CPU 每代产品的标志。

4. CPU 技术性能

CPU 始终围绕着速度与兼容两个目标进行设计。CPU 技术指标很多,如系统结构、指令系统、内核数量、工作频率等主要参数。

(1)多核 CPU。多核 CPU 是在一个芯片内部集成多个处理器内核。多核 CPU 有更强大的运算能力,但是增加了 CPU 的发热功耗。目前 CPU 产品中,4～10 核 CPU 占据了市场主流,如图 6-22 所示。Intel 公司表示,理论上 CPU 可以扩展到 1000 核。多核 CPU 使

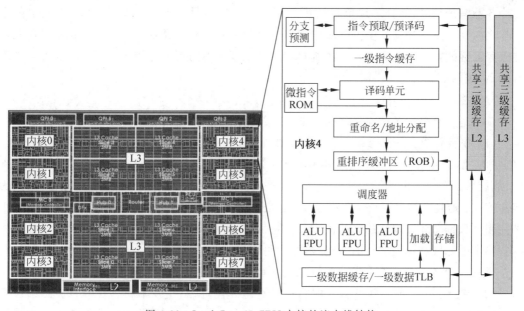

图 6-22　Intel Core i7 CPU 内核的流水线结构

组成原理和操作系统

计算机设计变得更加复杂,运行在不同内核的程序为了互相访问、相互协作,需要进行独特设计,如进程之间的通信机制、共享内存数据结构等。程序代码迁移也是问题。多核 CPU 需要软件支持,只有基于线程化设计的程序,多核 CPU 才能发挥应有的性能。

(2) CPU 工作频率。提高 CPU 工作频率可以提高 CPU 性能。目前 CPU 最高工作频率在 4.0GHz 以下,继续提高 CPU 工作频率受到了产品发热的限制。由于 CPU 用半导体硅片制造,硅片上元件之间需要导线进行连接,在高频状态下要求导线越细越短越好(制程线宽小),这样可以减小导线分布电容等杂散信号的干扰,保证 CPU 运算正确。

(3) CPU 字长。CPU 字长指 CPU 内部 ALU 一次处理二进制数据的位数。目前 CPU 的 ALU 有 32 位和 64 位两种类型,x86 系列 CPU 字长为 64 位,嵌入式计算机 CPU 字长为 32 或 64 位。由于 x86 系列 CPU 向下兼容,因此 16 位、32 位的软件可以运行在 64 位 CPU 中。

(4) CPU 制程线宽。制程线宽指集成电路芯片内部两个相邻晶体管之间距离(节距)的一半(制程线宽=1/2 节距),以 nm(纳米)为单位。制程线宽越小,集成电路生产工艺越先进,同一面积下制造的晶体管数量越多,芯片功耗和发热量越小。原则上,CPU 中逻辑电路越多性能越高,功耗也越高。目前 CPU 生产工艺的制程线宽为 10～5nm。

(5) CPU 高速缓存。高速缓存(Cache)是采用 SRAM 结构的内部存储单元。它利用数据存储的局部性原理,极大地改善了 CPU 性能,目前 CPU 的 Cache 容量为 1MB～10MB,甚至更高。Cache 结构也从一级发展到三级(L1 Case～L3 Case)。

6.3.3 主板部件

1. 主要部件

主板是计算机的重要部件,主板由集成电路芯片、电子元器件、电路系统、各种总线插座和接口组成,目前主板标准为 ATX(Advanced Technology eXtended)。主板的主要功能是传输各种电子信号,部分芯片负责初步处理一些外围数据。不同类型的 CPU 需要不同主板与之匹配。**主板功能的多少取决于南桥芯片和主板上的专用芯片。主板 BIOS 芯片决定主板兼容性的好坏。**主板上元件的选择和生产工艺决定主板的稳定性。图 6-23 为目前流行的 ATX 主板。

2. 总线

总线是计算机中各种部件之间共享的一组公共数据传输线路。

(1) 并行总线。并行总线由多条信号线组成,每条信号线可以传输 0-1 信号。如 32 位 PCI 总线需要 32 条线路,可以同时传输 32 位 0-1 信号。并行总线分为 5 个功能组:数据线、地址线、控制线、电源线和地线。数据总线用来在各个部件之间传输数据和指令,它们为双向传输;地址总线用于指定数据总线上数据的来源与去向,它们单向传输;控制总线用来控制对数据总线和地址总线的使用,它们大部分是双向的。为了简化分析,大部分教材往往省略了电源线和地线。目前,计算机并行总线已经不多了,目前主要有 CPU 与内存之间的并行总线(MB),其他外部设备并行总线基本处于淘汰状态。

(2) 并行总线性能。并行总线性能指标有总线位宽、总线频率和总线带宽。总线位宽为一次并行传输的二进制位数,如 32 位总线一次能传送 32 位数据。总线频率用来描述总

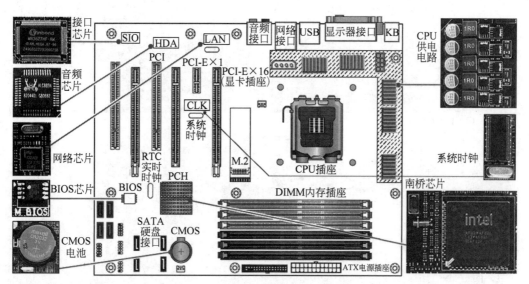

图 6-23　ATX 主板基本组成部件

线数据传输的频率,常见总线频率有 33MHz、66MHz、100MHz、200MHz 等。并行总线带宽＝总线位宽×总线频率÷8。

【例 6-6】　PCI 总线带宽为 32bit×33MHz÷8≈126MB/s(1000 进位时为 132MB/s)。

(3)串行总线性能。目前流行的计算机串行总线有图形显示总线(PCI-E)、通用串行总线(USB)等。串行总线性能用带宽来衡量,串行总线带宽计算较为复杂,它主要取决于总线信号传输频率和通道数。通道类似于并行总线的位宽,如×16 表示有 16 条串行通信线路。另外串行通信性能与通信协议、传输模式、编码效率等因素有关。

(4)PCI-E 串行总线。PCI-E 1.0 标准下,基本的 PCI-E ×1 总线有 4 条线路(1 个通道),2 条用于输入,2 条用于输出,总线传输频率为 2.5GHz,总线带宽为 2.5Gbit/s;在 PCI-E 2.0 标准下,PCI-E ×1 总线传输频率为 5.0GHz,总线带宽为 5.0Gbit/s;在 PCI-E 3.0 标准下,PCI-E ×1 总线传输频率为 8.0GHz,总线带宽为 8.0Gbit/s。

【例 6-7】　PCI-E ×16 在 2.0 标准下的总线带宽为 5.0Gbit/s×16 通道＝80Gbit/s。

(5)USB 串行总线。USB 是一种应用广泛的串行总线,USB 2.0 总线带宽为 480Mbit/s;USB 3.0 总线带宽为 5.0Gbit/s。USB 总线的接口形式有 USB-A、USB-B、mini-A、mini-B、USB Type-C、OTG(On-The-Go,直连通信)等形式。

3. I/O 接口

接口是两个硬件设备之间起连接作用的逻辑电路。接口的功能是在各个组成部件之间进行数据交换。主机与外部设备之间的接口称为输入输出接口,简称 I/O 接口。如图 6-24 所示,计算机接口有键盘或鼠标接口 PS/2 KB、数字音频光纤接口 SPDIF、数字显示器接口 DVI、高速串行接口 IEEE 1394、网络接口 RJ-45、通用串行接口 USB、高清数字电视显示接口 HDMI、数字音频同轴电缆接口 SPDIF、模拟显示器接口 VGA、硬盘扩展串行接口 eSATA、模拟音频接口(Line Out、MIC)等。

组成原理和操作系统

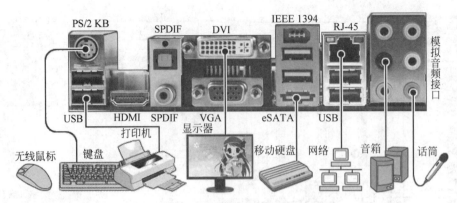

图 6-24　微机常用接口类型

6.3.4　存储设备

1. 内存条

目前计算机内存采用 DRAM 芯片安装在专用电路板上,称为内存条。目前常用内存条类型有 DDR4、DDR3 等。如图 6-25 所示,内存条由内存芯片(DRAM)、内存序列检测(SPD)芯片、印制电路板(PCB)、金手指、散热片、贴片电阻、贴片电容等组成。不同技术标准的内存条,在外观上没有太大区别,但是它们的工作电压不同、引脚数量和功能不同、定位口位置不同,互相不能兼容。

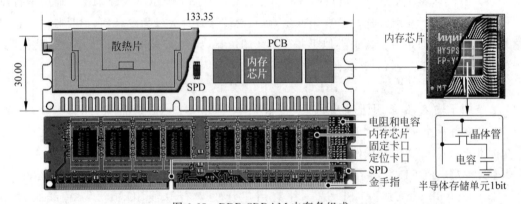

图 6-25　DDR SDRAM 内存条组成

内存条的主要技术指标有存储容量、带宽、读写延迟。目前单个内存条的最大容量为 4～64GB。根据内存带宽计算公式(带宽＝频率×内存位宽/8),DDR4-3200 单内存条的理论最高带宽为 25.6GB/s 左右(3200×64/8)。内存条的读写延迟越小越好,如读写时序为 "16-18-18-38"的 DDR4-3200 内存条,读写延迟最大为 90 个时钟周期。根据测试,64GB DDR4-3200 CL16 的内存条,内存读写延迟为 60ns 左右。

2. 闪存

闪存(Flash Memory)具备 DRAM 快速存储的优点,也具备硬盘永久存储的特性。闪存利用现有半导体工艺生产,因此价格便宜;缺点是读写速度较 DRAM 慢,而且擦写次数也有极限。闪存数据写入以区块为单位,区块大小为 8～512KB。**由于闪存不能以字节为**

单位进行数据随机写入,因此闪存目前还不能作为内存使用。

(1)闪存基本结构。每个闪存芯片中有海量的基本存储单元(Cell)以下简称闪存单元,如图6-26所示,**闪存采用场效应晶体管(MOSFET)作为基本存储单元。**闪存单元由控制栅极层、电介质层、浮空栅极层、隧道氧化层、衬底等组成。闪存单元是一种电压控制型器件,它左侧为源级(Sources),右侧为漏级(Drain),中间为栅极(Gate)。栅极G是控制极,读操作时,在"栅极-源极"低电压控制下,电子从源极S向漏极D单向传导。写操作时,在"栅极-地"高电压控制下,电子穿过隧道氧化层流向浮空栅极层。

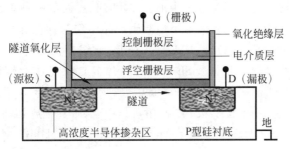

图6-26　闪存单元结构

(2)闪存数据存储原理。闪存单元记录数据的关键在于浮空栅极层,当浮空栅极中充满电子时表示二进制数据0;当浮空栅极中没有电子时表示二进制数据1。由于隧道氧化层和电介质层具有绝缘功能,进入浮空栅极层的电子不容易流失掉,所以闪存可以在断电后继续保存数据。**闪存单元中,没有外部电流改变浮空栅极中的电子状态时,浮空栅极就会一直保持原来的状态,这保证了数据不会因为断电而丢失。**

(3)闪存数据读取原理。向闪存单元的"栅极-源极"之间施加一个读电压时(如5V),如果源级S到漏级D之间的隧道没有电流(说明浮空栅极中有电子)时,为数据0;当源级S到漏级D之间的隧道有电流(说明浮空栅极里没有电子)时,为数据1。

(4)闪存编程原理。闪存单元不能像磁记录那样直接覆盖写入,闪存单元在写入数据之前必须对存储单元进行擦除操作,可以用一个反向高电压(如−20V)将浮空栅极中的电子清空(对浮空栅极进行放电),这个擦除操作称为闪存编程。

(5)闪存数据写入原理。在"栅极-地"之间施加一个高电压(如20V),这会引发量子隧道效应,使电子穿过隧道氧化层,进入浮空栅极层(对浮空栅极进行充电)。闪存的最小擦除单位是Block(块,4KB),最小写入单位是Page(页,4~64KB)。

(6)闪存基本结构。闪存单元(Cell)有SLC、MLC、TLC、QLC、3D堆叠等结构。SLC结构的每个闪存单元能存储1比特数据(1bit/Cell,0、1两种状态);MLC结构的每个闪存单元可以存储2比特数据(2bit/Cell,00、01、10、11四种状态);TLC结构的每个闪存单元可以存储3比特数据(3bit/Cell,八种状态);QLC结构的每个闪存单元可以存储4比特数据(4bit/Cell,十六种状态);3D堆叠结构可以存储更多的状态。

(7)U盘。U盘是利用闪存芯片、控制芯片和USB接口技术的一种小型半导体移动固态盘,如图6-27所示。U盘容量一般在16GB~1TB;数据传输速度可达到150MB/s(USB 3.1接口)。U盘具有即插即用的功能,用户只需将它插入USB接口,计算机就可以自动检测到U盘设备。U盘在读写、复制及删除数据等操作上非常方便,而且U盘具有外观小巧、携带方便、抗震、容量大等优点,受到用户的普遍欢迎。

图 6-27　U 盘外观和内部电路

(8) 存储卡。存储卡是在闪存芯片中加入专用接口电路的一种单片型移动固态盘。闪存卡一般应用在智能手机、数码相机等小型数码产品中作为存储介质。如图 6-28 所示,常见存储卡有 SD 卡、TF 卡、MMC 卡、SM 卡、CF 卡、记忆棒、XD 卡等,这些存储卡虽然外观和标准不同,但技术原理都相同。SD(安全数码)卡是目前速度较快,应用较广泛的存储卡。SD 卡采用 NAND 闪存芯片作为存储单元,使用寿命在 10 年左右。SD 卡易于制造,成本上有很大优势,在智能手机、数码相机、GPS、MP3 播放器等领域得到了广泛应用。随着技术的发展,SD 卡逐步形成了 Micro SD、mini-SD、SDHC、Micro SDHC、SDXC 等技术规格。

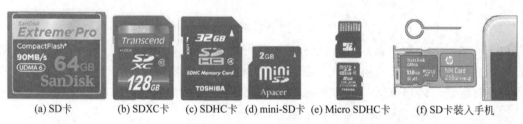

(a) SD卡　(b) SDXC卡　(c) SDHC卡　(d) mini-SD卡　(e) Micro SDHC卡　(f) SD卡装入手机

图 6-28　常见 SD 存储卡类型

(9) 固态硬盘(Solid State Disk,SSD)。固态硬盘在接口标准、功能及使用方法上,与机械硬盘完全相同。固态硬盘大多采用 SATA、M.2、USB 等接口,如图 6-29 所示。固态硬盘没有机械部件,因而抗震性能极佳,同时工作温度很低。固态硬盘的尺寸和标准 2.5 英寸硬

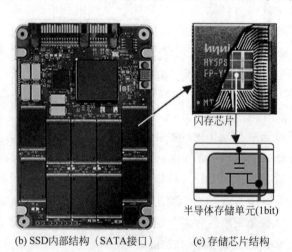

闪存芯片

半导体存储单元(1bit)

(a) 固态硬盘(SSD)外观　　(b) SSD内部结构（SATA接口）　　(c) 存储芯片结构　　(d) M.2接口固态硬盘

图 6-29　SSD 的外观和内部结构

盘基本相同,但厚度仅为 7mm,低于工业标准的 9.5mm。3.5 英寸机械硬盘平均读写速度为 50～100MB/s,固态硬盘平均读写速度在 550MB/s 以上,采用 SATA3 接口时传输速度为 6Gbit/s。根据测试,容量 1TB 的固态硬盘的工作功耗为 2.4W,空闲功耗为 0.06W,可抗 1000G(伽利略单位)的冲击。

3. 硬盘

如图 6-30 所示,硬盘是利用磁介质存储数据的机电式产品。硬盘中盘片由铝质合金和磁性材料组成。盘片中磁性材料没有磁化时,内部磁粒子方向是杂乱的,对外不显示磁性。当外部磁场作用于它们时,内部磁粒子方向会逐渐趋于统一,对外显示磁性。当外部磁场消失后,由于磁性材料的"剩磁"特性,磁粒子方向不会回到从前的状态,因而具有存储数据的功能。每个磁粒子有南、北(S/N)两极,可以利用磁记录位的极性来记录二进制数据位。可以人为设定磁记录位的极性与二进制数据的对应关系,如将磁记录位南极(S)表示为数字 0,北极(N)表示为 1,这就是磁记录的基本原理。

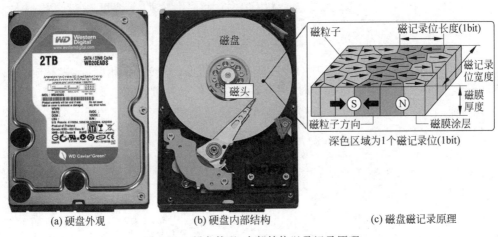

(a) 硬盘外观　　　　　(b) 硬盘内部结构　　　　　(c) 磁盘磁记录原理

图 6-30　硬盘外观、内部结构以及记录原理

硬盘存储容量为 500GB、1TB、2TB、4TB 或更高。硬盘接口有串行接口(SATA)、USB 接口等。SATA 接口主要用于台式计算机,USB 接口主要用于移动存储设备。

6.3.5　集成电路

1. 门电路与摩尔定律

能实现基本逻辑运算功能的电路称为逻辑门电路(简称门电路)。计算机的基本器件必须完成数据的存储、传送、计算、控制等功能,而这些功能都可以用门电路实现。最基本的门电路有与门、或门、非门等。利用基本门电路,可以组合成计算机的基本功能部件,如触发器、寄存器、计数器、译码器、加法器等。

门电路的功能可以由半导体元件实现,由大量半导体元件组成的芯片称为集成电路芯片。集成电路中的核心器件是 MOS(Metal Oxide Semiconductor,金属-氧化物-半导体)晶体管,这些 MOS 晶体管通过内部线路互连在一起,并且制作在一小块半导体硅晶片上,然后封装成一个塑料芯片,成为一个具有强大逻辑功能的微型芯片。

1965 年,戈登·摩尔(Gordon Moore)指出:**集成电路中晶体管的数量将在 18 个月内**

增加一倍,这个规律被称为**摩尔定律**。2013 年,Intel 公司 22nm 工艺制造的 Core i7 CPU,在 $160mm^2$ 的硅核心上集成了 14.8 亿个晶体管,晶体管密度达到了 $9MTr/mm^2$(百万个晶体/平方毫米)。2021 年,台积电公司 5nm 芯片工艺的晶体管密度达到了 $171.3MTr/mm^2$。8 年时间,晶体管密度提高了 18 倍。摩尔定律成功地预测了 IT 产业的高速发展。

2. MOS 晶体管工作原理

(1) MOS 晶体管结构。如图 6-31 所示,每个 MOS 晶体管有三个接口端:栅极(Gate)、源极(Source)、漏极(Drain),由栅极控制漏极与源极之间的电流流动。MOS 晶体

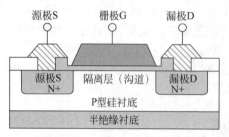

图 6-31　MOS 晶体管结构

管隔离层采用二氧化硅(SiO_2)作为绝缘体材料,它的作用是保证栅极与 P 型硅衬底之间的绝缘,阻止栅极电流的产生。栅极往往采用多晶硅材料,它起着控制开关的作用,使 MOS 晶体管在"开"和"关"两种状态中进行切换。源极(S)和漏极(D)往往采用 N 型高浓度掺杂半导体材料。CPU 中的 MOS 晶体管采用 P 型硅作衬底材料。

(2) MOS 晶体管的导通状态。MOS 晶体管的工作原理如图 6-32 所示。在栅极(G)施加相对于源极(S)的正电压 V_{GS} 时,栅极会感应出负电荷。当电子积累到一定程度时,源极 S 的电子就会经过沟道区到达漏极 D 区域,形成由源极流向漏极的电流。这时 MOS 晶体管处于导通状态(相当于电子开关 ON 状态),这种状态定义为逻辑 1。

(3) MOS 晶体管的截止状态。如图 6-33 所示,如果改变漏极 D 与源极 S 之间的电压,当 $V_{DS}=V_{GS}$ 时,MOS 晶体管处于饱和状态,电流无法从源极 S 流向漏极 D,MOS 晶体管处于"截止"状态(相当于电子开关 OFF 状态),这种状态定义为逻辑 0。

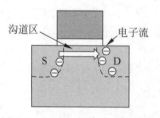

图 6-32　MOS 晶体管导通状态

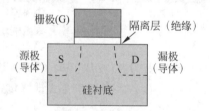

图 6-33　MOS 晶体管截止状态

3. 集成电路制程线宽

沟道长度是源极 S 与漏极 D 之间的距离。MOS 晶体管的沟道长度越小,晶体管工作频率越高。当然,改变栅极隔离层材料(如采用高 k 值氧化物)和提高沟道电荷迁移率(如采用低 k 值衬底材料),都可以提高 MOS 晶体管的工作频率。提高 MOS 晶体管"栅-源"电压也可以提高工作频率,这是 CPU 超频爱好者经常采用的方法。

栅极节距是集成电路内第 1 层两个平行栅极之间的距离,半节距为节距的一半。**集成电路工艺通常所指的"制程线宽"(简称为线宽)是指栅极半节距**。如 22nm 线宽的 CPU,栅极节距为 44nm,半节距(线宽)为 22nm。图 6-34 所示为集成电路中 MOS 晶体管的结构和理论模型。

制程线宽越小,集成电路芯片在可以同样的面积里集成更多的晶体管。根据著名芯片

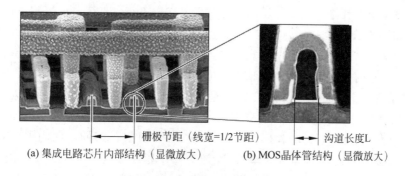

(a) 集成电路芯片内部结构（显微放大）　栅极节距（线宽=1/2节距）　(b) MOS晶体管结构（显微放大）　沟道长度L

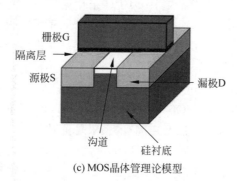

栅极G

隔离层

源极S

漏极D

沟道　硅衬底

(c) MOS晶体管理论模型

图 6-34　集成电路中 MOS 晶体管的结构和理论模型

网站 WikiChips 的分析，台积电公司 5nm 制程工艺的栅极节距为 48nm，金属线路之间的节距是 30nm，通过计算可知，5nm 制程工艺的晶体管密度达到了 $171.3MTr/mm^2$（每平方毫米 1.713 亿个晶体管）。内存和 CPU 采用相同的半导体制程工艺，当芯片可以集成更多的晶体管时，CPU 设计师总是利用它们来提高流水线的计算速度和设计更多的 CPU 内核。而内存设计师则利用这些晶体管来提高芯片的存储容量。**内存工程师完全可以设计出与 CPU 一样快的内存，之所以没有这样做，主要是出于成本上的考虑。**

6.4　计算机操作系统

操作系统是配置在计算机硬件上的第一层软件，是对硬件系统的扩充。它在计算机系统中占据了特别重要的地位，其他系统软件和应用软件都依赖于操作系统的支持。

6.4.1　操作系统概述

1. 操作系统的定义

操作系统是控制计算机硬件资源和软件资源的一组程序。操作系统能有效地组织和管理计算机中的各种资源，合理地安排计算机的工作流程，控制程序的执行，并向用户提供各种服务功能，使用户能够灵活、方便、有效地使用计算机，使计算机系统能高效地运行。通俗地说，**操作系统就是操作计算机的系统软件**。

2. 操作系统的类型

根据操作系统的功能可分为批处理操作系统、分时操作系统、实时操作系统、嵌入式操作系统、网络操作系统等。应用广泛的操作系统有 Windows、Linux 和 Android。

(1) 批处理操作系统。批处理操作系统的主要优点是：用户脱机使用计算机，操作方便；批处理提高了 CPU 的利用率。它的缺点是无交互性，即用户一旦将程序提交给系统后，就失去了对它的控制。1959 年，IBM 公司推出了第一个批处理系统 FMS(Fortran 监控系统)，它是基于 8 个磁带驱动器的监控系统。目前批处理操作系统已经被淘汰。

(2) 分时操作系统。1963 年，麻省理工学院(MIT)开发了一个兼容分时系统(CTSS)。分时操作系统是指多个程序共享 CPU 的工作方式。操作系统将 CPU 的工作时间划分成若干时间片。**操作系统以时间片为单位，轮流为每个程序服务**。为了使 CPU 为多个程序服务，时间片很短(大约几个到几十个毫秒)，CPU 采用循环方式将这些时间片分配给等待处理的每个程序，由于时间片很短，执行得很快，使每个程序都能很快得到 CPU 的响应，好像每个程序都在独享 CPU。分时操作系统的主要特点是允许多个用户同时在一台计算机中运行多个程序，每个程序都是独立操作、独立运行、互不干涉。现代通用操作系统都采用了分时处理技术，如 Windows、Linux 等，都是分时操作系统。

(3) 实时操作系统(Real Time Operating System，RTOS)。在操作系统理论中，"**实时性**"通常是指特定操作所消耗时间(以及空间)的上限是可以预知。例如，实时操作系统进行内存分配时，内存分配操作所用时间(及空间)无论如何不会超出操作系统所承诺的上限。一个实时操作系统面对变化的负载(从最小到最坏的情况)时，必须确定性地保证时间要求。值得注意的是，满足确定性不是要求速度足够快。衡量实时性能主要有两个重要指标：一是中断响应时间；二是任务切换时间。实时操作系统主要用于工业控制、军事航空等领域。实时操作系统往往也是嵌入式操作系统，业界公认比较好的实时操作系统是 VxWorks，Linux 经过剪裁后可以改造成实时操作系统，如 RT-Linux、KURT-Linux 等。

【例 6-8】 Windows 在 CPU 空闲时可以提供非常快的中断响应，但是当某些后台任务正在运行时，中断响应会变得非常漫长。并不是 Windows 不够快或效率不够高，而是因为它不能提供确定性，所以 Windows 不是实时操作系统。

(4) 嵌入式操作系统(Embedded Operating System，EOS)。嵌入式操作系统主要用于工业控制和国防领域。EOS 负责嵌入系统全部软件和硬件资源的分配、任务调度，控制、协调等活动。EOS 除具备操作系统最基本的功能，如任务调度、同步机制、中断处理、文件功能等，还具有以下特点：可伸缩性，如可对系统模块进行裁减；强实时性，用于各种设备控制；统一的设备接口，如 USB、以太网等；操作方便简单；强大的网络功能，如支持 TCP/IP 协议，为移动计算设备预留接口；强稳定性和弱交互性，系统一旦开始运行就不需要用户过多干预，用户接口一般不提供操作命令，通过用户程序提供服务；固化代码，EOS 和应用软件一般固化在闪存中；良好的硬件适应性，便于嵌入其他设备中。常用的 EOS 有 VxWorks、嵌入式 Linux、Android、μC/OS-III、QNX、Contiki、TinyOS、ROS (Robot Operating System，机器人操作系统)等。

(5) 网络操作系统(Network Operating System，NOS)。网络操作系统的主要功能是为各种网络服务软件提供支持平台。网络操作系统主要运行的软件有网站服务软件(如 Web 服务器、DNS 服务器等)；网络数据库软件(如 Oracle、MySQL 等)；网络通信软件(如微信服务器、邮件服务器等)；网络安全软件(如网络防火墙、数字签名服务器等)，以及各种网络服务软件。常见的网络操作系统有 Linux、FreeBSD、Windows Serve 等。

6.4.2 操作系统功能

1. 进程管理

简单地说，**进程是程序的执行过程**。程序是静态的，它仅仅包含描述算法的代码；进程是动态的，它包含了程序代码、数据和程序运行的状态等信息。进程管理的主要任务是对CPU资源进行分配，并对程序运行进行有效的控制和管理。

（1）进程的状态及其变化。如图6-35所示，**进程执行过程为"就绪→运行→阻塞"三个循环进行的状态**。系统有多个事务请求执行时（如打开多个网页），系统首先为每个事务创建进程，然后每个进程进入"就绪"队列，操作系统按进程调度算法（如时间片轮转、优先级调度等）选择下一个马上要执行的就绪进程，并分配就绪进程一个几十毫秒（与操作系统有关）的时间片，并为它分配内存空间等资源。上一个运行进程退出后，就绪进程进入"运行"状态。目前CPU工作频率为GHz级，1ns最少可执行1～4条机器指令（与CPU频率、内核数量等有关），在10多个毫秒的时间片里，CPU可以执行数万条机器指令。CPU通过内部硬件中断信号来指示时间片的结束，时间片到点后，进程将控制权交还操作系统，进程暂时退出"运行"状态，或者进入"就绪"状态，或者进入"等待"，或者进入"进程终止"状态。这时操作系统分配下一个就绪进程进入运行状态，以上过程称为进程切换。进程终止时（如关闭某个程序），操作系统会立即撤销该进程，并及时回收该进程占用的软件资源（如程序控制块、动态连接库）和硬件资源（如CPU、内存等）。

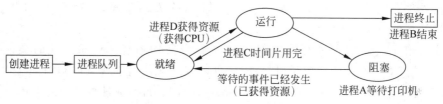

图6-35　进程运行的不同状态

（2）Windows进程管理。为了跟踪所有进程，Windows在内存中建立了一个进程表。当有程序请求执行时，操作系统就在进程表中添加一个新的表项，这个表项称为PCB（Processing Control Block，进程控制块）。PCB中包含了进程的描述信息和控制信息。进程结束后，系统收回PCB，该进程便消亡。Windows系统中，每个进程由程序段、数据段、PCB三部分组成。

2. 存储管理

（1）存储空间的组织。操作系统中，每个任务都有独立的内存空间，从而避免任务之间产生不必要的干扰。将物理内存划分成独立的内存空间，典型做法是采用段式内存寻址和页式虚拟内存管理。页式存储解决了存储空间的碎片问题，但是也造成了程序分散存储在不连续的空间。

（2）存储管理的主要工作。存储管理的主要工作：一是为每个应用程序分配内存和回收内存空间；二是地址映射，就是将程序使用的逻辑地址映射成内存空间的物理地址；三是内存保护，当内存中有多个进程运行时，保证进程之间不会相互干扰，影响系统的稳定性；四是当某个程序的运行导致系统内存不足时，给用户提供虚拟内存（硬盘空间），使程序顺利执行,或者采用内存"覆盖"技术、内存"交换"技术运行程序。

（3）虚拟内存技术。虚拟内存就是将硬盘空间拿来当内存使用,硬盘空间比内存大许多,有足够的空间用于虚拟内存;但是硬盘的运行速度（毫秒级）大大低于内存（纳秒级）,所以虚拟内存的运行效率很低。这也是计算思维的基本原则,以时间换空间。**虚拟存储的理论依据是程序局部性原理：程序在运行过程中,在时间上,经常运行相同的指令和数据（如循环指令）;在存储空间上,经常运行某一局部空间的指令和数据（如窗口显示）。**虚拟存储技术是将程序所需的存储空间分成若干页,然后将常用进程放在内存页中,暂时休眠的进程和数据放在外存中。当需要用到外存中的进程时,再把它们调入内存。

（4）Windows 虚拟内存空间。32 位 Windows 系统的虚拟内存空间为 4GB,这是一个线性地址的虚拟内存空间,用户看到和接触到的都是虚拟内存空间。利用虚拟内存不但能起到保护操作系统的效果（用户不能直接访问物理内存）,更重要的是用户程序可以使用比实际物理内存更大的内存空间。用户在 Windows 中双击一个应用程序的图标后,Windows 系统就会为该应用程序创建一个进程,并且分配每个进程 2GB（内存地址范围：0～2GB）的虚拟内存空间,这个 2GB 的内存空间用于存放程序代码、数据、堆栈、临时数据存储区;另外 2GB（内存地址：3～4GB）的虚拟内存空间由操作系统控制使用。由于虚拟内存大于物理内存,因此它们之间需要进行内存页面映射和地址空间转换。

3. Windows 文件系统

文件是一组相关信息的集合。在计算机系统中,所有程序和数据都以文件的形式存放在计算机外部存储器（如硬盘、U 盘等）上。例如,一个 C 源程序、一个 Word 文档、一张图片、一段视频、各种程序等都是文件。

操作系统中负责管理和存取文件的程序称为文件系统。Windows 的文件系统有 NTFS、FAT32 等。在文件系统管理下,用户可以按照文件名查找文件和访问文件（打开、执行、删除等）,而不必考虑文件如何存储、存储空间如何分配、文件目录如何建立、文件如何调入内存等问题。文件系统为用户提供了一个简单统一的文件管理方法。

文件名是文件管理的依据,文件名分为文件主名和扩展名两部分。文件主名由程序员或用户命名。文件主名一般用有意义的英文或中文词汇命名,以便识别。不同操作系统对文件命名的规则有所不同。例如,**Windows 操作系统不区分文件名的大小写**,所有文件名在操作系统执行时,都会转换为大写字符。而大部分操作系统区分文件名的大小写,如 Linux 操作系统中,test.txt、Test.txt、TEST.txt 被认为是三个不同文件。

文件的扩展名表示文件的类型,不同类型的文件处理方法不同。例如,在 Windows 系统中,扩展名.exe 表示执行文件。用户不能随意更改文件的扩展名,否则将导致文件不能执行或打开。在不同操作系统中,表示文件类型的扩展名并不相同。

文件内部属性的操作（如文件建立、内容修改等）需要专门的软件,如建立电子表格文档需要 Excel 软件,打开图片文件需要 ACDSee 等软件。文件外部属性的操作（如执行、复制、改名、删除等）可在操作系统下实现。

目录（文件夹）由文件和子目录组成,目录也是一种文件。如图 6-36 所示,Windows 操作系统将目录按树形结构管理,用户可以将文件分门别类地存放在不同目录中。这种目录结构像一棵倒置的树,树根为根目录,树中每个分支为子目录,树叶为文件。Windows 系统中,每个硬盘分区（如 C、D、E 盘等）都建立一个独立的目录树,有几个分区就有几个目录树

（与 Linux 不同）。

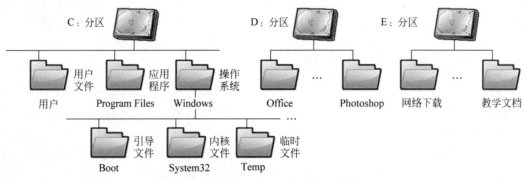

图 6-36　Windows 系统树形目录结构

4. Linux 文件系统

如图 6-37 所示，Linux 文件系统是一个层次化的树形结构。Linux 系统只有一个根目录 root(Linux 没有盘符的概念)，Linux 可以将另一个文件系统或硬件设备通过"挂载"操作，将其挂装到某个目录上，从而让不同的文件系统结合成一个整体。

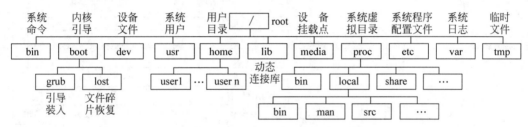

图 6-37　Linux 文件系统结构

Linux 系统的文件类型有文本文件(有不同编码，如 UTF-8)、二进制文件(Linux 下的可执行文件)、数据格式文件、目录文件、连接文件(类似 Windows 的快捷方式)、设备文件(分为块设备文件，如硬盘；字符设备文件，如键盘)、套接字文件(Sockets)、管道文件(A 进程的输出通过内存通道成为 B 进程的输入)等。

大部分 Linux 使用 Ext2 文件系统，但也支持 FAT、VFAT、FAT32 等文件系统。Linux 将不同类型的文件系统组织成统一的虚拟文件系统(Virtual File System，VFS)。Linux 通过 VFS 可以方便地与其他文件系统交换数据用户就像使用 Ext2 文件系统中的文件一样使用它们。

5. 中断处理

中断是 CPU 暂停当前执行的任务，转而去执行另一段程序。中断可以由程序控制或者由硬件电路自动控制完成程序的跳转。系统响应中断后，暂停当前程序的执行，保存现场数据，转而执行中断处理程序，中断处理程序执行完成后，返回到原程序的中断点，继续执行原程序。中断分为可屏蔽中断和不可屏蔽中断，不可屏蔽中断主要用于断电、电源故障等系统必须立即处理的紧急情况。

【例 6-9】　计算机打印输出时，CPU 传送数据的速度很高，而打印机打印的速度很低，如果不采用中断技术，CPU 将经常处于等待状态，效率极低。而采用中断方式后，CPU 可以处理其他工作,只有打印机缓冲区中的数据打印完毕发出中断请求之后,CPU 才予以响应,暂时中断当前的工作转去执行向缓冲区传送数据,传送完成后又返回执行原来的程序,这样就大大提高了计算机系统的效率。

6.4.3 桌面操作系统 Windows

据调查统计,截至 2019 年 8 月,中国桌面操作系统市场中,微软公司的 Windows 占 87.66%;苹果公司的 OS X 占 7.09%,Linux 占 0.79%,其他占 4.46%。

1. Windows 系统结构

目前使用的 Windows 系统属于 NT 系列,其系统结构如图 6-38 所示。系统分为核心态和用户态两大层次,这样的分层避免了用户程序对系统内核的破坏。

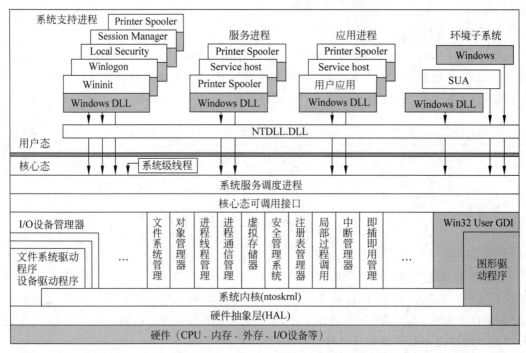

图 6-38 Windows 操作系统基本结构

2. 用户模式(用户态)

用户模式部分包括 Windows 子系统进程(csrss. exe)以及一组动态链接库(Dynamic Link Library,DLL)。csrss. exe 进程主要负责控制台窗口的功能,以及创建或删除进程和线程等。子系统 DLL 则被直接链接到应用程序进程中,包括 kernel32. dll、user32. dll、gdi32. dll 和 advapi. dll 等。

3. 内核模式(核心态)

(1) 硬件抽象层(HAL)。HAL 是一个独立的 DLL,通过 HAL 可以隔离不同硬件设备的差异,使系统上层模块无须考虑下层硬件之间的差异性。上层模块不能直接访问硬件设备,它们通过 HAL 来访问硬件设备。由于硬件设备并不一致,所以操作系统有多个 HAL。例如,有些计算机 CPU 为 Intel 产品,而有些为 AMD 的 CPU;有的 CPU 为 2 核,有些为 4 核,这些差异会造成硬件的不一致。为了解决这个问题,Windows 安装程序附带了多个

HAL,系统安装时会自动识别 CPU 是 AMD 还是 Intel 产品,然后自动选择合适的 HAL 安装(可用 msinfo32 命令查看硬件抽象层版本)。

(2)设备驱动程序。win32k.sys 的形式是一个驱动程序,但实际上它并不处理 I/O(输入/输出)请求;相反,它向用户提供了大量的系统服务。从功能上讲,它包含两部分:窗口管理和图形设备接口(GDI)。其中窗口管理部分负责收集和分发消息,以及控制窗口显示和管理屏幕输出;图形设备接口部分包含各种形状绘制以及文本输出功能。

(3)系统内核。Windows 系统内核文件为 ntoskrnl.exe,安装在 C:\Windows\System32 目录下,Windows 10 的系统内核文件 ntoskrnl.exe 为 8.21MB。WRK(Windows 研究内核)是微软公司 2006 年开放的 Windows 内核部分源代码。WRK 建立在真实的 Windows 内核基础上,实现了线程调度、内存管理、I/O 管理、文件系统等操作系统所必需的基本功能。WRK 给出了 Windows 系统内核的大部分源程序代码,读者们可以对其中的源程序进行修改、编译,并且用这个内核启动 Windows 操作系统。

(4)图形设备接口。Windows 图形引擎有两个特点:一是提供了一套与设备无关的 GDI,这使应用程序可以适应各种显示设备;二是应用程序与图形设备驱动程序之间的通信非常高效,能为用户提供良好的视觉效果。Windows 系统还提供了对 DirectX 的支持,从而允许游戏、多媒体软件等绕过 GDI 图形引擎,直接操作显示器等硬件,从而获得更快的显示速度,并且避免屏幕图像的抖动。

4. Windows 系统代码估计

微软公司没有公布过 Windows 代码的情况,一些计算领域专家估计,Windows 源代码大致如下:Windows 3.1(约 300 万行,1993 年);Windows 95(约 1500 万行,1995 年);Windows 98(约 1800 万行,1998 年);Windows 2000(约 2800 万行,2000 年);Windows XP(约 4000 万行,2001 年);Windows 7(约 4000 万行,2009 年)。有人估计,Windows 10 的代码量大致为 6000 万~8000 万行。Windows 系统的完整代码库(包括全部源代码和测试代码等)超过 0.5TB,涉及 56 万多个文件夹,400 多万个文件。

Windows 10 中,绝大部分内核程序用 C 语言编写,它们包括系统内核、文件系统、网络系统、驱动程序等,其中也有一些程序代码用 C++ 语言编写。简单地说,系统核心态代码都是用 C 语言编写;用户态代码中,C++ 代码会稍微多一些。

6.4.4 网络操作系统 Linux

30 多年来,Linux 一直在引领软件开源运动。在全球 500 强超级计算机中,有 497 台超级计算机采用 Linux,Linux 占有率为全球 500 强超级计算机的 99%。网络中的服务器、路由器、交换机、防火墙等设备,大部分都采用 Linux 系统。

1. UNIX 系统的发展

丹尼斯·里奇是 UNIX 之父和 C 语言之父。1969 年,AT&T 公司的丹尼斯·里奇等人开发了 UNIX 操作系统。丹尼斯·里奇将 UNIX 的设计原则规定为"保持简单",UNIX 由许多小程序组成(类似于函数库),每个小程序只能完成一个具体的功能,将这些小程序组合起来(类似于函数调用),就可以得到需要的功能。UNIX 早期用汇编语言编写,1973 年,丹尼斯·里奇发明了 C 语言,并用它改写了 UNIX 的全部代码。

UNIX 有部分商业软件,如 UNIX Ware、Mac OS X、AIX、HP-UX、Solaris 等,以及开源软件,如 BSD(伯克利大学软件包)、Linux、Android(安卓)等。由于 UNIX 是注册商标,因此,人们将其他从 UNIX 发展而来的操作系统称为类 UNIX(Unix-like)。

2. Linux 系统的基本特征

1991 年,芬兰学生林纳斯·托瓦兹(Linus Torvalds)在他老师特南鲍姆教授研发的 Minix(用于教学的小型操作系统)基础上,编写了 Linux 系统内核。Linux 是遵循 GPL(通用公共许可协议)开源协议的操作系统。

Linux 分为内核和发行版。内核是操作系统的核心,它是应用程序与硬件设备之间的抽象层。但是仅有内核而没有图形窗口和桌面软件的操作系统使用困难,所以许多公司和社团将内核及相关应用程序组织构成一个完整的操作系统发行版本,让用户可以简单地安装和使用 Linux。Linux 发行版包括:Linux 内核、GNU 程序库和工具、命令行 shell、X-Window 系统、图形桌面环境(如 KDE 或 GNOME),并包含办公套件、编译器、文本编辑器,以及各种应用软件,它为 Linux 系统提供了一个更加完善的用户界面。Linux 发行版大体可以分为两类:一类是商业公司维护的发行版,如 Red Hat Linux(红帽子)等;另一类是网络社区的发行版本,如个人桌面版有 Ubuntu、Debian 等;服务器版有 OpenSUSE、CentOS(企业级服务器)等。

Linux 具有完备的网络功能、较好的安全性和稳定性,而且目前是开源免费软件,因此它广泛应用于网络服务器和计算机集群系统。值得注意的是,**Linux 版权人并没有完全放弃自己的知识产权**,因此 Linux 并不是一个理论上完全免费的操作系统,Linux 的许可证文件也明文规定:**任何人不许占有它**。

Linus Torvalds 在 2014 年的 DebConf 14 会议上指出了桌面版 Linux 目前存在的一些问题,他一向要求发行版本的 Linux 尽量不要修改核心,不要破坏用户空间,但每个发行版都在随意地修改 glibc 库,改变底层 API。Linux 的发行版目前有 200 多个,不同的 Linux 发行版导致了严重的程序兼容性问题。这种各自为战的情况也是开源系统的缺点之一,它导致了 Linux 目前大多在服务器和移动设备上运行,用户大多采用命令行操作模式,这也是 Linux 系统在桌面市场占有率很低的原因之一。

3. Linux 系统的基本结构

Linux 的设计思想有两点:一是**一切都是文件**;二是**每个程序都有确定的功能**。第一条就是系统中所有的事物都可以归结为文件,包括控制命令、硬件设备(如硬盘、键盘)、操作系统、应用程序、进程等,对操作系统内核而言,它们都被视为拥有不同属性的文件。Linux 系统结构如图 6-39 所示。

4. Linux 系统代码统计

截至 2020 年元旦,Linux 内核仓库(包括内核源代码、Kconfig 文件、实用程序等)共计有 6.6 万个文件,共有 2785 万行代码,大约 2.1 万位开发和维护人员。

RedHat 的开源操作系统 Fedora Linux 9(内核 kernel 2.6.25,2008 年)中,代码总计 596 万行。其中编程语言统计如下:C 语言 5 727 336 行(96%)、ASM(汇编语言)216 356 行(3.6%)、Perl 语言 6019 行、C++语言 3962 行、yacc(C 语言写的语法解析器)2901 行、Lex(一种词法分析器语言)1824 行、obj C(编译器)613 行、Python 语言 331 行、LISP 语言 218 行、Pascal 语言 116 行、Awk 语言 96 行。

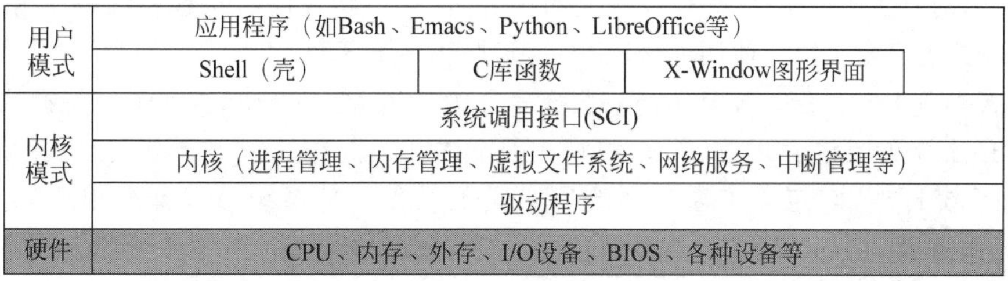

用户模式	应用程序（如Bash、Emacs、Python、LibreOffice等）		
	Shell（壳）	C库函数	X-Window图形界面
内核模式	系统调用接口(SCI)		
	内核（进程管理、内存管理、虚拟文件系统、网络服务、中断管理等）		
	驱动程序		
硬件	CPU、内存、外存、I/O设备、BIOS、各种设备等		

图 6-39　Linux 系统结构简图

Linux 2.6.27 版内核源代码大约 640 万行,代码分布情况如表 6-3 所示。

表 6-3　Linux 2.6.27 版内核源代码统计

代 码 类 型	源代码行数	占代码总量的百分比%	代 码 类 型	源代码行数	占代码总量的百分比%
驱动程序	3 301 081	51.6	内核	74 503	1.2
系统结构	1 258 638	19.7	内存管理	36 312	0.6
文件系统	544 871	8.5	密码学	32 769	0.5
网络	376 716	5.9	安全	25 303	0.4
声音	356 180	5.6	其他	72 780	1.1
库函数	320 078	5.0	总计	6 399 231	100

说明：以上代码不包含 X-Window 图形窗口和桌面系统。

5. Linux 系统内核层

Linux 系统内核层由驱动程序、内核（kernel）模块、系统调用接口（System Call Interface,SCI）等组成。

（1）驱动程序。每种硬件设备都有相应的设备驱动程序。驱动程序往往运行在特权级环境中,与硬件设备相关的具体操作细节由设备驱动程序完成,正因为如此,任何一个设备驱动程序的错误都可能导致操作系统的崩溃。

（2）内核模块。内核是用来与硬件打交道并为程序提供有限服务的底层软件。硬件设备包含 CPU、内存、硬盘、外围设备等,如果没有软件来操作和控制它们,硬件设备自身无法正常工作。Linux 内核的主要模块包含：CPU 和进程管理、存储管理、文件系统、设备管理和驱动、网络通信、系统初始化、系统调用等部分。

（3）系统调用接口。系统调用就像函数可以在应用程序中直接调用。Linux 有 200 多个系统调用。系统调用给应用程序提供了一个内核功能接口,隐藏了内核的复杂结构。一个操作可以看作系统调用的结果。

6. Linux 系统用户层

（1）Shell(壳)。Shell 是命令解释器,它是用户的操作界面。用户运行应用程序时,需要在 Shell 中输入操作命令。Shell 可以执行符合 Shell 语法的脚本文件,Shell 脚本可以执行系统调用,也可以执行各种应用程序,这些特性让 Shell 脚本可以实现非常强大的功能。Shell 有很多种,最常见的是 bash,另外还有 sh、csh、tcsh、ksh 等。

（2）库函数（C 语言）。由于系统调用使用起来很麻烦,Linux 定义了一些库函数将系统调用组合成某些常用操作,以方便用户编程。例如,分配内存操作可以定义成一个库函数。

239

使用库函数对计算机来说并没有效率上的优势,但可以将程序员从程序细节中解救出来。当然,程序员也完全可以不使用库函数,而直接调用系统函数。

(3) X-Window 系统。X-Window 系统简称为 X 系统,它是麻省理工学院研发的窗口系统(X11R6.5.1 版包含 8100 个文件、600 种字体、20 个程序库)。严格地说,X 系统是一组协议和系统框架,它定义了窗口系统所必需的功能。X 系统由三部分组成,它们是 X Server(X 服务器,它与底层硬件直接通信)、X Client(X 客户端,它请求 X Server 进行各种操作)和 X 协议(它是 X Server 和 X Client 之间的沟通语言)。X 系统独立于操作系统,这样做有如下优点:一是在 X 系统中,窗口系统与操作系统分离,X 系统不依赖特定的操作系统(注意:微软公司的 Windows 和苹果公司的 Mac OS X 将操作系统和窗口系统两种功能捆绑在一起了);二是 X 系统易于安装和卸载,卸载时不需要重启系统,也不会对其他应用程序造成干扰;三是在 X Server 工作时,如果程序异常中断,它只会影响到窗口系统,并不会造成机器损坏或者操作系统内核的破坏。

实现 X 系统的具体软件有 XFree86、Xorg、Xnest 等。XFree86 的意思是"提供 X 服务,它是自由软件,它基于 x86 平台",截至本书稿完稿时最新版本是 XFree86 4.7.0。大多数 Linux 用户使用集成化的桌面环境,桌面环境不仅包括 X-Window 系统,还有各种应用程序,以及协调一致的用户界面。目前广泛使用的 Linux 桌面环境有 GNOME 和 KDE。

(4) 应用程序层。Linux 应用程序通过以下方法运行:一是使用 SCI 函数;二是调用库函数;三是在 shell 环境下运行;四是在 X-Window 窗口中运行。

由以上讨论可见,Linux 利用内核实现软件与硬件的对话,通过 SCI,将上层的应用与下层的核心完全隔离开,为程序员隐藏了底层的复杂性,同时也提高了上层应用程序的可移植性。当升级系统内核时,可以保持系统调用的语句不变,从而让上层应用感受不到下层的改变;库函数利用 SCI 创造出模块化的功能;而 shell 则提供了一个用户界面,让我们可以利用 shell 的语法编写脚本,以整合程序功能。

6.4.5 移动操作系统 Android

1. Android 概述

Android(安卓)是谷歌公司开发的基于 Linux 内核的开源移动操作系统。从 2008 年发布 Android 1.0,到 2020 年发布 Android 11.0 系统,Android 每年都会有一次大版本升级。华为、OPPO、vivo、小米、三星等厂商,对 Android 原生系统进行了二次开发,衍生出具有各家特色的手机操作系统(如 MIUI)。Android 主要用于移动设备,截至 2019 年,在中国移动操作系统市场,Android 占 75.98%,iOS 占 22.88%,其他占 1.14%。

2. Android 系统结构

如图 6-40 所示,Android 系统采用分层结构,分别为系统应用层、应用程序框架层、系统运行层、硬件抽象层和 Linux 内核层。

(1) 系统应用层(System Apps)。系统应用层中包含所有的 Android 应用程序(App),其中有厂商安装的应用程序,如电话、相机、日历、浏览器等;另外用户自己也安装了一些应用程序,如微信、淘宝、支付宝、高德地图等。系统应用层程序用 Java 语言开发,现在 Google 在力推采用 kotlin 程序语言进行系统应用层程序开发。

(2) 应用程序框架层(Java API Framework)。应用程序框架层主要为应用程序开发人

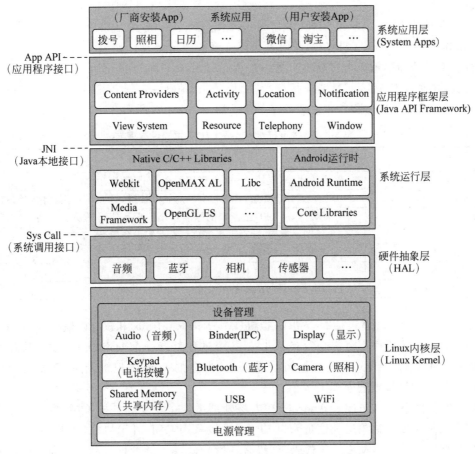

图 6-40　Android 操作系统结构

员提供开发所需组件的 API(应用程序接口)。该层中的管理组件如表 6-4 所示。

表 6-4　应用程序框架层中的管理组件

管理组件名称	功 能 说 明
Content Provider	内容提供器,在不同应用之间进行数据共享,以及进程之间的通信
Activity	活动管理,管理应用程序的生命周期,以及 App 导航的回退等
Location	定位管理,提供地理定位功能服务
Notification	通知管理,提供状态栏消息和自定义消息显示等功能
View Systm	视图系统,绘制各个 UI(用户界面),处理与窗口状态有关的程序组件
Resource	资源管理,App 内各种非代码资源,如字符串、图片、布局、颜色等
Telephony	电话管理,所有移动电话收发功能
Window	窗口管理,管理所有开启的窗口

　　在 Android 系统中,活动(Activity)是在前台运行的进程(通常是一个手机屏幕画面),它可以显示一些按钮、对话框等控件,也可以监听和处理用户事件,一个 Android 应用由多个活动组成。服务(Service)是后台运行的进程,它不提供用户界面,例如用户运行音乐播放器时,如果这时打开浏览器上网,但是音乐仍然在后台继续播放,播放进程由播放音乐的

服务进行控制。

（3）系统运行层。系统运行层由 Native C/C++ 库和 Android 运行时环境组成。Android 中一些应用程序（如游戏）需要大规模运算和图形处理。如果采用 Java 编程，会存在执行效率过低和移植成本过高等问题。在 Android 开发中，可以使用 C/C++ 函数来实现底层模块，并通过 JNI(Java Native 接口)与上层的 Java 模块实现交互，然后利用编译工具生成类库，并添加到应用程序中。C/C++ 主要函数库如表 6-5 所示。

表 6-5　系统运行层 Native C/C++ 主要函数库

函数库名称	功 能 说 明
Webkit	浏览器引擎，支持 Android 浏览器和一个可嵌入的 Web 视图
OpenMAX AL	开放多媒体加速层，C 语言实现的软件接口，用于加速多媒体的处理
Libc	C 函数库，从 BSD 继承来的标准 C 函数库，专用于嵌入式设备
OpenGL ES	3D 绘图函数库，针对手机、PDA、游戏等设备而设计
Media Framework	多媒体库，支持常见音频、视频播放等
Android Runtime	Android 运行时的 Dalivik 虚拟机
Core Libraries	Android 运行时的核心函数库

Android 运行时环境包括 Dalivik 虚拟机(Android Runtime)和核心函数库(Core Lib)。每个 Android 应用程序都有一个专有的进程，每个进程都有一个 Dalivik 虚拟机，应用程序在该虚拟机中运行。Dalvik 是一个专为 Android 打造的 Java 虚拟机，它负责执行应用程序、分配存储空间、管理进程等工作。

（4）硬件抽象层(HAL)。Android 在内核外部增加了一个硬件抽象层，将一部分硬件驱动程序放到了硬件抽象层。这是因为 Linux 内核采用 GPL 开源协议，遵照 GPL 开源协议硬件厂商需要公开驱动程序源代码，这势必会影响硬件厂商的核心利益。而 Android 的 HAL 运行在用户层，可以将厂商提供的硬件驱动程序加载到 HAL 中，这样硬件厂商的驱动程序就由内核空间移到了用户空间。Android 的 HAL 层遵循 Apache 协议，而 Apache 协议并不要求开放源代码，因此厂商提供的动态库就不需要开放源代码，这种设计方案保护了硬件厂商的核心利益。

（5）Linux 内核层（Linux Kernel）。Android 平台的基础是 Linux 内核，如 ART(Android 运行时)虚拟机最终调用底层 Linux 内核来执行功能。Linux 内核的安全机制为 Android 提供相应的保障，它鼓励设备厂商为内核开发开源的公版硬件驱动程序。

3. Android 资源消耗

Android 系统看起来内存消耗很大，因为 Android 上的应用程序采用 Java 语言开发，而 Android 中的每个 App 都带有独立虚拟机，每打开一个 App 就会运行一个独立的虚拟机。这样设计是为了避免虚拟机崩溃而导致整个系统崩溃，但代价是需要更多的内存空间。这个设计确保了 Android 的稳定性，正常情况下最多是单个 App 崩溃，但整个系统不会崩溃。系统内存不足时，Android 会关闭一些暂时不用的后台进程（下次需要时再重新启动），这样就不会出现内存不足的提示，这种设计非常适合移动终端的需要。

6.4.6　系统引导过程

计算机从开机到进入正常工作状态的过程称为引导。早期计算机依靠硬件引导机器，由程序(操作系统)控制计算机后,带来了一个悖论:没有程序的控制,计算机不能启动,而计算机不启动则无法运行程序。即使用硬件的方法启动了计算机,接下来也会有更加麻烦的问题:谁进行系统管理呢? 如内存分配、进程调度、设备初始化、操作系统装载、程序执行等操作由谁控制呢?

解决以上问题的方案如下:将一个很小的引导程序(128KB)固化在 BIOS 半导体芯片内(称为固件),并将 BIOS 芯片安装在主板中。开机电压正常后,计算机内部的 ATX 电源发送 PWR_OK(电源好)信号,激活 CPU 执行第一条指令,这条指令就是跳转到 BIOS 芯片中的引导程序地址,执行 BIOS 芯片中的引导程序,然后逐步扩大引导范围。

如图 6-41 所示,不论计算机硬件和软件配置如何,**计算机引导都必须经过以下步骤:开机上电→POST(Power On Self Test,上电自检)→运行主引导记录→装载操作系统→运行操作系统→进入桌面等**。不同的操作系统,前两个步骤都是相同的,即"开机上电"与 POST 过程与操作系统无关,而"运行主引导记录""操作系统装载"等过程则因操作系统不同而异。

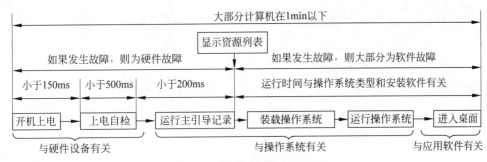

图 6-41　计算机系统引导过程

前面三个过程执行时间很短(小于 1s),如果计算机硬件没有致命性故障(电源、主板、CPU、内存等)就会显示资源列表,如果显示资源列表后计算机发生故障,大部分都是软件和外设故障(因为 POST 不检测硬盘、显示器等外设和网络)。

习　题　6

6-1　冯•诺依曼计算机结构包括哪些主要部件?

6-2　为什么说"存储程序"的思想在计算工程领域具有重要意义?

6-3　简要说明计算机的工作原理。

6-4　简要说明什么是计算机集群系统。

6-5　简单说明计算机指令的执行过程。

6-6　根据计算机系统结构的"1-2-3"规则,说明计算机硬件发生故障的特点。

6-7　简要说明操作系统的特点。

6-8　CPU 只有几个内核,GPU 有几十个内核,这说明 CPU 技术落后于 GPU 技术吗?

6-9　简要说明程序的局部性原理。

6-10　简要说明计算机的引导过程,并举例说明计算机的故障判断方法。

6-11　简要说明如何选择计算机主板。

6-12　简要说明闪存不能作为内存使用的原因。

6-13　实验：利用 CUP-Z 等工具软件，测试 CPU 参数。

6-14　实验：进入计算机 BIOS 设置菜单，了解计算机参数的设置方法。

6-15　实验：进行台式计算机的拆卸和安装实验。

6-16　实验：清除 Windows 系统中的临时文件。

第7章 网络通信和信息安全

机器之间的通信是一个复杂的过程,它体现了大问题的复杂性。本章主要从"模型和结构"的计算思维概念,讨论了网络通信的方法;并用"安全"的概念,讨论了网络攻击的防护方法,以及信息的加密和解密。

7.1 网络原理

7.1.1 网络的基本类型

1. 互联网的发展

1969 年,美国国防部高级研究计划局制订了一个计划,将加利福尼亚大学洛杉矶分校、加利福尼亚大学、斯坦福大学研究学院和犹他大学的 4 台计算机连接起来,建设一个 ARPANET(阿帕网)。1969 年 9 月 3 日,加利福尼亚大学洛杉矶分校的克兰罗克 (L. Kleinrock)教授在实验室内,将两台计算机由一条 5m 长的电缆连接并互传数据,这标志着互联网的正式诞生。互联网世界统计(IWS)组织报告指出,全球互联网用户为 40 亿左右,全球 76 亿人中,约 2/3 已经拥有手机,而且超过半数为"智能型"设备。互联网如此受欢迎的原因在于它使用成本低,应用价值高。全球互联网主干线路如图 7-1 所示。

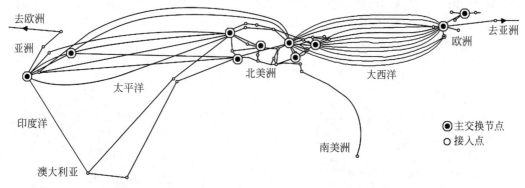

图 7-1 全球互联网主干线路示意图

据互联网数据中心(IDC)调查统计,预计到 2023 年,全球联网设备将达到 489 亿台,网络中每台个人计算机月平均数据流量会接近 60GB。

2. 网络的定义

计算机网络是利用通信设备和传输介质,将分布在不同地理位置上具有独立功能的计算机相互连接,在网络协议控制下进行信息交流,实现资源共享和协同工作。

3. 网络的主要类型

计算机网络的分类方法有很多种,最常用的分类方法是 IEEE(电气与电子工程师协会)根据计算机网络地理范围的大小,将网络分为局域网(Local Area Network,LAN)、城域网(Metropolitan Area Network,MAN)和广域网(Wide Area Network,WAN)。

(1)局域网。局域网通常在一幢建筑物内或相邻几幢建筑物之间。如图 7-2 所示为企业局域网的应用案例。**局域网是结构复杂度最低的计算机网络**,也是应用最广泛的网络。尽管局域网是结构最简单的网络,但并不一定就是小型网络。由于光纤通信技术的发展,局域网覆盖范围越来越大,往往将直径达数千米的一个连续的园区网(如大学校园网、智能小区网)也归纳到局域网范围。

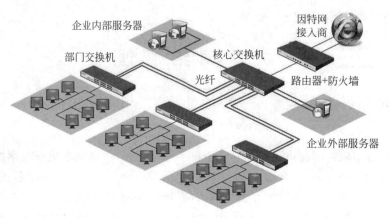

图 7-2 企业局域网应用案例

(2)城域网。城域网的覆盖区域一般为数百平方千米,城域网由许多大型局域网组成。如图 7-3 所示,城域网主要为个人用户、企业局域网用户提供网络接入服务,并将用户信号转发到因特网中。城域网信号传输距离比局域网长,信号更加容易受到环境的干扰。因此网络结构较为复杂,往往采用点对点、环形、树形等混合结构。由于数据、语音、视频等信号可能都采用同一城域网络传输,因此城域网组网成本较高。

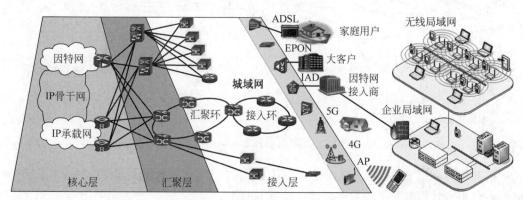

图 7-3 城域网结构示意图

（3）广域网。广域网覆盖范围通常在数千平方千米以上，一般为多个城域网的互连（如ChinaNet，中国公用计算机网），甚至是全球各个国家之间网络的互连。因此广域网能实现大范围的资源共享。广域网一般采用光纤进行信号传输，网络主干线路数据传输速率非常高，网络结构较为复杂，往往是一种网状网或其他拓扑结构的混合模式。图 7-4 所示为CERNET2 中国教育和科研主干网结构的示意图，广域网由于需要跨越不同城市、地区、国家，因此网络工程最为复杂。

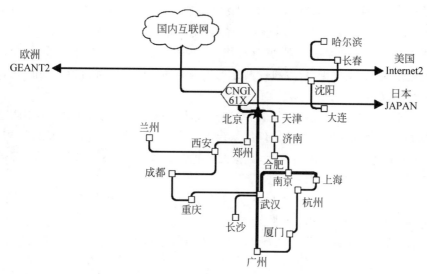

图 7-4　CERNET2 中国教育和科研主干网结构示意图

7.1.2　网络通信协议

1. 通信过程中的计算思维方法

【例 7-1】　人类通信是一个充满智能化的过程。如图 7-5 所示，以一个企业技术讨论会为例，说明通信的计算思维方法。首先，参加会议的人员必须知道在哪里开会（目的地址）；如何走到会议室（路由）；会议什么时候开始（通信确认）；会议主讲者通过声音（传输介质为声波）和视频（传输介质为光波）表达自己的意见（传送信息）；主讲者必须关注与会人员的反应（监听），其他人员必须同时关注主讲者发言（同步）；有时主讲者会受到会议室外的干扰（环境噪声）、会议室内其他人员说话的干扰（信道干扰）；如果与会者同时说话，就会造成谁也听不清对方在说什么（信号冲突）；主讲人需要保持恒定语速讲话（通信速率）等。

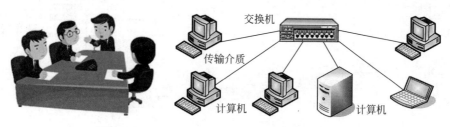

图 7-5　人们会议讨论和计算机通信的比较

　　计算机之间的数据传输是一个复杂的通信过程,需要解决的问题很多。例如,本机与哪台计算机通信(本机地址与目的地址)? 通过哪条路径将信息传送到对方(路由)? 对方开机了吗(通信确认)? 信号传输采用什么介质(微波或光纤)? 通信双方如何在时间上保持一致(同步);信号接收端怎样判断和消除信号传输过程中的错误(检错与纠错)? 通信双方发生信号冲突时如何处理(通信协议)? 如何提高数据传输效率(包交换)? 如何降低通信成本(复用)? 网络通信虽然有以上许多工作要做,但是网络设备处理速度以毫秒计,这些工作计算机瞬间就可以完成(一般为毫秒级,与网络带宽有关)。

　　人类通信与计算机通信的共同点在于都需要遵循通信规则。不同点在于人类在通信时,可以随时灵活地改变通信规则,并且智能地对通信方式和内容进行判断;而计算机在通信时不能随意改变通信规则,计算机以高速处理与高速传输来弥补机器智能的不足。

2. 网络协议的三要素

　　计算机网络中,用于规定信息格式、发送和接收信息的一系列规则称为网络协议。通俗地说,协议是机器之间交谈的规则。网络协议的三个组成要素是语法、语义和时序。

　　(1) 语法规定了进行网络通信时,数据的传输方式和存储格式,以及通信中需要哪些控制信息,它解决"怎么讲"的问题。

　　(2) 语义规定了网络通信中控制信息的具体内容,以及发送主机或接收主机所要完成的工作,它主要解决"讲什么"的问题。

　　(3) 时序规定了网络操作的执行顺序,以及通信过程中的速度匹配,主要解决"顺序和速度"问题。

3. 通信中的"三次握手"

　　TCP 协议的通信过程:建立连接→数据传送→关闭连接。"三次握手"是指网络通信过程中信号的三次交换过程,这个过程发生在 TCP 协议的建立连接阶段,它与两军通信问题相似,三次握手的目的是希望在不可靠信道中实现可靠的信息传输。通信双方需要就某个问题达成一致时,三次握手是理论上的最小值。如图 7-6 所示,一个完整的三次握手过程是:**连接请求→授予连接→确认连接。**

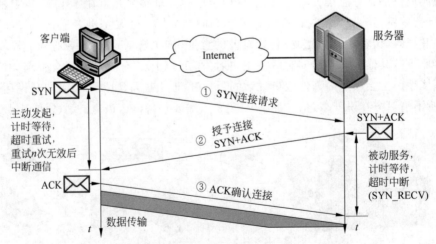

图 7-6　TCP 协议建立连接时的"三次握手"过程

第一次握手：连接请求。建立连接时，客户端发送 SYN（同步）请求数据包到服务器，然后客户端进入等待计时状态，等待服务器确认请求，这一过程称为"会话"。

第二次握手：授予连接。服务器收到 SYN 数据包并确认后，服务器发送 SYN＋ACK（同步＋确认）数据包作为应答，然后服务器进入计时等待状态（SYN_RECV）。

第三次握手：确认连接。客户端收到服务器的 SYN＋ACK 数据包后，向服务器发送 ACK（确认）数据包，此数据包发送完后，客户端和服务器进入连接状态，完成三次握手过程。这时客户端与服务器即可开始传送数据。

在以上过程中，服务器发送完 SYN＋ACK 数据包后，如果未收到客户端的确认信号，服务器进行首次重传；等待一段时间仍未收到客户端确认信号，进行第二次重传；如果重传次数超过系统规定的最大重传次数，服务器将该连接信息从半连接队列中删除。

4. 通信协议的安全性

TCP 协议存在一些安全隐患。如在"三次握手"过程中，如果攻击者向服务器发送大量伪造地址的 TCP 数据包（SYN 包，第一次握手）→服务器收到 SYN 包后，将返回大量的 SYN＋ACK 包（第二次握手）→由于 SYN 包地址是伪造的，因此服务器无法收到客户端的 ACK 包（无法建立第三次握手）→这种情况下，服务器一般会重试发送 SYN＋ACK 包，并且等待一段时间后，再丢弃这些没有完成的半连接（大约 10s～1min）。如果是客户端死机或网络掉线，导致少量的无效链接，这对服务器没有太大的影响。如果攻击者发送巨量（数百 Gbit/s 以上）伪造地址的数据包，服务器就需要维护一个非常巨大的半连接列表，而且服务器需要不断进行巨量的第三次握手重试。这将消耗服务器大量 CPU 和内存资源，服务器最终会因为资源耗尽而崩溃。

7.1.3 网络体系结构

1. 网络协议的计算思维特征

为了减少网络通信的复杂性，专家们将网络通信过程划分为许多小问题，然后为每个问题设计一个通信协议，如 RFC（Request For Comments，请求评论）。这样使得每个协议的设计、编码和测试都比较容易。这样网络通信就需要许多协议，如 TCP/IP 标准就包含了数千个因特网协议（如 RFC1～RFC6455）。为了减少复杂性，专家们又将网络功能划分为多个不同的层次，每层都提供一定的服务，使整个网络协议形成层次结构模型。网络协议的"层次结构"计算思维大大简化了很多复杂问题的处理过程。

2. TCP/IP 网络体系结构

网络层次模型和通信协议的集合称为网络体系结构。常见的网络体系结构有 OSI/ISO（开放式系统互连/国际标准化组织）、TCP/IP（传输控制协议/网间协议）等。TCP/IP 是 IETF（The Internet Engineering Task Force，互联网工程任务组）定义的网络体系结构模型，它规范了主机之间通信的数据包格式、主机寻址方法和数据包传送方式。图 7-7 所示 OSI/OSO 模型和 TCP/IP 模型，以及几个核心协议，TCP/IP 模型可以分为 4 个层次：应用层、传输层、网络层和网络接口层。

3. 应用层

应用层主要提供各种网络服务。应用层的网络协议非常多，如网页服务（HTTP——超

250

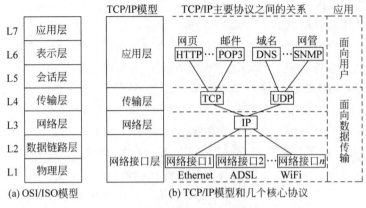

图 7-7　网络协议层次结构模型

文本传输协议、HTML——超文本标记语言等)、电子邮件服务(SMTP——简单邮件传送协议、POP3——邮局协议)、文件传输服务(FTP)、域名服务(DNS)、即时通信(如微信)服务等。

TCP/IP 协议可以应用在各种不同结构的计算机中(如 Windows 与 Linux)。机器之间会存在大量兼容性问题,如不同文件系统(如 NTFS 与 Ext2)有不同的文件命名规则;不同系统采用不同的字符编码标准(如 GBK 与 UTF-8);不同系统之间传输文件的方式也各不相同等(如块传输与流传输)等,这些兼容性问题都由应用层协议来处理。

4. 传输层

传输层的功能:**报文分组**、**数据包传输**、**流量控制等**。传输层主要由 TCP(Transmission Control Protocol,传输控制协议)和 UDP(User Datagram Protocol,用户数据报协议)两个网络协议组成。

TCP 协议提供可靠传输服务,它采用了三次握手、发送接收确认、超时重传等技术。确认机制和超时重传的工作过程如下:发送端的 TCP 协议对每个发送的数据包分配一个序号,然后将数据包发送出去。接收端收到数据包后,TCP 协议将数据包排序,并对数据包进行错误检查,如果数据包已成功收到,则向对方发回确认信号(ACK);如果接收端发现数据包损坏,或在规定时间内没有收到数据包,则请求对方重传数据包。如果发送端在合理往返时间内没有收到接收端的确认信号,就会将相应的数据包重新传输(超时重传),直到所有数据安全正确地传输到目的主机。

UDP 是一种无连接协议(通信前不进行三次握手连接),它不管对方状态就直接发送数据;UDP 协议也不提供数据包分组,因此不能对数据包进行排序,也就是说,报文发送后,无法得知它是否安全到达。因此,UDP 提供不可靠的传输服务,UDP 传输的可靠性由应用层负责。但是这并不意味 UDP 协议不好,UDP 协议具有资源消耗小,处理速度快的优点。UDP 主要用于文件传输和查询服务,如 FTP(File Transfer Protocol,文件传输协议)、DNS(Domain Name System,域名系统)等;网络音频和视频数据传送通常采用 UDP 协议,因为偶尔丢失几个数据包,不会对音频或视频效果产生太大影响。尤其在实时性很强的通信中(如视频直播等),前面丢失的数据包,重传过来后已经没有意义了。如 QQ 和微信的音频和视频聊天就采用 UDP 协议。

5. 网络层

网络层的主要功能是为网络内主机之间的**数据交换提供服务**,并进行**网络路由选择**。网络层接收到分组后,根据路由协议将分组送到指定的目的主机。网络层主要有 IP(网际协议)和路由协议等。IP 提供不可靠的传输服务。也就是说,它尽可能快地把分组从源节点送到目的节点,但是并不提供任何可靠性保证。

6. 网络接口层

网络接口层的主要功能是**建立网络的电路连接和实现主机之间的比特流传送**。电路连接工作包括:传输介质接口形式、电气参数、连接过程等。比特流传送工作包括:通过计算机中的网卡和操作系统中的网络设备驱动程序,将数据包按比特一位一位地从一台主机(计算机或网络设备),通过传输介质(电缆或微波)送往另一台主机。

由于因特网设计者注重的是网络互联,所以网络接口层没有提出专门的协议。并且允许采用早期已有的通信子网(如 X.25 交换网、以太网等),以及将来的各种网络通信协议。这一设计思想使得 TCP/IP 协议可以通过网络接口层,连接到任何网络中。如 100G 以太网、DWDM(Dense Wavelength Division Multiplexing,密集型光波复用)光纤网络、WLAN(Wireless Local Area Network,无线局域网)等。

7.1.4 互联网通信技术

1. 分组交换技术

早期"交换"的含义是把一条电话线转接到另一条电话线,使它们连通起来。目前交换的概念通常是指网络中的转发节点(通常为交换机),集中接收不同主机传输进来的信号,并对信号进行存储(保存数据包)、解包(读取数据包包头)、识别(识别源地址和目标地址)、转换(转换不同的网络协议)、转发(将数据包转发到目标主机或下一交换站点)等操作。简单地说,**交换就是节点之间数据的转发过程**。

网络交换技术有电路交换、报文交换和分组交换,计算机网络采用分组交换技术。如图 7-8 所示,分组就是源主机(如服务器)将一个待发送的长报文(如网页内容)分割为若干较短的分组(分组 1,分组 2,…,分组 n),每个分组(也称为数据包)除报文信息外,分组首部还携带了源主机地址和目的主机地址、分组序号、通信协议等信息。然后,源主机把这些分组逐个发送出去。

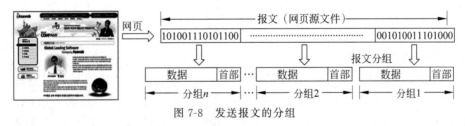

图 7-8　发送报文的分组

2. 存储转发技术

网络数据包采用存储转发的信号传输模式,如图 7-9 所示,网络节点(A、B、C、D、E)收到分组(a1,a2,a3,b1,b2,b3)后,先存储在本节点缓冲区,然后根据分组目的地址和网络节点存储的路由信息进行分析,找到分组下一跳的地址(路由查表),然后将分组转发到下一个节点,经过数次网络节点转发后,最终将分组传送到目的主机(如客户端)。

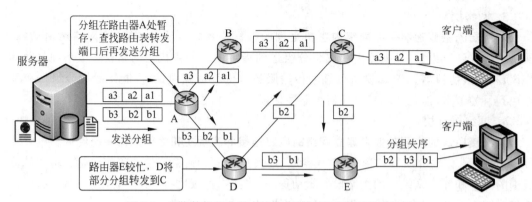

图 7-9　网络数据包分组交换和存储转发工作原理示意图

分组在传输过程中,可能会出现数据包丢失、失序、重复、损坏、路由循环等问题,这需要一系列网络协议来解决这些问题。分组到达目的主机后,需要对分组按序号重新进行编排等工作,这也增加了数据的处理时间。

3. 信号点对点传输模式

按照信号的发送和接收模式,可以将信号传输分为点对点(P2P)传输和广播传输。点对点传输是将网络中的主机(如计算机、路由器、交换机等)以点对点方式连接起来,如图 7-10 所示,网络中的主机通过单独的链路进行数据传输,并且两个节点之间可能会有多条单独的链路。点对点传输主要用于城域网和广域网中。点对点传输的优点是网络性能不会随数据流量增加而降低。但网络中任意两个节点通信时,如果它们之间的中间节点较多,就需要经过多跳后才能到达,这加大了网络数据传输的时延。

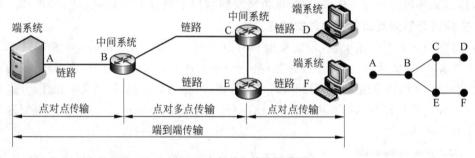

图 7-10　点对点传输示意图

4. 信号广播传输模式

广播传输中有多条物理线路(如交换机与多台计算机之间的连接电缆),但是只有一个信道(所有线路在某个时间片内只能传输一个广播信号)。它类似于广播网络(如电视网络),虽然网络有多条线路,但是只能传输一个广播信号。**以太网采用广播形式发送和接收数据**。以太网中的计算机采用 CSMA/CD(Carrier Sense Mutiple Access with Collision Detection,载波监听多路访问/冲突检测)信号传输模式。即网络中所有计算机共享数据信道,计算机发送数据前监听网络中是否有数据传输。如果没有数据传输,立即抢占信道发送数据。如果网络中已有数据传输,则暂不发送数据。企业网络、校园网和部分城域网都采用以太网技术。

5. 网络基本拓扑结构

计算机网络中,如果把客户机、服务器、交换机、路由器等设备抽象为"点",把传输介质抽象为"线",这样就可以将一个复杂的计算机网络系统,抽象成为由点和线组成的几何图形,这种图形称为网络拓扑结构。如图 7-11 所示,网络拓扑结构有总线形结构(已淘汰)、星形结构、环形结构、树形结构、网形结构和蜂窝形结构等。星形网络结构简单,建设和维护费用少,主要用于局域网;环形网络结构带宽高,建设成本高,不适用于多用户接入,主要用于城域网和国家骨干传输;蜂窝形网络结构广泛用于移动通信的接入网和无线局域网。**最基本的网络结构是星形、环形和蜂窝形**,其他网络结构都是它们的组合形式。

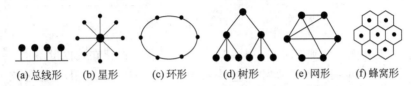

(a) 总线形　　(b) 星形　　(c) 环形　　(d) 树形　　(e) 网形　　(f) 蜂窝形

图 7-11　网络拓扑结构示意图

6. 互联网设计思想

1984 年,互联网专家戴维·克拉克(David Clark)、戴维·里德(David Reed)、杰瑞·萨尔茨(Jerry Saltzer)在一篇论文中提出了"端到端"设计思想的讨论。他们认为:互联网不需要有最终的设计模型(有别于 OSI/ISO 模型),有些工作用户会来完成;**互联网的大多数特征都必须在计算机终端的程序中实现,而不是由网络的某个中间环节来实现**(有别于电话网络)。"端到端"网络设计思想有以下优点:一是防止互联网朝某个单一用途发展,例如,为物联网提供了扩展基础;二是有利于软件定义网络,例如,通过软件编程实现对网络的定义和控制,将网络的控制面与数据面分离开,从而大大提高了网络升级与网络设备的无关性;三是这种设计思想造成了互联网在结构和应用上都具有"自我繁殖"的特征(如物联网、云计算等),使互联网处于一种不可预知的变化之中。

7.1.5　软件定义网络

SDN(Software Defined Network,软件定义网络)最早可以追溯到"可编程网络"的概念。2009 年,斯坦福大学的麦考恩(Nick McKeown)教授提出了软件定义网络的设计思想,这为网络设计和管理提供更多的可能性,从而推动了网络技术的革新与发展。

1. SDN 体系结构

SDN 体系结构如图 7-12 所示。它由数据层(转发平面)、控制层(控制平面)、应用层(业务平面)构成。数据层由 SDN 交换机、服务器等设备组成;控制层包含了 SDN 控制器,它负责数据包转发功能的控制;应用层包含了各种基于 SDN 的网络业务。

控制层与数据层之间通过南向接口进行通信,它主要负责将 SDN 控制器中的转发规则下发至网络设备,它通过 OpenFlow 协议进行控制。控制层与应用层之间通过北向接口进行通信。

2. SDN 的设计思想

SDN 的设计思想是转发和控制分离、集中控制、开放可编程接口。

(1) 控制平面与转发平面分离。将传统网络设备中数据包的控制功能与数据包转发功

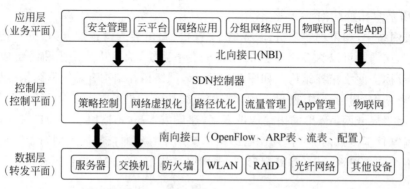

图 7-12 SDN 体系结构图

能进行分离,控制功能集中到 SDN 控制器中,转发功能仍然保留在硬件设备中。

(2) 在控制平面编程实现对数据行为的管理。如图 7-13 所示,SDN 通过控制协议(如 OpenFlow)接收并执行数据转发策略。SDN 交换机基于流表转发数据包,每个流表项 (Table)由头部(端口、IP 地址等)、计数器(数据包统计)、操作(转发、丢弃、优先级等)三部分组成。与传统网络相比,SDN 控制器可以实现更加集中的网络管控。

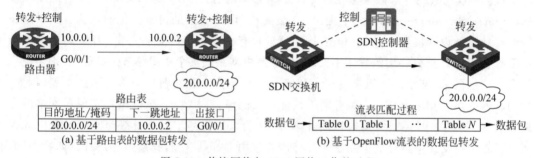

图 7-13 传统网络与 SDN 网络工作的过程

(3) SDN 打破了传统网络设备的封闭性。支持 SDN 标准的网络设备都可以完成网络转发功能,网络应用层也更加开放和多样。网络行为和策略可以编程定义,用户可以根据业务需求进行网络结构的动态调整和扩展。

3. SDN 的应用

(1) 摆脱硬件设备的限制。传统网络的层次结构是互联网取得巨大成功的关键。但是网络设备内置了过多的复杂协议,互联网流量的快速增长,各种新型服务的不断出现,这些因素都增加了网络运维成本。如果用户业务发生变动,修改网络设备配置是一件非常麻烦的事情。SDN 屏蔽了网络设备的差异,摆脱了设备对网络架构的限制。

(2) 软件编程控制网络。SDN 开放了控制权,用户可以自定义网络路由和传输策略。例如,如果路由器内置协议不符合用户需求,用户可以通过编程的方式进行修改,以获得更好的性能。通过编程,满足用户对网络架构进行调整、扩容的需求;而底层的交换机、服务器、存储设备等硬件无须替换,这节省了大量的投资成本。

(3) 软件定义网络分段。SDN 能够将网络重新分段,这样可以控制未经授权的用户、设备和应用对企业网络某些部分(如财务部门)的访问级别。通过网络分段可以防止黑客攻击在整个网络中的传播,最大程度减小网络攻击造成的破坏。

(4)动态路径保护。网络某个节点或信道出现问题时,SDN可以马上规划出新的网络路径,在50ms(电信级服务要求)内实现路由切换,减少对网络业务的影响。

(5)业界对SDN的态度不一。对开源SDN控制器的研发,华为、HP、VMware、Google等公司,都在积极参与之中;网络巨头Cisco、Juniper等公司自然不希望新技术打破目前市场的平衡,但是他们又担心错失良机,所以对SDN往往是态度暧昧。

7.1.6 无线局域网技术

无线网络的最大优点是移动通信和移动计算。无线网络主要解决移动终端(如手机、PC等)与基站之间的连接,将无线网络覆盖区域的主机连接至主干有线网络。

1. 无线网络的类型

无线通信标准主要由ITU和IEEE制定。如图7-14所示,IEEE按无线网络覆盖范围分为无线广域网/城域网、无线局域网、无线个域网等。

(1)无线广域网(WWAN)和无线城域网(WMAN)。WWAN和WMAN在技术上并无太大区别,因此往往将WMAN与WWAN放在一起讨论。无线广域网也称为宽带移动通信网络,它是一种Internet高速数字移动通信蜂窝网络,WWAN需要使用移动通信服务商(如中国移动)提供的通信网络(如5G、4G网络)。计算机只要处于移动通信网络服务区内,就能保持移动宽带网络接入。

图7-14 无线网络的类型

(2)无线局域网(WLAN)。无线局域网可以在企业或个人家中自由创建。这种无线网络通常用于接入Internet。WLAN传输距离可达100m~300m,无线信号覆盖范围视用户数量、干扰和传输障碍(如墙体和建筑材料)等因素而定。在公共区域提供WLAN服务的节点称为接入热点,热点范围和速度视环境和信号强度等因素而定。

(3)无线个域网(WPAN)。无线个域网是指通过短距离无线电波,将计算机与周边设备连接起来的网络。如WUSB(无线USB)、UWB(Ultra Wide Band,超宽带无线技术)、Bluetooth(蓝牙)、ZigBee(紫蜂)、RFID(Radio Frequency IDentification,射频识别)、IrDA(红外通信)、NFC(Near Field Communication,近场通信)、Li-Fi(可见光无线通信)等。无线网络的基本技术参数如表7-1所示。

表7-1 无线网络的基本技术参数

网络类型	网络技术	通信标准	工作频率/GHz	传输速率	基站半径/m	应用领域
WLAN	WiFi	IEEE 802.11n	2.4/5	270Mbit/s	300	无线局域网
WPAN	WUSB	IEEE 802.15.3	2.5	110Mbit/s	10	数字家庭网络
WPAN	蓝牙	IEEE 802.15.1	2.4	1Mbit/s	10	语音和数据传输
WPAN	ZigBee	IEEE 802.15.4	2.4	250kbit/s	75	无线传感网络
WWAN	WiMax2	IEEE 802.16m	10~66	300Mbit/s	50 000	无线 Mesh 网络

说明:传输速率指用户数据下行传输速率。覆盖范围指基站或无线接入点(Access Point,AP)与终端设备之间的最大视距(无遮挡直线传输距离)。

2. 无线局域网模型

IEEE 802.11 标准定义的 WLAN 基本模型如图 7-15 所示。WLAN 的最小组成单元是基本服务集（BSS），它包括使用相同通信协议的无线站点。一个 BSS 可以是独立的，也可以通过一个 AP（接入点，俗称为无线路由器）连接到主干网络。

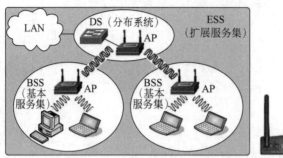

图 7-15　IEEE 无线局域网模型和接入点

如图 7-15 所示，扩展服务集（ESS）由多个 BSS 单元以及连接它们的分布式系统（DS）组成。DS 结构在 IEEE 802.11 标准中没有定义，DS 可以是有线 LAN，也可以是 WLAN，DS 的功能是将 WLAN 连接到骨干网络（园区局域网或城域网）。

AP（Access Point，无线接入点）的功能相当于局域网中的交换机和路由器。AP 也是 WLAN 中的小型无线基站，负责信号的调制与收发。AP 覆盖半径为 20m～100m。

3. 无线局域网组建方法

建立 WLAN 需要一台 AP，它提供多台计算机同时接入 WLAN 的功能。无线网络中的计算机需要安装无线网卡，台式计算机一般不带无线网卡，笔记本计算机、智能手机和平板计算机通常自带了无线网络模块。无线网络设备的连接方法如图 7-16 所示。

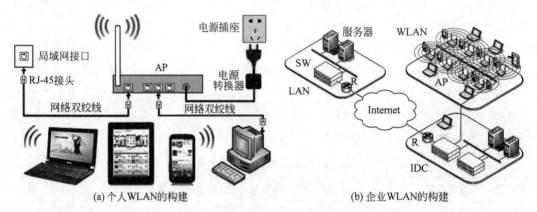

(a) 个人WLAN的构建　　　　　　　(b) 企业WLAN的构建

图 7-16　无线局域网构建

AP 的位置决定了整个无线网络的信号强度和数据传输速率。建议选择一个不容易被阻挡，并且信号能覆盖房间内所有角落的位置。线路连接好后，第一次使用 WLAN 时，需要对 AP 进行初始设置。不同厂商的 AP 设置方法不同，但是基本流程大同小异。

7.1.7 移动通信技术

1. 移动通信系统的工作过程

移动通信是移动体之间的通信,或移动体与固定体之间的通信。移动体可以是人,也可以是汽车、火车等移动状态中的物体。移动通信技术经过 1G→2G→3G→4G 的发展,目前已经迈入了 5G(第 5 代)移动通信技术。

如图 7-17 所示,移动通信系统由移动终端(如手机)、基站、移动交换局(如电信机房)、核心传输网等组成。如果某移动终端发出通信拨号,移动交换局通过各个基站向全网发出呼叫,被叫移动终端收到呼叫后发出应答信号,移动交换局收到应答信号后,分配一个信道给被叫移动终端,并从信道中传送信令,使被叫移动终端接收振铃信号。

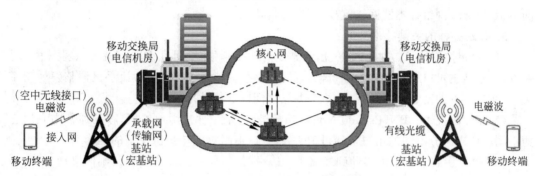

图 7-17　移动通信网络的简单结构

2. 电磁波频率

移动终端与基站之间利用电磁波进行信号传输。但是电磁波频率资源有限,为了避免频率干扰和冲突,国家对电磁波频率进行了划分,分配给不同的用户和用途。

移动通信主要使用中频～超高频电磁波进行通信。如 GSM900、CDMA800 就是指移动通信的电磁波频段为 900MHz 的 GSM(Global System for Mobile Communications,全球移动通信系统),以及电磁波频段为 800MHz 的 CDMA(Code Division Multiple Access,码分多址)。目前移动通信使用的电磁波频率越来越高。因为**电磁波频率越高,能使用的频率资源越丰富,能实现的传输速率越高**。

5G 通信频率有两种:一种是 6GHz 以下,这与 4G 差别不大;另一种是国际上使用的 28GHz 频率资源。高频段移动通信的优点是可用带宽大(可用带宽为 850MHz),天线和设备小型化;高频波的缺点是传输距离短、信号穿透和绕射能力差。

【例 7-2】　天线长度 ＝ 1/4～1/10 波长,28GHz 频率的波长 ＝ 光速/频率 ＝ $(3 \times 10^{11} \text{mm/s})/(28 \times 10^{9} \text{Hz/s}) = 10.7 \text{mm}$。因此,5G 手机天线长度只需要 2.5mm～1mm 即可。

3. 基站

基站的功能是发送和接收手机无线信号,基站通过电磁波连接手机,并通过传输设备和光缆线路连接到移动通信交换局。基站设备包括基带单元、无线射频单元和天线;以及配套设备:传输设备、电源、备用电池、空调、监控系统和铁塔等。

基站分为宏基站和微基站。室外的大铁塔就是宏基站,它主要负责信号的广域覆盖;

网络通信和信息安全

微基站只有巴掌大小,它主要负责楼层或室内信号的深度覆盖。

4. 移动通信的困难

(1)移动速度。当移动终端达到一定速度时(如高铁时速在 250km/h 以上),无线信号的发送和接收,基站信号的切换等,都会存在很多技术困难。

(2)电磁波传播复杂。移动终端在各种环境中运动时,电磁波的传播会产生反射、折射、绕射、多普勒效应等现象,并由此引起信号干扰、信号延迟等问题。例如,卫星通信和 GPS 导航(波长 10mm 左右),如果有遮挡物就会发生信号丢失问题。

(3)噪声干扰严重。城市环境中,移动通信存在各种干预,如汽车火花噪声、工业噪声、移动终端用户之间的相互干扰、邻道干扰、同频干扰等。

(4)系统结构复杂。移动通信是一个多用户通信系统,它还与城市通信网络、卫星通信网络、数据传输网络等不同网络互连,网络结构比较复杂。

5. 移动通信的关键技术

(1)功率控制技术。对手机来说,基站发射功率越强,手机发射功率就可以弱一些;另一方面,基站也可以根据接收到手机信号的强弱,发送功率控制命令,让手机调整发射功率大小,实现功率的动态调节,提高手机与基站之间的通信效率。

(2)PN 码技术。PN(Pseudo Noise,伪随机码)是一种常用地址码,移动通信中利用它的不同相位来区分不同的用户。通过 PN 码,可以提高对用户身份识别的准确性。

(3)软切换技术。手机移动到蜂窝小区边缘时,如果手机继续跨蜂窝小区移动,就需要进行通信基站的切换。软切换是先与新基站建立通信连接,再与原基站切断联系,即"先通后断"(硬切换为先断后通)。软切换过程中,手机会与多个基站同时通信,这样可以有效地提高切换的成功率,大大减少切换造成的掉话。

(4)语音编码技术。语音编码是将模拟语音信号转换为数字信号,以便在信道中传输。语音编码一方面决定了手机语音质量,另一方面也影响了通信系统的容量。语音编码应当占用尽可能少的通信容量,传送尽可能高质量的语音。

(5)多天线传输。早期的手机都有突出来的小天线,为什么现在的手机都没有天线了呢?其实,并不是手机没有天线,而是手机的天线变小了,现在在手机边框的内部设计了多个微型天线。基站的天线技术经历了从无源到有源,从 MIMO(Multiple Input Multiple Output,多入多出)到大规模天线阵列的发展,这进一步改善了移动通信的性能。

7.2 安全防护

思科公司安全总监玛丽莎(Marisa Fagen)指出:我们每天要检查 47TB 的互联网流量,分析 280 亿次数据流动,记录 1.2 万亿个安全事件。因此,网络信息安全防护是一项非常重要的工作。信息安全具有不可证明的特性,只能说安全防护措施对某些已知攻击是安全的,对于将来新的攻击形式是否安全仍然很难断言。

7.2.1 安全问题

信息系统不安全的主要因素有程序漏洞和后门、用户操作不当、外部攻击。外部攻击主要有计算机病毒、恶意软件、黑客攻击等。目前计算机系统在理论上还无法消除计算机病毒的破坏和黑客攻击,最好的方法是尽量减少这些攻击对系统造成的破坏。

1. 程序中的漏洞和后门

（1）漏洞和后门。**漏洞是指应用软件或操作系统在程序设计中存在的缺陷。后门是有意绕开系统安全设置后登录系统的方法。**后门有系统后门（便于维护人员远程登录）、账号后门（密码忘记后的补救措施）、木马后门（黑客设置的系统入口）等。随着软件越来越复杂,漏洞或后门不可避免地存在。这些漏洞和后门平时看不出问题,但是一旦遭到病毒和黑客的攻击就会带来灾难性后果。程序中的漏洞可能被黑客利用,通过植入木马、病毒程序等方式,攻击或控制计算机,窃取计算机中的重要资料,甚至破坏系统。

（2）系统中的后门。大多数服务器都支持脚本程序,以实现网页的交互功能。黑客可以利用脚本程序来修改 Web 页面,为未来攻击设置后门等。例如,用户在浏览网站、阅读电子邮件时,通常会单击其中的超链接。攻击者通过在超链接中插入恶意代码,黑客网站在接收到包含恶意代码的请求后,会生成一个包含恶意代码的页面,而这个页面看起来就像是一个合法页面一样。用户浏览这个网页时,恶意脚本程序就会执行,黑客可以利用这个程序盗取用户的账户名称和密码,修改用户系统的安全设置,做虚假广告等。

（3）程序漏洞：溢出。溢出是指数据存储过程中,超过数据结构允许的长度,造成数据错误。例如,黑客将一段恶意代码插入正常程序代码中（入侵）,这会导致两种后果：一是代码本来是定长的,插入恶意代码后,会有一部分正常代码产生内存溢出,导致程序执行错误；二是插入的恶意代码会当作正常代码执行,黑客可以修改程序返回地址,让程序跳转到任意地址执行一段恶意代码,以达到攻击的目的。

（4）程序漏洞：数据边界检查。大部分编程语言（如 C、Java 等）没有数据边界检查功能,当数据被覆盖时不能及时发现。如果程序员总是认为用户输入的是有效数据,并且没有恶意,这就会造成很大的安全隐患。大多数攻击者会向服务器提供恶意编写的数据,**从安全角度看,对外部输入的数据永远要假定它是任意值。**安全的程序设计应当对输入数据的有效性进行过滤和安全设置,但是这也增加了程序的复杂性。

（5）程序漏洞：最小授权。最小授权原则认为：要在最少的时间内授予程序代码所需的最低权限。部分程序员在编程时没有注意程序代码的运行权限,长时间打开系统核心资源,这样会导致用户有意或无意的操作对系统造成严重破坏。在程序设计中,应当使用最少和足够的权限去完成任务。在不同的程序或函数中,不同时间只给出最需要的权限。应当给用户最少的共享资源。

2. 用户操作中存在的安全问题

（1）操作系统默认安装。大多数用户在安装操作系统和应用软件时,通常采用默认安装方式。这样带来了两方面的问题：一是安装了大多数用户不需要的组件和功能；二是默认安装的目录、用户名、密码等,非常容易被黑客利用。

（2）激活软件全部功能。大多数操作系统和应用软件在启动时,激活了尽可能多的功能。这种方法虽然方便了用户使用,但产生了很多安全漏洞。

（3）没有密码或弱密码。大多数系统都把密码作为唯一的防御,弱密码（如 123456、admin 等）或默认密码是一个很严重的问题。安全专家通过分析泄露的数据库信息,发现用户"弱密码"的重复率高达 93%。根据某网站对 600 万个账户的分析,其中采用弱密码、生日密码、电话号码、QQ 号码作为密码的用户占 590 万（占 98%）。很多企业的信息系统也存在大量弱密码现象,这为黑客攻击提供了可乘之机。密码最好是选取一首歌中的一个短语或一句话,再加上一些数字来组成密码,在密码中加入一些符号将使密码更难破解。

3. 计算机病毒带来的安全问题

我国实施的《中华人民共和国计算机信息系统安全保护条例》第二十八条中明确指出:"计算机病毒是指编制或者在计算机程序中插入的破坏计算机功能或者破坏数据,影响计算机使用并且能够自我复制的一组计算机指令或者程序代码"。

计算机病毒(以下简称病毒)具有传染性、隐蔽性、破坏性等特点,其中最大的特点是"传染性"。病毒可以侵入计算机软件系统中,而每个受感染的程序又可能成为一个新病毒,继续将病毒传染给其他程序,因此传染性成为判定病毒的首要条件。

4. 计算机恶意软件带来的安全问题

中国互联网协会 2006 年公布的恶意软件定义为:恶意软件是指在未明确提示用户或未经用户许可的情况下,在用户计算机或其他终端上安装运行,侵害用户合法权益的软件,但不包含我国法律法规规定的计算机病毒。恶意软件具有下列特征之一:

(1) 强制安装。未明确提示用户或未经用户许可,在用户计算机上安装软件。

(2) 难以卸载。未提供程序的卸载方式,或卸载后仍然有活动程序。

(3) 浏览器劫持。修改用户浏览器相关设置,迫使用户访问特定网站。

(4) 广告弹出。未经用户许可,利用安装在用户计算机上的软件弹出广告。

(5) 垃圾邮件。未经用户同意,用于某些产品广告的电子邮件。

(6) 恶意收集用户信息。未提示用户或未经用户许可,收集用户信息。

(7) 其他侵害用户软件安装、使用和卸载知情权、选择权的恶意行为。

7.2.2 黑客攻击

1. 黑客攻击的基本形式

黑客攻击的形式有数据截获(如利用嗅探器软件捕获用户发送或接收的数据包)、重放(如利用后台屏幕录像软件记录用户操作)、密码破解(如破解系统登录密码)、非授权访问(如无线"蹭网")、钓鱼网站(如假冒银行网站)、完整性侵犯(如篡改 E-mail 内容)、信息篡改(如修改订单价格和数量)、物理层入侵(如通过无线微波向数据中心注入病毒)、旁路控制(如通信线路搭接)、电磁信号截获(如手机信号定位)、分布式拒绝服务(Distributed Denial of Service,DDoS)、垃圾邮件或短信攻击、域名系统(Domain Name System,DNS)攻击、缓冲区溢出(黑客向计算机缓冲区填充的数据超过了缓冲区本身的容量,使得溢出的数据覆盖了合法数据)、地址欺骗、特洛伊木马程序等。总之,黑客攻击行为五花八门,方法层出不穷。黑客最常见的攻击形式有 DDoS 和钓鱼网站。

黑客攻击与计算机病毒的区别在于黑客攻击不具有传染性,黑客攻击与恶意软件的区别在于**黑客攻击是一种动态攻击**,它的攻击目标、形式、时间、技术都不确定。

2. 分布式拒绝服务攻击

DDoS(分布式拒绝服务)攻击由来已久,DDoS 攻击造成的经济损失已跃居第一。**DDoS 攻击目的是让网站无法提供正常服务**。每个网络应用(网页、App、游戏等)就好比一个线下商店,而 DDoS 攻击就是派遣大量捣乱的人去一个商店,占满这个商店所有的位置,和售货员聊天,在收费处排队等,让真实顾客没有办法正常购物。

如图 7-18 所示，DDoS 攻击会利用大量"傀儡机"（被黑客控制的计算机）对目标进行攻击，让攻击目标无法正常运行。例如，2021 年，微软公司遭遇了互联网上的一次大规模 DDoS 攻击，攻击时间持续了 10 多分钟，攻击峰值流量达到了 2.4Tbit/s。

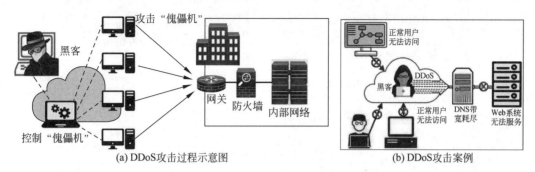

(a) DDoS 攻击过程示意图　　　　　　　　(b) DDoS 攻击案例

图 7-18　DDoS 攻击过程示意图

DDoS 攻击方法大致有 TCP 类的 SYN Flood（同步洪水）攻击、ACK Flood（确认洪水）攻击；UDP 类的攻击、DNS Query Flood（域名系统查询洪水）攻击（如 2011 年 519 断网事件）等。DDoS 攻击与木马程序和病毒程序不同，病毒程序必须是最新代码才能绕过杀毒软件，而 **DDoS 攻击不需要新技术**，一个十年前的 SYN Flood 攻击技术，就可以让大部分没有防护措施的网站瘫痪。DDoS 攻击成本很低，但是防御成本很高，造成的损失也非常大。

3. DDoS 攻击的预防

从理论上讲，对 DDoS 攻击目前还没办法做到 100％防御。如果用户网络正在遭受攻击，他所能做的抵御工作非常有限。因为在用户没有准备好的情况下，巨大流量的数据包冲向用户主机，很可能在用户在还没回过神之际，网络已经瘫痪。要预防这种灾难性的后果，需要在事先就做好以下预防工作。

（1）资源隔离。采用强大的数据流量处理设备，过滤异常的流量和异常请求。通过对数据源的认证，过滤伪造源数据包。缺点是资金投入高。

（2）用户规则。设置特定的规则，如：IP 黑名单、流量类型、请求频率、数据包特征、正常业务的延时间隔等，减少服务端的资源开销。它的缺点是降低了网站性能。

（3）DDoS 清洗。定时对用户请求数据进行实时监控，及时发现 DDoS 攻击，实现对 DDoS 流量的精确清洗。缺点是降低了网站性能。

（4）资源对抗。利用内容分发网络（CDN）服务将访问流量分配到其他网络节点中，一旦遭遇 DDoS 攻击，可以将流量分散到其他网络节点。缺点是它为付费服务。

4. 钓鱼网站攻击

如图 7-19 所示，钓鱼网站指欺骗用户的虚假网站。钓鱼网站的页面与真实网站界面基本一致（见图 7-19），它欺骗消费者提交银行账号、密码等私密信息。钓鱼网站欺骗原理：黑客先建立一个网站的副本，使它具有与真正网站一样的页面和链接。黑客发送欺骗信息（如系统升级、送红包、中奖等）给用户，引诱用户登录钓鱼网站。由于黑客控制了钓鱼网站，用户访问钓鱼网站时提供的账号、密码等信息，都会被黑客获取。黑客转而登录真实的银行网站，以窃取的信息实施银行转账等操作。

(a) 钓鱼网站　　　　　　(b) 真实网站

图 7-19　相似度极高的钓鱼网站

7.2.3　安全体系

美国国家安全局组织世界安全专家制定了 IATF(Information Assurance Technical Framework,信息保障技术框架)标准,IATF 从整体和过程的角度看待信息安全问题,代表理论是"深度保护战略"。IATF 标准强调人、技术和操作三个核心原则,关注四个信息安全保障领域,即保护网络和基础设施、保护边界、保护计算环境和保护支撑基础设施(见图 7-20)。

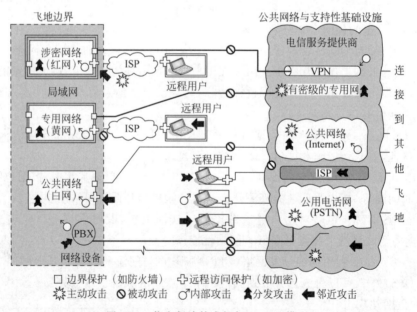

图 7-20　信息保障技术框架(IATF)模型

在 IATF 标准中,飞地是指位于非安全区中的一小块安全区域。IATF 模型将网络系统分成局域网、飞地边界、网络设备、支持性基础设施四种类型。在 IATF 模型中,局域网包括涉密网络(红网,如财务网)、专用网络(黄网,如内部办公网络)、公共网络(白网,如公开信息网站)和网络设备,这一部分主要由企业建设和管理。网络支持性基础设施包括专用网络(如 VPN)、公共网络(如 Internet)、通信网等基础电信设施(如城域传输网),这一部分主要由电信服务商提供。IATF 模型最重要的设计思想是**在网络中进行不同等级的区域划分与网络边界保护**。这类似于现实生活中的门禁和围墙策略。

为了抵抗对信息和网络基础设施的攻击,必须了解可能的攻击者,以及他们的动机和攻击能力。可能的攻击者包括罪犯、黑客或者企业竞争者等,他们的动机包括收集情报、窃取知识产权、破坏系统等。IATF 标准认为有 5 类攻击方法,分别为被动攻击、主动攻击、物理临近攻击、内部人员攻击和分发攻击。表 7-2 描述了上述攻击的特点。

表 7-2 IATF 描述的 5 类攻击的特点

攻 击 类 型	攻 击 特 点
被动攻击	被动攻击是指对信息的保密性进行攻击,包括分析通信流、监视没有保护的通信、破解弱加密通信、获取鉴别信息(如密码)等。被动攻击会造成在没有得到用户同意或告知的情况下,将用户信息或文件泄漏给攻击者,如利用"钓鱼"网站窃取个人信用卡号码等
主动攻击	主动攻击是篡改信息来源的真实性、信息的完整性和系统服务的可用性,包括攻破安全保护机制、引入恶意代码、偷窃或篡改信息。主动攻击会造成数据资料的泄露、篡改和传播,或导致拒绝服务。计算机病毒是一种典型的主动攻击
物理临近攻击	指未被授权的个人,在物理意义上接近网络系统或设备,试图改变和收集信息,或拒绝他人对信息的访问。如未授权使用、U 盘复制、电磁信号截获等
内部人员攻击	可分为恶意攻击或无恶意攻击。前者是指内部人员对信息的恶意破坏或不当使用,或使他人的访问遭到拒绝;后者是指由于粗心、无知以及其他非恶意原因造成的破坏。如内部工作人员使用弱密码、安装软件使用默认路径等
分发攻击	在工厂生产或分销过程中,对硬件和软件进行恶意修改。这种攻击可能在产品中引入恶意代码,如手机中的后门程序、免费软件中的后门程序等

7.2.4 物理隔离

物理隔离是指内部网络不得直接或间接连接公共网络。物理隔离网络中的每台计算机必须在主板上安装物理隔离卡和双硬盘。而且使用内部网络时,就无法连通外部网络;同样,使用外部网络时,无法连通内部网络。这意味着网络数据包不能从一个网络流向另外一个网络,这样真正保证了内部网络不受来自互联网的黑客攻击。**物理隔离是目前安全等级最高的网络连接方式**。国家规定,重要政府部门的网络必须采用物理隔离网络。

网络物理隔离有多种实现技术,下面以物理隔离卡技术介绍网络物理隔离工作原理。如图 7-21 所示,物理隔离卡技术需要 1 个隔离卡和 2 个硬盘。在安全状态时,客户端 PC 只能使用内网硬盘与内网连接,这时外部 Internet 连接是断开的。当 PC 处于外网状态时,PC 只能使用外网硬盘,这时内网是断开的。

当需要进行内网与外网转换时,可以通过鼠标单击操作系统上的切换图标,这时计算机进入热启动过程。重新启动系统,可以将内存中的所有数据清除。由于两个硬盘中有分别独立的操作系统,因此引导时两个硬盘中只有一个能够被激活。

为了保证数据安全,同一计算机中的两个硬盘不能直接交换数据,用户可以通过一个独特的设计来安全地交换数据,即物理隔离卡在硬盘中设置了一个公共区,在内网或外网两种状态下,公共区均表现为硬盘的 D 分区,可以将公共区作为一个过渡区来交换数据。但是数据只能从公共区向安全区转移,而不能逆向转移,从而保证数据的安全性。

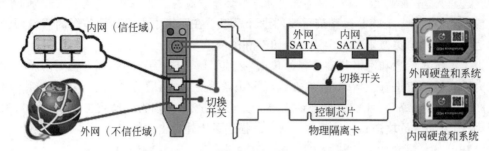

图 7-21 双硬盘型物理隔离技术的工作原理

7.2.5 防火墙技术

建筑中的防火墙是为了防止火灾蔓延而设置的防火障碍。计算机中的防火墙是用于隔离本地网络与外部网络之间的一道防御系统。客户端用户一般采用软件防火墙；服务器用户一般采用硬件防火墙，网络服务器一般都放置在防火墙设备之后。

1. 防火墙工作原理

防火墙是一种特殊路由器，它将数据包从一个物理端口转发到另外一个物理端口。防火墙通过检查数据包包头中的 IP 地址、端口号（如 80 端口）等信息，决定数据包是"通过"还是"丢弃"。这类似于单位的门卫，只检查汽车牌号，而对驾驶员和货物不进行检查。防火墙内部有一系列访问控制列表（Access Control Lists，ACL），它定义了防火墙的检测规则。

【例 7-3】 在防火墙内部建立一条记录，假设访问控制列表规则为"允许从 192.168.1.0/24 到 192.168.20.0/24 主机的 80 端口建立连接"。这样，数据包通过防火墙时，所有符合以上 IP 地址和端口号的数据包都能够通过防火墙，其他地址和端口号的数据包就会被丢弃。

2. 防火墙的功能

（1）所有内部网络和外部网络之间交换的数据，都必须经过防火墙。例如，学生宿舍的计算机既接入校园网，同时又接入电信外部网络时，就会造成一个网络后门，攻击信息会绕过校园网中的防火墙，攻击校园内部网络。

（2）只有防火墙安全策略允许的数据才可以出入防火墙，其他数据一律禁止通过。例如，可以在防火墙中设置某些重要主机（如财务部）的 IP 地址，禁止这些 IP 地址的主机向外部网络发送数据包，以及阻止接收不可靠的信息源（如黑客网站）。

（3）防火墙本身受到攻击后，应当仍然能稳定有效地工作。例如，对防火墙接收端口突然增加的巨量数据包，防火墙可以进行随机丢包处理。

（4）防火墙应当有效地过滤、筛选和屏蔽一切有害的信息和服务。例如，在防火墙中检测和区分正常邮件与垃圾邮件，屏蔽和阻止垃圾邮件的传输。

（5）防火墙应当能隔离网络中的某些网段，防止一个网段的故障传播到整个网络。例如，在防火墙中对外网访问区 DMZ（DeMilitarized Zone，非军事化区）和内网访问区（LAN）采用不同的网络接口，一旦外网访问区（DMZ）崩溃，不会影响到内网的使用。

（6）防火墙应当可以有效记录和统计网络的使用情况。

3. 防火墙的类型

硬件防火墙是独立的硬件设备，如图 7-22（a）所示；也可以在一台路由器上，经过软件配置成为一台具有安全功能的防火墙,如图 7-22(b)所示。防火墙还可以是一个纯软件,如一些个人防火墙软件等。软件防火墙的功能强于硬件防火墙,硬件防火墙的性能高于软件防火墙。按技术类型可分为包过滤型防火墙、代理型防火墙或混合型防火墙。

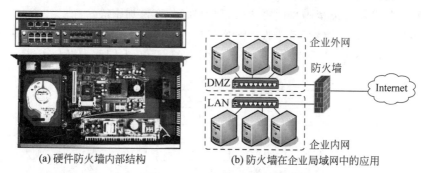

(a) 硬件防火墙内部结构   (b) 防火墙在企业局域网中的应用

图 7-22   硬件防火墙和防火墙在局域网中的应用

4. 防火墙的局限性

防火墙技术存在以下局限性:一是防火墙不能防范网络内部攻击,例如,防火墙无法禁止内部人员将企业敏感数据复制到 U 盘上;二是防火墙不能防范那些已经获得超级用户权限的黑客,黑客会伪装成网络管理员,接口系统进行升级维护,询问用户个人财务系统的登录账户名称和密码;三是防火墙不能防止传送已感染病毒的软件或文件,不能期望防火墙对每个文件进行扫描,查出潜在的计算机病毒。

7.3   信 息 加 密

7.3.1   加密原理

1. 加密技术原理

加密技术的基本原理是伪装信息,使非法获取者无法理解信息的真正含义。伪装就是对信息进行一组可逆的数学变换。我们称**伪装前的原始信息为明文,经伪装的信息为密文,伪装的过程为加密**。对信息进行加密的一组数学变换方法称为加密算法。**某些只被通信双方所掌握的关键信息称为密钥**。密钥是一种参数,密钥长度以二进制数的位数来衡量,在相同条件下,**密钥越长,破译越困难**。数据加密过程如图 7-23 所示。

图 7-23   数据加密过程

荷兰密码学家柯克霍夫(Kerckhoffs)1883 年在名著《军事密码学》中提出了密码学的基本原则:"密码系统中的算法即使为密码分析者所知,也对推导出明文或密钥没有帮助。也就是说,密码系统的安全性不应取决于不易被改变的事物(算法),而应只取决于可随时改变的密钥"。简单地说,**加密系统的安全性基于密钥,而不是基于算法**。很多优秀的加密算法都是公开的,所以密钥管理是一个非常重要的问题。

2. 古典密码算法

古典密码尽管大都比较简单,但今天仍有参考价值。较为经典的古典密码算法有棋盘密码、凯撒密码(循环移位密码)、代码加密、替换加密、变位加密等。

【例 7-4】 公元前 2 世纪,希腊人波里庇乌斯(Polybius)设计了一种表格,将 26 个字母放在一个 5×5 的表格里(I 和 J 放在一起),如图 7-24 所示,人们称为棋盘密码。

	0	2	4	6	8
1	A	B	C	D	E
3	F	G	H	I/J	K
5	L	M	N	O	P
7	Q	R	S	T	U
9	V	W	X	Y	Z

图 7-24 棋盘密码示意图

在棋盘密码中,每个字母由两个数构成。如 C 对应 14、S 对应 74 等。例如,如果接收到的密文为 38 18 96,则对应的明文为 KEY。

3. 对称密钥加密

对称密钥加密(简称对称加密)是指信息发送方和接收方使用同一个密钥加密和解密数据,而且通信双方都要获得密钥,并保持密钥的秘密。它的优点是加密/解密速度快,使用长密钥时难以破解。常见的对称加密算法有 Base64、DES、3DES、IDEA 等。

【例 7-5】 明文为"没有消息就是好消息";密钥为"朋友和敌人"(密钥必须与明文无关,长度为替换符号的 5 倍)。下面用"替换加密算法"说明对称加密过程,代码如下。

```
1   >>> mystr = "没有消息就是好消息"              # 明文赋值
2   >>> key = "朋友和敌人"                        # 定义密钥
3   >>> print(mystr.replace("消息", key))         # 替换加密(用密钥 key 加密)
    没有朋友和敌人就是好朋友和敌人                   # 密文
4   >>> print(mystr.replace(key, "消息"))         # 替换解密(用密钥 key 解密)
    没有消息就是好消息
```

以上加密和解密中使用了相同的密钥 key,所以这种算法称为对称加密算法。

4. 对称加密存在的问题

采用对称加密时,如果企业有 n 个用户进行通信,则企业共需要 $n(n-1)/2$ 个密钥。例如,企业有 10 个用户就需要 45 个密钥,因为每个人都需要知道其他 9 个人的密钥才能进行相互通信。这么多密钥的管理是一件非常困难的事情。如果整个企业共用一个密钥,则整个企业文档的保密性便无从谈起。

对称加密最大的弱点是"密钥分发",即发信方必须把加密规则告诉接收方,否则接收方无法解密,这样传递密钥就成了最头疼的问题。密钥分发实现起来十分困难,发信方必须安全地把密钥护送到收信方,不能泄露其内容。

5. 一次性密码

有人认为所有密码在理论上都可以被破解。信息论创始人香农指出:**只要密钥完全随**

机,不重复使用,对外绝对保密,与信息等长或比信息更长的一次性密码不可破解。除了一次性密码外,其他加密算法和密钥都可以用暴力攻击法破解,但是破解所需时间可能与密钥长度成指数级增长。一次性密码有个致命的缺点,就是需要频繁地更换密钥,而安全地将密钥传送给解密方是一个非常困难的问题。如果理论或实际中存在一个安全可靠的方法将密钥传送给接收方,则加密就显得多此一举。

7.3.2　RSA 加密

1. 非对称密钥加密

1976 年,迪菲(Whitfield Diffie)和赫尔曼(Martin Hellman)提出了公钥密码的新思想,他们把密钥分为加密的公钥和解密的私钥,这是密码学的一场革命。

非对称密钥加密(公钥密码或公开密钥)是加密和解密使用不同密钥的加密算法。如图 7-25 所示,非对称加密的特征是:密钥为一对,一把密钥用于加密,另一把密钥用于解密。用公钥(公共密钥)加密的文件只能用私钥(私人密钥)解密,而私钥加密的文件也只能用公钥解密。公钥可以公开,而私钥必须保密存放。发送一份保密信息时,发送方使用接收方的公钥对数据进行加密,一旦加密,只有接收方用私钥才能解密;与之相反,用户也能用私钥对数据加密处理。换句话说,密钥对可以任选方向。

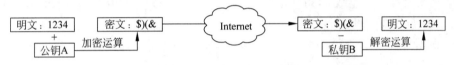

图 7-25　非对称加密示意图

2. RSA 算法特征

数论中,单向函数往往极难求解。如给出两个素数 p 和 q,求两者乘积 N,即使 p 和 q 很大,仍然可以计算它们的乘积。但反过来,给出 N,求素数 p 和 q 就极为困难。例如,知道素数 673 和 967,求它们的乘积(650791)比较容易;但是知道乘积 650791,求它们的两个素数就非常困难。非对称加密算法利用了单向函数的原理。

1977 年,麻省理工学院李维斯特(Ronald Rivest)、萨莫尔(Adi Shamir)和阿德曼(Len Adleman)提出了一个较完善的公钥密码算法 RSA。RSA 经历了各种攻击的考验,逐渐为人们接受,普遍认为是目前最优秀的加密算法之一。

3. RSA 算法密钥生成过程

RAS 算法的密钥生成过程如图 7-26 所示。

选择一对不同的、足够大的素数 p 和 q。

计算公共模:$n = pq$　　　　　　　　　　　　　　　　　　　　　　　　　　　(7-1)

计算 n 的欧拉函数:$\varphi(n) = (p-1)(q-1)$,同时对 p 和 q 严加保密。　　(7-2)

计算寻找一个与 $\varphi(n)$ 互质的数 e,且 $1 < e < \varphi(n)$。

计算解密密钥 d,$d = e^{-1} \bmod \varphi(n)$,即 $de \equiv 1 \bmod \varphi(n)$　　　　　(7-3)

获得公钥:$KU = (n, e)$;获得私钥:$KR = (n, d)$。

4. RSA 密钥生成过程案例

(1) 随机选择两个不相等的素数 p 和 q。为了易于理解,假设选择的素数是 61 和 53。

268

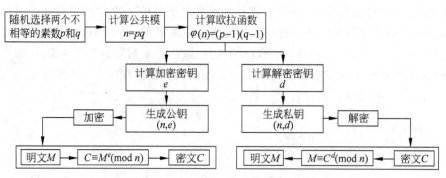

图 7-26 RAS算法的密钥生成过程

在实际应用中,这两个素数越大就越难破解。

(2) 根据式(7-1)计算 p 和 q 的乘积 n。因此 $n = pq = 61 \times 53 = 3233$。$n$ 的长度就是密钥长度。3233 写成二进制为"1100 1010 0001",所以密钥长度就是 12bit。实际应用中,当 n 很大时(如 1024bit),由 n 分解出素数 p 和 q 非常困难。

(3) 计算 n 的欧拉函数 $\varphi(n)$。根据式(7-2)算出欧拉函数为

$$\varphi(n) = (p-1)(q-1) = (61-1) \times (53-1) = 3120$$

(4) 随机选择一个整数 e,条件是 $1 < e < \varphi(n)$,且 e 与 $\varphi(n)$ 互质。在 $1 \sim 3120$ 随机选择 $e = 17$(17 与 3120 互质)。

(5) 根据式(7-3)计算:$ed \equiv 1 \bmod \varphi(n)$,该式等价于 $ed - 1 = k\varphi(n)$。找到元素 d,实质上就是对下面的二元一次方程求解:

$$ex + \varphi(n)y = 1 \tag{7-4}$$

已知 $e = 17, \varphi(n) = 3120$,根据式(7-4),二元一次方程为 $17x + 3120y = 1$。

如上方程可用"扩展欧几里得算法"求解(省略求解过程),可以算出一组整数解为 $(x, y) = (2753, -15)$,即 $d = 2753$,至此所有计算完成。

(6) 将 n 和 e 封装成公钥,n 和 d 封装成私钥。即 $n = 3233, e = 17, d = 2753$,所以公钥是 $(3233, 17)$,私钥是 $(3233, 2753)$。

密钥生成步骤共出现了 6 个数字:p、q、n、$\varphi(n)$、e、d。这 6 个数字中,公钥用了两个(n 和 e),其余 4 个数字都是不公开的。为了安全起见,p 和 q 计算完成后销毁。其中最关键的是 d,因为 n 和 d 组成了私钥,一旦 d 泄露就等于私钥泄露。

【例 7-6】 用 RSA 模块生成公钥和私钥文件。Python 代码如下。

```
1    #E0706.py                          #【安全-生成密钥】
2    import rsa                         # 导入第三方包-加密解密
3
4    f, e = rsa.newkeys(1024)           # 生成 1024 位的公钥 f、私钥 e
5    e = e.save_pkcs1()                 # 读取私钥
6    with open("privkey.pem", "wb") as x:   # 创建私钥文件 privkey.pem
7        x.write(e)                     # 写私钥数据到文件
8    f = f.save_pkcs1()                 # 读取公钥
9    with open("pubkey.pem", "wb") as x:    # 创建公钥文件 pubkey.pem
10       x.write(f)                     # 写公钥数据到文件
     >>>                               # 程序运行结果
```

说明：例 7-6 需要在 Windows 提示符窗口下安装 RSA 软件包。安装方法如下：

```
1   > pip install rsa – i https://pypi.tuna.tsinghua.edu.cn/simple        # 从清华大学网站安装
```

5. RSA 加密/解密过程案例

（1）RSA 加密/解密数学模型。加密时，先将明文变换成 $0\sim(n-1)$ 的一个整数 M。若明文较长，可先分割成适当的组，然后再进行加密。

设密文为 C，加密过程为

$$C \equiv M^e (\text{mod } n) \tag{7-5}$$

设明文为 M，解密过程为

$$M \equiv C^d (\text{mod } n) \tag{7-6}$$

（2）明文的公钥加密过程。

【例 7-7】 假设鲍勃要与爱丽丝进行加密通信，那么，鲍勃应当怎样进行明文加密？爱丽丝应当怎样进行密文解密呢？

假设鲍勃要向爱丽丝发送信息 M（明文），他就要用爱丽丝的公钥 (n,e) 对 M 进行加密。需要注意的是，M 必须是整数（字符串可以取 ASCII 值或 Unicode 值），且 M 必须小于 n。鲍勃知道爱丽丝的公钥是 $(n,e)=(3233,17)$，假设鲍勃的明文 M 是 65（字母 A 的 ACSII 码），那么鲍勃根据加密式(7-5)，计算出密文 C 为

$$C \equiv M^e \text{ mod } n = 65^{17} (\text{mod } 3233) = 2790$$

鲍勃把密文 C(2790)发给爱丽丝。

（3）密文的私钥解密过程。爱丽丝收到鲍勃发来的密文 C(2790)后，用自己的私钥 $(n,d)=(3233,2753)$ 进行解密。爱丽丝根据解密式(7-6)，计算出明文 M 为

$$M \equiv C^d \text{ mod } n = 2790^{2753} (\text{mod } 3233) = 65$$

爱丽丝知道了鲍勃明文的 ASCII 码值是 65，即字符 A。至此加密和解密过程完成。

从以上案例可以看出，如果不知道 d，就没有办法从密文 C 求出明文 M。而前面已经说过，要知道 d 就必须分解 n，这是极难做到的，所以 RSA 算法保证了通信安全。

6. 程序设计案例：RSA 加密解密

【例 7-8】 对字符串 hello 进行 RSA 加密和解密。Python 程序如下。

```
1    # E0708.py                                    # 【安全 – RSA 加解密】
2    import rsa                                     # 导入第三方包 – 加密解密
3
4    def rsaEncrypt(str):                           # 【RSA 加密】
5        (pubkey, privkey) = rsa.newkeys(512)      # 生成 512 位的公钥和私钥
6        print(f"公钥为:{pubkey}\n 私钥为:{privkey}")
7        content = str.encode("utf – 8")           # 明文编码格式
8        crypto = rsa.encrypt(content, pubkey)     # 用公钥加密
9        return (crypto, privkey)
10
11   def rsaDecrypt(str, pk):                       # 【RSA 解密】
12       content = rsa.decrypt(str, pk)            # 用私钥解密
```

```
13          con = content.decode("utf - 8")
14          return con
15
16  if __name__ == "__main__":                          # 主程序
17          str, pk = rsaEncrypt("hello")                # 对明文加密,返回密文和密钥
18          print("加密后密文:", str)                      # 明文为 hello,密文为 str,密钥为 pk
19          content = rsaDecrypt(str, pk)                # 对密文 str 解密,pk 为密钥
20          print("解密后明文:", content)
```

```
>>>                                                    # 程序运行结果
公钥为:PublicKey(682...873, 65537)
私钥为:PrivateKey(682...873, 65537, 229...281,
608...529, 112...737)
加密后密文:b'r|\xa3\x051,\xd0M $ \xa7…(略)…\
xdc!"\x9bJ\x89W\x10:_'
解密后明文:hello
```

7. RSA 加密技术的缺点

公钥 KU(n,e)只能加密小于 n 的整数 m,例如,密钥 n 为 512bit 时,加密数据的长度必须小于 64 字节。如果要加密大于 n 的信息怎么办?有两种解决方法:一是把长信息分割成若干段短消息,每段分别加密;二是先选择一种"对称性加密算法",如 DES(Data Encryption Standard,数据加密标准),用这种算法的密钥对大量数据加密,然后再用 RSA 加密对称加密系统的密钥。

RSA 加密技术的缺点有:一是安全性依赖于大数的因子分解,但并没有从理论上证明破译 RSA 的难度与大数分解难度等价,而且多数密码学专家倾向于认为因子分解不是 NP 问题,即无法从理论上证明它的保密性能;二是产生密钥很麻烦,受到素数产生技术的限制,难以做到一次一密;三是密钥长度太大,密钥 n 至少要在 512bit 以上,这使得运算速度较慢,在某些极端情况下,比对称加密速度要慢 1000 倍。

7.3.3 密码破解

不是所有密文破译都有意义,当破译密文的代价超过加密信息的价值,或破译密文所花时间超过信息的有效期时,密文破译工作就变得没有价值。从黑客角度来看,主要有三种破译密码获取明文的方法,分别为密钥搜索、密码词频分析、社会工程学方法。

1. 密码暴力破解

登录系统时一般要求输入密码,而随便输入一个密码就正确的概率非常低。但是如果我们连续测试 1 万个、10 万个、甚至 100 万个密码,那么猜对的概率是不是就大大增加了呢?但这当然不能用人工进行密码猜测,而是利用程序进行密码自动测试。这种利用计算机程序连续测试海量密码的方法称为暴力破解。

从实用角度看,采用单台高性能计算机进行密钥破解时,40bit 密钥要用 3 小时来破译,41bit 要用 6 小时,42bit 要用 12 小时,每增加 1bit,破译时间增加 1 倍,如表 7-3 所示。

表 7-3   不同密钥长度的暴力破解时间测试

密钥长度/(bit)	穷举法 1% 时破解(最好情况)	穷举法 50% 时破解(平均情况)
56	1 秒	1 分
57	2 秒	2 分
64	4.2 分	4.2 小时
72	17.9 小时	44.8 天
80	190.9 小时	31.4 年
90	535 年	32 100 年
128	1.46×10^5 年	8×10^{16} 年

如果用户对密码设置的概率分布不均匀,例如,有些密码的符号组合根本不会出现,而另一些符号组合经常出现,密码的有效长度就会减小很多,破译者就可能加快搜索的进度。例如,用户采用 8 位随机数字作密码时,可能的密码组合有 10^8 种;如果用户采用 8 位数字的生日作密码,则年的时间可以控制在 1900～2025,月的时间为 1～12,日的时间为 1～31,可能的密码组合仅有 4.65×10^4 种,这样就大大减少了计算量。

2. 密码字典式破解

密码字典是将大量常用密码(如日期、电话号码等)存放在一个文件里,解密时利用程序对密码字典里的密码进行穷举,以达到破解加密文件的目的。当字典中包含潜在密码时,就可能破解成功。如果每个密码的长度不超过 8 个英文字符,那么有 100 万个密码的字典文件为 8MB 左右。如果黑客得到了加密文件,就可以用密码字典对文件进行密码匹配破解,它的破解成功率令人吃惊。

3. 密码词频分析破解

如果密钥长度是决定加密可靠性的唯一因素,也就不需要密码学专家来研究密码学,只要用尽可能长的密钥就能保证信息安全了,可惜实际情况并非如此。在不知道密钥的情况下,利用数学方法破译密文或找到密钥的方法称为密码分析。密码分析学有两个基本目标:一是利用密文发现明文;二是利用密文发现密钥。

在一份给定的文件里,词频(Term Frequency,TF)指某个给定词语在该文件中出现的次数。经典密码分析学的基本方法是词频分析。在英文自然语言里,有些字母比其他字母出现的频率更高。由计算机对庞大的英文文本语料库进行统计分析,可得出精确的字母平均出现频率,如表 7-4 所示。统计表明,英文中使用最多的 12 个字母占了字母总使用次数

表 7-4   英文文本中字母出现的频率

字母	首字母/%	平均/%	字母	首字母/%	平均/%	字母	首字母/%	平均/%
A	11.602	8.167	J	0.597	0.153	S	7.755	6.327
B	4.702	1.492	K	0.590	0.772	T	16.671	9.056
C	3.511	2.782	L	2.705	4.025	U	1.487	2.758
D	2.670	4.253	M	4.374	2.406	V	0.649	0.978
E	2.007	12.702	N	2.365	6.749	W	6.753	2.360
F	3.779	2.228	O	6.264	7.507	X	0.037	0.150
G	1.950	2.015	P	2.545	1.929	Y	1.620	1.974
H	7.232	6.094	Q	0.173	0.095	Z	0.034	0.074
I	6.286	6.966	R	1.653	5.987			

说明:统计语料库不同,频率值会有细微差别。

的 80% 左右；英文字母 E 是文本中出现频率最高的字母；TH 两个字母连起来是最有可能出现的字母对。例如，假设密文没有隐藏词频统计信息，在字母替换加密中，每个字母只是简单地替换成另一个字母，那么在密文中出现频率最高的字母就最有可能是 E。如图灵研制的密码炸弹(Bomba)计算机就采用了词频分析的算法思想。

4. 社会工程学密码破解

除了对密钥的穷尽搜索和密码分析外，黑客经常利用社会工程学破译密码。社会工程学是世界头号黑客凯文·米特尼克(Kevin David Mitnick，第一个被美国联邦调查局通缉的黑客)在《欺骗的艺术》一书中提出的攻击方法。**黑客可能针对人机系统的弱点进行攻击，而不是攻击加密算法本身**。如可以欺骗用户，套出密钥；在用户输入密钥时，应用各种技术手段偷窃密钥；利用软件设计中的漏洞；对用户使用的加密系统偷梁换柱；从用户工作和生活环境中获得未加密的信息(如"垃圾分析")；让通信的另一方透露密钥或信息；胁迫用户交出密钥等。虽然这些方法不是密码学研究的内容，但对于每个使用加密技术的用户来说，都是不可忽视的问题，甚至比加密算法更为重要。

7.3.4 数字认证

1. Hash 函数原理

Hash 就是把任意长度的输入，通过 Hash 算法变换成固定长度的输出(Hash 值)。Hash 值的空间通常远小于输入数据的空间。

Hash 函数的数学表达式为

$$\text{Hash} = H(M)$$

其中，$H()$ 是单向哈希函数；M 是任意长度的明文；Hash 是固定长度的哈希值。

【例 7-9】 假设明文为 2500，为了便于理解，用简单的除法来构造一个 Hash 函数(数字哈希法)：$\text{Hash} = H(2500 \div 500) = 5$，那么哈希值 5(实际要求 128bit 以上)就可以作为明文 2500 的消息摘要。如果改变明文 2500 或消息摘要 5，都会无法得到 500。只给出消息摘要 5，而不给出其他信息，就无法追溯到明文信息。

MD5 就是通过 Hash 函数，将任意长度的消息映射为固定长度(128bit)的短消息。Hash 函数有以下特征，一是单向不可逆性，Hash 函数相当于单向密码，即只有加密过程(映射过程，无须密钥)，没有解密过程；二是可重复性，即相同输入经过同一 Hash 函数运算后，将得到相同的散列值，但并不是散列值相同时，则输入信息相同；三是抗冲突性，输入不同的数据，经过同一 Hash 函数运算后，产生的散列值不能相同，如果散列值相同则意味着产生了 Hash 冲突。

2. Hash 函数的构造

构造 Hash 函数的方法很多，如求余法、数字法、折叠法、随机数法、混合法等。求余法是选择一个较大的素数 p(p 为素数时不易产生冲突)，令 $\text{Hash} = H(M) = M \bmod p$。

【例 7-10】 利用求余法计算用户密码 12345 的 Hash 值。

用户的密码为多少位可以随意，假设系统只保存 6 位 Hash 值，最大的 6 位素数 $p = 999983$(二进制为 20bit)。将密码 12345 转换为 ASCII 码 $=[49\ 50\ 51\ 52\ 53]$。用求余法计算出 Hash 值为 $\text{Hash} = H(4950515253) = 4950515253 \bmod 999983 = 599403$。如果不知道

素数 p(本例为 999983)和 Hash 算法(本例为求余法),由 Hash 值 599403 反求密码明文则非常困难。

【例 7-11】 用 Python 编程,生成字符串 abc123456 的哈希值。Python 程序如下。

1	#E0711.py	# 【安全-哈希函数】
2	import hashlib	# 导入标准模块-哈希
3	def md5(s):	# 定义 MD5 函数
4	m = hashlib.md5( )	# 调用 Hash 函数模块
5	m.update(s.encode(encoding = 'utf - 8'))	# 口令生成 MD5 哈希值
6	return m.hexdigest( )	# 返回十六进制 MD5 值
7	print(md5('abc123456'))	# 显示口令的 MD5 值
>>>	0659c7992e268962384eb17fafe88364	# 输出口令的十六进制 MD5 值

3. Hash 函数的冲突

Hash 函数的设计很重要,利用同一个 Hash 函数对不同数据求 Hash 值时,有可能会产生相同的 Hash 值,这在密码学上称为"冲突"或"碰撞"。不好的 Hash 函数会造成很多冲突,解决冲突会浪费大量时间,因此应当尽力避免冲突。

虽然理论上可以设计出一个几乎完美和没有冲突的 Hash 函数。然而不值得这样做,因为这样的函数设计很浪费时间,而且编码非常复杂。因此,设计 Hash 函数时既要将冲突减少到最低限度,而且 Hash 算法要易于编码,易于实现。

4. Hash 函数的应用

(1)Hash 函数在云存储中的应用。

【例 7-12】 一些网站(如百度云盘等)为用户提供大容量的存储空间(如数 TB 以上),这样,不同用户可能会将同一个文件(如某个电影文件)保存在云盘空间,这不仅浪费了存储空间,也降低了查找效率。解决方法是对用户上传的每个文件利用 Hash 算法生成一个"数字指纹"(如 MD5 值)。其他用户上传文件时,首先计算用户本地上传文件的数字指纹,然后在云存储服务器端的数据库中检查这个数字指纹是否已经存在,如果数字指纹已经存在,就只需要保存用户信息和服务器文件存储位置信息,这大大降低了云服务器端文件的存储空间和用户大文件的上传时间(俗称为"秒传")。

(2)Hash 函数在身份鉴别中的应用。

【例 7-13】 用户登录计算机(或自动柜员机等终端)时,用户先输入他设置的密码,然后计算机确认密码是否正确。这时用户和计算机都知道这个密码,这种密码存储方式存在很大的安全隐患,如果黑客窃取了用户密码,将对信息安全带来危害。其实,计算机没有必要知道用户密码,计算机只需要区别有效密码和无效密码即可,可以用 Hash 函数来鉴别用户身份。可以在数据库中存储用户密码的 MD5 值,用户登录时,系统将用户输入的密码进行 MD5 运算,然后再与系统中保存的密码 MD5 值进行比较,从而确定输入密码是否正确。系统在并不知道用户密码的情况下,就可以验证用户的合法性。

5. 数字签名

实现数字签名有多种方法,如公钥加密数字签名、Hash 函数数字签名等。

(1)用公钥加密做数字签名。在非对称加密系统中,公钥和私钥可以反过来使用,即用私钥加密,用公钥解密。因为公钥是公开的,所以用私钥加密不是为了保密,而是用于数字签名。数字签名的理论依据是:只要公钥能解密的东西一定是私钥加密的,而私钥只由一个人保存,如同个人手写签名一样,不可能有人仿造出来。黑客是否能够将数字签名解密后,再对签名进行修改呢? 这是不可能的,即使黑客将数字签名解密了,因为他没有私钥,因此无法再加密成数字签名。

(2) 用 Hash 函数做数字签名。Hash 函数数字签名的原理是:发送方首先用 Hash 函数将需要传送的报文转换成消息摘要,消息摘要是一个 128bit(MD5)或 160bit(SHA)的单向 Hash 函数值,并且发送方用自己的私钥对这个 Hash 值进行加密,形成发送方的数字签名。然后,将这个数字签名作为报文的附件和报文一起发送给接收方,如图 7-27 所示。接收方用 Hash 函数将接收到的报文转换成消息摘要,并计算出 Hash 值,接着再用发送方的公钥对报文附加的数字签名进行解密,如果这两个 Hash 函数值相同,那么接收方就能确认该数字签名是发送方的;如果两个 Hash 函数值不相同,则可以判断报文在传送过程中已被第三方修改或替换。

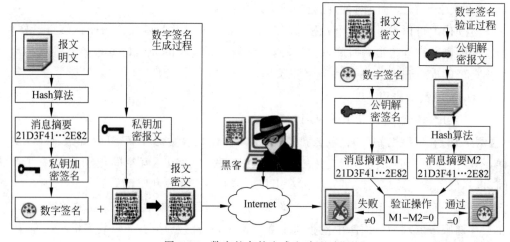

图 7-27　数字签名的生成和验证过程

(3) 数字签名的应用。数字签名算法主要有 Hash 签名、RSA 签名和 DSS(Digital Signature Standard,数字签名标准)签名。这三种算法可单独使用,也可综合在一起使用。在实际应用中,采用 RSA 公钥密码算法对长文件签名效率太低。为了节约时间,数字签名协议经常和 Hash 函数一起使用。用户并不对整个文件签名,只对文件的 Hash 值签名。在这个协议中,单向 Hash 函数和数字签名算法是事先协商好的。通过数字签名能够实现对原始报文的鉴别与验证,保证报文的完整性和发送者对所发报文的不可抵赖性。数字签名机制普遍用于银行、电子贸易等领域,以解决数据文件的伪造、复制、重用、抵赖、篡改等问题。

6. 数字认证中心

(1) 中间人攻击。非对称加密虽然难以破解,但是应用中存在一个问题,这就是通信对方必须是你确认的对象。例如,当登录银行网站,查询自己账户的资金余额时,假设我们不慎登录的是一个冒名顶替的钓鱼网站,并将你的报文发送给该钓鱼网站。这样黑客就可以根据报文破解你的私钥，从而获取到你的银行账户名称和密码，这个过程称为中间人攻击，图 7-28 所示为中间人攻击过程示意图。

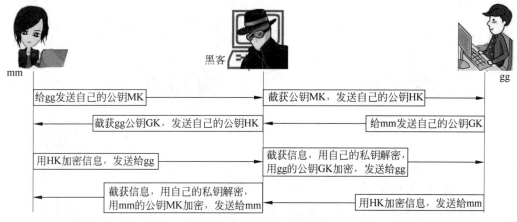

图 7-28　中间人攻击过程示意图

（2）数字认证中心。解决中间人攻击问题的方法是建立一个通信双方都信任的第三方网站，这个网站称为数字认证中心（Certificate Authority，CA）。CA 的任务是维护合法用户的准确信息（如用户名称、身份证号码等）和他们的公钥。这些信息用数字证书的形式进行发放和管理，它类似于生活中的居民身份证。CA 是负责发放和管理数字证书的权威机构，并承担公钥体系中公钥合法性检验的责任。CA 有以下类型：行业性 CA，如中国工商银行 CA、电信 CA 等；区域性 CA，如上海市 CA 等；独立 CA，如某企业 CA 等。世界著名的数字证书机构有：DigiCert（收购了 Symantec，赛门铁克）、GeoTrust、Sectigo（原 Comodo，科摩多）等。CA 的主要工作是：为网站签发 SSL（Secure Sockets Layer，安全套接字协议）证书；对用户发放数字证书（DC）；检查证书持有者身份的合法性，防止证书被伪造或篡改；对证书和密钥进行管理等。CA 发放的数字证书是一种安全分发的公钥，也是个人和企业在网上进行信息交流和电子商务活动的身份证明。

（3）数字证书的形式。数字证书实际上是一串很长的数字编码，包括证书申请者的名称和相关信息（如用户姓名、身份证号码、有效日期等）、申请者的公钥、证书签发机构的信息（CA 名称、序列号等）、签发机构的数字签名及证书的有效期等内容，数字证书的格式和验证方法普遍遵循 ITU-TX.509 国际标准。数字证书通常以软件的形式安装在计算机中，或者存储在一个特制的 IC 卡中（如工商银行的"U 盾"客户端数字证书）。当使用数字证书进行身份认证时，它随机生成 128 位的身份码，每份数字证书都能生成每次不相同的密钥，从而保证数据传输的保密性。

7. 数字证书的应用

数字证书主要用于各种需要身份认证的场合，如网上银行、网上交易、信息安全传输、安全电子邮件、电子签名和电子印章、身份确认等。

如图 7-29 所示，在电子商务中，数字证书具有身份唯一认证功能，可以拒绝非授权用户的访问。

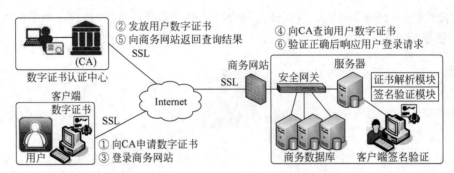

图 7-29　数字证书在电子商务中的认证过程

7.3.5　安全计算

1. 同态加密的算法思想

1999 年,在 IBM 研究院做暑期学生的克雷格(Craig Gentry)发明了同态加密算法。它的算法思想是:加密操作为 E,明文为 m,加密得 e,即 $e=E(m)$,$m=E'(e)$。已知针对明文有操作 f(假设 f 是个很复杂的操作),针对 E 可构造 F,使得 $F(e)=E(f(m))$,这样 E 就是一个针对 f 的同态加密算法。有了同态加密,就可以把加密得到的 e 交给第三方,第三方进行操作 F,拿回 $F(e)$ 后,解密后就得到了 $f(m)$。同态加密保证了第三方仅能处理数据,而对数据的具体内容一无所知。

简单地说,同态加密就是可以对加密数据做任意功能的运算,运算结果解密后是相应于对明文做同样运算的结果。同态加密是不确定的,每次加密都引入了随机数,每次加密的结果都不一样,同一条明文对应的是好几条密文,而解密是确定的。

2. 同态加密过程

下面选择一个相对容易理解的案例对同态加密过程进行说明。

假设 $p\in\mathbf{N}$,p 是一个大素数,作为密钥。a 和 b 是任意两个整数的明文,满足:

$$a'=a+rp \tag{7-7}$$

其中,a' 作为密文;$r\in\mathbf{N}$,r 是任意小整数。

对第三方密文运算结果进行解密时:

$$a+b=(a'+b') \bmod p \tag{7-8}$$

$$ab=(a'\times b') \bmod p \tag{7-9}$$

从上式可以看出,解密就是对密文运算结果求模,它的余数就是明文运算的值。

3. 程序设计案例:同态加密

【例 7-14】　设明文数据为 $a=5$、$b=4$,用户将数据加密为 a'、b',加密参数为 $p=23$、$r1=6$、$r2=3$。用户将加密后的数据交由第三方进行加法和乘法运算,即 $a'+b'$、$a'b'$。

根据式(7-7),用户加密后的密文数据为 $a'=5+(6\times23)=143$;$b'=4+(3\times23)=73$。

第三方对密文进行加法运算后的结果为 $a'+b'=143+73=216$;

第三方对密文进行乘法运算后的结果为 $a'b'=143\times72=10\ 439$;

运算结果返回后,用户根据式(7-8)对加法运算结果解密后为 216 mod 23=9;

根据式(7-9),用户对乘法运算结果解密后为 10 439 mod 23=20。

【例 7-15】 $d_1 = 520, d_2 = 1314$，用同态加密方法计算 $d_1 d_2$ 的值。Python 程序如下。

```
1   #E0716.py                                                          # 【安全 - 同态加密】
2   import rsa                                                         # 导入第三方包 - 加密解密
3   import rsa.core                                                    # 导入第三方包 - 加密解密
4
5   (public_key, private_key) = rsa.newkeys(512)                       # 生成 512 位的公钥和私钥
6   encrypto1 = rsa.core.encrypt_int(520, public_key.e, public_key.n)  # 对数字 d1 用公钥加密
7   print('加密 d1:', encrypto1)                                       # 打印公钥加密后的数字 d1
8   encrypto2 = rsa.core.encrypt_int(1314, public_key.e, public_key.n) # 对数字 d2 用公钥加密
9   print('加密 d2:', encrypto2)                                       # 打印公钥加密后的数字 d2
10  s = encrypto1 * encrypto2                                          # 同态加密计算(可由第三方计算)
11  print('d1 * d2 的加密值为:', s)                                    # 打印加密计算结果
12  decrypto = rsa.core.decrypt_int(s, private_key.d, public_key.n)    # 用私钥解密计算结果
13  print('d1 * d2 的解密值为:', decrypto)                             # 打印解密后的计算结果
```
```
>>>
加密 d1: 398396…412902                                                # 加密后数据 d1(154 位)
加密 d2: 505956…932153                                                # 加密后数据 d2(154 位)
d1 * d2 的加密值为: 579629…710108                                     # 加密后计算结果(307 位)
d1 * d2 的解密值为: 683280                                            # 解密后计算结果(6 位)
```

其中，程序第 5 行中 public_key 为公钥；private_key 为私钥。

程序第 6 行中的语句"rsa.core.encrypt_int()"为加密数据；参数 520 为需要加密的明文；public_key.e 和 public_key.n 为加密公钥。

程序第 12 行中的语句"rsa.core.decrypt_int()"为解密数据；参数 s 为解密密文；private_key.d 为解密私钥；public_key.n 为解密公钥。

4. 完全同态加密

如果一个加密方案对密文进行任意深度的操作后再解密，结果与对明文做相应操作的结果相同，则该方案为完全同态加密方案。简单地说，如果一个加密方案同时满足加法同态和乘法同态，则称该方案为完全同态加密方案。

5. 同态加密的应用

【例 7-16】 医疗机构有义务保护患者隐私，但是他们的数据处理能力较弱，需要第三方实现数据处理分析，以达到更好的医疗效果。这样就需要委托有较强数据处理能力的第三方实现数据处理(如云计算中心)，而直接将数据交给第三方是不道德的，也不被法律所允许。在同态加密算法下，医疗机构可以先将加密后的数据发送至第三方；然后，第三方对加密数据处理完成后，返回结果给医疗结构；最后，医疗机构对处理结果进行解密，就得到了真实的计算结果。在以上数据处理过程中，第三方并不知道真实的数据内容。

目前将同态加密技术应用到现实工作中还需要一段时间，该技术还需要解决计算量巨大的困难，以及对大量计算资源的需求。

6. 零知识证明的算法思想

"零知识证明"由麻省理工学院密码学家格但斯(Shafi Goldwasser)等在 20 世纪 80 年代初提出。它是指证明者能够在不向验证者提供任何有用信息的情况下，使验证者相信某个论断是正确的。零知识证明实质上是一种涉及两方或多方的协议，即两方或多方完成一

项任务所需采取的一系列步骤。证明者向验证者证明并使其相信自己知道或拥有某一消息,但证明过程不能向验证者泄露任何关于被证明消息的信息。大量事实证明,零知识证明在密码学中非常有用。如果能够将零知识证明用于验证,将可以有效解决许多问题。

【例 7-17】 A 要向 B 证明自己拥有某个房间的钥匙,假设该房间只能用钥匙打开,而其他任何方法都不可行,这时有如下两个方法(或称为协议)。

协议一:A 把钥匙出示给 B,B 用这把钥匙打开该房间的锁,从而证明 A 拥有该房间正确的钥匙。但是,在这个协议中钥匙泄密了,因此这不是零知识证明。

协议二:B 确定房间内有某一物体,A 要求 B 离房门距离远一点,使 B 能够目视到 A 进入房间,但是不能看见 A 的钥匙,然后 A 用钥匙打开房间的门,把物体拿出来出示给 B,从而证明自己确实拥有该房间的钥匙。这个方法就属于零知识证明,它的优点是在整个证明过程中,B 始终不能看到钥匙,从而避免了钥匙的泄露。

7. 零知识证明案例

【例 7-18】 欧洲文艺复兴时期,意大利数学家塔尔塔里亚(Tartaglia)和菲奥(Fiorentini)都宣称自己掌握了一元三次方程的求解公式。两个数学家都不愿意把求解公式的具体内容公布出来,为竞争发现者的桂冠,为了证明自己没有说谎,他们摆起了擂台。比赛于 1525 年在威尼斯举行,双方各出 30 个一元三次方程给对方解,谁能全部解出,就说明谁掌握了求解公式。比赛结果显示,塔尔塔里亚以两小时解决菲奥提出的 30 个问题而胜利,而菲奥一个也解不出。于是人们相信塔尔塔里亚是一元三次方程求解公式的真正发明者,虽然当时除了塔尔塔里亚外,谁也不知道这个公式到底是什么样子。

【例 7-19】 假设 A 证明了一个世界数学难题,但在论文发表之前,他需要找个泰斗级的数学家审稿,于是 A 将论文发给了数学泰斗 B。B 看懂论文后却动了歪心思,他把 A 的论文材料压住,然后将证明过程以自己的名义发表,B 名利双收,A 郁郁寡欢。如果 A 去告B 也无济于事,因为学术界更相信数学泰斗,而不是 A 这个无名之辈。

如果 A 利用零知识证明的计算思维,就不会出现以上的尴尬局面。利用零知识的分割和选择协议,A 公开声称解决了这个数学难题,A 找到验证者 C(另一个数学权威),请他验证自己的发明,于是 C 会给 A 出一个其他题目,而做出这道题目的前提条件是已经解决了那个数学难题,否则题目无解,C 给出的题目称为平行问题。如果 A 将这个平行问题的解做出来了,但验证者 C 还是不相信,C 又出了一道平行问题,A 又做出解来了,多次检验后,验证者 C 就确信 A 已经解决了那个数学难题,虽然 C 并没有看到具体的解题方法。从以上讨论可以看出,**零知识证明需要示证者和验证者的密切配合**。

习　题　7

7-1　简要说明计算机网络的定义。

7-2　简要说明计算机网络的功能。

7-3　简要说明广域网的特点。

7-4　为什么说机器之间的信息传输体现了大问题的复杂性?

7-5　简要说明 TCP/IP 网络协议的层次。

7-6　简要说明外部对计算机的主要入侵形式有哪些。

7-7　能够制造出一台不受计算机病毒侵害的计算机吗？

7-8　简要说明密码破译方法的优点与缺点。

7-9　一位网络读者发邮件给本书的作者，希望索取一份本书的试卷和答案，请问采用什么算法可以解决作者的两难选择。

7-10　为什么防火墙不对数据包的内容进行扫描，从而查出潜在的计算机病毒和黑客程序？

7-11　简要说明主要网络拓扑和特点。

7-12　简要说明软件定义网络（SDN）的结构。

7-13　简要说明 SDN 的设计思想。

7-14　简要说明移动通信的关键技术。

7-15　实验：参考例 7-5 的程序案例，用替换算法加密和解密。

7-16　实验：参考例 7-6 的程序案例，用 RSA 模块生成公钥和私钥文件。

7-17　实验：参考例 7-11 的程序案例，生成字符串的 Hash 值。

7-18　实验：参考例 7-15 的程序案例，用同态加密方法计算 d1 · d2 值。

第8章　计算领域的技术热点

计算领域研究热点很多,如人工智能、大数据、物联网、云计算、计算社会学、量子计算机、区块链、机器学习、3D打印、虚拟现实、增强现实、无线传感器网络、移动计算、情感计算等,本章讨论几种影响较大的新技术。

8.1　人工智能技术

人工智能的研究最早起源于英国科学家阿兰·图灵。1955年,斯坦福大学计算科学专家约翰·麦卡锡(John McCarthy)在达特茅斯会议上第一次提出了"人工智能"(Artificial Intelligence,AI)的概念。人工智能的研究经历了从以"逻辑推理"为重点,发展到以"知识规则"为重点,再发展到目前的以"机器学习"为重点。

8.1.1　图灵测试

1. 图灵测试的方法

1947年,图灵在一次学术会议上作了题为"智能机器"的报告,详细地阐述了他关于思维机器的思想,第一次从科学的角度指出:"与人脑的活动方式极为相似的机器是可以制造出来的"。1950年,图灵发表了著名的论文《计算机器与智能》,他逐条反驳了各种机器不能思维的论点,给出了肯定的回答。图灵在论文中提出了著名的"图灵测试"。图灵的论文标志着人工智能问题研究的开始。

图灵测试由3个人来完成:一个男生(A)、一个女生(B)、一个性别不限的提问者(C)。提问者待在与其他两个回答者相隔离的房间里。图灵测试没有规定问题的范围和提问的标准。测试方法是让提问者对其他两人进行提问,通过他们的回答来鉴别其中回答问题的人是男生还是女生。为了避免提问者通过声音,语调轻易地做出判断。因此,规定提问者和回答者之间只能通过电传打字机进行沟通,如图8-1所示。

图 8-1　图灵测试示意图

如图 8-1 所示,如果将上面测试中的男生(A)换成机器,提问者将在机器与女生的回答中做出判断,如果机器足够"聪明",就能够给出类似于人类思考后得出的答案。如果在 5min 的交谈时间内,人类裁判没有识破对方,那么这台机器就算通过了图灵测试。图灵指出:"如果机器在某些现实条件下能够非常好地模仿人回答问题,以至提问者在相当长时间里误认它不是机器,那么机器就可以认为是能够思维的"。

2. 图灵测试的尝试与实现

图灵测试不要求接受测试的机器在内部构造上与人脑一样,它只是从功能的角度来判定机器是否能思维,也就是从行为主义的角度对"机器思维"进行定义。图灵预言,2000 年左右将会出现足够好的计算机,在长达 5min 交谈中,人类裁判在图灵测试中的准确率会下降到 70%或更低(或说机器欺骗成功率达到 30%以上)。

【例 8-1】 2014 年,在国际图灵测试挑战赛中,俄罗斯人弗拉基米尔·维西罗夫(Vladimir Veselov)设计的人工智能软件尤金·古斯特曼(Eugene Goostman)通过了图灵测试。这个程序欺骗了 33%的评判者,让其误以为屏幕另一端是一位 13 岁的乌克兰男孩。尤金程序在 150 场对话里,骗过了 30 个评委中的 10 个。

【例 8-2】 在博弈领域,图灵测试也取得了成功。1997 年,IBM 公司的"深蓝"计算机战胜了俄罗斯国际象棋世界冠军卡斯帕罗夫(Гарри Кимович Каспаров)。深蓝计算机与卡斯帕罗夫的博弈中,它采用了最笨、最简单的办法:**搜索再搜索,计算再计算**。我们可以嘲笑**计算机的愚蠢,但必须承认它很有效。计算机试图用一种勤能补拙的方式与人类抗衡。**计算机将最简单的逻辑重复、重复、再重复,来模拟人类智力的分析过程。

【例 8-3】 2016 年,谷歌公司开发的 AlphaGo(阿尔法狗)围棋程序与围棋世界冠军李世石(韩国)进行人机大战,并以 4∶1 的总分获胜;2017 年年初,AlphaGo 在网站上与中、日、韩数十位围棋高手进行快棋对决,连续 60 局无一败绩。AlphaGo 程序的核心技术是**蒙特卡罗树搜索+深度机器学习**。如图 8-2 所示,它成功的秘诀是巧妙地利用了两个深度机器学习模型,一个用于预测下一个落子的最佳位置,另一个用于判断棋局形势。预测的结果降低了搜索宽度,而棋局形势判断则减小了搜索深度。深度机器学习技术从人类的经验中学习到了围棋的"棋感"和"大局观"这种主观性很强的经验。

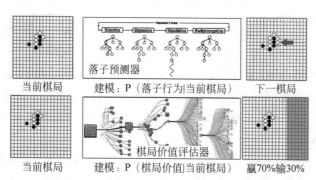

图 8-2 蒙特卡罗树搜索+深度学习棋局预测示意图

3. 人工智能的定义

人工智能的定义可以分为"人工"和"智能"两部分,"人工"比较好理解,争议也不大;关于什么是"智能",争议就有很多。"智能"涉及意识、自我、心灵、无意识等精神问题。目前我们对自身智能的理解非常有限,对构成人类智能的必要元素也了解有限,所以很难准确定义"人工"制造的"智能"。计算科学专家麦卡锡在 1956 年提出了人工智能的早期定义:人工智能就是要让机器的行为看起来就像是人所表现出的智能行为一样。人工智能的先驱们有一个美好的愿望,希望机器像人类一样思考,但是别像人类一样犯错。

8.1.2　研究流派

1955 年以来,人工智能研究领域形成了三大学派:以斯坦福大学的麦肯锡为代表的符号主义学派;以麻省理工学院的马文·明斯基(Marvin Minsky)为代表的连接主义学派;以卡内基梅隆大学的纽厄尔(Allen Newell)和西蒙(Simon Haykin)为代表的行为主义学派。

1. 符号主义学派

符号主义学派又称为逻辑主义学派。符号主义学派认为,**人类认知和思维的基本单元是符号,而认知过程就是在符号表示上的一种运算**。从符号主义学派的观点看,知识是构成智能的基础,知识表示、知识推理、知识运用是 AI 的研究核心。符号主义学派希望通过对符号的演绎和逆演绎进行结果预测。如图 8-3(a)所示,符号主义学派认为可以根据 2+2＝? 来预测 2+? ＝4 中的未知项。符号主义学派的应用还有决策树(见图 8-3(b))、知识图谱(见图 8-3(c))等。符号主义学派的思想源头和理论基础是定理证明,初表是把逻辑演算自动化。简单地说,符号主义的思想可以归结为"认知即计算"。

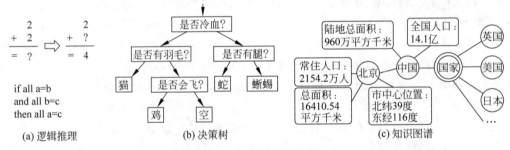

图 8-3　知识的符号推理

1957 年,艾伦·纽厄尔和西蒙等开发成功了第一个数学定理证明程序 LT(Logic Theorist,逻辑理论家),LT 程序证明了 38 条已经存在的数学定理,这也表明了可以用计算机来研究人的思维过程,模拟人类的智能活动。1968 年,斯坦福大学的费根鲍姆(Mitchell Jay Feigenbaum)等在总结通用问题求解系统的成功与失败经验的基础上,研制成功了世界上第一个专家系统 DENDRAL,它用于帮助化学家判断某个待定物质的分子结构。

符号主义学派的发展经历了定理证明自动化→启发式算法→专家系统→知识工程等过程,为人工智能的发展做出了重要贡献。符号主义学派不要求明白进化论和大脑的工作原理,这避免了数学复杂性。符号主义学派从最少数量的假设和公理出发,用逻辑演绎推理的方法解释最大量的经验事实。但是,符号主义学派遇到了不确定事物知识表示的难题。而且研究者们发现,人工的知识特征局限性过大,要总结出知识系统实在太难了。符号主义学派很难说清楚规则演绎与人行为上的关联。

2. 连接主义学派

连接主义学派(也称为仿生学派)的主要方法是采用人工神经网络(Artificial Neural Network,ANN)模型来模拟人的直观思维方式。1943年,生物学家麦卡洛克(Warren McCulloch)和数理逻辑学家皮茨(Walter Pitts)发表了 *A Logical Calculus of the Ideas Immanent in Nervous Activity*(神经活动中内在思想的逻辑演算)论文,论文提出了神经元数学模型(M-P模型),论文奠定了人工神经网络的基础,神经元数学模型也一直沿用至今(见图8-4(a)),它模拟了生物神经网络的结构(见图8-4(b))。

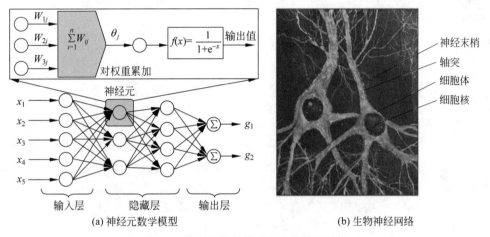

(a) 神经元数学模型　　　　　　　　　　(b) 生物神经网络

图 8-4　神经元数学模型和生物神经网络

连接主义学派认为智能活动是由大量简单的单元,通过复杂的相互连接后,并行运算的结果。人工神经网络由一层一层神经元构成,层数越多(隐蔽层),网络越深,**所谓深度学习就是用很多层神经元构成的神经网络达到机器学习的功能**。人工神经网络试图通过一些数学模型,然后通过数据训练,不断改善模型中的参数,直到输出结果符合预期。简单地说,连接主义的思想可以归结为"智能源于学习"。

人工神经网络的特色在于信息的分布式存储和并行协同处理。国际象棋的博弈过程就类似一个人工神经网络。人工神经网络的代表性研究成果是 AlphaGo 围棋程序。

3. 行为主义学派

行为主义学派又称为进化主义或控制论学派。**行为主义学派认为,智能行为的基础是"感知-行动"的反应机制**。所以,智能无须知识表示,无须推理。智能只是在与环境交互的作用中表现出来,**智能需要具有不同的行为模块与环境交互,以此来产生复杂的行为**。

行为主义学派的理论目标在于预见和控制行为。行为主义学派把注意力集中在现实世界中可以自主执行各种任务的物理系统,如移动机器人、自动驾驶汽车等,如图8-5所示。

行为主义学派的代表作是布鲁克斯(Brooks)教授制作的六足行走机器人,它是一个基于"感知-行动"模式,模拟昆虫行为的控制系统。布鲁克斯认为,机器人设计只需要"感知-行动"两个步骤。机器人在给定时间和环境中,根据其接收信息的不同,选择适当的行为。从本质上看,机器人的行为类似于一个巨大的有限状态自动机。

(a) 足球机器人

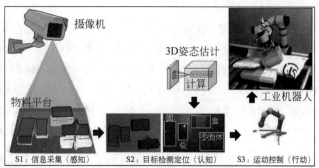

图 8-5 机器人的"感知-行动"过程

8.1.3 机器学习

1. 机器学习的案例

计算机的能力是否能超过人类？很多持否定意见人（如 Augusta Ada King，爱达）的主要论据是：**机器是人造的，其性能和动作完全由设计者规定，因此无论如何能力也不会超过设计者本人**。这种意见对不具备学习能力的计算机来说也许是正确的，但是对具备学习能力的计算机就值得另外考虑了，因为具有学习能力的计算机可以在应用中不断提高它们的智能性，过一段时间之后，设计者本人也不知道它的能力到了何种水平。

【例 8-4】 20 世纪 50 年代，IBM 公司工程师塞缪尔（Arthur Lee Samuel）设计了一个"跳棋"程序，这个程序具有学习能力，它可以在不断对弈中改善自己的棋艺。"跳棋"程序运行于 IBM704 大型通用电子计算机中，塞缪尔称它为"跳棋机"，"跳棋机"可以记住17 500 张棋谱，实战中能自动分析并猜测哪些棋步源于书上推荐的走法。首先塞缪尔自己与"跳棋机"对弈，让"跳棋机"积累经验；1959 年，"跳棋机"战胜了塞缪尔本人；3 年后，"跳棋机"击败了美国一个州的跳棋冠军；后来它终于被世界跳棋冠军击败。这个程序向人们展示了机器学习的能力，提出了许多令人深思的社会与哲学问题。

2. 机器学习的基本特征

机器学习中，机器比较容易理解，它是计算机硬件和软件的结合，而学习的定义就多样化了。计算科学专家西蒙（Simon Haykin）曾对"学习"下了一个定义："如果一个系统能够通过执行某个过程来改进性能，那么这个过程就是学习"。在具体形式上，机器学习可以看作一个数学模型（如函数），通过对大量输入数据进行处理（数据训练），获得一些很好的特征参数（如人脸分类器），然后利用这个模型和特征参数，对新输入的数据进行预测（如人物识别、语言翻译等），并且获得比较满意的预期结果。

传统计算机的工作是遵照程序指令一步一步执行，过程明确。而机器学习是一种让计算机利用数据而不是指令进行工作的方法。例如，一个用来识别手写数字的分类算法，通过大样本数据训练后（如文字识别中汉字偏旁部首特征的数据训练），不用修改程序代码就可以用来将电子邮件分为垃圾邮件和普通邮件。**算法没有变，但是输入的训练数据变了，因此机器学习到了不同的分类逻辑**。

3. 机器学习的过程

机器学习通过大样本数据训练出模型，然后用模型预测事物或识别对象。机器学习过程中,首先需要在计算机中存储大量历史数据。然后将这些数据通过机器学习算法进行处理,这个过程称为"训练",处理结果(识别模型)可以用来对新测试数据进行预测。机器学习的流程是:获取数据→数据预处理→训练数据→创建模型→预测测试对象。

【例 8-5】 如图 8-6 所示,手写数字识别的机器学习步骤如下。

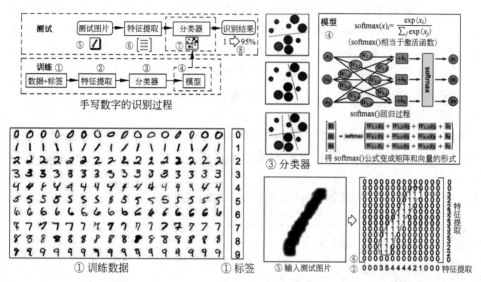

图 8-6　手写数字识别的机器学习过程

（1）手写数字识别需要一个数据集,本例数据集为 160 个数据样本(每列为一个人所写的 10 个数字,每行为 16 个人写的同一数字,每个数字占 14×14 像素);数据集对 0～9 的 10 个数字进行了分类标记(标签)。

（2）通过算法对数据集的 10 个数字进行特征数据提取(如每行或列中 1 的个数或位置,这一过程称为"训练")。

（3）通过特征数据创建一个分类器(特征数据集)。

（4）由分类器创建一个手写数字的识别模型(如神经网络模型)。

（5）输入一个新的手写数字(测试图片)。

（6）对输入图片的数字进行特征提取,虽然新写的数字(如 1)与数据集中的数字不完全一模一样,但是特征高度相似。

（7）分类器和识别模型对输入的测试数据进行识别。

（8）识别模型最终给出这个数字为某个数字(如 1)的概率值(预测结果)。

从以上过程可以看出,**机器学习的主要任务就是分类**。数据训练和数据测试都是为了提取数据特征,便于按标签分类;识别模型和分类器也是为了分类而设计。

4. 深度学习

深度机器学习(以下简称为深度学习)的概念源于人工神经网络的研究,一般来说,有 1～5 个隐藏层的神经网络称为浅层神经网络,隐藏层超过 5 层就称为深度神经网络,**利用深度神经网络进行特征识别就称为深度学习**。卷积神经网络(CNN)和循环神经网络(RNN)的结构一般都很深,因此不需要特别指明深度。

深度学习通过组合低层特征来形成抽象的高层特征，以发现数据的分布特征。深度学习通过多层处理后，逐渐将初始的低层特征转换为高层特征后，用简单模型即可完成复杂的分类等学习任务，因此也可以将深度学习理解为进行"特征学习"。典型的深度学习学习模型有两种不同的类型：一是以神经网络为核心的深度神经网络；二是以概率图模型为核心的深度图模型。如基于卷积运算的神经网络模型、深度信念网络（DBN）模型，基于多层神经元的自编码器（AE）等。深度学习的计算量很大（如矩阵运算、卷积运算等），依赖高端硬件设备（如 GPU）。数据量小时，宜采用传统的机器学习方法。

微软研究人员将受限玻尔兹曼机（RBM）和深度信念网络引入语音识别训练中，在大词汇量语音识别系统中获得巨大成功，使语音识别错误率减低了 30%。

5. 卷积神经网络

卷积神经网络是应用最广泛的深度神经网络。在机器视觉识别和其他领域，卷积神经网络取得了非常好的效果。卷积神经网络由输入层、卷积层、池化层、全连接层、输出层组成。

【例 8-6】 如图 8-7 所示，对输入的某幅动物图像进行识别。

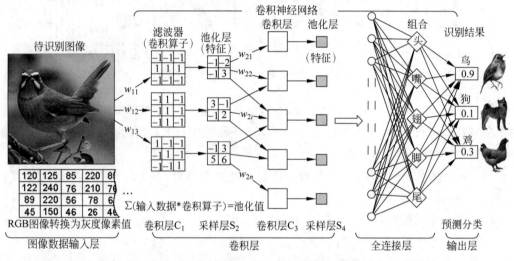

图 8-7 卷积神经网络（CNN）结构示意图

（1）输入层。在图像识别中，颜色信息会对图像特征数据提取造成一定干扰，因此将输入图像转换成灰度值。如果按行顺序提取图片中的数据，就会形成一个一维数组。如果一张图像的大小为 250×250 像素，则一维数组大小为 $250 \times 250 = 62\,500$。如果对 1000 幅图像做机器学习的数据训练，数据量达到了 6200 万，再加上卷积运算（一种矩阵运算）、池化运算、多层神经网络运算等情况，可见机器学习计算量非常巨大。

（2）卷积层。卷积运算常用于图像去噪、图像增强、边缘检测，以及图像特征提取等。卷积是一种数学运算，卷积运算是两个变量在某范围内相乘后求和的结果。图像处理中卷积运算是用一个称为"卷积算子"的矩阵，在输入图像数据矩阵中自左向右、自上向下滑动，将卷积算子矩阵中各个元素与它在输入图像数据上对应位置的元素相乘，然后求和，得到输出像素值。经过卷积运算后，图像数据变少，图像特征进一步加强。

（3）池化层。通过卷积操作，完成了对输入图像数据的降维和特征提取，但是特征图像的维数还是很高,计算还是非常耗时。为此引入了池化操作(下采样技术),**池化操作是对图像的某一个区域用一个值代替**(如最大值或平均值)。池化操作具体实现是在卷积操作之后,对得到的特征图像进行分块,图像被划分成多个不相交的子块,计算这些子块内的最大值或平均值,就得到了池化后的图像。池化操作除降低了图像数据大小之外,另外一个优点是图像平移、旋转的不变性,因为输出值由图像的一片区域计算得到,因此对于图像的平移和旋转并不敏感。

(4)全连接层。全连接层的功能是把特征整合到一起,输出为一个值。简单地说,全连接层之前的操作是为了提取识别物体各个部位的特征,而全连接层的功能是组合这些特征,并且对物体进行分类(即识别出物体)。例如,卷积层和池化层已经将图 8-7 中鸟的头、翅膀、脚、羽毛等特征提取出来,而全连接层的功能是把以上特征组合成一个完整特征集合,然后判断物体的类型和名称,最后输出预测结果。

8.1.4 核心技术

人工智能领域的核心技术包含了计算视觉、机器学习、自然语言处理、智能机器人、知识图谱、智能搜索和博弈、人机交互等。

1. 计算视觉

(1)计算视觉的特征。识别是人和生物的基本智能之一,人们几乎时时刻刻在对周围环境进行识别。计算视觉的主要任务是对采集的图像或视频进行处理,以获得相应场景的信息。通俗地说,计算视觉就是给计算机安装上眼睛(照相机)和大脑(算法),让计算机能够感知环境。计算视觉中包括图像识别、场景分析、图像理解等。此外,它还包括空间形状的描述、几何建模,以及认识过程。

(2)计算视觉的应用。计算视觉应用领域包括:人脸识别(如身份验证)、控制过程(如工业机器人)、自主导航(如自动驾驶汽车)、检测事件(如视频监控和人数统计)、组织信息(如建立图像索引数据库)、对象造型(如创建医学图像或地形地貌)、自动检测(如工业制造中的物体分拣)等。

(3)人类视觉的特点。**人类对视觉和听觉信号的感知很多时候是下意识的**,它主要基于大脑皮层神经网络的学习。如图 8-8 所示,毕加索名画《格尔尼卡》中充满了抽象的牛头马面、痛苦号哭的人脸、扭曲破碎的肢体,但是人们可以辨认出这些夸张的人物和动物。其实图中有大量信息丢失,可见人类视觉神经中枢忽略了色彩、纹理、光照等局

图 8-8 毕加索名画《格尔尼卡》(Guernica)

部细节,侧重整体模式匹配和上下文的关系,大脑会主动补充大量缺失的信息。如果用人工智能来识别画中有多少个人物,这将是一项非常困难的工作。

2. 计算视觉:人脸识别关键技术及原理

人脸识别系统由四部分组成:人脸检测和图像采集、人脸图像预处理、人脸图像特征提取、人脸匹配与识别。

(1)人脸检测和图像采集。人脸检测算法的输入是图片,输出是人脸框坐标序列。一

般情况下,人脸检测输出的人脸坐标框为一个正方形或者矩形(见图 8-9)。人脸检测算法是一个"扫描"和"判别"的过程,即算法在图像范围内扫描,再逐个判定候选区域是否为人脸的过程。

(2)人脸图像预处理。人脸图像预处理包括人脸对齐、人脸矫正等。人脸对齐算法的输入是"人脸图片"加"人脸坐标框",输出人脸五官位置的特征点坐标序列。五官特征点的数量是预先设定好的(如 5 点、68 点、90 点等,可以根据需要定义)。人脸对齐算法会根据五官特征点坐标将人脸对齐(见图 8-10(a),图中白色点为人脸配准结果),对人脸图像进行特征点定位时,需要将得到的特征点利用仿射变换进行人脸矫正(如旋转、缩放、抠图等操作,将人脸调整到预定的大小和形态)。如果不矫正,非正面人脸进行识别时准确率就会下降。

(3)人脸图像特征提取。将人脸预处理数据送入神经网络(如 CNN),人脸识别神经网络是一个分类网络,它会提取网络中某个层作为人脸特征层,这时的特征才是人脸特征。表示人脸特点的数值称为"人脸特征",人脸特征提取就是将人脸图像转换为一连串固定长度的数值(见图 8-10(b))。特征提取在保证识别率的前提下,对图像数据进行降维处理。人脸特征提取的方法有几何特征提取、统计特征提取、频率域特征提取、运动特征提取等。

图 8-9　人脸检测

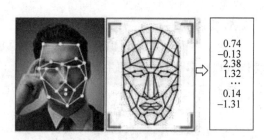
图 8-10　人脸图像预处理与特征提取

(4)人脸匹配与识别。将人脸识别神经网络(如 CNN)输出的人脸特征值输入人脸数据库,然后在人脸数据库中与 N 个人物的特征值进行逐个比对,如图 8-11 所示,在数据库中找出一个与输入特征值相似度最高的值。如果大于判别阈值,则返回该特征对应的人物身份;否则提示"此人不在人脸数据库中"。

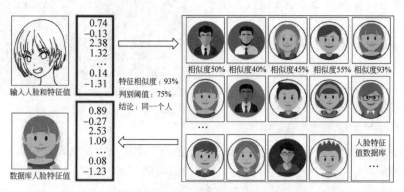
图 8-11　人脸匹配与识别

(5)人脸识别技术的优点和缺点。人脸识别技术的优点是不需要被识别者配合识别设备,在人物的行进过程中即可进行比对识别;人物不需要接触设备,用户易接受;成本适中,安全性高等。缺点是受光线(如强光、弱光、逆光、彩色光等)、遮蔽物(如帽子等)、运动模糊等因素影响较大。

3. 程序设计案例:人脸动态识别和跟踪

【例8-7】 以下利用 OpenCV 自带的识别模型(haarshare 分类器),进行计算机摄像头人脸识别和动态跟踪。当然,OpenCV 识别模型也会出现一些误识别和漏识别的情况,如果期望达到更好的识别效果,可能需要去自己训练模型,或者做一些图像预处理,使图像更容易识别。也可以调节 detectMultiScal( )函数中的各个参数,来达到期望的识别效果。当然,也可以加载不同的识别模型(分类器),检测不同的物体(如车辆、动物等)。

OpenCV 是第三方软件包,需要在 Windows 提示符窗口下安装软件包,安装方式如下。

```
1  > pip install opencv - i https://pypi.tuna.tsinghua.edu.cn/simple    # 从清华大学网站安装
```

人脸识别和跟踪的 Python 程序如下。

```
1   #E0807.py                                               #【AI - 人脸识别和跟踪】
2   import cv2                                              # 导入第三方包 - 图像识别
3
4   capture = cv2.VideoCapture(0)                           # 打开摄像头
5   face = cv2.CascadeClassifier(r'D:/test/haarshare/haarcascade_
    frontalface_default.xml')
6                                                          # 导入人脸识别模型
7   cv2.namedWindow('摄像头')                               # 获取摄像头画面
8   while True:
9       ret, frame = capture.read()                        # 读取视频图像
10      gray = cv2.cvtColor(frame, cv2.COLOR_RGB2GRAY)     # 转换为灰度图像
11      faces = face.detectMultiScale(gray, 1.1, 3, 0, (100,100))  # 人脸检测
12      for (x, y, w, h) in faces:
13          cv2.rectangle(frame, (x, y), (x + w, y + h), (0, 255, 0), 2)
14          cv2.imshow('CV', frame)                        # 显示人像跟踪画面
15          if cv2.waitKey(5) & 0xFF == ord('Q'):          # 按 Q 键退出
16              break
17  capture.release()                                      # 释放资源
18  cv2.destroyAllWindows()                                # 关闭窗口
    >>>                                                    # 程序运行结果如图 8-12 所示
```

其中程序第 5 行的函数 cv2.CascadeClassifier( )为人脸图像识别模型(分类器),它是 OpenCV 官方训练好的人脸识别普适性模型,文件类型是.xml 文件。OpenCV 默认提供的训练文件是 haarcascade_frontalface_default.xml,它是人脸的特征数据。本程序中,识别模型文件存放在 D:\test\haarshare 目录下(直接将.xml文件复制到这个目录下即可)。

图 8-12 图像动态识别和跟踪结果

4. 程序设计案例:自然语言处理

自然语言处理是人工智能领域中一个重要的研究方向,它主要研究人与机器之间用自然语言进行通信的理论和方法。应用领域包括机器翻译、语音识别、机器阅读理解、手写字识别、全自动同声传译系统、自然语言合成等。

计算领域的技术热点

【例 8-8】 用合成语音朗读朱自清《春》.txt 文本文件的全部内容。Python 程序如下。

```
1   # E0808.py                              # 【AI - 文本语音朗读】
2   import pyttsx3                          # 导入第三方包 - 语音合成
3   engine = pyttsx3.init( )                # 语音模块初始化
4   engine.setProperty('voice', 'zh')      # 设置语音引擎为中文
5   f = open('春.txt', 'r')                 # 设置文件句柄
6   line = f.readline( )                    # 按行读取文本文件内容
7   while line:                             # 设置循环事件
8       line = f.readline( )                # 读取行文本
9       engine.say(line)                    # 文本内容语音合成
10  engine.runAndWait( )                    # 朗读文本
11  f.close( )                              # 关闭文件
    >>>                                     # 程序运行结果,输出朗读声音
```

说明：pyttsx3 是第三方软件包，需要在 Windows 提示符窗口下安装软件包。安装方式如下。

```
1   > pip install pyttsx3 - i https://pypi.tuna.tsinghua.edu.cn/simple
```

5. 活体细胞机器人

2020 年 1 月，《美国国家科学院院刊》发表了一篇乔什·邦加德(Josh Bongard)教授的研究论文，论文标题为《用于设计可重构生物体的可扩展性管线研究》。论文展示了全球首个用青蛙细胞制造的活体机器人。这项研究由佛蒙特大学、塔夫茨大学、哈佛大学的科学家共同合作完成，项目的研究目的是证明计算可以设计生物体的概念。

这个用青蛙细胞制造的"活体机器人"是一种由生物细胞组成的可编程机器人，它可以自主移动。它不是新物种，但是不同于现有的器官或生物体，它是活的生物体。科学家将非洲爪蟾的皮肤细胞和心肌细胞组装成了这个全新的生命体，这些毫米级的细胞机器人可以定向移动，还可以在遇到同类的时候"搭伙"合并。它们还可以被定制成各种造型，如四足机器人、带有口袋的机器人。这些机器人还可以用来寻找危险的化合物或放射性污染物；在人体动脉中移动刮除斑块；拆除引发心脑血管疾病的定时炸弹。

图 8-13(a)所示为超级计算机设计的细胞模型，图 8-13(b)所示为由非洲爪蟾皮肤细胞和心肌细胞构建的活细胞机器人，活体细胞机器人的直径约为 $700\mu m$，图 8-13(c)为细胞机器人的移动轨迹。

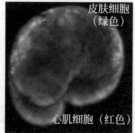

(a) 超级计算机设计的可移动细胞机器人　(b) 活体细胞机器人（直径约700μm）　(c) 生物细胞机器人的移动轨迹

图 8-13　活体细胞机器人

活体机器人由佛蒙特大学的超级计算机设计,由塔夫茨大学的生物学家进行非洲爪蟾细胞的组装和测试。乔什·邦加德(Josh Bongard)说,这个细胞机器人基于进化算法,也就是计算机模拟进化的过程。具体方法是计算机首先利用500～1000个虚拟细胞创建出一组随机设计的生物体,每种设计都有皮肤细胞和心肌细胞的随机排列。毫无疑问,这些设计的细胞绝大部分没有动静,但是总会有例外。因为心肌细胞会自发收缩和舒张,这是细胞运动的引擎,如果这些心肌细胞收缩和舒张行为协调得好,极少数雏形细胞就会产生微弱的运动能力。那么研究人员将有运动能力的雏形细胞进一步复制,下一代可能会出现移动速度更快的细胞。如此反复复制多代以后,就会出现能快速移动的机器人版本。

这种毫米大小的活体细胞机器人通常含有500～1000个细胞,能在培养皿中快速移动。这种可编程的细胞机器人不仅能维持形态,还能在遭受破坏时具有自我愈合功能,研究人员把细胞机器人切成两半,它会自己缝合起来,然后继续前进。细胞机器人可在水性环境中存活长达10天。有的细胞机器人自发地在中间凹陷形成一个中心孔,可以将颗粒物聚集到中心位置,意味着这些细胞机器人有药物递送的潜力。

8.1.5 存在的问题

1. 强人工智能和弱人工智能的争论

强人工智能的观点认为有可能制造出真正能推理和解决问题的智能机器,并且这种机器被认为是有知觉、有自我意识的。强人工智能有两类:一类是类人的人工智能,即机器的思考和推理就像人的思维一样;另一类是非类人的人工智能,即机器产生了与人完全不一样的知觉和意识,使用与人类完全不同的推理方式。

弱人工智能的观点认为不可能制造出真正的智能机器,这些机器只不过看起来像是智能的,但是并不真正拥有智能,也不会有自主意识(如成就感)。持这一观点的代表人物是美国哲学家约翰·希尔勒(John Rogers Searle)。他设计了一个"中文房间"的思想实验,用来推翻强人工智能的理论。如图 8-14 所示,实验过程是:一位只会说英语的人身处一个房间中,房间除了有两个小窗口外,全部都是封闭的,他带有一本中文翻译的书。当中文纸片通过小窗口送入房间中时,房间中的人可以使用书来翻译这些文字并用中文回复。虽然他完全不会中文,房间外的人都会以为他会说流利的中文。希尔勒认为:如果一台机器的唯一工作原理就是转换编码数据,那么这台机器不可能具有思维能力。

图 8-14 希尔勒"中文房间"思想实验

英国哲学家西门·布莱克伯恩(Simon Blackburn)在哲学著作《思考》里谈道："一个人看起来是"智能"的行为,并不能真正说明这个人就是智能的。我永远不可能知道另一个人是否真的像我一样是智能的,还是说他仅仅看起来是智能的。"基于这个论点,既然弱人工智能认为可以令机器看起来像是智能的,那就不能完全否定这个机器真的具有智能。

2. 计算机会超过人类吗

人类的能力可以分为体力和脑力。人类体力的极限是奥运会纪录(如跑步、跳高、举重等),人类的体力与其他动物相比,还有很大差距。人类的脑力也很难与机器相比,例如,计算 $1+2+3+\cdots+N=?$ 时,如果像体育运动那样明确比赛规则,规定计算步骤必须一步一步相加,当 N 确定时,正常人们花费的时间大致在一个数量级之中,而使用计算机这个工具,可以在极短的时间内获得计算结果,可见人类的体力和脑力都是有限的。

人类在认识和改造世界中产生的巨大力量来源于工具,工具的使用导致了技术的产生和发展。人类使用的工具从石器、火、青铜器、蒸汽机、电力,到现代的计算机,它们由简单的工具逐步发展为复杂的技术,而工具的发明和使用依赖于人类的创造性思维。

目前,计算机在计算速度、计算准确度、记忆能力、逻辑推理方面已经超过了人类。例如,"深蓝"计算机与卡斯帕罗夫的较量,既然国际象棋是人类发明用来一较智力高下的游戏,那么就不得不承认这台机器拥有了智力,甚至已经超过了人类。然而计算机在创新思维、自我意识等方面的研究目前进展不大。计算机的智能最终是否会超过人类?图灵在《计算机器与智能》论文中给出的答案是:**"有可能人比一台特定的机器聪明,但也有可能别的机器更聪明,如此等等"**。

8.2 大数据技术

8.2.1 大数据的特点

美国互联网数据中心指出,互联网上的数据每年增长 50%,每两年翻一番,目前世界上 90% 以上的数据是最近几年才产生的。此外,这些数据并非单纯是人们在互联网上发布的信息,85% 的数据由传感器和计算机设备自动生成。全世界的各种工业设备、汽车、摄像头,以及无数的数码传感器,随时都在测量和传递着有关信息,这导致了海量数据的产生。例如,一个计算不同地点车辆流量的交通遥测应用就会产生海量数据。

大数据是一个体量规模巨大、数据类型特别多的数据集,并且无法通过目前主流软件工具,在合理时间内达到提取、管理、处理,并整理成为有用的信息。大数据具有 4V 的特点,一是数据体量大(Volumes),一般在 TB 级别;二是数据类型多(Variety),由于数据来自多种数据源,因此数据类型和格式非常丰富,有结构化数据(如数组、二维表等)、半结构化数据(如多层次结构数据、超文本数据等),以及非结构化数据(如图片、视频、音频、地理位置信息等);三是数据处理速度快(Velocity),在数据量非常庞大的情况下,需要做到数据的实时处理;四是数据的真实性高(Veracity),如互联网中网页访问、现场监控信息、环境监测信息、电子交易数据等。

一个好的大数据产品要有大量的数据规模、快速的数据处理、精确的数据分析与预测、优秀的可视化图表。**大数据并不在于"大",而在于"有用"**。

大数据分析常和云计算联系在一起,因为实时的大数据分析需要并行计算框架(如MapReduce),大数据的存储处理需要采用分布式云存储系统,另外数据挖掘、分布式文件系统、分布式数据库、虚拟化等技术,都在大数据处理中应用广泛。大数据处理流程如图 8-15所示,包括数据获取、数据清洗、数据挖掘、数据可视化等步骤。

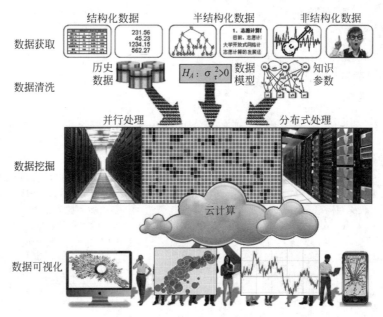

图 8-15　大数据处理流程示意图

8.2.2　数据获取技术

1. 数据获取渠道

数据采集渠道有内部数据源,如企业信息系统、数据库、电子表格等内部数据;**外部数据资源主要是互联网资源,以及物联网自动采集的数据资源等。**

(1)互联网公开数据采集。利用互联网收集信息是最基本的数据收集方式。一些大学、科研机构、企业、政府都会向社会开放一些大数据(如天气预报数据等),这些数据通常比较完善,质量相对较高。可以在大数据导航官网、国家统计局官网、世界银行官网、加州大学欧文分校官网下载需要的数据集。

(2)网络爬虫数据采集。也可以利用网络爬虫获取互联网数据。如通过网络爬虫获取招聘网站的招聘数据;爬取租房网站上某城市的租房数据;爬取电影网站评论数据;爬取深沪两市股票数据等。利用网络爬虫可以获取某个行业、某个网络社群的数据。

(3)企业内部数据采集。许多企业业务平台每天都会产生大量业务数据(如电商网站等)。日志收集系统就是收集这些数据,提供给离线和在线的数据分析系统使用。企业往往采用关系数据库 MySQL、Oracle 等存储数据。

(4)其他数据采集。例如,可以通过射频识别设备获取库存商品数据;通过传感器网络获取手机定位数据;通过移动互联网获取金融数据(如支付宝)等。

2. 程序设计案例:网络爬虫获取数据

网络爬虫(也称为网络蜘蛛)是一段计算机程序,它按照一定的步骤和算法规则自动地

计算领域的技术热点

抓取和下载网页内容和数据。网络爬虫也是网络搜索引擎的重要组成部分,百度搜索引擎之所以能够找到用户需要的资源,就是通过大量的爬虫时刻在互联网上爬来爬去,获取数据。如百度有 BaiduSpider(百度网页爬虫)等爬虫程序。

【例 8-9】 设计网络爬虫程序,爬取百度网站首页源代码。Python 程序如下。

```
1  # E0809.py                                      # 【大数据 - 爬取百度首页】
2  import urllib.request                           # 导入标准模块 - 网络爬虫
3  r = urllib.request.urlopen("https://www.baidu.com")   # 发送 HTTP 请求,并获取返回信息
4  print(r.read().decode("utf-8"))                 # 读取网页 HTML 代码,并输出
>>>…(输出略)                                       # 程序运行结果
```

【例 8-10】 设计网络爬虫程序,抓取豆瓣网站电影排行榜页面源代码,并保存为文本文件。这个简单程序说明了网络爬虫程序的基本结构。Python 程序如下。

```
1  # E0810.py                                      # 【大数据 - 网络爬虫基本结构】
2  from urllib import request                      # 导入标准模块 - 网络爬虫
3  url = 'https://movie.douban.com/chart'          # 定位 URL(豆瓣电影排行榜网址)
4  response = request.urlopen(url)                 # 发送请求,获取响应
5  douban_html = response.read()                   # 读出网页内容(源代码)
6  with open('douban_html.txt', 'wb') as fb:       # 创建新文件
7      fb.write(douban_html)                       # 数据写入文件
>>>…(输出略)                                       # 程序运行结果
```

从互联网获取海量数据的需求,促进了网络爬虫技术的飞速发展。同时,**一些网站为了保护自己宝贵的数据资源,运用了各种反爬虫技术。**因此,与黑客攻击与防黑客攻击技术一样,爬虫技术与反爬虫技术也一直在相互较量中发展。或者说,某些爬虫技术也是一种黑客技术。因此,爬虫程序设计是一项复杂的工作,**每个爬虫程序都只适用于某个特定网站的特定网页,网络爬虫程序没有一个固定不变的程序模式。**

8.2.3 数据清洗技术

数据清洗是对数据进行重新审查和校验的过程,目的在于删除重复信息、纠正错误信息,并提供数据一致性。数据清洗一般由计算机而不是人工完成。

1. 残缺数据检测

由于存在采样、编码、录入等误差,数据中可能存在一些无效值和缺失值。另外,一部分数据从多个业务系统中抽取而来,而且包含历史数据。这样就不可避免地存在重复数据,以及数据之间的冲突,这些错误或有冲突的数据称为"脏数据"。要按照一定的规则把"脏数据"洗掉,这就是数据清洗。

(1) 一致性检查。检查数据是否有超出正常范围、逻辑上不合理或者相互矛盾的数据。例如,许多调查对象说自己开车上班,又报告没有汽车;或者调查对象说自己是某品牌的使用者,但同时在品牌熟悉度量表上给了很低的分值。

(2) 数据缺失。大多数数据集都普遍存在缺失值问题。如何处理缺失值,主要依据缺失值的重要程度以及缺失值的分布情况进行处理。如缺少供应商名称、公司名称、客户区域信息等,业务系统中主表与明细表数据不匹配等。

（3）异常值。在正态分布中，σ 代表标准差，μ 代表均值，数值分布在 $(\mu-3\sigma, \mu+3\sigma)$ 范围之内的概率为 99.74%。如果数据服从正态分布，**某值（离群点）超过 3 倍标准差就可以视为异常值**。如果数据不服从正态分布，可以用远离平均值的多少倍来描述。

（4）噪声数据。噪声数据是被测变量的随机误差或者方差。由于测试值＝真实数据＋噪声，可见离群点属于观测量，既可能是真实数据，也可能是噪声数据。

2. 数据清洗技术

应当尽量避免出现无效值和缺失值，保证数据的完整性。

（1）估算代替。对无效值和缺失值，可以用数据集的均值、中位数或众数代替。这种方法简单易行，但是误差较大。

说明 1：中位数是按顺序排列的一组数据中，居于中间位置的数。如 1、2、4、7、9 中，中位数是 4；1、3、7、9 中，中位数是 $(3+7)/2=5$。

说明 2：众数是按顺序排列的一组数据中，出现次数最多的数。如 1、2、2、3、3、4 中，众数是 2 和 3；1、2、3、4、5 中没有众数。

（2）删除。删除有缺失值的数据记录，可能会导致有效样本数量减少。因此，这种方法只适合关键变量缺失，或者缺失值很少的情况。如果一个变量中的无效值和缺失值很多时，则可以考虑删除该变量。

（3）去重。对重复记录的处理方法是"排序与合并"。先将数据记录按一定规则排序，然后删除重复记录。

（4）噪声处理。大部分数据挖掘方法都将离群点视为噪声而丢弃，然而在一些特殊应用中（如欺诈检测），会对离群点做异常挖掘。而且有些点在局部属于离群点，但从全局看是正常的。对噪声主要采用分箱法与回归法进行处理。

8.2.4 数据挖掘技术

数据挖掘是从大量的、不完全的、有噪声的、模糊的、随机的数据中，通过算法提取隐含在其中的、人们事先不知道的、但又有用的知识。数据挖掘经常采用人工智能中的机器学习技术，以及统计学的知识，通过筛选数据库中的大量数据，最终发现有意义的知识。数据挖掘的原则是：要全体不要抽样；要效率不要绝对精确；要相关性不要因果关系。如图 8-16 所示，数据挖掘算法包含分类、预测、关联、聚类四种类型。

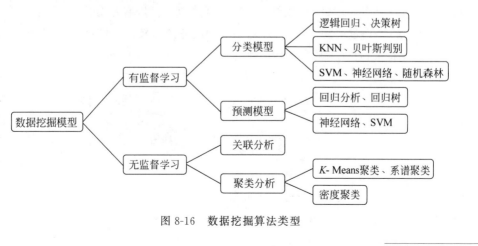

图 8-16　数据挖掘算法类型

1. 分类算法

分类是对样本数据按照种类、等级或属性分别归类。离散变量通常指以整数取值的变量,如人数、设备台数、是否逾期、是否有肿瘤细胞、是否为垃圾邮件等。常见的分类算法有 KNN(K-Nearest Neighbor,K 最近邻)、朴素贝叶斯、SVM(Support Vector Machine,支持向量机)、决策树、线性回归、随机森林、神经网络等。一般来说,分类器需要进行训练,也就是要告诉分类算法每个类的特征是什么,分类器才能识别新的数据。

【例 8-11】 手写字识别可以转换成分类问题。如手写 100 个"我"字,对这些"我"字进行数据特征提取,然后告诉分类算法,"我"字有什么样的数据特征。这时,再输入一个新的手写"我"字,虽然这个新字的笔画与之前 100 个"我"字不完全一样,但是数据特征高度相似,于是分类算法就会把这个字分类到"我"这个类。

(1) KNN(K 最近邻)是最简单的机器学习算法。KNN 中的 K 是指新样本数据最接近的邻居数,如图 8-17 所示。实现方法是对每个样本数据都计算相似度,如果一个样本的 K 个最接近的邻居都属于分类 A,那么这个样本也属于分类 A。KNN 的基本要素有 K 值大小(邻居数选择)、距离度量(如欧氏距离)和分类规则(如投票法)。

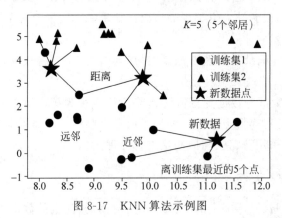

图 8-17　KNN 算法示例图

(2) SVM(支持向量机)是对数据进行二分类的算法。假设在多维平面上有两种类型的离散点,SVM 将找到一条直线(或平面),将这些点分成两种类型,并且这条直线尽可能远离所有这些点。SVM 算法解决非线性分类问题的思路是通过空间变换 ϕ,一般是低维空间映射到高维空间 $x \rightarrow \phi(x)$ 后实现线性可分。在高维空间里,有些分类问题能够更容易解决。如图 8-18 所示,通过空间变换,将左图中的曲线分离变换成右图中平面可分。SVM 算法一般用于图像特征检测、大规模图像分类等。

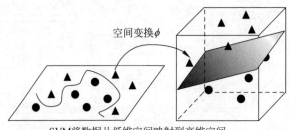

图 8-18　SVM 算法空间映射示例图

（3）朴素贝叶斯是一个简单的概率分类器。对未知物体分类时，需要求解在这个未知物体出现的条件下，各个类别中哪个物体出现的概率最大，这个未知物体就属于哪个分类。朴素贝叶斯分类器常用于判断垃圾邮件、对新闻分类（如科技、政治、运动等）、判断文本表达的感情是积极的还是消极的、人脸识别等领域。

（4）决策树是在已知各种情况发生概率的基础上，判断可行性的决策分析方法。树中每个节点表示某个对象，每个分叉路径代表某个可能的属性值（或概率值）。决策树仅有单一输出（是或否、优或差等）。决策树的优点是决策过程可见，易于理解，分类速度快；缺点是很难用于多个变量组合发生的情况。

2. 预测算法

预测算法的目标变量是连续型。在一定区间内可以任意取值的变量称为连续变量，连续变量的数值是连续不断的，相邻两个数值之间可取无限个数值。例如，生产零件的尺寸、人体测量的身高体重、员工工资、企业产值、商品销售额等都为连续变量。常见的预测算法有线性回归（见图 8-19）、回归树、神经网络、SVM 等。

3. 聚类分析

聚类的目的是实现对样本数据的细分，使得同一簇中的样本特征较为相似，不同簇中的样本特征差异较大（见图 8-20）。聚类对要求划分的类是未知的。例如，有一批人的年龄数据，大致知道其中有一簇是少年儿童，一簇是青年人，一簇是老年人。聚类就是自动发现这三簇人的数据，并把相似的数据聚合到同一簇中。而分类是事先告诉你少年儿童、青年人、老年人的年龄标准是什么，现在新来了一个人，算法就可以根据他的年龄对他进行分类。聚类是研究如何在没有训练的条件下把样本划分为若干簇。聚类算法有基于层次的聚类算法（如 BIRCH）、基于划分方法的聚类算法（如 K-Means）、基于密度的聚类算法（如 DBSCAN）、基于统计网格的算法（如 STING）等。

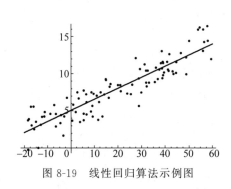
图 8-19 线性回归算法示例图

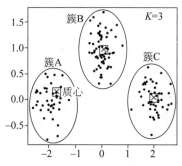
图 8-20 K-Means 聚类算法示例图

K-Means 算法是最经典也是使用最广泛的聚类算法，它是一种基于划分方法的聚类算法。如图 8-20 所示，K-Means 算法分为三个步骤：第一步是为样本数据点寻找聚类中心（簇的质心）；第二步是计算每个点到质心的距离，将每个点聚类到离该点最近的簇中；第三步是计算每个聚类中所有点的坐标平均值，并将这个平均值作为新的质心；反复执行第二、第三步，直到聚类的质心不再进行大范围移动或者聚类次数达到要求为止。

K-Means 算法的优点是简单、处理速度快，当聚类密集时，簇与簇之间区别明显，效果

计算领域的技术热点

好；缺点是 K 值需要事先给定,而且 K 值难以确定(划分成几个簇),另外,对孤立点、噪声敏感,并且结果不一定是全局最优,只能保证局部最优。

4. 关联分析

关联分析的目的在于找出项目之间内在的联系,常用于购物分析,即分析消费者常常会同时购买哪些产品,从而有助于商家的捆绑销售。

8.2.5 大数据的应用案例

谷歌搜索、Facebook 的帖子和微博消息等,使得人们的行为和情绪的细节化测量成为可能。挖掘用户的行为习惯和喜好,可以从凌乱的数据背后找到符合用户兴趣和习惯的产品和服务,并对这些产品和服务进行针对性地优化,这就是大数据的价值。

1. 大数据处理案例:热门词语统计

【例 8-12】 如图 8-21 所示,搜索引擎会通过日志文件把用户每次检索使用的 Query(查询字串)都记录下来,一个 Query 的重复度越高,说明查询它的用户越多,也就是热门关键词。每个 Query 长度为 1~255 字节,假设目前日志文件中已经过滤出 1000 万个查询记录(查询串的重复度比较高,假设除去重复后不超过 300 万个),请统计最热门的 10 个Query,要求程序使用的计算机内存不能超过 1GB。

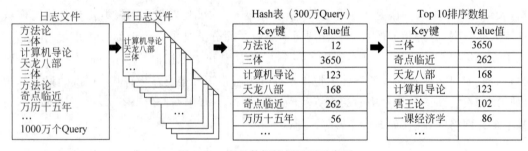

图 8-21 海量数据挖掘过程示意图

问题分析:要统计最热门关键词,首先要统计每个 Query 出现的次数,然后根据统计结果找出前 10 个热门关键词。可以采用 Top K 算法解决问题,步骤如下。

(1) 将日志分解为多个小文件。日志文件中有 1000 万个 Query,每个 Query 最大为255 字节,1000 万个 Query 的大小为 2.37GB。由于有 1GB 内存限制,不能将它一次调入内存,因此把它们分解为 100 个子日志文件(便于并行处理),这样每个文件大小为 24MB,可以分批调入子日志文件。

(2) 对每个子日志文件统计 Query(查询串)出现的次数。Hash 表的查询速度非常快,用于统计 Query 出现的次数效果非常好,因此可以建立一个 Hash 表。如图 8-22 所示,Hash 表由 Key(键)和 Value(值)组成,Key 保存 Query 字串,Value 保存 Query 出现的次数。分别统计完成 100 个子日志文件。

原日志中虽然有 1000 万个 Query,但是 Query 的重复度比较高,事实上只有 300 万个Query,每个 Query 最大为 255 字节,则 300 万个 Query 最大为 729MB(小于 1GB),因此可以将 Hash 表全部放进内存中处理。

将子日志文件 1 调入内存，从子日志文件中读取一个 Query，如果该字串不在 Hash 表中，则在 Hash 表中加入该字串，并且将 Value 设为 1；如果该字串已经在 Hash 表中，则将该字串的 Value 加 1 即可。分别将 100 个子日志文件中的 Query 全部读入 Hash 表中。

（3）用 Top K 算法求解出现次数最多的 10 个查询词。题目的要求是找出 Top 10，因此没有必要对所有 Query 都进行排序，只需要建立一个 10 个元素大小的数组，然后从 Hash 表中读入前 10 个 Query，10 个数组元素按照 Query 的统计次数由大到小排序。然后循环读入 Hash 表中的记录（从第 11 条记录开始，到第 300 万条记录终止）。每读入哈希表中的一条记录，就与数组中最后一个 Query 进行比较，如果读取记录的 Value 小于数组中 Query 的 Value，则不做处理，继续读下一条记录；否则，将数组中最后一个 Query 淘汰，在 Hash 表中加入当前的 Query（新加入的 Query 要放在合适的位置，并且保持数组有序）。当所有 300 万个记录都遍历完成后，数组中的 10 个 Query 便是要找的 Top10 了。

2. 本福特定律

1935 年，美国物理学家本福特(Frank Benford)发现，在大量数字中，首位数字的分布并不均匀。在 1~9 的 9 个阿拉伯数字中，数字 i 出现在首位的概率是 $P(i)=\log_{10}^{(i+1)/i}$。本福特定律说明：**较小数字比较大数字出现的概率更高**。

本福特定律满足尺度不变性，也就是说**对不同的计量单位、位数不同的数字，本福特定律仍然成立**。几乎所有没有人为规则的统计数据都满足本福特定律，如人口、物理和化学常数、斐波那契数列等。此外，**任何受限数据通常都不符合本福特定律**，例如，彩票号码、电话号码、日期、学生成绩、人的体重或者身高等数据。

本福特定律多用来验证数据是否有造假，它可以帮助人们审计数据的可信度。2001年，美国最大的能源交易商安然公司宣布破产，事后人们发现，安然公司在 2001—2002 年所公布的每股盈利数字就不符合本福特定律，这说明数据被人为改动过。

表 8-1 表明，在大数据中，数字 1 出现在第 1 位的概率是 30.1%，要大大高于数字 2 出现的概率；数字在第 2~5 位上的分布概率大致相同（10%左右）。

表 8-1　广义本福特数字出现概率分布表

数字	出现在第 1 位的概率/%	出现在第 2 位的概率/%	出现在第 3 位的概率/%	出现在第 4 位的概率/%	出现在第 5 位的概率/%
0	NA	11.968	10.178	10.018	10.002
1	30.103	11.389	10.138	10.014	10.001
2	17.609	10.882	10.097	10.010	10.001
3	12.494	10.433	10.057	10.006	10.001
4	9.691	10.031	10.018	10.002	10.000
5	7.918	9.668	9.979	9.998	10.000
6	6.695	9.337	9.940	9.994	9.999
7	5.799	9.035	9.902	9.990	9.999
8	5.115	8.757	9.864	9.986	9.999

计算领域的技术热点

3. 程序设计案例：用本福特定律验证股市数据

【例 8-13】 用本福特定律验证深沪股票 2019 年年报数据，取其中的净利润数据，然后只考虑净利润为正的情况。

```
1   # E0813.py                                          # 【大数据-数据本福特验证】
2   import math                                         # 导入标准模块-数学计算
3   from functools import reduce                        # 导入标准模块-元素累计
4   import matplotlib.pyplot as plt                     # 导入第三方包-绘图
5   from pylab import *                                 # 导入第三方包-绘图
6   import pandas as pd                                 # 导入第三方包-数据分析
7   mpl.rcParams['font.sans-serif'] = ['SimHei']        # 解决中文显示问题
8
9   def firstDigital(x):                                # 获取首位数字的函数
10      x = round(x)                                    # 取浮点数 x 的四舍五入值
11      while x >= 10:
12          x //= 10
13      return x
14
15  def addDigit(lst, digit):                           # 首位数字概率累加
16      lst[digit-1] += 1
17      return lst
18  th_freq = [math.log((x+1)/x, 10) for x in range(1, 10)]  # 计算首位数字的理论概率
19  df = pd.read_csv('股票年报2019.csv')                 # 读取 2019 年年报数据
20  freq = reduce(addDigit, map(firstDigital, filter(lambda
    x:x>0, df['net_profits'])), [0]*9)
21  pr_freq = [x/sum(freq) for x in freq]               # 计算首位数字的实际概率
22  print("本福特理论值", th_freq)
23  print("本福特实测值", pr_freq)
24  plt.title('股票上市公司 2019 年年报净利润数据本福特定律   # 绘制图形标题
    验证')
25  plt.xlabel("首位数字")                               # 绘制图形 x 坐标标签
26  plt.ylabel("出现概率")                               # 绘制图形 y 坐标标签
27  plt.xticks(range(9), range(1, 10))                  # 绘制图形 x 坐标轴的刻度
28  plt.plot(pr_freq, "r-", linewidth=2, label='实际值')  # 绘制首位数字的实际概率
29  plt.plot(pr_freq, "go", markersize=5)               # 绘制首位数字的实际概率
30  plt.plot(th_freq, "b-", linewidth=1, label='理论值')  # 绘制首位数字的理论概率
31  plt.grid(True)                                      # 绘制网格
32  plt.legend()                                        # 绘制图例标签
33  plt.show()                                          # 显示图形
    >>> ...(输出略)                                      # 程序运行结果如图 8-22 所示
```

其中，程序第 20 行中的匿名函数 lambda x:x>0 表示只取年报中净利润大于 0 的数据进行首位数字次数统计。从图 8-22 看，理论值与实际值两者拟合度比较高。

说明：上例使用了第三方软件包 matplotlib、pandas，软件包安装方法如下。

```
1   > pip install matplotlib -i https://pypi.tuna.tsinghua.edu.cn/simple
2   > pip install pandas -i https://pypi.tuna.tsinghua.edu.cn/simple
```

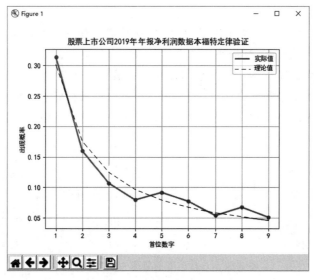

图 8-22 股票本福特理论值与实际值统计图

8.3 数据库技术

8.3.1 数据库的组成

1. 数据库的基本概念

数据库是计算应用最广泛的技术之一。例如,企业人事部门常常要把本单位职工的基本情况(职工编号、姓名、工资、简历等)存放在表中,这张表就是一个数据库。有了数据库就可以根据需要随时查询某职工的基本情况,或者计算和统计职工工资等数据。例如,阿里巴巴集团在 2018 年 11 月 11 日的网络商品促销中,核心数据库集群处理了 41 亿个事务,执行了 285 亿次 SQL 查询,访问了 1931 亿次内存块,生成了 15TB 日志。

如图 8-23 所示,数据库系统(DBS)主要由数据库(DB)、数据库管理系统(DBMS)和应用程序组成。**数据库是按照数据结构来组织、存储和管理数据的仓库**。数据库中的数据为众多用户而共享,它摆脱了具体程序的限制和制约,不同用户可以按不同方法使用数据库中的数据,多个用户可以同时共享数据库中的数据资源。数据库管理系统是对数据库进行有效管理和操作的软件,是用户与数据库之间的接口。

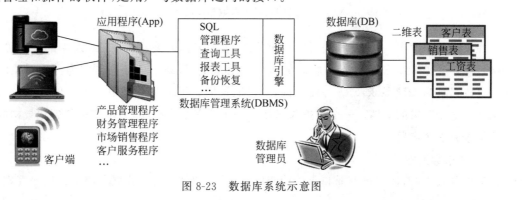

图 8-23 数据库系统示意图

计算领域的技术热点

2. 数据库的类型

如图 8-24 所示,**数据库分为层次数据库、网状数据库和关系数据库**。这三种类型的数据库中,层次数据库的查询速度最快;网状数据库建库最灵活;关系数据库的使用最简单,也是使用最广泛的数据库类型。层次数据库和网状数据库很容易与实际问题建立关联,可以很好地解决数据的集中和共享问题,但是用户对这两种数据库进行数据存取时,需要指出数据存储结构和存取路径,而关系数据库则较好地解决了这些问题。

(a) 层次数据库结构　(b) 网状数据库结构　(c) 关系数据库结构

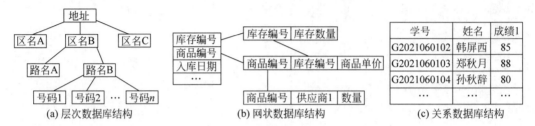

图 8-24　三种典型的数据库结构示意图

3. 关系数据库的组成

关系数据库建立在数学关系模型的基础之上,它借助集合代数的概念和方法处理数据。在数学中,$D_1,D_2,\cdots,D_n$ 的集合记作 $R(D_1,D_2,\cdots,D_n)$,其中 R 为关系名。现实世界中各种实体以及实体之间的各种联系均可以用关系模型来表示。在关系数据库中,用二维表(横向维和纵向维)来描述实体以及实体之间的联系。如图 8-25 所示,关系数据库主要由二维表组成,二维表由表名、记录、字段等部分组成。

学生成绩表(表名)

字段名	id	学号	姓名	专业	成绩1	成绩2
	1	G2021060102	韩屏西	公路1	85	88
	2	G2021060103	郑秋月	公路1	88	75
记录	3	G2021060104	孙秋辞	公路1	80	75
	4	G2021060105	赵如影	公路1	90	88
	5	T2021060106	王星帆	土木2	86	80
	6	T2021060107	孙小天	土木2	88	90
	7	T2021060110	朱星长	土木2	82	78

字段内容

图 8-25　二维表与关系数据库的关系

在关系数据库中,一张二维表对应一个关系,表的名称即关系名;**二维表中的一行称为一条记录;一列称为一个字段**,字段取值范围称为值域,将某一个字段名作为操作对象时,这个字段名称为关键字(key)。一般来说,一条记录描述了现实世界中一个具体对象,字段值描述了这个对象的属性。**一个数据库可以由一个或多个表构成,一个表由多条记录构成,一条记录有多个字段**。

4. 常用数据库

软件开发中,前台用户界面和业务功能用编程语言实现,后台数据存储由数据库管理系统承载。根据数据库引擎网站 2021 年 5 月的统计,排名前 10 的数据库如表 8-2 所示。

表 8-2　2021 年 5 月流行数据库排行(前 10 名)

排名	数据库名称	数据库类型	排名	数据库名称	数据库类型
1	Oracle	关系数据库	6	IBM DB2	关系数据库
2	MySQL	关系数据库	7	Elasticsearch	搜索引擎
3	Microsoft SQL Server	关系数据库	8	Redis(NoSQL)	键-值数据库
4	PostgreSQL	关系数据库	9	SQLite	关系数据库
5	MongoDB(NoSQL)	文档数据库	10	Microsoft Access	关系数据库

8.3.2　数据库的操作

关系数据库的运算类型分为基本运算、关系运算和控制运算。基本运算有建表、插入、修改、查询、删除、更新等;关系运算有选择、投影、连接等;控制运算有权力授予、权力收回、回滚(撤销)、重做等。

1. 数据库关系运算

(1) 选择运算。选择运算是从二维表中选出符合条件的记录,它从水平方向(行)对二维表进行运算。选择条件可用逻辑表达式给出,逻辑表达式值为真的记录被选择。

【例 8-14】　在"学生成绩表"中(见表 8-3),选择成绩在 85 分以上,学号=T2020 的同学。条件为:学号="T2020" and 成绩 1>85,运行结果如表 8-4 所示。

表 8-3　学生成绩表

学　号	姓名	成绩 1
G2021060104	孙秋辞	80
G2021060105	赵如影	90
T2021060106	王星帆	86
T2021060107	孙小天	88
T2021060110	朱星长	82

表 8-4　选择运算结果

学　号	姓名	成绩 1
T2021060106	王星帆	86
T2021060107	孙小天	88

(2) 投影运算。**投影运算是从二维表中指定若干字段(列)组成一个新的二维表(关系)。** 投影后如果有重复记录则自动保留第一条重复记录,投影是从列方向对二维表进行运算。

【例 8-15】　在"学生基本情况"二维表中(见表 8-5),在"姓名"和"成绩"两个属性上投影,得到的新关系命名为"成绩单",运行结果如表 8-6 所示。

表 8-5　学生基本情况表

学　号	姓　名	成绩 1
G2021060102	韩屏西	85
G2021060103	郑秋月	88
T2021060107	孙小天	88
T2021060110	朱星长	82

表 8-6　成绩单

姓　名	成绩 1
韩屏西	85
郑秋月	88
孙小天	88
朱星长	82

303

第 8 章

计算领域的技术热点

（3）连接运算。**连接是从两个关系中选择属性值满足一定条件的记录（元组），连接成一个新关系。**

【例 8-16】 将表 8-7 与表 8-8 进行连接，生成表 8-9。

表 8-7　成绩 1

姓名	成绩 1
韩屏西	85
郑秋月	88
孙小天	88
朱星长	82

＋

表 8-8　成绩 2

姓名	成绩 2
韩屏西	88
郑秋月	75
孙小天	90
朱星长	78

→

表 8-9　成绩汇总

姓名	成绩 1	成绩 2
韩屏西	85	88
郑秋月	88	75
孙小天	88	90
朱星长	82	78

2. 事务的性质

事务是用户定义的数据库操作序列，每个数据库操作语句都是一个事务。为了避免发生操作错误，**事务应当具有 ACID 特性（原子性、一致性、隔离性、持久性）。**

（1）原子性（Atomicity）。事务的不可分割性，即事务操作要么都做，要么都不做。如果事务因故障而中止，则要消除该事务产生的影响，使数据库恢复到事务执行前的状态。

（2）一致性（Consistency）。事务操作应使数据库保持一致状态。如在飞机订票系统中，事务执行前后，实际座位与"订票座位＋空位"数据必须一致。

（3）隔离性（Isolation）。多个事务并发执行时，各个事务应独立执行，不能相互干扰。一个正在执行事务的中间结果（临时数据）不能为其他事务所访问。

（4）持久性（Durability）。事务一旦执行，不论执行了何种操作，都不应对该事务的结果有任何影响。例如，一旦开始了误删除操作，就必须将操作完成，不要强行中止。

3. 数据库故障恢复方法

系统发生故障时，可能使数据库处于不一致状态：一方面，有些非正常终止的事务，可能结果已经写入数据库，在系统下次启动时，恢复程序必须回滚（ROLLBACK，也称为撤销）这些非正常终止的事务，撤销这些事务对数据库的影响；另一方面，有些已完成的事务，结果可能部分或全部留在缓冲区，尚未写回磁盘中的数据库中。在系统下次启动时，恢复程序必须重做（REDO）所有已提交的事务，将数据库恢复到一致状态。数据库任何一部分被破坏或数据不正确时，可根据存储在系统其他地方的数据来重建。**数据库的回滚恢复分为两步：第一是转储（建立冗余数据）；第二是恢复（利用冗余数据恢复）。**

8.3.3　数据库语言 SQL

1. SQL 语言的功能

SQL（结构化查询语言）具有定义数据库或数据表、存取数据、查询数据、更新数据、管理数据库等功能。SQL 语言使用时只需要告诉计算机"做什么"，而不需要告诉它"怎么做"。流行的数据库系统都遵从 SQL 标准，SQL 语言由 ANSI 和 ISO 定义为 ISO/IEC 9075 标准。学习数据库系统的主要内容有数据库系统安装和维护、数据库创建、数据表创建、数据表字段类型确定、标准 SQL 语言应用、本数据库软件对标准 SQL 语言的扩展等。

SQL 不是独立的编程语言（非图灵完备语言）。SQL 语言有两种使用方式，一是直接以命令方式交互使用；二是嵌入 Python、C、Java 等程序语言中使用。**SQL 语言对关键字大小写不敏感**，SQL 语言的 9 个核心操作如表 8-10 所示。

表 8-10 SQL 语言的 9 个核心操作

操作类型	命 令	说 明	格 式
数据定义	CREATE	定义表	CREATE TABLE 表名(字段 1,…,字段 n)
	DROP	删除表	DROP TABLE 表名
	ALTER	修改列	ALTER TABLE 表名 MODIFY 列名 类型
数据操作	SELECT	数据查询	SELECT 目标列 FROM 表〔WHERE 条件表达式〕
	INSERT	插入记录	INSERT INTO 表名〔字段名〕VALUES〔常量〕
	DELETE	删除数据	DELETE FROM 表名〔WHERE 条件〕
	UPDATE	修改数据	UPDATE 表名 SET 列名=表达式…〔WHERE 条件〕
数据控制	GRANT	权力授予	GRANT 权力〔ON 对象类型 对象名〕TO 用户名…
	REVOKE	权力收回	REVOKE 权力〔ON 对象类型 对象名〕FROM 用户名

SQL 语言中，记录称为"行"，字段称为"列"；关系称为"基本表"，数据库中一个关系对应一个基本表；存储模式称为"存储文件"；子模式称为"视图"。视图是从一个或几个基本表中导出的虚表，其中只存放了视图的定义，而数据仍存放在基本表中。

2. 数据库的 SQL 查询操作

SQL 查询功能通过 SELECT-FROM-WHERE 语句实现。SELECT 命令指出查询需要输出的列；FROM 子句指出表名；WHERH 子句指定查询条件；GROUP BY、HAVING 等为查询条件限制子句。

【例 8-17】 利用 SQL 语言查询计算专业学生的学号、姓名和成绩。

SELECT 学号, 姓名, 成绩 FROM 学生成绩表 WHERE 专业 = "计算机"

查询是数据库的核心操作。SQL 仅提供了唯一的查询命令 SELECT，它的使用方式灵活，功能非常丰富。如果查询涉及两个以上的表，则称为连接查询。SQL 中没有专门的连接命令，而是依靠 SELECT 语句中的 WHERE 子句来达到连接运算的目的。用来连接两个表的条件称为连接条件或连接谓词。

8.3.4 新型数据库 NoSQL

在数据存储管理系统中，NoSQL(非关系数据库)与关系数据库有很大的不同。与关系数据库相比，NoSQL 特别适合以社交网络服务(SNS)为代表的 Web 2.0 应用，这些应用需要极高速的并发读写操作，而对数据的一致性要求不高。

1. NoSQL 数据库的特征

关系数据库最大的优点是事务的一致性。但是在某些应用中，一致性却显得不那么重要。例如，用户 A 和用户 B 看到相同的网页内容，但更新时间不一致也是可以容忍的。因此，关系数据库的最大特点在这里无用武之地，至少已不太重要；相反，关系数据库为了维护一致性所付出的巨大代价是读写性能较差。而微博、社交网站、电子商务等应用，对并发读写能力要求极高。例如，淘宝"双 11 购物狂欢节"的第一分钟内，就有千万级别的用户访

计算领域的技术热点

问量涌入,关系数据库无法应付这种高并发的读写操作。

关系数据库的另一个特点是具有固定的表结构,因此数据库扩展性较差。而在社交网站中,数据类型繁杂,系统经常升级,功能不断增加,这往往意味着数据结构的巨大改动,这一特点使得关系数据库难以应付。而 NoSQL 通常没有固定的表结构,并且避免使用数据库的连接操作,NoSQL 由于数据结构之间无关联,因此数据库非常容易扩展。

如表 8-11 所示,由于非关系数据库本身的多样性,以及出现时间较短,因此 NoSQL 数据库非常多,而且大部分都是开源软件。NoSQL 数据库目前没有形成统一标准,各种产品层出不穷,因此 NoSQL 数据库技术还需要时间来检验。

表 8-11 NoSQL 数据库产品类型

存储类型	主要特征	典型应用	NoSQL 数据库产品
列存储	按列存储数据,方便数据压缩,查询速度更快	网络爬虫、大数据、商务网站、高变化系统、大型稀疏表	Hbase、MonetDB、SybaseIQ、Hypertable
键-值存储	数据存储简单,可通过键快速查询到值	字典、图片、音频、视频、文件、对象缓存、可扩展系统	Redis、BerkeleyDB、Memcache、DynamoDB
图存储	A-B 节点之间的关系图,适用于关联性较高的问题	社交网络查询、推理、模式识别、欺诈检测、强关联数据	Neo4J、AllegroGraph、Bigdata、FlockDB
文档存储	将层次化数据结构,存储为树形结构方式	文档、发票、表格、网页、出版物、高度变化数据	MongoDB、CouchDB、BerkeleyDB XML

2. 列存储数据库

大数据存储有两种方案可供选择:行存储和列存储。关系数据库采用行存储结构,从目前情况来看,它已经不适应大型网站(如谷歌、淘宝等)的存储容量(数 TB)和高性能计算的要求了。在 NoSQL 数据库中,Hbase 数据库采用列存储,MongoDB 采用文档型的行存储,Lexst 采用二进制的行存储。这些 NoSQL 数据库各有优缺点。

在关系数据库(如 MySQL)里,"表"是数据存储的基本单位,而"行"是实际数据的存储单位(记录),它们按行依次存储在表中(见图 8-26(a))。在列存储数据库(如 Hbase)里,数据是按列进行存储(见图 8-26(b))。

(a) 行存储数据库	(b) 数据表	(c) 列存储数据库

图 8-26 行存储与列存储的比较示意图

行存储数据库把一行(记录)中的数据值串在一起存储,然后再存储下一行的数据。行存储的读写过程是一致的,都是从某一行第一列开始,到最后一列结束。图 8-26(b)所示数据表的数据行存储格式为[6-12,皮带,1,28.80];[6-12,皮带,2,28.80];[6-12,皮带,1,

28.80];[6-12,茶杯,2,9.80]。

列存储时,一行记录被拆分为多列,每列数据追加到对应列的末尾处。列存储数据库把一列中的数据值串在一起存储起来,然后再存储下一列的数据。图 8-26(b)所示数据表的数据列存储序列为[6-12,6-12,6-12,6-12];[皮带,皮带,皮带,茶杯];[1,2,1,2];[28.80,28.80,28.80,9.80]。列存储可以读取数据库中的某一列或者全部列数据。

3. 行存储和列存储的性能对比

行存储的写入可以一次完成,而列存储需要把一行记录拆分成单列后再保存,写入次数明显比行存储更多,再加上硬盘定位花费的时间,实际消耗时间会更大。

数据读取时,行存储需要将一行数据完整读出,如果只需要其中几列数据,就会存在冗余数据(冗余数据在内存中消除)。列存储可以读取数据集合中的一列或数列,大多数查询和统计只关注少数几个列(如销售金额或数量),列存储不需要将全部数据取出,只需要取出需要的列。列存储的磁盘 I/O 操作时间只有行存储的 1/10 左右。

行存储中,一行记录中保存了多种数据类型,数据解析时需要在多种数据类型之间频繁转换,这些操作很消耗 CPU 时间,而且很难进行数据压缩。列存储中,每列的数据类型都相同。例如,某列(如数量)数据类型为整型(int),那么列数据集合一定都是整型,这使数据解析变得十分容易,有利于分析大数据。列存储的数据压缩比为 5∶1~20∶1 以上,这大大节省了设备的存储空间。

行存储和列存储数据库各有优缺点。行存储的写入性能比列存储高很多,但是读操作(如查询)的数据量巨大时,就会影响数据的处理效率,行存储适用于记录插入、删除等操作频繁的应用领域(如销售管理系统等)。列存储适用于需要频繁读取单列数据的应用(如销售金额统计、产品库存数量统计等),适用于数据挖掘、查询密集型等应用。

8.3.5 嵌入式数据库 SQLite

SQLite 是一个小型 C 语言程序库,它是一个独立的、可嵌入的、零配置的、开源的 SQL 数据库引擎(官网 https://www.sqlite.org/index.html)。SQLite 具备关系数据库的基本特征,实现了绝大部分 SQL 语言标准,具有 ACID、事务处理、数据表、索引等特性。SQLite 发行版包含一个独立的命令行访问程序(SQLite),可以利用 SQLite Expert Professional 对 SQLite 进行图形化管理。

1. SQLite 数据库的优点

(1)操作简单。**SQLite 不需要安装和配置,也没有管理、初始化等过程。**SQLite 不需要在服务器上启动和停止,使用中无须创建用户和划分权限。在系统出现灾难时(如宕机),SQLite 并不会自动做备份/恢复等保护性操作。

(2)运行效率高。SQLite 运行时占用资源很少(标准配置时内存少于 250KB),而且没有任何管理开销。对 iPad、智能手机等移动设备来说,SQLite 的优势毋庸置疑。

(3)直接备份。SQLite 的数据库是一个单一文件,最大支持 2T 的数据库文件。只要用户权限允许,数据库可随意访问和复制,这便于数据库的备份、携带和共享。

(4)应用广泛。SQLite 支持 Windows、Linux、Android 等主流操作系统,同时能够嵌入在 Python、Java、PHP、C 等程序语言中使用。如 Python 3.x 就内置了 SQLite3 模块,在智能手机 Android 系统中,也内置了 SQLite 数据库。

计算领域的技术热点

2. SQLite 数据库的缺点

如果有多个客户端需要同时访问数据库中的数据,特别是多个客户端之间的数据操作需要通过网络传输来完成时,不应该选择 SQLite。因为 SQLite 的数据管理机制依赖于操作系统中的文件系统,因此,SQLite 在 C/S(客户/服务器)应用中运行效率很低。

受操作系统中文件系统性能的影响,在处理大数据量时,SQLite 数据处理效率低。对于超大数据量(如数百兆数据)的存储,运行效率极低。

简单地说,SQLite 只是提供了表级锁,没有提供记录行级锁。这种机制使得 SQLite 的并发性能很难提高。

3. 程序设计案例:SQLite 数据库应用

【例 8-18】 创建一个 test.db 数据库,在数据库下创建"工资"表,并且在工资表中的插入记录,然后查询并输出工作表中的所有记录。Python 程序如下。

```
1   # E0818.py                                          # 【数据库-综合应用】
2   import sqlite3                                      # 导入标准模块-sqlite3 数据库
3   import os                                           # 导入标准模块-操作系统功能
4
5   path = 'd:\\test\\test.db'                          # 文件路径赋值
6   if os.path.exists(path):                            # 如果数据库文件存在
7       os.remove(path)                                 # 删除旧数据库文件
8   else:
9       print('没有旧数据库文件')                         # 提示文件不存在
10
11  conn = sqlite3.connect('d:\\test\\test.db')         # 建立连接,创建数据库 test.db
12  print("成功创建新数据库.")
13  cursor = conn.cursor( )                             # 创建游标对象
14  cursor.execute("CREATE TABLE IF NOT EXISTS 工资 ("
15      "ID INT PRIMARY KEY NOT NULL,"                  # ID = 标志(整数,主健,非空)
16      "姓名 TEXT NOT NULL,"                            # 姓名(文本,非空)
17      "年龄 INT NOT NULL,"                             # 年龄(整数,非空)
18      "地址 CHAR(50),"                                 # 地址(字符串,长度 50)
19      "薪酬 REAL);")                                   # 薪酬(实数)
20      # 大写字母为 SQL 语句,如果没有工资表,则创建工资表
21  cursor.execute("INSERT INTO 工资 (ID, 姓名, 年龄, 地址, 薪酬)"
22      "VALUES (1, '刘备', 42, '河北涿州', 5000.00 );")    # 执行 SQL 插入记录语句
23  cursor.execute("INSERT INTO 工资 VALUES (2, '孔明', 38, '山东琅琊', 4500.00 );")
24  cursor.execute("INSERT INTO 工资 VALUES (3, '曹操', 45, '沛国谯县', 7500.00 );")
25  cursor.execute("INSERT INTO 工资 VALUES (4, '孙权', 34, '杭州富阳', 6500.00 );")
26  cursor.execute("SELECT * FROM 工资")                # 查询"工资"表中的记录
27  results = cursor.fetchall( )                        # 使用 fetchall( )函数从查询结果
                                                        # 取出所有记录
28  for row in results:                                 # 循环输出工资表中的记录
29      print(row)                                      # 输出记录
30  conn.commit( )                                      # 提交事务
31  cursor.close( )                                     # 关闭游标
32  conn.close( )                                       # 关闭连接
>>>    ...(输出略)                                      # 程序运行结果
```

8.4　计算领域的新技术

8.4.1　物联网技术

2005 年,国际电信联盟(ITU)发布了《ITU 互联网报告 2005:物联网》报告,正式提出了物联网(Internet of Things,IoT)的概念。ITU 报告指出:无所不在的"物联网"通信时代即将来临,世界上所有的物体从轮胎到牙刷、从房屋到纸巾,都可以通过物联网主动进行信息交换。RFID(射频识别)技术、传感器技术、智能嵌入技术将得到更加广泛的应用。

1. 物联网的特征

早期(1999 年)物联网的定义是:**将物品通过射频识别信息、传感设备与互联网连接起来,实现物品的智能化识别和管理。**

以上定义体现了物联网的三个主要本质。一是互联网特征,物联网的核心和基础仍然是互联网,需要联网的物品一定要能够实现互联互通;二是识别与通信特征,即纳入物联网的"物"一定要具备自动识别(如 RFID)与机器到机器通信(M2M)的功能;三是智能化特征,即网络系统应具有自动化、自我反馈与智能控制的特点。

物联网中的"物"要满足以下条件:要有相应信息的接收器;要有数据传输通路;要有一定的存储功能;要有专门的应用程序;要有数据发送器;要遵循物联网的通信协议;要在网络中有被识别的唯一编号等。物联网的核心技术和应用如图 8-27 所示。

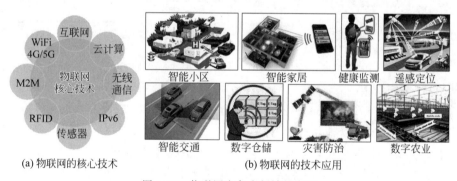

(a) 物联网的核心技术　　　　(b) 物联网的技术应用

图 8-27　物联网在各个领域的应用

通俗地说,**物联网就是物物相连的互联网**。这里有两层含义:一是物联网的核心和基础仍然是互联网,是在互联网基础上延伸和扩展的网络;二是用户端延伸和扩展到了物品与物品之间进行信息交换和通信。物联网包括互联网上所有的资源,兼容互联网所有的应用,但物联网中所有的元素(设备、资源及通信等)都是个性化和私有化的。

2. 射频识别技术

RFID(Radio Frequency Identification,射频识别)技术是一种简单的无线系统,它由一个读写器和很多电子标签组成。电子标签由感应元件和芯片组成,每个电子标签具有唯一的编码,它附着在物体上标识目标对象,它将射频信息传递给读写器,读写器是读取信息的设备。RFID 技术给物品赋予了可跟踪特性,人们可以随时掌握物品的准确位置及其周边环境。据零售业分析师估计,物联网 RFID 技术使沃尔玛公司每年节省 83.5 亿美元,大部分是因为不需要人工查看进货的条码而节省的劳动力成本。RFID 帮助零售业解决了商品断货和损耗两大难题。

3. 无线传感器网络

无线传感器网络(Wireless Sensor Network,WSN)综合了传感器技术、嵌入式技术、无线通信技术、分布式信息处理技术。WSN 能够通过各类集成化微型传感器协作地实时监测、感知和采集各种环境信息,这些信息通过无线方式发送,并以自组多跳的网络方式传送到用户终端。实现物理世界、计算世界和人类社会的连通。

无线传感器网络的三要素是传感器、感知对象和观察者。无线传感器可探测地震、电磁场、温度、湿度、噪声、光照、压力、土壤成分等环境信息,以及移动物体的大小、速度和方向等。WSN 广泛用于军事、智能交通、智能家居、环境监控、医疗卫生、精细农业、工业自动化等领域。

【例 8-19】 矿区环境监测的无线传感器网络由传感器节点和中心节点组成,不同的监测区域均有中心节点。每个中心节点负责处理本区域内传感器节点传送过来的数据,而基站模块负责接收来自各个监测区域内中心节点发送的无线信号,基站模块可接入互联网,使得无线传感器网络的信息能够被远程终端访问,矿区无线传感器网络如图 8-28 所示。

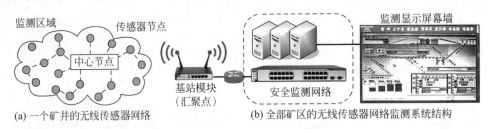

图 8-28 矿区无线传感器网络系统结构

4. M2M 系统框架

M2M(Machine to Machine,机器到机器)是一种以智能终端为核心,以无线传感网络进行数据传输,使设备实现智能化控制的系统框架。M2M 技术的重要组成部分是机器、M2M硬件、通信网络、中间件、应用。如智能停车场,当车辆驶入或离开通信区域时,天线以微波通信方式与电子识别卡进行双向数据交换,从电子车卡上读取车辆的相关信息,在司机卡上读取司机的相关信息,自动识别电子车卡和司机卡,并判断车卡是否有效和司机卡的合法性,核对车道控制计算机显示与该电子车卡和司机卡一一对应的车牌号码,及驾驶员信息等资料;车道控制计算机自动将通过时间、车辆和驾驶员有关信息存入数据库中。车道控制计算机根据读到的数据判断是否是正常卡还是非法卡,据此做出相应的提示。

5. 物联网技术难题

(1) 无序增长。据思科公司统计,全球有超过 40 亿台 WiFi(无线局域网联盟)设备进入市场,物联网陷入了一种混乱增长的状态。造成这种混乱的原因有智能手机中的各种App,更多的是各种物联网智能设备,如交通视频监控、人脸识别、智能手表、大型建筑中的烟雾探测器、各种增强现实(AR)和虚拟现实(VR)设备等。目前,越来越多的应用需要访问互联网,据估计,到 2022 年,全球联网设备的数量将达到 285 亿台件。

(2) 技术困难。目前,**物联网应用仍然存在微型化、能源供给、标准化等方面的制约**。

一是微型化使网络节点通信距离变短、路径长度增加、数据时延难以预期；二是能源获取和存储容量与设备的体积成正比，充足的能源和微型化设计之间的矛盾难以调和；三是现有电子技术还很难做到可降解的绿色设计，从而威胁到环境保护。物联网需要数量众多的传感器，而且传感器类型多样化，它们相互链接时会导致耗电量加大。目前电池使用寿命在最好情况下也只能维持几个月，这难以维持传感器的长时间室外监测。因此，利用太阳能、风能、机械振动发电等技术，正在研究之中；传感器节点的低功耗和休眠技术也是提高传感器使用时间的重要技术。

（3）技术标准不统一问题。不同行业和不同应用对物联网的要求各不相同。例如，感知层有不同的传感器和不同的接口，如温度、压力、速度、浓度等，它们的接口不同。例如，网络层的通信协议和通信技术也有不同标准，如 RFID、NFC、ZigBee、蓝牙、WiFi、5G/4G 等。例如，传感层的嵌入式操作系统有 TinyOS、Brillo、mbedOS、RIOT 等。目前物联网的感知层、网络层、应用层的技术和标准千姿百态，碎片化严重，没有一个主流标准。因此，建立统一的物联网体系架构和技术标准是现在面对的难题。

（4）安全性问题。物联网的安全问题有保密性、点对点消息认证、完整性鉴别、时效性、组播和广播的安全管理等。物联网有限的计算能力和存储空间，对于密钥过长、时间和空间复杂度较大的安全算法不太适合。

（5）成本问题。一些物联网设备的成本价格一直无法达到企业的预期，性价比不高。无线传感网络是一种多跳自组织网络，极易遭到环境因素或人为因素的破坏，如果要保证网络通畅，并能实时安全地传送可靠信息，网络维护成本没有达到普遍接受的范围。

市场不会向技术妥协，如果一项技术不能在方方面面做到完美就很难被市场接受。物联网技术要想在未来有所发展，一方面要在关键支撑技术上有所突破；另一方面，要在成熟的市场中寻找应用，构思更有趣、更高效的应用模式。

8.4.2 云计算技术

1. 云计算的概念

计算机可能是人类制造的效率最低的机器，全球 99% 的计算机都在等待指令。向云计算的转变，可以将平时浪费的资源利用起来。**云计算是一种商业计算模型，它将计算任务分布到大量计算机构成的资源池上，使用户能够按需获取计算能力、存储空间和信息服务**。通俗地说，云计算是网络计算的一种服务模式。为什么叫"云"呢？因为云一般比较大（如"百度云"提供巨大的存储空间），规模可以动态伸缩（如大学的公共计算云则规模较小），而且边界模糊，云在空中飘忽不定，无法确定它的具体位置（如计算设备或存储设备在不同的国家或地区），但是它确实存在于某处。

云计算将计算资源与物理设施分离，让计算资源"浮"起来，成为一朵"云"，用户可以随时随地根据自己的需求使用云资源。云计算实现了计算资源与物理设施的分离，数据中心的任何一台设备都只是资源池中的一部分，不专属于任何一个应用，一旦资源池设备出现故障，马上退出一个资源池，进入另外一个资源池。如图 8-29 所示，**云计算的服务模式称为 SPI（SaaS 软件即服务，PaaS 平台即服务，IaaS 基础设施即服务）**。

2. 云计算的特征

云计算将网络中的计算、存储、设备、软件等资源集中起来，**将资源以虚拟化的方式为用**

计算领域的技术热点

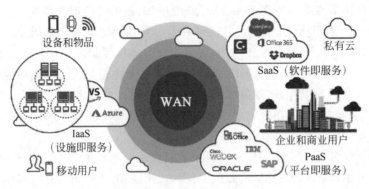

图 8-29　云计算平台服务模式

户提供服务。云计算是一种基于因特网的超级计算模式,在远程数据中心,几万台服务器和网络设备连接成一片,各种计算资源共同组成了若干庞大的数据中心。

云计算中最关键的技术是虚拟化,此外还包括自动化管理工具,如可以让用户自助服务的门户、计费系统以及自动进行负载分配的系统等。云计算目前需要解决的问题有降低建设成本、简化管理难度、提高灵活性、建立"云"之间互联互通的标准等问题。

3. 云计算的应用

如 Amazon(亚马逊)公司提供的专业云计算服务包括弹性计算云(Amazon EC2)、简单储存服务(Amazon S3)、简单队列服务(Amazon SQS)等,Amazon 云提供全球计算、存储、数据库、分析、应用程序和部署服务,有免费服务,也有按月收费的服务。如 Google Earth(谷歌地图)提供包括卫星地图、Gmail(邮箱),Docs(在线办公软件)等免费服务;微软 Azure 云计算提供"软件和服务"等。

在云计算模式中,用户通过终端接入网络,向"云"提出需求;"云"接受请求后组织资源,通过网络为用户提供服务。用户终端的功能可以大大简化,复杂的计算与处理过程都将转移到用户终端背后的"云"去完成。在任何时间和任何地点,用户只要能够连接至互联网,就可以访问云,用户的应用程序并不需要运行在用户的计算机、手机等终端设备上,而是运行在互联网的大规模服务器集群中。用户处理的数据也无须存储在本地,而是保存在互联网上的数据中心。这意味着计算力也可以作为一种商品通过互联网流通。

8.4.3　量子计算机

1. 传统计算机发展的瓶颈

(1)电子逃逸问题。计算机的核心部件是 CPU,CPU 是一种集成电路芯片,芯片里有十多亿个晶体管。目前台积电公司 5nm 工艺的集成电路芯片,晶体管沟道长度为 12nm 左右。晶体管的工作原理就像一个电子开关,**当芯片中晶体管的沟道长度达到纳米级后,单个电子将会从晶体管中逃逸出来,这种单电子的量子行为将产生严重的干扰作用,使得晶体管的开关作用失效,导致集成电路芯片无法正常工作。**

(2)算力问题。传统计算机在处理化学、材料、生物等问题时非常困难。IBM 量子计算专家杰瑞·周(Jerry Chow)在 TED(技术、娱乐、设计)演讲中举例说:一个咖啡因分子不如水分子简单,但是也没有 DNA(脱氧核糖核酸)或蛋白质分子那么复杂,如果用传统计算机模拟一个咖啡因分子,现有的任何计算机都做不到,就算在 CPU 芯片中集成更多的晶体管也没办法模拟一个咖啡因分子,然而量子计算机可以做到。

2. 量子计算技术的发展

1981 年,物理学家保罗·贝尼奥夫(Paul Benioff)和理查德·费曼(Richard Feynman,获诺贝尔奖)两人分别提出了量子计算机的概念。费曼指出:"在任何传统计算机上模拟量子系统都是不可能的,所需的内存和时间会急剧增加,而在量子计算机系统上不会消耗巨量的资源"。1994 年,贝尔实验室专家彼得·秀尔(Peter Shor)证明了量子计算机能完成对数运算,而且速度远胜于传统计算机。量子计算机工作原理如图 8-30(a)所示。

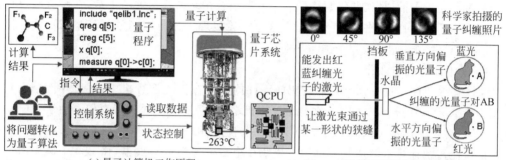

图 8-30　量子计算机工作原理和量子纠缠示意图

2001 年,IBM 计算科学专家研制成功了有 5 个量子比特(qubits)的量子计算机,并成功地用它进行了计算,为实现秀尔算法迈出了第一步。随后二十多年里,量子计算取得了很大的进展,如:加拿大公司的 D-Wave One 量子计算机;如谷歌公司发布了具备 53 个量子比特的量子计算机原型机;2021 年,中国科技大学潘建伟教授研究团队研发成功了二维可编程超导量子处理器"祖冲之号",它由 66 个量子比特组成。2017 年,谷歌量子计算专家约翰·马丁尼(John Martinis)在接受《自然》杂志采访时提出:当一台量子计算机大约有 50个量子比特时,计算能力和速度将超过世界上任何传统计算机。因此,业内将达到 50 量子比特的计算机称为达到了"量子霸权"(或量子优势)。

3. 量子力学的基本假设与特性

一个物理量最小的不可分割的基本单位称为量子。例如,原子中的电子只能在一些低能量级层里,如果给低能量层的电子一个合适能量,它就会跳到更高的能量层,这种现象称为量子跃迁。简单地说,"量子"是量子力学中物质的总称,它可以是光子、电子、原子、原子核、基本粒子等微观粒子。量子力学提出了以下基本假设。

(1)普朗克量子假设。普朗克(Max Karl Ernst Ludwig Planck)首次提出了热辐射过程中能量变化的非连续性,普朗克认为能量是一份一份的。普朗克的能量量子化假设打破了"一切自然过程都是连续的"这一物理学定论(如对物体施加的力具有连续性)。量子假设推翻了经典物理学理论,以至于普朗克自己也十分怀疑这个理论的正确性。

(2)量子叠加态。科学家观测量子时,发现量子的状态无法确定,即量子在同一时间可能出现在 A 地,也可能出现在 B 地,或同时出现在不同的地方。量子在某个位置出现的概率按波函数(描述微观系统状态的函数)随机分布,这称为量子的叠加态。

(3)量子坍缩。当人们不观测量子时,量子处于叠加态;而当人们观测量子时,量子表现出唯一的状态,这就是量子坍缩。量子坍缩是量子力学中争议最大,至今没有定论的难题,几乎所有量子力学的怪异和反常都与量子坍缩有关。

(4) 量子纠缠。量子纠缠是两个或两个以上粒子组成的系统中相互影响的现象。两个粒子相互纠缠时,即使相距遥远,一个粒子的行为将会影响另一个粒子的状态,如图8-30(b)所示。当其中一个粒子被操作(如量子测量)而状态发生变化时,另一个粒子也会即刻发生相应的状态变化,而这种信息传递不需要时间(量子态隐形传输)。爱因斯坦将量子纠缠称为"鬼魅似的远距作用",这个诡异的现象已经在实验中获得证实。

2007—2009年,中国科技大学和清华大学联合研究小组在北京郊外架设了长达16千米的自由空间量子信道,实验结果表明:一个量子态在北京八达岭消失后,在没有经过任何载体的情况下,瞬间出现在16千米以外,这个实验实现了自由空间的量子隐形传输。该成果发表在《自然》杂志上,引起了国际学术界的广泛关注。

4. 量子计算机的性能

量子计算机同样由存储元件和逻辑门元件构成。在传统计算机中,每个存储单元只能存储一位二进制数据,非0即1。在量子计算机中,数据采用量子比特存储。由于量子的叠加效应,一个量子比特可以同时存储0和1。也就是说,同样数量的存储单元,量子计算机的存储量比传统计算机增加了一倍。一个250个量子比特的存储器(由250个原子组成),可以存储的数据量可达2^{250}比特。

一个量子比特上的操作会影响到被纠缠的另外一个量子比特,量子纠缠的特征使得能够实现量子并行计算,其计算能力可随量子比特位数的增加呈指数增长。理论上,2个量子比特的量子计算机每一步可以做到2^2次运算;50个量子比特的运算速度将达到$2^{50}=1125$亿亿次;而传统超级计算机神威·太湖之光的运算速度为每秒9.3亿亿次。

5. 量子计算存在的问题

量子计算机的主要技术难点在于精确实现量子比特的控制,实现量子纠缠的量测,维持量子叠加态等问题。量子计算机虽然算力惊人,但是也存在以下致命的缺点。

(1) 量子叠加态的量测。计算问题的输入值为量子叠加态时,可以同时得到多个输出结果,这就是量子的并行运算。简单看这个功能非常强大,量子计算机的算力会随量子位数量的增加,算力会呈指数级增长。但是,量子计算机的输出结果也是量子叠加态,这意味着一旦进行量测,就会导致量子状态坍缩到只有一个结果,量子叠加输出结果将不复存在;如果不进行量测,又无法获得量子计算结果中的信息。

(2) 难以进行精密计算。IBM专家达里奥·吉尔(Dario Gil)表示:量子比特数量增加只是一方面,处理的量子比特数越多,量子比特之间的交互就会越复杂。因此,50量子比特的原型机虽然有更多的量子比特,但是这些量子比特的叠加态、纠缠态也会造成错误率很高的结果,无法保证计算精度。2020年的量子计算机仍然很容易出错。例如,尝试将量子比特初始化为0时,会有2%~3%的错误率;每个量子比特门操作的错误率为1%~2%;两个量子比特门操作的错误率为3%~4%;测量量子比特时也会出现错误,这些错误会不断累积,最终可能会导致错误的计算结果。

(3) 超低温计算环境。量子计算机之所以计算神速,主要依赖于量子比特的叠加态和量子纠缠。但是量子叠加和纠缠状态极其脆弱,不能受到极轻微的干扰。IBM量子计算科学家Jerry Chow在演讲中指出:一旦噪声、热量或者震动带来哪怕一丁点的干扰,也会一下子对它失去控制。因此量子计算机工作在超低温和超稳定的环境中。例如,英特尔 49 量子比特的测试芯片 Tangle Lake(QCPU),工作在 −273℃ 的环境中。

由于量子比特的不稳定性,导致了量子计算的精度不高。目前量子计算机处理普通任务并没有特别的优势。但是在一些特殊领域,如化学和材料学里的分子结构模拟、气象预报、密码破解、机器学习等方面,量子计算机有传统计算机所不具备的能力。

8.4.4 区块链技术

1. 区块链概述

区块链本质上就是一个共享数据库,存储在其中的数据具有**不可伪造、全程留痕、可以追溯、公开透明、集体维护**等特征。基于这些特征,区块链技术具有坚实的信任基础,创造了可靠的合作机制,具有广阔的运用前景。

区块链起源于比特币,2008 年 11 月 1 日,一位自称中本聪(Satoshi Nakamoto)的人发表了《比特币:一种点对点的电子现金系统》一文,阐述了基于 P2P 网络技术、加密技术、时间戳技术、区块链技术的电子现金系统构架理念,这标志着比特币的诞生。

2. 区块链工作原理

电子现金永远存在两个问题:一是怎么证明这笔钱是你的(真伪问题);二是如何保证同一笔钱没有被多次支付给不同的人(双重支付问题)。金银现钞等实物货币天生具有唯一性,而对于计算技术来说,数据的复制品和原始数据是完全等价的。

区块链是为了实现比特币交易而发明的一种技术。支付的本质是“将账户 A 中减少的金额增加到账户 B 中”。如图 8-31 所示,账户 A 将转账信息通过哈希算法(SHA-256)生成一个区块,然后账户 A 将区块广播到网络中,网络中区块链参与者同意这次交易有效,并将新区块加入公共账本上,这个公共账本就形成了一个区块链。

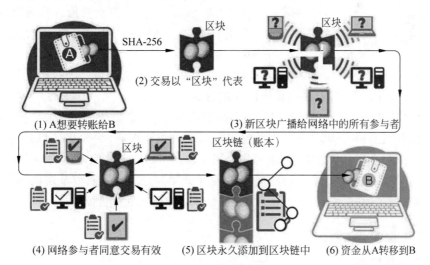

图 8-31　区块链工作原理

区块是一个一个的存储单元,记录了一定时间内各个区块节点全部的交流信息。各个区块之间通过哈希算法实现链接,后一个区块包含前一个区块的哈希值,随着信息交流的扩大,一个区块与一个区块相继接续就形成了区块链的结构。

从技术角度看,区块链相当于定义了一条时间轴,确保记录在这条时间轴上的数据可以查询,但是不可更改,区块链建立了一种基于算法、可被验证的信任。

3. 区块链的核心技术

(1)分布式账本。分布式账本指交易记账由分布在不同地方的多个节点共同完成,而且**每个节点记录的是完整的账目**,因此它们都可以参与监督交易的合法性,同时也可以共同为其作证。区块链的分布式存储体现在两个方面:一是**区块链每个节点都按照块链式结构存储完整的数据**;二是区块链中每个节点的存储都是独立的、地位等同的,依靠共识机制存储。**没有任何一个节点可以单独记录账本数据,从而避免了单一记账人被控制或记假账的可能性。**由于记账节点足够多,理论上讲除非所有的节点被破坏,否则账目就不会丢失,从而保证了账目数据的安全性。

(2)非对称加密。存储在区块链上的交易信息是公开的,但是**账户的身份信息和交易信息被高度加密**,只有在数据拥有者授权的情况下才能被访问,从而保证了数据的安全和个人的隐私。

(3)共识机制。共识机制是指所有记账节点之间怎么达成共识,去认定一个记录的有效性,这既是认定的手段,也是防止篡改的手段。区块链提出了四种不同的共识机制,适用于不同的应用场景,在效率和安全性之间取得平衡。

只有在控制了全网超过 51% 记账节点的情况下,才有可能伪造出一条不存在的记录。当加入区块链的节点足够多时,这基本上不可能,从而杜绝了造假的可能。

(4)智能合约。智能合约是基于可信的不可篡改的数据,可以自动化地执行一些预先定义好的规则和条款。以保险为例,如果说每个人的信息(如医疗信息等)都是真实可信的,就很容易在一些标准化保险产品中进行自动化的理赔。

4. 区块链的应用

(1)金融领域。区块链在国际汇兑、信用证、股权登记、证券交易所等金融领域有巨大的应用价值。将区块链技术应用在金融行业中,能够省去第三方中介环节,实现点对点的直接对接,从而在大大降低成本的同时,快速完成交易支付。

(2)物联网和物流领域。区块链也可以用于物联网和物流领域。通过区块链可以追溯物品的生产和运送过程,并且提高供应链管理效率。

(3)数字版权领域。通过区块链技术,可以对作品进行鉴权,证明文字、视频、音频等作品的存在,保证权属的真实、唯一性。作品在区块链上被确权后,后续交易都会进行实时记录,实现数字版权全生命周期管理,也可作为司法取证中的技术性保障。

(4)公益领域。社会公益中的相关信息,如捐赠项目、募集明细、资金流向、受助人反馈等,都可以存放在区块链上,并且有条件地进行公示,方便接受社会监督。

8.4.5 计算社会学

1. 社会可计算吗

一些观点认为,个体行为与社会活动规律如此复杂,很难用严谨的科学方法进行逻辑推理或精确的定量计算。社会可以计算吗?2009 年 2 月,以哈佛大学教授大卫·拉泽尔(David Lazer)为首的 15 位来自不同学科的教授联名在《科学》杂志上发表了题为"计算社会科学"的论文。这被看作一个新兴研究领域诞生的标志。计算思维的方法融入人文社会科学虽然不乏争议,但是深刻地改变了传统人文社会科学的研究模式。

计算社会科学是利用大规模数据收集和分析能力,揭示个人和群体行为模式的科学。对计算社会科学家而言,大数据时代不仅需要"记录",更需要"计算",从看似随机的个体行为与社会运转中,获得对人类社会、经济、政治等更深刻、更具前瞻性的解读。

如图 8-32 所示,从计算角度看,微博就是一个图形网络,n 个博主之间的关系可以用图形矩阵表示。可以采用线性代数、矩阵运算、图论等方法建立数学模型。

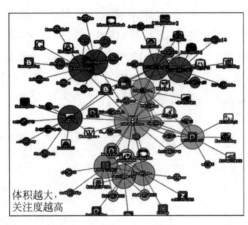

图 8-32 社交网络模型案例——网站博客群点击量模型

计算社会科学彻底打破了人们对人文科学的传统观念和原有的学科划分。计算社会科学需要人文学家和计算科学专家的团队合作。

2. 海量数据的获取与分析

目前人们以各种不同方式工作和生活在社交网络中,人们频繁接收电子邮件和使用搜索引擎,随时随地拨打移动电话和发送微信,每天刷卡乘坐交通工具,经常使用信用卡购买商品。写博客、发微博、通过聊天软件来维护人际关系。在公共场所,监视器可以记录人们的活动情况;在医院,人们的医疗记录以数字形式被保存。以上的种种事情都留下了人们的数字印记。**通过这些数字印记可以描绘出个人和群体行为的综合图景,**这有可能会改变我们对于生活、组织和社会的理解。

Meta 是世界上最大的社交网络,截至 2008 年存储了 30PB 的数据,2009 年 Meta 每天产生 25TB 的日志数据。这些数据中蕴含了个人和群体行为的规律。

中国人民大学孟小峰教授认为,传统社会科学一般通过问卷调查的方式收集数据,以这种方式收集的数据往往不具有时间上的连续性,对连续的、动态的社会过程进行推断时准确性有限。**计算社会科学以数据挖掘与机器学习为核心技术,使用人工智能技术从大量数据中发现有趣的模式和知识,**在数据的驱动之下,进行探索式的知识发现和数据管理。通过数据挖掘,计算社会科学家可以处理非线性、有噪声、概念模糊的数据,分析数据质量,从而聚焦于社会过程和关系,分析复杂的社会系统。

可以通过电子商务网站的查询和交易记录,以及网上聊天记录等人际互动数据,研究人际互动在经济生产力、公众健康等方面产生的影响。

可以利用互联网上的搜索和浏览记录来研究当前公众最关心的热点问题。

计算领域的技术热点

3. 程序设计案例：高频词汇统计

【例 8-20】 《红楼梦》作者判断。对于《红楼梦》的作者,通常认为前 80 回是曹雪芹所著,后四十回合为高鹗所写。由于《红楼梦》前 80 回与后 40 回在遣词造句方面存在显著差异,这就需要判断作者是两个人,还是一个人。

有些学者通过统计名词、动词、形容词、副词、虚词出现的频次,以及不同词性之间的关系做判断。有些学者通过虚词(如之、其、或、亦、了、的等)判断前后文风的差异。有些学者通过场景(花卉、树木、饮食、医药等)频次的差异做统计判断。总而言之,需要对一些指标进行量化,然后比较指标之间是否存在显著差异,借此进行作者的判断。

【例 8-21】 宋代诗词探索。中华书局 1999 年出版了唐圭璋主编的《全宋词》,全书共计收集两宋词人 1330 余人,收录词作 2 万多首,260 万字。如果对《全宋词》进行高频词汇统计,基本可以反映出宋代文人的诗词风格和生活情趣。Python 程序如下。

```
1   # E0828.py                                  # 【社科 - 宋词统计】
2   import jieba                                 # 导入第三方包 - 中文分词
3   from collections import Counter             # 导入内置记数标准模块 collections
4   def get_words(txt):                         # 定义词频统计函数
5       mylist = jieba.cut(txt)                 # 利用结巴分词进行词语切分
6       c = Counter( )                          # 统计文件中每个单词出现的次数
7       for x in mylist:                        # x 为 mylist 中的一个元素,遍历所有元素
8           if len(x)> 1 and x != '\r\n':      # x>1 表示不取单字,取两个字以上词
9               c[x] += 1                       # 往下移动一个词
10      print('《全宋词》高频词汇统计结果:')      # 输出提示信息
11      print(c.most_common(20))               # 输出前 20 个高频词汇
12  if __name__ == '__main__':                  # 调用主程序
13      with open('d:\\test\\全宋词.txt', 'r') as f:  # 读模式打开统计文本,并读入 f 变量
14          txt = f.read( )                     # 将统计文件读入变量 txt
15      get_words(txt)                          # 调用词频统计函数
```

```
>>>                                             # 程序运行结果
《全宋词》高频词汇统计结果:
[('东风', 1371), ('何处', 1240), ('人间', 1159), ('风流', 897), ('梅花', 828), ('春风', 808),
('相思', 802), ('归来', 802), ('西风', 780), ('江南', 735), ('归去', 733), ('阑干', 663),('如
今', 656), ('回首', 648), ('千里', 632), ('多少', 631), ('明月', 599), ('万里', 574), ('黄昏',
561), ('当年', 537)]
```

由以上大数据统计结果可知,宋代诗词的基本风格是"江南流水,风花雪月",宏大叙事极少。中国文学界流传"诗言志,词言情""诗之境阔,词之情长"的观点,这一观点是否适合对宋代诗歌的评价? 不一定,请看下面大数据统计结果。

【例 8-22】 以 1991 年北京大学出版社出版的《全宋诗》(北京大学古文献研究所编)为统计样本,全书 72 册近 4000 万字,收录诗人 8900 余人,收录诗歌 18.4 万首,可以反映宋代诗歌的基本风格。用 Python 程序进行分析,统计表明,境阔之词(平生、人间、万里、千里、天地)仅占四分之一左右。程序与 E0821.py 相同,只需要将 E0821.py 程序 13 行中的"全宋词.txt"修改为"全宋诗.txt"即可,程序运行结果如下。

```
>>>                                      # 程序运行结果
```

《全宋诗》统计结果如下(前 20 个高频词):

[('不知', 4937), ('春风', 4374), ('平生', 4035), ('梅花', 3830), ('不可', 3598), ('人间', 3568), ('万里', 3558), ('先生', 3164), ('千里', 3029), ('不见', 2940), ('何处', 2922), ('归来', 2902), ('方回', 2844), ('风雨', 2757), ('今日', 2743), ('无人', 2613), ('故人', 2401), ('秋风', 2372), ('白云', 2298), ('天地', 2225)]

说明:以上高频词汇中,删除了('二首', 11581),('陆游', 9199)等停止词。

4. 程序设计案例:《三国演义》社交网络图

社交网络是由许多网络节点构成的一种社会关系结构,节点通常指个人或组织,边是各个节点之间的联系。社交网络产生的图形结构往往非常复杂,例如,在小说《三国演义》中,至少存在魏-蜀-吴三个社交网络,可以将小说的主要人物作为"节点",不同人物之间的联系用"边"连接,可以根据人物之间联系的密切程度(如两个人在同一章节出现的频率)或重要程度(如人物在全书出现的频率)等设置边的"权重"。分析这些社交网络可以让我们深入了解小说中的人物,如谁是重要影响者,谁与谁关系密切,哪些人物在网络中心,哪些人物在网络边缘等。

NetworkX 是图论与复杂网络建模工具,它内置了常用的图与复杂网络分析算法(如最短路径搜索、广度优先搜索、深度优先搜索、生成树、聚类等),它可以进行复杂网络数据分析、仿真建模等工作。NetworkX 广泛用于研究社会、生物、基础设施等结构、可以用来建立网络模型,设计新的算法等。它能够处理大型非标准数据集。

【例 8-23】 绘制《三国演义》人物关系简单社交网络图,Python 程序如下。

```
1   #E0823.py                                                      # 【社科－生成社交网络图】
2   import networkx as nx                                          # 导入第三方包－网络
3   import matplotlib.pyplot as plt                                # 导入第三方包－绘图
4   from pylab import *                                            # 导入第三方包－变量导入
5
6   mpl.rcParams['font.sans－serif'] = ['SimHei']                   # 设置中文字体
7   G = nx.Graph()                                                 # 生成空网络 G
8   G.add_weighted_edges_from([('0','1',2), ('0','2',7), ('1',
    '2',3), ('1','3',8), ('1','4',5), ('2','3',1), ('3','4',4)])
9   edge_labels = nx.get_edge_attributes(G, 'weight')              # 设置边的权重
10  labels = {'0':'孔明', '1':'刘备', '2':'关羽', '3':'张飞',         # 设置节点标签
    '4':'赵云'}
11  pos = nx.spring_layout(G)                                      # 设置节点为放射分布网络
12  nx.draw_networkx_nodes(G, pos, node_color = 'skyblue', node    # 画节点
    _size = 1500, node_shape = 's', )
13  nx.draw_networkx_edges(G, pos, width = 1.0, alpha = 0.5,       # 画边
    edge_color = ['b','r','b','r','r','b','r'])
14  nx.draw_networkx_labels(G, pos, labels, font_size = 16)        # 绘制节点标签
15  nx.draw_networkx_edge_labels(G, pos, edge_labels)             # 绘制边权重
16  plt.title('《三国演义》人物关系图', fontproperties = 'simhei',     # 绘制标题
    fontsize = 14)
17  plt.show()                                                     # 显示全部图形
    >>>                                                            # 程序运行结果如图 8-33 所示
```

计算领域的技术热点

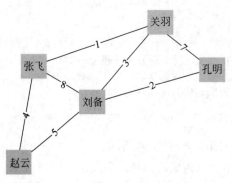

图 8-33 《三国演义》人物关系网络图

说明：上例使用了 matplotlib(已安装)、networkx 软件包,安装方法如下。

```
1  > pip install networkx - i https://pypi.tuna.tsinghua.edu.cn/simple    # 软件包安装
```

5. 计算社会科学的制约因素

计算社会科学的发展中还有很大的体制性障碍。从研究方法层面分析,在物理学和生物学中,夸克和细胞既不会介意我们发现它们的秘密,也不会对于我们在研究过程中改变它们的环境提出抗议。而从社会学到计算社会科学的变化中,很大程度上需要解决监控信息许可证制度、个人信息许可权获取和信息加密等问题。

最棘手的挑战在于数据的访问和隐私问题。**社会科学家感兴趣的大部分是私有数据**(如移动电话号码和金融交易信息等)。因此,迫切需要一种由技术(如同态加密)和规则(如隐私法)构成的自律机制,来实现既降低风险又保留进行研究的可能性,更需要建立一种社会与学术界合作的模式。

习 题 8

8-1　IBM 公司深蓝计算机在国际象棋博弈中,采用的计算策略是什么?

8-2　AlphaGo 围棋程序采用的核心技术是什么?

8-3　简要说明机器学习的过程。

8-4　简要说明大数据的处理流程。

8-5　简要说明数据清洗包括哪些工作。

8-6　简要说明关系数据库有哪些运算类型。

8-7　简要说明数据库的回滚恢复的步骤。

8-8　简要说明行存储和列存储数据库的特点。

8-9　简要说明无线传感器网络的三要素。

8-10　简要说明云计算的 SPI 服务模式。

8-11　简要说明为什么机器学习计算量很大。

8-12　网络爬虫程序为什么没有固定不变的设计模式?

8-13　为什么大部分网站不欢迎爬虫程序?

8-14   实验：参考例 8-7 的程序案例进行人脸动态识别和跟踪。

8-15   实验：参考例 8-8 的程序案例，用合成语音朗读文本文件内容。

8-16   实验：参考例 8-9 的程序案例，抓取百度网站首页源代码。

8-17   实验：参照例 8-13 的程序案例，用本福特定律验证深沪股票年报数据。

8-18   实验：参考例 8-21 的程序案例，对《全宋词》高频词汇统计。

第 8 章

计算领域的技术热点

常用数学运算符号

数学符号	数学符号说明	案例说明
$\forall$	全称量词,for all(所有,任一)	$\forall x, P(x)$(对所有 x,都有性质 P)
$\exists$	存在量词,Existential(有些,某个)	$\exists x, P(x)$(对有些 x,有性质 P)
$\in$	属于	$c \in A$(c 属于 A)
$\notin$	不属于	$c \notin A$(c 不属于 A)
$\subseteq$	包含	$C \subseteq A$(C 包含于 A,C 是 A 的子集)
$\wedge$	与、合取	$p \wedge q$(p 并且 q)
$\vee$	或、析取	$p \vee q$(p 或者 q)
$\neg$	非、取反	$\neg p$(非 p,p 取反)
$\rightarrow$	如果……则……	$P \rightarrow Q$(如果 P 则 Q)
$\leftrightarrow$	当且仅当	$P \leftrightarrow Q$(P 当且仅当 Q)
$\varnothing$	空集合	$A = \varnothing$(集合 A 为空)
$\cap$	交集	$X \cap Y$(X 和 Y 的交集)
$\cup$	并集	$X \cup Y$(X 和 Y 的并集)
$\oplus$	异或	$p \oplus q$(p 异或 q)
$\oplus$	膨胀	$E \oplus B$(E 被 B 膨胀)
$\ominus$	腐蚀	$E \ominus B$(E 被 B 腐蚀)
$\equiv$	同余符号(求余运算,模运算)	$14 \bmod 12 \equiv 2$(14 模 12 余 2)
$+=$	自加运算(Python 语言)	$i \mathrel{+}= 1$(i 自动加 1)
$P(a, b)$	联合概率(a 和 b 同时发生的概率)	$P(w_1, w_2)$(w_1, w_2 同时发生的概率)
$P(b \mid a)$	条件概率(a 条件下,b 发生的概率)	$P(w_3 \mid w_1, w_2)$(w_1, w_2 条件下 w_3 发生的概率)
$B = \{x \mid x\}$	集合中元素的范围	$B = \{x \mid -1 < x < 3\}$(集合 B 中的元素 x 满足 $-1 < x < 3$)
$\wedge$	读[Caret,上帽],乘方;按位异或	$x \verb|^| 3 = x^3$;$a \verb|^| b$(Python 中,$\verb|^|$ 为异或符)
$\sum$	读[Sigma,西格玛],求和符号	$\displaystyle\sum_{i=0}^{3} x_i = x_0 + x_1 + x_2 + x_3$
$\prod$	读[Pi,派],连乘符号	$\displaystyle\prod_{k=1}^{4}(k+2) = (1+2)(2+2)(3+2)(4+2)$

附录 B 常用英文缩写及说明

部分计算机缩写名词没有读音标准,此处为大部分技术书籍和网站的推荐读音。

缩　　写	英文缩写读音	说　　明
ARM	[ɑːrm,安媒]	一个公司的名称,一类微处理器的通称,一种技术的名字
ASCII	[ˈæski,阿斯克]	美国信息交换标准代码
C#	[Cʃarp,C 夏普]	微软公司的编程语言
Cache	[kæʃ,凯希]	高速缓存
CISC	[sisk,塞斯克]	复杂指令系统计算机
DirectX	[direktˈeks,滴瑞克斯]	Windows 平台多媒体程序接口
GUI	[guːi]	图形用户接口
Hadoop	[hæduːp,哈杜普]	大数据并行计算平台
Hash	[hæʃ,哈希]	单向函数,散列函数
IEEE	[I-triple-E,I3E]	国际电子和电工工程师协会
JPEG	[ˈdʒeɪˌpeg]	一种图像压缩标准
Linux	[ˈlinʊks,里那克斯]	开源操作系统
MPEG	[ˈempeg]	一种视频压缩标准
.Net	[dao-net,点耐特]	微软公司编程平台
O	[big-oh,大圈]	时间复杂度
P2P	[P-to-P,点到点]	通信方式
Python	[ˈpaɪθɑːn,派森]	一种解释型动态程序设计语言
RISC	[risk,瑞斯克]	精简指令系统计算机
SQL	[ˈsiːkwəl,西口]	数据库结构化查询语言
Ubuntu	[ʊˈbʊntuː,乌班图]	一种发行版 Linux 操作系统
UNIX	[ˈjunɪks,尤尼克斯]	一种操作系统
WiFi	[ˈwaɪ faɪ]	无线局域网联盟
∂	[partial,怕烧]	偏导数,异常值
@	[at,艾特]	分隔符,如 abc@qq.com

参 考 文 献

[1] 吴文俊.中国数学史大系:第1卷[M].北京:北京师范大学出版社,1998.

[2] 李约瑟.中国科学技术史:第3卷数学[M].中国科学技术史翻译小组,译.北京:科学出版社,1978.

[3] 历代碑帖法书选编辑组.大盂鼎铭文[M].北京:文物出版社,1994.

[4] 王焕林.里耶秦简"九九表"初探[J].吉首大学学报:社会科学版,2006,27(1):46-51.

[5] 华印椿.论中国算盘的独创性[J].数学的实践与认识,1979(01):76-80.

[6] CHARLES P.编码:隐藏在计算机软硬件背后的语言[M].左飞,薛佟佟,译.北京:电子工业出版社,2010.

[7] JANE S.最强大脑:数字时代的前世今生[M].伊辉,译.北京:新世界出版社,2015.

[8] PENNING P J. Computing as a Discipline[J]. Communications of the ACM,1989,32(1):9-23.

[9] ACM和IEEE计算机学会.计算机科学课程体系规范2013[M].ACM中国教育委员会,译.北京:高等教育出版社,2015.

[10] 张铭,陈娟,韩飞,等.ACM/IEEE计算课程体系规范CC2020对中国计算机专业设置的启发[J/OL].中国计算机学会通讯,2020,16(12).[2021-05-04].https://zhuanlan.zhihu.com/p/336257440.

[11] BROOKSHEAR J G.计算机科学概论[M].11版.刘艺,肖成海,马小会,译.北京:人民邮电出版社,2011.

[12] FREGE G. Conceptografia(概念文字)[EB/OL].[2021-5-20].https://wenku.baidu.com/view/cad88546b94cf7ec4afe04a1b0717fd5370cb23c.html.

[13] ERNEST N,JAMES R N.哥德尔证明[M].陈东威,连永君,译.北京:人民大学出版社,2008.

[14] STEVE L.软件故事:谁发明了那些经典的编程语言[M].张沛玄,译.北京:人民邮电出版社,2014.

[15] IEEE Spectrum.编程语言排行榜[R/OL].[2021-06-10].http://spectrum.ieee.org/computing/software/.

[16] HYUNMIN S,CAITLIN S,SEBASTIAN E. Programmers' Build Errors:A Case Study (at Google)[EB/OL].[2021-5-30].https://dl.acm.org/doi/10.1145/2568225.2568255.

[17] WARFORD J S.计算机系统核心概念及软硬件实现[M].龚奕利,译.北京:机械工业出版社,2015.

[18] GUNINESS E.智取程序员面试[M].石宗尧,译.北京:人民邮电出版社,2015.

[19] JOEL S.软件随想录:卷1[M].杨帆,译.北京:人民邮电出版社,2015.

[20] 郑人杰,许静,于波.软件测试[M].北京:人民邮电出版社,2011.

[21] ROGER S P.软件工程:实践者的研究方法[M].7版.郑人杰,马素霞,译.北京:机械工业出版社,2011.

[22] JEANNETTE M W,计算思维[J].中国计算机学会通讯,2007,3(11):83-85.

[23] FRIEDRICH C.混沌与秩序——生物系统的复杂结构[M].柯志阳,吴彤,译.上海:上海科技教育出版社,2000.

[24] 阿瑟.奥肯.平等与效率——重大的抉择[M].王奔州,译.北京:华夏出版社,1987.

[25] ANDREW S T.计算机组成:结构化方法[M].5版.刘卫东,宋佳兴,徐格,译.北京:人民邮电出版社,2006.

[26] 吴军.数学之美[M].北京:人民邮电出版社,2012.

[27] TURING A M. Computing machinery and intelligence(计算机器与智能)[EB/OL].[2020-05-20].https://wenku.baidu.com/view/1c0edec6a58da0116c174938.html.

[28] DENNING P J,METCALFE R M. 超越计算：未来五十年的电脑[M]. 冯艺东，译. 保定：河北大学出版社，1998.

[29] 李前，贺兴时，杨新社. 求解旅行商问题的离散花授粉算法[J]. 计算机与现代化，2016,7(251)：37-43.

[30] MATHIEU L,LARS C,NIGEL E R. Travel Optimization by Foraging Bumblebees through Readjustments of Traplines after Discovery of New Feeding Locations[J/OL]. [2021-06-05]. https://www.journals.uchicago.edu/doi/abs/10.1086/657042.

[31] BEHROUZ F. 计算机科学导论[M]. 3版. 刘艺，刘哲雨，译. 北京：机械工业出版社，2015.

[32] THOMAS H C,等. 算法导论[M]. 3版. 殷建平，徐云，王刚，译. 北京：机械工业出版社，2013.

[33] DONALD E K. 计算机程序设计艺术：第三卷 排序与查找[M]. 苏运霖，译. 北京：国防工业出版社，2002.

[34] 严蔚敏，吴伟民. 数据结构：C语言版[M]. 北京：清华大学出版社，2011.

[35] ANDREW S T,TODD A. 计算机组成：结构化方法[M]. 6版. 刘卫东，宋佳兴，译. 北京：机械工业出版社，2014.

[36] IEEE. IEEE Standard 754 for Binary Floating-Point Arithmetic[S/OL]. [2021-5-20]. http://ieeexplore.ieee.org/document/8766229.

[37] WARFORD J S. 计算机系统：核心概念及软硬件实现[M]. 4版. 龚奕利，译. 北京：机械工业出版社，2015.

[38] RANDAL E B. 深入理解计算机系统[M]. 龚奕利，贺莲. 译. 北京：机械工业出版社，2019.

[39] 冯志伟. 汉字的熵[J]. 语文建设，1984(4)：12-17.

[40] 黄自然. 以"字"为单位的汉语平均句长与句长分布研究[J]. 齐齐哈尔大学学报（哲学社会科学版），2018,1.

[41] 韩明宇. 中文信息熵的计算[J/OL]. [2019-03-18]. https://blog.csdn.net/qq_37098526/article/details/88633403.

[42] JOHN V N. First Draft of a Report on the EDVAC[J]. IEEE Annals of the History of Computing，1993,15(44).

[43] IAN M. 计算机体系结构：嵌入式方法[M]. 王沁，齐悦，译. 北京：机械工业出版社，2012.

[44] 胡亚红，朱正东，张天乐. 计算机系统结构[M]. 4版. 北京：科学出版社，2015.

[45] ERIC B. 信号完整性分析[M]. 李玉山，李丽平，译. 北京：电子工业出版社，2005.

[46] MARK E R,SOLOMON D A,LONESCU A. 深入解析Windows操作系统[M]. 5版. 北京：人民邮电出版社，2009.

[47] 陈晓峰. 开发一个Windows操作系统，究竟需要多少行代码呢？[EB/OL]. [2021-06-20]. https://www.163.com/dy/article/.

[48] GOOGLE. Android 架构[EB/OL]. [2021-06-20]. https://source.android.google.cn/devices/architecture? hl=zh-cn.

[49] ANDREW S T,WETHERALL O J. 计算机网络[M]. 5版. 严伟，潘爱民，译. 北京：清华大学出版社，2012.

[50] ZITTRAIN J. 互联网的未来：光荣、毁灭与救赎的预言[M]. 康国平，译. 北京：东方出版社，2011.

[51] KEVIN D M,SIMON W L. 入侵的艺术[M]. 袁月杨，谢衡，译. 北京：清华大学出版社，2007.

[52] WILLIAM S. 密码编码学与网络安全——原理与实践[M]. 6版. 唐明，李莉，杜瑞颖，译. 北京：电子工业出版社，2015.

[53] CISCO. 2020全球网络趋势报告[R/OL]. [2021-06-22]. https://www.cisco.com/c/dam/m/zh_cn/.

[54] SAM K,DOUGLAS B,MICHAEL L,et al. A scalable pipeline for designing reconfigurable organisms[J]. PNAS,2020,117(4)：1853-1859.

[55] DAN M,ANN K. 解读NoSQL[M]. 范东来，译. 北京：人民邮电出版社，2016.

325

参考文献

[56] 蒋盛益,张钰莎,王连喜.数据挖掘基础与应用实例[M].北京:经济科学出版社,2015.

[57] MELANIE M.复杂[M].唐璐,译.长沙:湖南科学技术出版社,2018.

[58] RUSS J C.数字图像处理[M].6 版.余翔宇,译.北京:电子工业出版社,2014.

[59] 易建勋.计算机导论——计算思维和应用技术[M].2 版.北京:清华大学出版社,2018.

[60] 易建勋.Python 应用程序设计[M].北京:清华大学出版社,2021.

[61] 易建勋,范丰仙,刘青,等.计算机网络设计[M].3 版.北京:人民邮电出版社,2016.

[62] 易建勋,史长琼,付强,等.计算机硬件技术——结构与性能[M].北京:清华大学出版社,2011.